江苏省高等学校重点教材(编号：2021-1-090)

结构力学

主　编　张连英　李　兵　马　超
副主编　仇培涛　张　群　于　洋
参　编　吴　鹏　李　磊　智友海
　　　　潘东江

中国矿业大学出版社
· 徐州 ·

图书在版编目(CIP)数据

结构力学 / 张连英，李兵，马超主编. —徐州：中国矿业大学出版社，2023.9

ISBN 978-7-5646-5950-9

Ⅰ. ①结… Ⅱ. ①张… ②李… ③马… Ⅲ. ①结构力学—高等学校—教材 Ⅳ. ①O342

中国国家版本馆 CIP 数据核字(2023)第 182635 号

书　　名　结构力学
主　　编　张连英　李　兵　马　超
责任编辑　章　毅
出版发行　中国矿业大学出版社有限责任公司
（江苏省徐州市解放南路　邮编 221008）
营销热线　(0516)83885370　83884103
出版服务　(0516)83995789　83884920
网　　址　http://www.cumtp.com　**E-mail**:cumtpvip@cumtp.com
印　　刷　苏州市古得堡数码印刷有限公司
开　　本　787 mm×1092 mm　1/16　**印张** 21　**字数** 537 千字
版次印次　2023 年 9 月第 1 版　2023 年 9 月第 1 次印刷
定　　价　58.00 元

前　言

结构力学是土木工程专业开设的一门重要的专业基础课程，具有较强的理论性、系统性和实用性。结构力学是研究建筑结构的力学计算理论和方法的依据，也是从事建筑设计和施工的理论基础。全书主要内容包括绪论、平面体系的几何组成分析、静定梁和静定刚架的内力计算、三铰拱的内力计算、桁架和组合结构的内力计算、静定结构的影响线、静定结构的位移计算、力法、位移法、力矩分配法、矩阵位移法和结构动力学基础。掌握结构力学的基本概念、基本原理和分析计算方法，不仅可为后续专业课程学习做准备，同时也可为学生今后从事工程技术工作打下理论基础。

本书根据高等教育大众化的特点和应用型大专院校对结构力学的教学要求，遵循高等教育人才培养目标原则，从学生学习的实际需要出发，对结构力学的内容进行了精简，更具有针对性、实用性，适合应用型大专人才教育的特色。本书强调基本概念、基本理论和基本方法，重视宏观分析，降低计算难度，突出工程应用。本书插图力求清晰、规范、美观，叙述深入浅出，通俗易懂，并配有相应的习题及答案，便于教师授课和学生自学。

本书编写分工如下：张连英编写第 1 章、第 2 章、第 10 章，李兵编写第 7 章、第 8 章、第 9 章、第 11 章，仇培涛编写第 5 章、第 6 章、第 12 章，马超编写第 3 章、第 4 章。

本书在编写过程中参考了国内外一些优秀教材，选用了其中的部分例题和习题，在此对相关作者表示感谢。在本书编写过程中，得到戴丽教授、李天珍教授、马林副教授、刘瑞雪老师和郑亚东等研究生的帮助，在此一并表示感谢。

教材建设是一项长期的工作，由于编者的水平有限，书中难免存在疏漏之处，衷心希望读者批评指正，以使本书更加充实和完善。

编　者

2023 年 8 月

目　　录

第 1 章　绪论 …… 1
1.1　结构力学的研究对象和内容 …… 2
1.2　结构的计算简图 …… 5
1.3　杆件结构的分类 …… 8
1.4　荷载的分类 …… 10
本章小结 …… 11
思考与练习 …… 12
参考答案 …… 12

第 2 章　平面体系的几何组成分析 …… 13
2.1　几何不变体系和几何可变体系 …… 14
2.2　几何组成分析的相关概念 …… 14
2.3　几何不变体系的基本组成规则及应用 …… 18
2.4　平面体系的自由度 …… 24
2.5　静定结构和超静定结构 …… 25
本章小结 …… 26
思考与练习 …… 27
参考答案 …… 28

第 3 章　静定梁和静定刚架的内力计算 …… 30
3.1　静定梁 …… 31
3.2　静定平面刚架 …… 45
本章小结 …… 54
思考与练习 …… 55
参考答案 …… 59

第 4 章　三铰拱的内力计算 …… 61
4.1　拱的概念及分类 …… 62
4.2　三铰拱的支座反力计算 …… 63
4.3　三铰拱的内力计算及内力图 …… 64
4.4　三铰拱的合理轴线 …… 67
本章小结 …… 69

思考与练习 …… 69
参考答案 …… 70

第5章 桁架和组合结构的内力计算 …… 72
5.1 桁架的组成和特点 …… 73
5.2 桁架的内力计算 …… 74
5.3 组合结构的计算 …… 83
5.4 静定结构的基本特性 …… 86
本章小结 …… 87
思考与练习 …… 88
参考答案 …… 90

第6章 静定结构的影响线 …… 91
6.1 影响线的概念 …… 92
6.2 静力法作梁的影响线 …… 93
6.3 间接荷载作用下梁的影响线 …… 99
6.4 静力法作桁架的影响线 …… 101
6.5 机动法作梁的影响线 …… 104
6.6 影响线的应用 …… 107
6.7 铁路和公路的标准荷载制及换算荷载 …… 116
6.8 简支梁的内力包络图和绝对最大弯矩 …… 121
本章小结 …… 126
思考与练习 …… 127
参考答案 …… 129

第7章 静定结构的位移计算 …… 130
7.1 概述 …… 131
7.2 虚功和虚功原理 …… 132
7.3 位移计算的一般公式和单位荷载法 …… 133
7.4 图乘法 …… 138
7.5 温度改变和支座移动时的位移计算 …… 142
7.6 线弹性体的互等定理 …… 145
本章小结 …… 148
思考与练习 …… 148
参考答案 …… 152

第8章 力法 …… 153
8.1 超静定结构的组成和超静定次数 …… 154
8.2 力法的基本含义和典型方程 …… 157

8.3 用力法计算超静定结构 …… 160
8.4 结构对称性的利用 …… 166
8.5 温度改变和支座移动时超静定结构的计算 …… 168
8.6 超静定结构的位移计算 …… 172
本章小结…… 173
思考与练习…… 173
参考答案…… 176

第 9 章 位移法 …… 178
9.1 位移法的基本思路 …… 178
9.2 等截面单跨超静定梁的杆端内力 …… 179
9.3 位移法的基本概念 …… 183
9.4 位移法的基本未知量和基本结构 …… 186
9.5 位移法典型方程及计算步骤 …… 188
9.6 用位移法计算超静定结构 …… 192
9.7 支座移动和温度变化时的位移法计算 …… 203
9.8 超静定结构的特性 …… 204
本章小结…… 206
思考与练习…… 206
参考答案…… 209

第 10 章 力矩分配法 …… 210
10.1 力矩分配法的基本概念…… 210
10.2 用力矩分配法计算连续梁和无侧移刚架…… 218
10.3 无剪力分配法…… 226
10.4 超静定结构的特性及计算的基本方法…… 231
本章小结…… 233
思考与练习…… 233
参考答案…… 236

第 11 章 矩阵位移法 …… 238
11.1 概述 …… 238
11.2 单元分析…… 239
11.3 整体分析…… 245
11.4 直接刚度法…… 251
11.5 边界条件的先处理 …… 253
11.6 非节点荷载的处理…… 254
11.7 矩阵位移法应用举例…… 258
本章小结…… 270

思考与练习…… 270
参考答案…… 272

第 12 章　结构动力学基础 …… 274
12.1　概述 …… 274
12.2　结构振动的自由度 …… 275
12.3　单自由度结构的自由振动 …… 277
12.4　单自由度结构在简谐荷载作用下的受迫振动 …… 283
12.5　单自由度结构在一般动力荷载作用下的受迫振动 …… 289
12.6　多自由度结构的自由振动 …… 293
12.7　多自由度结构在简谐荷载作用下的受迫振动 …… 312
12.8　计算频率的近似法 …… 318
本章小结…… 323
思考与练习…… 324
参考答案…… 327

参考文献…… 328

第1章 绪　论

【本章要点】

结构力学的研究对象和内容；

结构的分类，结构计算简图形成的原则；

节点和支座的分类，荷载的分类。

【问题导入】

人类最早对结构的运用大概是利用天然的巢居和穴居发展为自凿建房而住。我国在《周礼》中就记载了各种建筑的形制。王延寿的《鲁灵光殿赋》中"于是详察其栋宇，观其结构"出现了结构的专名词。我国著名建筑史学家梁思成先生在其《中国建筑史》中提到"中国建筑乃一独立之结构系统，历史悠长，散布区域辽阔"，"中国建筑之个性乃即我民族之性格，即我艺术及思想特殊之一部，非但在其结构本身之材质方法而已"。1937 年 7 月 5 日，梁思成与其夫人林徽因等人确定山西五台山佛光寺东大殿建于唐代，推翻了此前日本人关于"世人想看看唐代建筑只能去日本奈良、京都"的断言。佛光寺作为中国建筑学和历史学上的重大发现，在改写我国古代建筑史的同时，更是树立起一种民族文化自信心。

结构力学在发展的初期是与理论力学和材料力学融合在一起的。19 世纪初，随着工业的发展，大规模工程结构的需求与日俱增，对于这些结构的设计，要进行较精确的分析和计算。因此，工程结构的分析理论和方法开始独立出来，到 19 世纪中叶，结构力学开始迅速发展，成为一门独立的学科。此时，对于结构力学的研究已经延续了几个世纪了。

早期，意大利伽利略在《关于两门新科学的对话》(1638 年)中提到并考查了固定端悬臂梁的承载能力的问题。瑞士伯努利提出了伯努利梁理论。法国纳维于 1826 年提出了求解静不定结构问题的一般方法。从 19 世纪 30 年代起，随着火车交通的发展，桥梁结构设计不仅需要考虑承受静荷载的影响，还必须考虑承受动荷载的影响。从 1847 年开始的数十年间，学者应用图解法、解析法等来研究静定桁架结构的受力，这奠定了桁架理论的基础。德国基尔霍夫于 1850 年发表了平板问题的重要论述。1864 年，英国麦克斯韦创立单位载荷法和位移互等定理来求解静不定问题。1888 年，英国乐甫利用基尔霍夫对平板问题的假设导出了弹性薄壳的平衡方程，至今这个假设被人称为基尔霍夫-乐甫假设。随着桥梁和建筑开始大量使用钢材，科学家对钢架结构进行了系统的研究，德国本迪克森于 1914 年创立了转角位移法，用以解决刚架和连续梁等结构受力分析问题。随着结构力学的发展，众多学者针对承受各种动荷载(特别是地震)作用的结构力学问题,在实验和理论方面进行了许多研究工作。之后,疲劳问题、断裂问题和复合材料结构问题先后进入结构力学的研究领域。20世纪中叶,电子计算机和有限元法的问世使得大型结构的复杂计算成为可能,从而将结构力学的研究和应用水平提到了一个新的高度。

结构力学的发展离不开力学的发展。近代力学在西方是从16世纪开始发展的(文艺复兴时期),在我国的发展是从20世纪初开始的。单从建筑结构及力学方面而言,早期有以吕彦直、刘敦桢、梁思成等为代表的建筑大师,有以茅以升、凌鸿勋、蔡方荫等为代表的结构力学先驱者;后有李国豪、钱令希、郑哲敏、龙驭球、潘家铮、钱七虎、崔俊芝、陈政清、何华武等院士专家在大坝水利工程、高铁地铁交通工程、桥梁隧道工程、民生民用建筑工程等方面的理论、技术、实践的创新突破与教学育人方面的卓绝成就。目前,我国多项工程结构技术世界领先,多个超级工程立足于世界之林,如三峡大坝、港珠澳大桥、中国高铁、大兴国际机场、上海中心大厦、鸟巢、中国天眼等。

结构力学一直是结构设计的理论基础。它的基础是经典力学、弹性力学、塑性力学、弹性体的振动与波的理论以及弹性体平衡的稳定性理论。结构力学的基本经典理论和计算方法有哪些?它们是如何在结构设计和计算中发挥作用的?本章带领读者了解与认识结构力学的一些基本概念。

1.1 结构力学的研究对象和内容

1.1.1 结构的概念及其分类

在土木、交通和水利工程中,凡是用建筑材料按照合理方式组合,能支承和传递荷载而起骨架作用,满足一定使用要求的物体或物体系统均称为工程结构,简称结构。如房屋建筑中的梁柱体系,水利建筑中的闸门和水坝,交通建筑中的桥梁和隧道等都是工程结构的典型例子,图1-1所示为工程结构实例。

结构通常由许多构件连接而成,如杆、柱、梁、板、壳等构件。结构的类型很多,结构的受力特性和承载能力与结构的几何特征关系密切。

结构按其几何特征通常分为三类:杆件结构、板壳结构和实体结构,如图1-2所示。

1.1.1.1 杆件结构

杆件结构由杆件所组成。杆件的几何特征是三个方向尺寸中的长度远大于其截面上两个方向的几何尺寸,如图1-3(a)所示。图中l为长,b为宽,h为高。

1.1.1.2 板壳结构

板壳结构又称薄壁结构,几何特征是它的构件三个方向尺寸中的厚度远小于其余两个方向的几何尺寸。当薄壁结构为曲面时,则称为壳体;当薄壁结构为平面时,则称为薄板,如图1-3(b)、图1-3(c)所示。图中b为长,a为宽,δ为高。

1.1.1.3 实体结构

实体结构的几何特征是三个方向尺寸中,长度、宽度和高度大致相当,如图1-3(d)所示。图中a为长,b为宽,h为高。

(a) 三峡大坝

(b) 港珠澳大桥

(c) 北京大兴机场

(d) 上海城市建筑群

图 1-1　工程结构实例

(a) 杆件结构实例——福州奥体中心

(b) 板壳结构实例——中国国家大剧院

(c) 实体结构实例——中国长城

图 1-2　结构实例

1.1.2　结构力学的研究对象

结构力学与理论力学、材料力学、弹性力学有着密切的关系。理论力学主要研究物体机

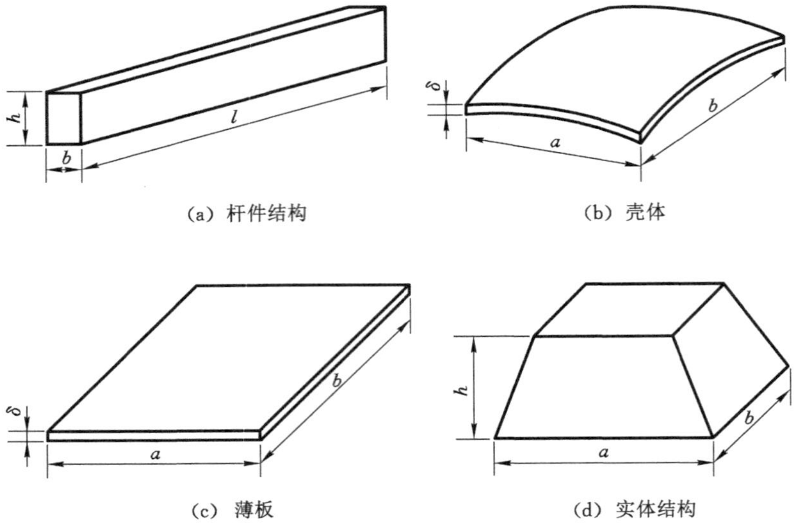

图 1-3 结构的分类

械运动的基本规律，其余三门力学主要研究结构及其构件的强度、刚度、稳定性和动力反应等问题，其中材料力学以单个杆件为主要研究对象，结构力学以杆体系结构为主要研究对象，弹性力学以板壳结构和实体结构为主要研究对象。

学习结构力学课程要坚持理论与实践相结合的原则。要注意观察实际结构的构造，分析结构的受力特点，思考如何利用所学的理论知识解决实际结构的力学问题，才能深刻理解所学内容、掌握课本知识。

1.1.3 结构力学的研究内容

结构力学主要研究结构的组成和合理形式及结构在荷载作用、温度变化、支座移动等外因作用下的结构内力和变形，以及结构的强度、刚度和稳定性的计算原理和计算方法。结构力学的主要内容可归纳为如下几个方面：

（1）结构的组成规律、合理形式以及结构计算简图的合理选择。其目的是使结构能承受荷载并保持平衡，有效地利用材料，并充分发挥材料的性能。

（2）结构在荷载作用、温度变化、支座移动等外因作用下的内力、变形和位移计算。其目的是为结构的强度和刚度计算提供原理和方法，以保证结构满足安全、经济和适用的要求。

（3）结构的稳定性，确定结构丧失稳定性的最小临界荷载。其目的是保证结构处于稳定的平衡状态而正常工作。

（4）结构在动力荷载作用下的动力特征。其目的是为结构抗震设计提供理论基础。

本书主要介绍结构力学中最基本的计算原理和计算方法，这些内容是解决一般常用结构的静力计算问题所必需的，也是进一步学习和掌握其他现代结构分析方法的基础。

1.2 结构的计算简图

实际工程结构比较复杂，按照结构的实际情况进行力学计算比较困难，也没有必要，因此，进行力学分析时，必须选用一个能反映结构主要工作特性、计算起来又相对比较容易的简化模型来代替实际结构，这种既能反映真实结构的主要特征，又便于计算的简化模型称为结构计算简图。它是实际结构略去不重要的细节、能显示其基本特点的简化图形。

由实际结构简化为结构计算简图，简化的原则为：

(1) 从实际出发，能反映实际结构的主要性能，使计算结构更接近实际情况。

(2) 分清主次，略去次要因素，便于计算。

1.2.1 体系的简化

实际结构一般都是空间结构，各部分相互连接形成一个整体，以承受各种荷载的作用。对于空间结构进行力学分析往往比较复杂，工作量较大。在一定条件下，可抓住实际结构受力情况的主要因素，略去次要因素，将其分解、简化为平面结构，使计算得到简化。本书主要研究平面结构。

1.2.2 杆件的简化

因杆件的截面尺寸通常比杆件的长度小得多，在计算简图中，杆件用其轴线来表示。如梁、柱等构件的轴线为直线，则用相应的直线来表示。如曲杆的轴线为曲线，则用相应的曲线来表示。

1.2.3 节点的简化

结构中两个或两个以上杆件的共同连接处称为节点。

对于各种结构，如钢筋混凝土结构、钢结构、木结构等，节点的构造方式虽然很多，但节点的计算简图有三种基本的类型：铰节点、刚节点和组合节点，如图 1-4 所示。

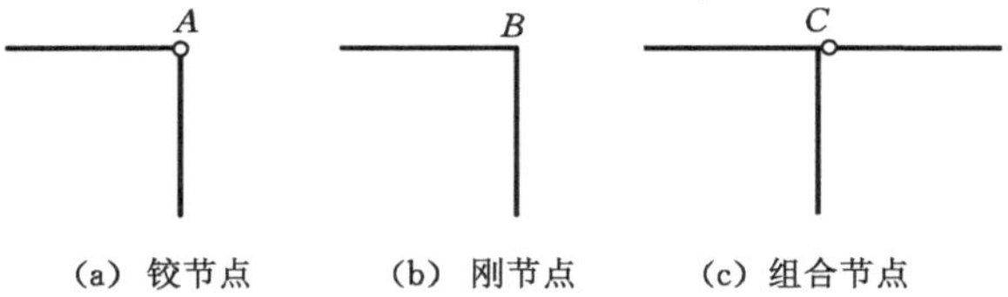

(a) 铰节点　　(b) 刚节点　　(c) 组合节点

图 1-4 节点的简化

1.2.3.1 铰节点

节点上的各杆用铰链相连接，所连接的各杆都可以绕节点相对转动，但不能相对移动，杆件受荷载作用产生变形时，节点上各杆件端部的夹角会发生改变。图 1-4(a)中 A 点为铰节点。在铰节点处，只能承受和传递力，不能承受和传递力矩。木结构的屋架节点就可以简化为铰节点。

1.2.3.2 刚节点

节点上的各杆刚性连接，所连接的各杆不能绕节点相对转动，也不能相对移动。杆件受荷载作用产生变形时，节点上各杆件端部的夹角保持不变，即节点上各杆件的端部都有一相同的旋转角。图 1-4(b)中 B 点为刚节点。在刚节点处,不但能承受和传递力,而且能承受和传递力矩。现浇钢筋混凝土框架的节点就可以简化为刚节点。

1.2.3.3　组合节点

由铰节点和刚节点在一起形成的节点为组合节点。图 1-4(c)中 C 点为组合节点。

1.2.4　支座的简化

把结构与基础或其他支承物连接起来的装置称为支座。常见的平面结构支座有:固定铰支座、可动铰支座、固定端支座、定向滑动支座。支座的简化可根据实际构造和约束情况进行。

1.2.4.1　固定铰支座

用铰链约束将结构或构件与基础或静止的结构物连接起来,就构成了固定铰支座。图 1-5(a)所示为一个固定铰支座,它将构件与基础连接起来,限制了构件的水平和铅直方向的移动,使构件只能绕支座转动,通常用图 1-5(b)或图 1-5(c)表示,因此,固定铰支座有一个约束力 F_R,且 F_R 可以用一个水平反力 F_{Ax} 和一个铅直反力 F_{Ay} 来代替,即固定铰支座可以用两个相互垂直的约束力 F_{Ax} 和 F_{Ay} 表示。

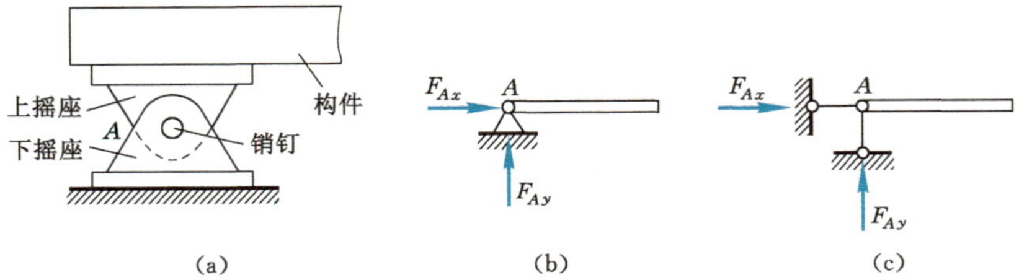

图 1-5　固定铰支座

在建筑结构中,如果梁插入墙内少许,柱与基础间空隙填入沥青、麻丝等都可用固定铰支座代替 。

1.2.4.2　可动铰支座

在固定铰支座的下面加上滚轴,使构件在支座处有沿支承面移动的可能,这种支座称为可动铰支座,其约束性质与光滑接触面相同,只能限制物体沿支承面法线方向指向约束内部的运动,不能限制沿支承面方向的运动和背离支承面的运动,同时,也不能限制物体绕销钉的转动,如图 1-6(a)所示。

可动铰支座约束力,垂直于支承面,通过铰链中心指向被约束物体,如图 1-6(b)或图 1-6(c)所示。由于可动铰支座与链杆的性质有相同之处,有时也称为链杆约束。

1.2.4.3　固定端支座

既能限制物体移动,又能限制物体转动的约束的支座称为固定端支座。当物体受到荷载作用时,这种支座除了产生水平反力 F_{Ax} 和 F_{Ay} 铅直反力外,还将产生一个限制物体转动的反力偶 M。因此固定端支座的约束力是两个相互垂直的分力 F_{Ax}、F_{Ay} 和一个力偶 M_A。

如用混凝土浇筑位于环形基础内的预制钢筋混凝土柱子,它的支座便可视为固定端支座。

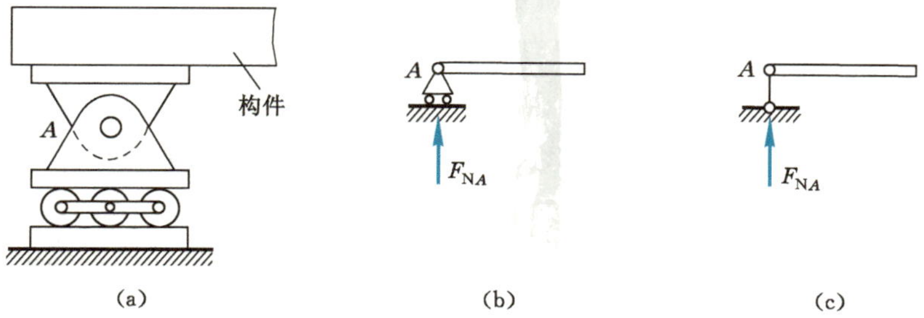

图 1-6 可动铰支座

图 1-7(a)所示为一固定端支座,其受力如图 1-7(b)所示,约束力 F_{Ax} 和 F_{Ay} 对应于约束限制移动的位移,约束力偶 M_A 对应于约束限制转动的位移。

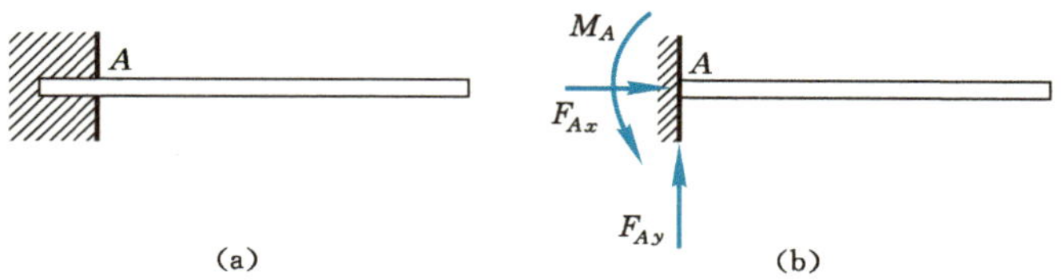

图 1-7 固定端支座

1.2.4.4 定向支座

构件用两根等长且平行的链杆与基础相连接,就形成定向支座。如图 1-8(a)和图 1-8(b)所示,这种支座允许杆端沿与链杆垂直的方向移动,阻止了沿杆件方向的移动和转动。因此,定向支座的约束有一个沿链杆方向的力和一个力偶 M_A,如图 1-8(c)和图 1-8(d)所示。

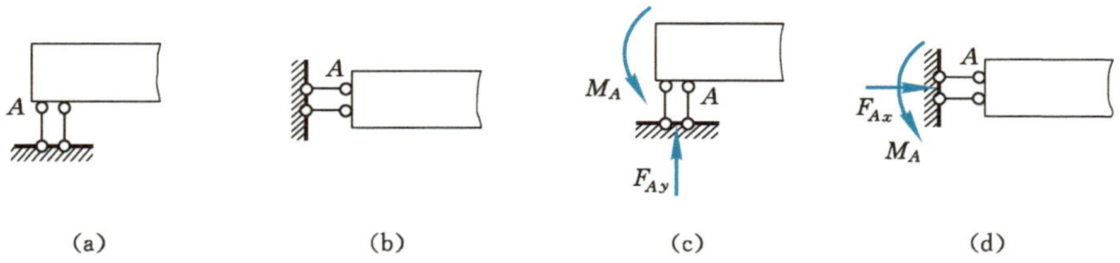

图 1-8 定向支座

应当注意的是,铰链、链杆、固定铰支座、可动铰支座、固定端支座和定向支座都只能确定约束力作用线的位置,而不能确定其指向,以上所述约束力的方向都是假设的,实际约束力的方向应当根据具体情况确定。只有柔性约束和光滑面约束无须计算就能确定约束力的作用线位置和方向。

1.2.5 荷载的简化

实际结构所承受的荷载,一般是作用在结构内各处的体荷载(如自重和惯性力等),以及作用在结构某一表面上的面荷载(如风压力、水压力和车辆的轮压力等),在计算简图中,无论是体荷载还是面荷载都可以把它们简化作用在构件轴线上。根据荷载的分布情况,一般可以简化为分布荷载、集中荷载和集中力偶。

1.2.6 结构计算简图简化实例

图 1-9(a)所示为一工业厂房结构图。该厂房由屋架、柱子和基础等组成。下面分别分析屋架、柱子和整体结构的计算简图。

由上面所述的简化原则和方法可以进行如下简化:屋架的杆件用轴线表示;屋架杆件之间的节点简化为铰节点;屋架上的荷载可简化为集中荷载且作用在节点上;由于屋架与立柱的连接,使屋架不能左右移动,但在温度变化时,仍可以自由伸缩,因此,可将其一端简化为固定铰支座,另一端简化为可动铰支座。计算简图如图 1-9(b)所示,该结构也称为桁架。

在分析柱子的计算简图时,可以将屋架用实体杆代替,并且将立柱及屋架的实体杆以轴线表示,柱与基础的连接用固定端支座表示。计算简图如图 1-9(c)所示,该结构称为排架。

整体结构的计算简图如图 1-9(d)所示。

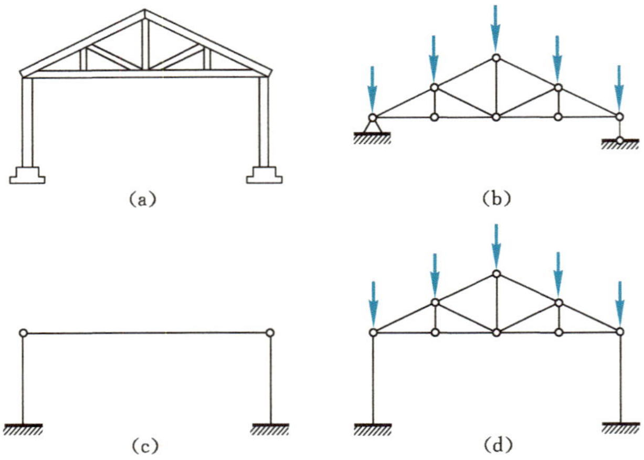

图 1-9 结构计算简图

怎样才能恰当地选取实际结构的计算简图,是结构设计中比较复杂的问题,不仅要掌握上面所述的两个原则和方法,而且需要有较多的实践经验。对于一些新型结构往往还要通过反复的试验和实践,才能获得比较合理的计算简图。

1.3 杆件结构的分类

本书主要研究平面杆系结构,根据结构组成特征和受力特点,通常可将其分为以下几种类型。

1.3.1 梁

梁是一种受弯构件,它的轴线通常为直线。当只有垂直于梁轴线的平面内的竖向荷载时,梁横截面上的内力有弯矩和剪力,没有轴力。梁有单跨梁,如图 1-10(a)、图 1-10(b)所示;还有多跨梁,如图 1-10(c)、图 1-10(d)所示。

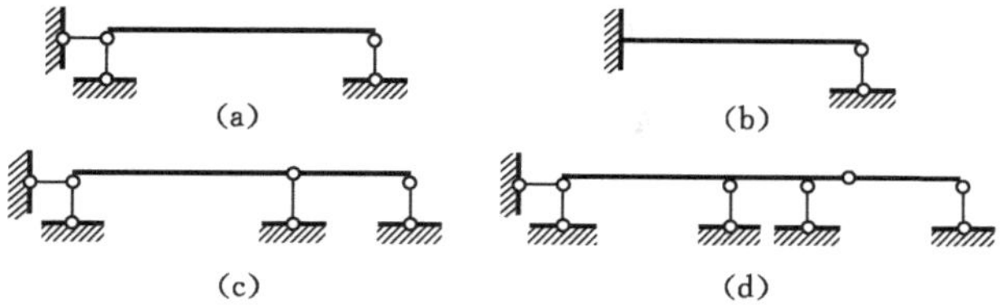

图 1-10 梁

1.3.2 刚架

如图 1-11 所示，刚架由直杆组成并由刚节点连接，也可以有部分铰节点。刚架中各杆件以弯曲变形为主，截面上内力有弯矩、剪力和轴力。

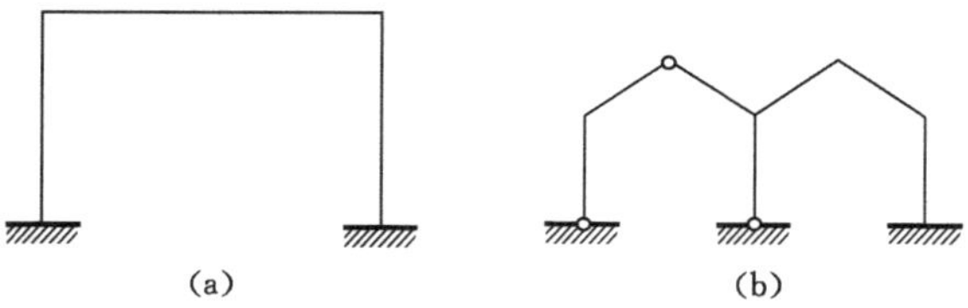

图 1-11 刚架

1.3.3 拱

拱的轴线一般为曲线，拱在竖向荷载作用下支座处会产生水平推力，由此可以减小拱截面内的弯矩和剪力，但截面上会有较大的轴力，如图 1-12 所示。

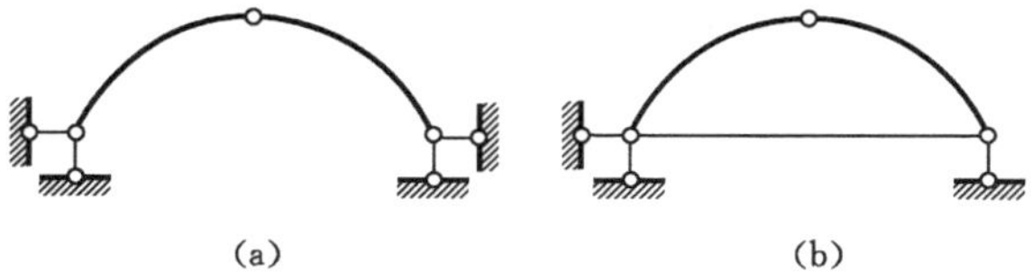

图 1-12 拱

1.3.4 桁架

如图 1-13 所示，桁架由直杆组成，所有节点均为铰节点。当只受到作用在节点上的集中荷载时，各杆截面上只有轴力。

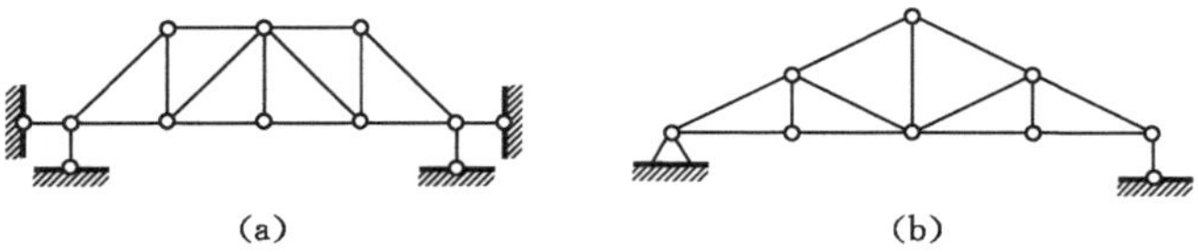

图 1-13 桁架

1.3.5 组合结构

组合结构是由桁架与梁或者桁架与刚架组合在一起的结构，其中包含组合节点，如图 1-14 所示。

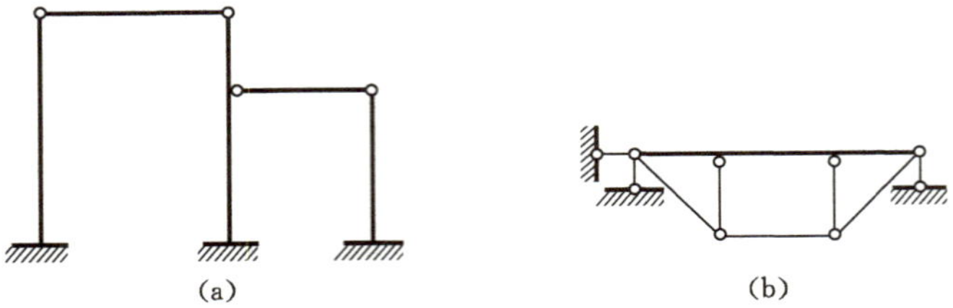

图 1-14　组合结构

1.4　荷载的分类

在工程实际中，结构受到的荷载是多种多样的，为了便于分析，以下将从不同的角度对荷载进行分类。

1.4.1　按荷载作用的范围分类

荷载按其作用的范围可分为分布荷载和集中荷载。

1.4.1.1　分布荷载

分布荷载是指分布作用在结构体积、面积和线段上的荷载，分布荷载又可分为均布荷载和非均布荷载。图 1-15(a)所示为梁的自重，荷载连续作用、荷载集度大小相同，这种荷载称为均布荷载。梁的自重是以单位长度质量来表示的，单位是 N/m 或 kN/m，又称为线均布荷载。图 1-15(b)所示为板的自重，也是均布荷载，它是以单位面积质量表示的，单位是 N/m^2 或 kN/m^2，故又称为面均布荷载。图 1-15(c)所示为一水池，池壁受到水压力作用，水压力的大小与水深成正比，这种荷载形成一个三角形的分布规律，即荷载连续作用，但各处大小不同，称为非均布荷载。

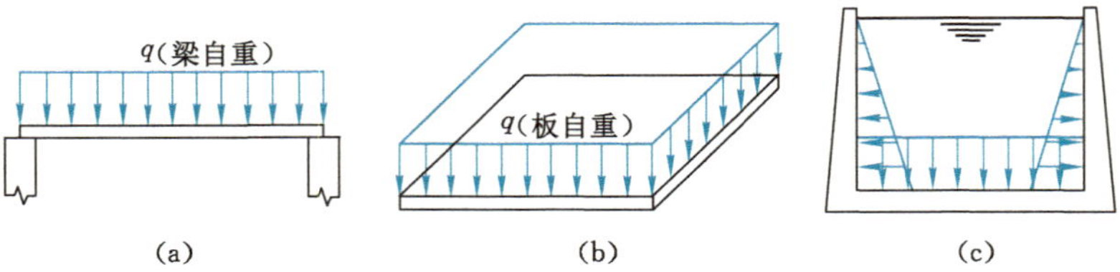

图 1-15　分布荷载

1.4.1.2　集中荷载

集中荷载是指作用在结构上的荷载一般总是分布在一定的面积上的荷载。当分布面积远小于结构的尺寸时，则可认为此荷载是作用在结构的一点上。如吊车的轮子对吊车梁的压力、屋架传给砖墙或柱子的压力等，都可认为是集中荷载。其单位一般用 N 或 kN 来表示。

1.4.2　按荷载作用的时间分类

荷载按其作用在结构上的时间长短分为恒荷载和活荷载。

1.4.2.1 恒荷载

恒荷载是指作用在结构上的不变荷载，即在结构建成以后，其大小和位置都不再发生变化的荷载，例如结构的自重。

1.4.2.2 活荷载

活荷载是指在施工和建成后使用期间可能作用在结构上的可变荷载。所谓可变荷载就是这种荷载有时存在，有时不存在，其作用位置和范围可能是固定的(如风荷载、雪荷载等)，也可能是移动的(如吊车荷载、桥梁上行驶的车辆等)。不同类型的房屋建筑，因其使用情况不同，活荷载的大小就不同。各种常用的活荷载，在《工业与民用建筑结构荷载规范》(TJ 9—1974)中有详细规定。

1.4.3 按荷载作用的性质分类

荷载按其作用在结构上的性质分为静力荷载和动力荷载。

1.4.3.1 静力荷载

静力荷载是指荷载从零慢慢增加至最后的确定数值后，其大小、位置和方向就不再随时间而变化的荷载，如结构的自重荷载。

1.4.3.2 动力荷载

动力荷载是指大小、位置、方向随时间而迅速变化的荷载。在这种荷载作用下，结构上各点产生显著的加速度，因此，必须考虑惯性力的影响，如动力机械产生的荷载、地震荷载等。

以上是从三种不同角度将荷载分为三类，但它们不是孤立无关的。例如结构的自重，它既是恒载，又是分布荷载，也是静力荷载。

本章小结

(1) 结构按其几何特征通常分为三类：杆件结构、板壳结构、实体结构。结构力学的研究对象为杆件结构。结构力学的主要内容可归纳为以下几个方面：结构的组成规律、合理形式以及结构计算简图的合理选择；结构在荷载作用、温度变化、支座移动等外因作用下的内力、变形和位移计算；结构的稳定性计算；结构在动力荷载作用下的动力特征。本书主要介绍结构力学中最基本的计算原理和计算方法。

(2) 结构的计算简图：既能反映真实结构的主要特征，又便于计算的简化模型称为结构计算简图。

简化的原则：从实际出发，能反映实际结构的主要性能，使计算结构能接近实际情况；分清主次，略去次要因素，便于计算。

(3) 结构的计算简图中常用的支座和节点的简化。

(4) 杆件结构的分类：梁、刚架、拱、桁架和组合结构。

(5) 荷载按作用的范围可分为分布荷载和集中荷载，按作用在结构上的时间长短分为恒荷载和活荷载，按荷载作用的性质分为静力荷载和动力荷载。

思考与练习

1-1　建筑物中的梁和柱、挡水坝、大型的储气罐分别是什么类型的结构？

1-2　结构力学的研究对象是什么？试举例说明。

1-3　什么是结构的计算简图？如何确定结构的计算简图？

1-4　结构的计算简图中常用的支座和节点有哪些类型？

1-5　杆件的自重是集中荷载还是分布荷载？是恒荷载还是活荷载？是静力荷载还是动力荷载？

参考答案

1-1～1-5　略

第 2 章　平面体系的几何组成分析

【本章要点】

几何不变体系和几何可变体系的基本概念；

组成分析中自由度和约束等概念；

杆件体系几何组成分析的基本规则和分析方法；

静定结构与超静定结构在几何组成上的区别。

【问题导入】

随着人类的发展，建筑不断迭代更替，向高、深、广、大扩展，其空间性、艺术性和实用性日益革新，但是安全稳定性是第一位的。结构作为建筑的“骨架”，用来承受和传递荷载。如果不考虑体系中材料的应变，在荷载作用下，结构必须能维持自身位置和几何形状的不变才能用于工程。

南京长江大桥，如图 2-1(a)所示，是长江上第一座由我国自行设计和建造的双层式铁路、公路两用桥梁。它始建于 20 世纪 60 年代初，建成于 1968 年，开创了中国人民依靠自己的力量建设大型桥梁的新纪元，同时承载了中国几代人的特殊情感与记忆。局部放大桥梁钢结构，如图 2-1(b)所示，复杂的杆件交织一起，但仔细观察，杆件体系又有规可循。图 2-1(a)中的框线区域的实际结构，在不考虑结构单元数量的情况下，可简化为图 2-1(c)的结构模型；图 2-1(b)中的框线区域的实际结构，可简化为图 2-1(d)中的结构模型。这两种结构模型是否稳定？为何如此设计？这些问题值得思考。

(a) 南京长江大桥

(b) 南京长江大桥钢结构局部图

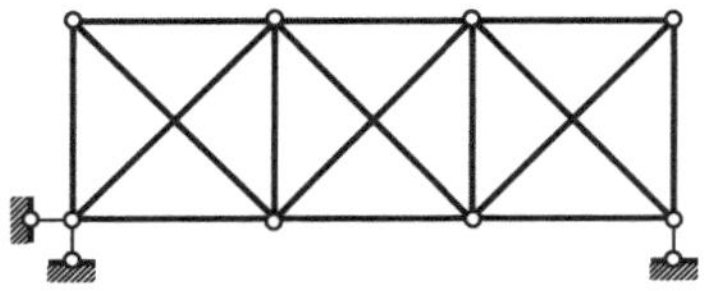

(c) 结构简化模型

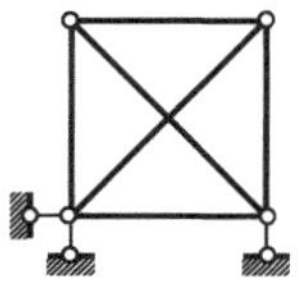

(d) 结构简化模型

图 2-1　南京长江大桥部分结构简化

其实，建筑工程设计计算时，必须对杆件体系的几何组成进行分析，以确定该体系是否能作为结构使用，发挥承受、传递荷载的功能。几何组成分析是从运动学的角度，研究杆件如何布置才能组成牢固的结构。几何组成分析又称为机动分析或几何构造分析。在体系受到任意荷载作用后，体系会因为材料产生应变而发生变形。由于这种变形微小，所以在几何组成分析中忽略体系各杆件由于材料应变而产生的变形，从而假设杆件是刚性的。

2.1 几何不变体系和几何可变体系

工程中的杆件体系可分为几何不变体系和几何可变体系两类。在任意荷载作用下，即使不考虑材料的应变，体系的形状和位置也会发生改变的体系称为几何可变体系，如图 2-2(a)所示。反之，在任意荷载作用下，只要不发生破坏，形状和尺寸就不发生改变的体系称为几何不变体系，如图 2-2(b)所示。图 2-2 中杆件体系之所以可由几何可变体系转变为几何不变体系是因为增加了链杆 3（图 2-2 中 1、2 也为链杆）。结构是用来承受和传递荷载的，所以必须是几何不变体系。

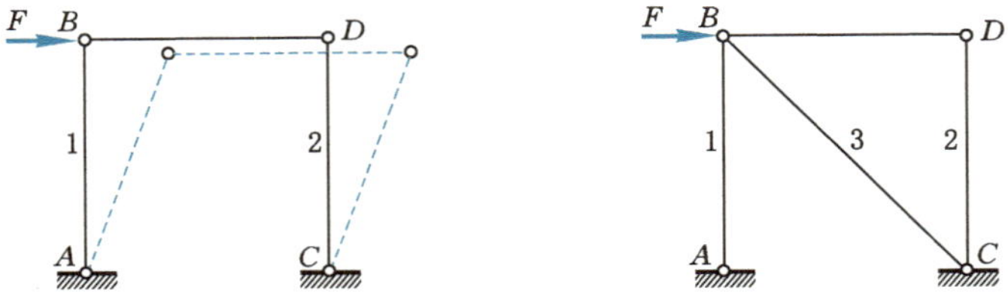

(a) 几何可变体系　　(b) 几何不变体系

图 2-2　几何可变体系与几何不变体系

几何组成分析的目的是：

(1) 判断给定的体系是否为几何不变体系，从而判定该体系能否作为结构。

(2) 研究几何不变体系的组成规则，保证将若干离散的杆件装配成能承受传递荷载而维持平衡的结构。

(3) 判断体系为静定结构或超静定结构，从而采用相应的方法进行结构的内力计算。

(4) 了解结构各部分之间的构造关系，提高和改善结构的性能。在某些情况下，根据几何组成分析判断结构的基本部分和附属部分，从而选择适当的计算次序简化计算。

2.2 几何组成分析的相关概念

2.2.1 刚片

在结构体系中，刚片是指一个在平面内可以看作刚体的物体，其几何形状和尺寸不变。因此，在平面体系中，当不考虑材料的变形时，每个杆件都是刚体，一根梁、一根链杆或者在体系中经判断已确定为几何不变的部分都可以看作是一个刚片。支承体系的地基也可以作为一个刚片处理。

2.2.2　自由度

体系在运动时，用以完全确定其在平面内位置所需的独立坐标的数目称为自由度。下面通过点和刚片在平面内自由运动的情况说明自由度的概念。

(1) 一个点的自由度：一个点在平面内运动时，需要两个独立坐标 x、y 即可确定其位置，如图 2-3(a)所示。由此可知平面内一个点有两个自由度。

(2) 一个刚片的自由度：一个刚片在平面内运动时，需要三个独立的坐标 x、y 和 α 即可确定其位置。如图 2-3(b)所示，平面内有一个刚片 AB，若先固定 A 点，则需 x、y 两个坐标，但此时，刚片 AB 在平面内可以绕 A 点自由转动，若再固定刚片上 AB 直线的倾角 α，则刚片 AB 的位置可以完全确定。由此可知平面内一个刚片有三个自由度。

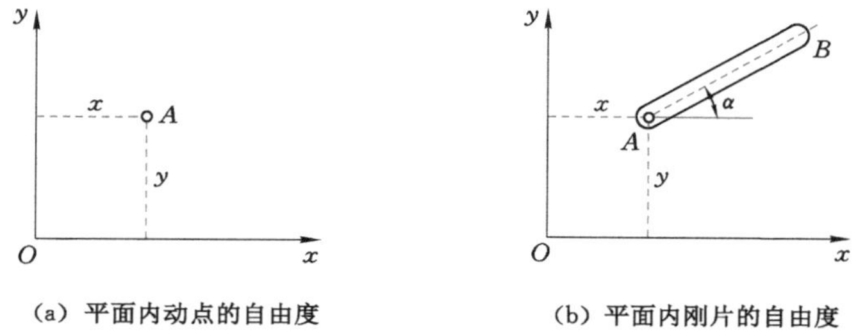

图 2-3　平面内动点、刚片的自由度

前面提到，地基可以看作是一个刚片，但这种刚片是不动刚片，其自由度为零。

一般来说，如果一个体系有 n 个独立的运动方式，这个体系就有 n 个自由度。凡自由度大于零的体系都是几何可变体系，工程结构应是几何不变体系，其自由度小于或等于零。

2.2.3　约束

对物体的运动起限制作用的装置称为约束或联系。约束是杆件体系与基础、杆件与杆件之间的连接装置。杆件体系内加入连接装置使各杆之间的相对运动受到限制，约束将减少体系的自由度。因此，约束是使体系自由度减少的装置。减少一个自由度的装置称为一个约束；减少 n 个自由度的装置称为 n 个约束。

不同种类的约束对体系自由度减少的数量是不同的。以下讨论常见的约束对体系自由度的影响。

2.2.3.1　链杆约束

链杆是两端用铰与其他物体相连的刚性杆件。在进行几何组成分析时，链杆与刚性杆件的形状无关，刚性杆件可以是直杆、折杆或者曲杆。链杆只限制与其连接的刚片沿链杆两铰连线方向上的运动。因此，一根链杆相当于一个约束，减少体系的一个自由度。如图 2-4(a)所示，平面内刚片在和基础用链杆连接之前有三个自由度，连接以后，只用两个独立坐标 α 和 β 即可确定刚片在平面内的位置。因此，一根链杆减少一个自由度。再如图 2-4(b)所示，用一根链杆连接刚片 Ⅰ 和刚片 Ⅱ。未连接之前，每个刚片有三个自由度，两个刚片共有 6 个自由度。连接以后，对刚片 Ⅰ 而言，其位置需用刚片上 A 点的坐标 x_A、y_A 和 AB 曲连线的倾角 α 来确定。因此，刚片 Ⅰ 有三个自由度，刚片 Ⅱ 的位置可由坐标 β、γ 确定，体系的自由度为 $6-1=5$，两个刚片用一根链杆连接后，就减少了一个自由度。可动铰支座和链杆的约束作用相同。

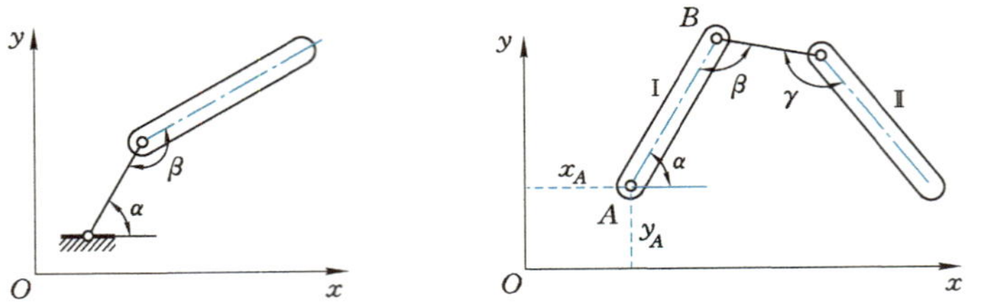

(a)　　(b)

图 2-4　链杆约束

2.2.3.2　铰约束

铰约束按连接方式不同分为单铰和复铰。

(1) 单铰:连接两个刚片的铰称为单铰。一个单铰使体系减少两个自由度。如图 2-5 所示,用一个单铰连接刚片Ⅰ和刚片Ⅱ。未连接之前,两个刚片共有 6 个自由度。连接以后,对刚片Ⅰ而言,有三个自由度,刚片Ⅱ的位置可由坐标 β 确定,体系的自由度为 6－2＝4,两个刚片用一个单铰连接后,就减少了两个自由度。所以说,一个单铰相当于两个约束,也相当于两根链杆的作用;反之,两根链杆也相当于一个单铰的作用。

固定铰支座和单铰的约束作用相同。

(2) 复铰:连接两个刚片以上的铰称为复铰。如图 2-6 所示,用一个复铰连接 4 个刚片Ⅰ、Ⅱ Ⅲ和Ⅳ。未连接之前,4 个自由刚片共有 12 个自由度。连接以后,对刚片Ⅰ而言,有三个自由度,刚片Ⅱ、Ⅲ和Ⅳ的位置可由彼此之间的夹角确定。所以,体系的自由度为 12－6＝6,4 个刚片用 1 个复铰连接后,就减少了 6 个自由度。因此,连接 4 个刚片的复铰相当于三个单铰的作用。一般来说,连接 n 个刚片的复铰相当于$(n-1)$个单铰的作用,也相当于 $2(n-1)$个约束,减小体系 $2(n-1)$个自由度。

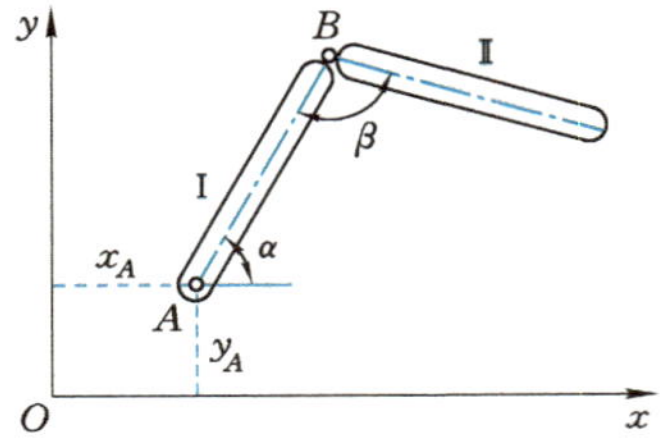

图 2-5　单铰约束

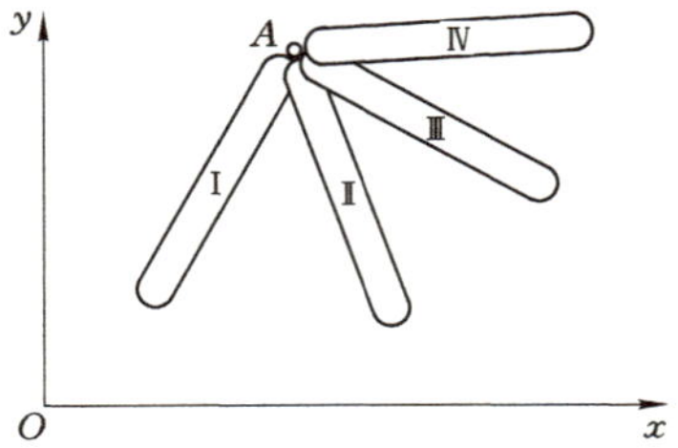

图 2-6　复铰约束

如图 2-7 所示,刚片Ⅰ、Ⅱ间用两根链杆连接,两根链杆的延长线交于 P 点,这样刚片Ⅰ、Ⅱ之间的运动只能是绕 P 点的相对转动。两链杆的作用与在 P 点的一个铰的作用相同,称 P 点为虚铰。当两个刚片用不平行的两根链杆相互连接时,两根链杆延长线的交点就是虚铰,相当于一个单铰的作用。

用于连接两个刚片的两根链杆,在链杆端部直接相交,称该铰为实铰,如图 2-8 所示。实铰和虚铰,其约束作用都相当于一个单铰。虚铰的位置随刚片的转动而改变,所以虚铰是两个刚片相对转动的瞬心,也称为瞬铰。当连接两个刚片的两根链杆相互平行时,两链杆轴线延长后交于无穷远处，称为无穷远虚铰，也相当于一个单铰的作用。

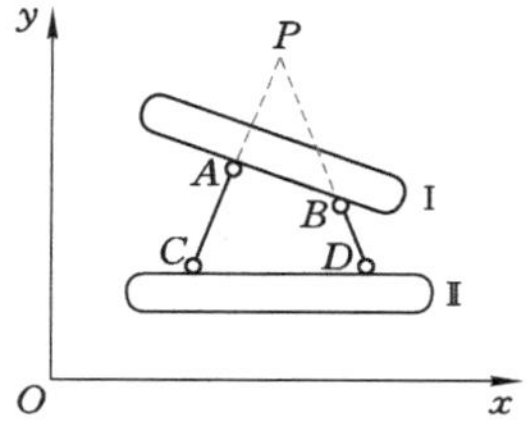

图 2-7　虚铰

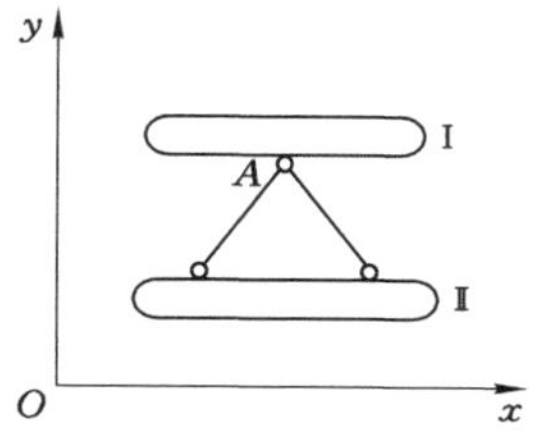

图 2-8　实铰

2.2.3.3　刚性约束

如图 2-9(a)所示，刚片Ⅰ和刚片Ⅱ以刚性连接的方式连成一体，这种约束称为刚性约束。在用刚性约束连接之前，两个刚片共有 6 个自由度。两者刚性连接后，刚片Ⅰ和刚片Ⅱ之间不发生任何形式的相对运动，构成一个扩大的刚片。扩大后刚片的自由度为 6－3＝3，两个刚片用一个刚性约束连接后，减少了 3 个自由度。因此，一个刚性连接能减少 3 个自由度，相当于 3 个约束。如图 2-9(b)、图 2-9(c)所示，刚性连接可以用链杆或铰约束替换。

固定端支座和刚性约束的作用相同，仅连接两个刚片的刚节点称为单刚节点。

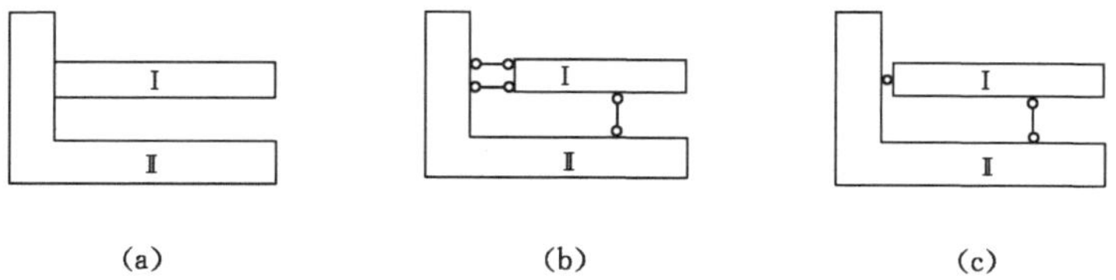

图 2-9　刚性连接及约束间的替换

2.2.3.4　非多余约束和多余约束

如图 2-10(a)所示平面体系，自由点 A 在加链杆约束前，在平面内有两个自由度。用两根不共线的链杆 AB 和 AC 将点 A 连接到基础上，点 A 的两个自由度均被限制，即点 A 被固定，因此减少了两个自由度。这两根链杆都是非多余约束。两根链杆对于固定点 A 在平面内的位置不可缺少，又称其为必要约束。如果在体系中再增加一个约束，体系的自由度并不因此而减少，此约束称为多余约束。如图 2-10(b)所示平面体系，三根链杆中只有两根是必要约束，有一根是多余约束，因为去掉三根链杆中的任何一根都不会改变点 A 自由度为零的事实。

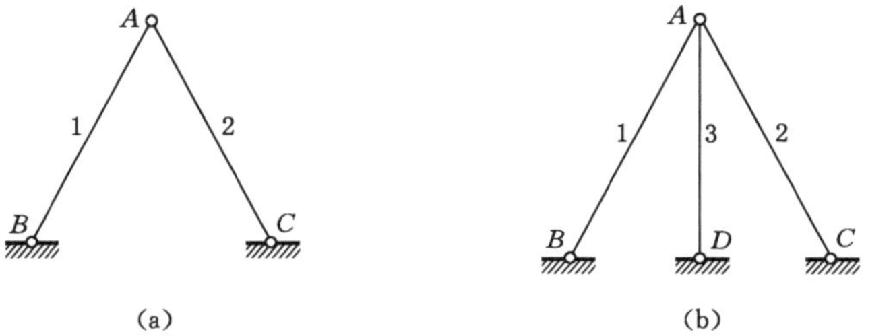

图 2-10　非多余约束与多余约束

2.3 几何不变体系的基本组成规则及应用

本节讨论无多余约束的几何不变体系的组成规则。按规则组成的体系几何不变且所有约束均为必要约束。在这样的体系中，去掉任何一个约束，几何不变体系均变为几何可变体系。

2.3.1 几何不变体系的基本组成规则

几何不变体系的基本组成规则有二元体规则、两刚片规则和三刚片规则。

2.3.1.1 二元体规则

用两根不在同一直线上的链杆连接一个新铰节点的装置，称为二元体，如图 2-11 中的节点 A 和链杆 AB、AC 组成的就是二元体。图中刚片Ⅰ增加了一个二元体 B-A-C，原刚片有三个自由度，增加点 A 后，就增加了两个自由度，而这两个自由度正好被不共线的两根链杆约束减少。因此，在一个体系上，增加或减少一个二元体，并不改变原体系的自由度，即二元体规则：在体系上依次增减二元体不改变原体系的几何组成性质。

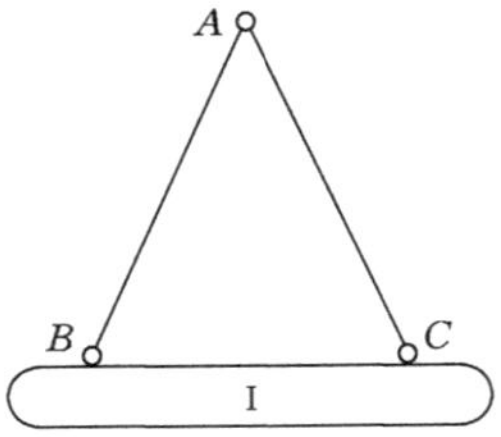

图 2-11　二元体规则

利用二元体规则，可使某些体系的几何组成分析得到简化，也可直接对某些体系进行几何组成分析。

要注意的是：链杆有直杆、曲杆、折杆等多种形式，因此二元体的形式也有多种，但作为约束，其作用是相同的。

2.3.1.2 两刚片规则

在图 2-11 中，如果将链杆 AB 看作刚片Ⅱ，就得到如图 2-12(a)所示的体系，它表示刚片Ⅰ和刚片Ⅱ之间的连接。

两刚片规则Ⅰ：两个刚片用一个实铰和轴线及延长线均不过铰的链杆相连，组成几何不变体系且无多余约束，如图 2-12(a)和图 2-12(b)所示。

两刚片规则Ⅱ：两个刚片用三根不全平行也不交于一点的链杆相连，组成几何不变体系且无多余约束，如图 2-12(c)所示。

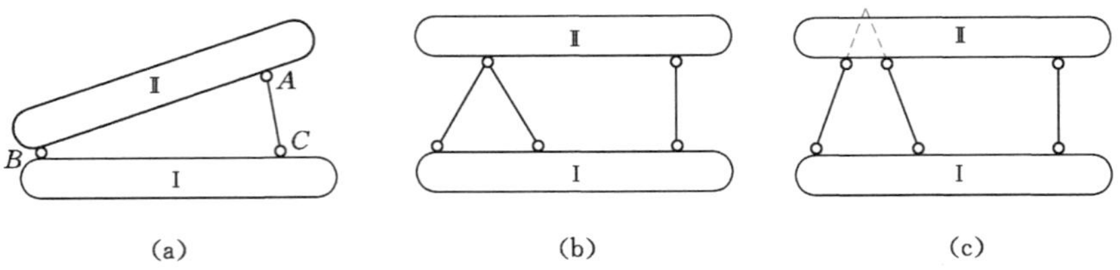

图 2-12　两刚片规则

2.3.1.3 三刚片规则

在图 2-12(a)中，如果将链杆 AC 看作刚片Ⅲ，就得到如图 2-13(a)所示的体系，它表示刚片Ⅰ、刚片Ⅱ和刚片Ⅲ之间的连接，即三刚片规则：三刚片用三个铰两两相连，且三个铰不在一条直线上，则组成几何不变体系且无多余约束。

两两相连的铰也可以是由两根链杆组成的实铰或虚铰，如图 2-13(b)所示。

(a)　　(b)

图 2-13　三刚片规则

2.3.2　瞬变体系

在上述几个规则中，介绍了无多余约束几何不变体系的组成规则，每个规则都具体规定了约束数目和约束布置限制条件，如三刚片规则，要求约束数目是三个铰，约束布置的限制条件是三铰不共线，才能组成没有多余约束的几何不变体系。如果三铰在同一条直线上，会发生什么情况呢？如图 2-14(a)所示，AB 和 AC 两链杆作为两刚片，用铰 A 相连接，又分别通过铰 B、铰 C 与基础相连接，此时铰 A、铰 B 和铰 C 共线。当铰 A 上作用一集中力时，如图 2-14(b)所示，A 点就能以 B、C 为圆心，以 AB、AC 为半径作一微小的移动，移动后三铰便不在同一直线上，于是满足了组成没有多余约束几何不变体系的三刚片规则，成为几何不变体系。在发生微小位移后，由几何可变体系变成几何不变体系，原几何可变体系称为瞬变体系，它是几何可变体系的一种特殊形式。工程中不允许将瞬变体系当作结构来使用。

(a)　　(b)

图 2-14　瞬变体系

一般来说，按照平面几何不变体系的组成规则构成平面体系时，约束数量符合相关规则要求，约束的布置不符合相应限制条件，通常形成瞬变体系。常见的瞬变体系有以下几种：

(1) 两刚片由三根轴线延长线交于一点的链杆连接，组成瞬变体系，如图 2-15(a)所示。

(2) 两刚片由三根相互平行且不等长的链杆连接，组成瞬变体系，如图 2-15(b)所示。

(3) 三刚片由三个共线的单铰连接，组成瞬变体系，如图 2-15(a)所示。

(a)　　(b)

图 2-15　瞬变体系的情况

2.3.3 基本组成规则的应用

对杆件体系进行几何组成分析的依据是前述的三个规则。如果体系的几何组成符合三个几何不变体系组成规则中的任何一个，则该体系就是几何不变体系。凡是符合三个几何组成规则且存在多余约束的体系，就是有多余约束的几何不变体系。

杆件体系的组成千变万化，但分析其几何组成的规则只有三个，三个规则简单易懂，难点在于正确灵活应用。

几何组成分析的方法如下。

2.3.3.1 三个规则的简单直接应用

(1) 二元体规则的应用

如图 2-16(a)所示的三角桁架，用不在一直线上的两根链杆将一点和基础相连接，构成没有多余约束的几何不变体系。也可将基础、1 杆、2 杆看作三个刚片，通过 A、B、C 在一条直线上的三个铰两两连接组成没有多余约束的几何不变体系。如图 2-16(b)所示桁架，是由从基础出发，依次增加二元体组成的没有多余约束的几何不变体系。也可以看成是从二元体 1—G—2 开始，依次拆除二元体后剩余基础部分组成没有多余约束的几何不变体系(支座 A 处链杆和杆 13、B 处两根链杆均可看作二元体)。

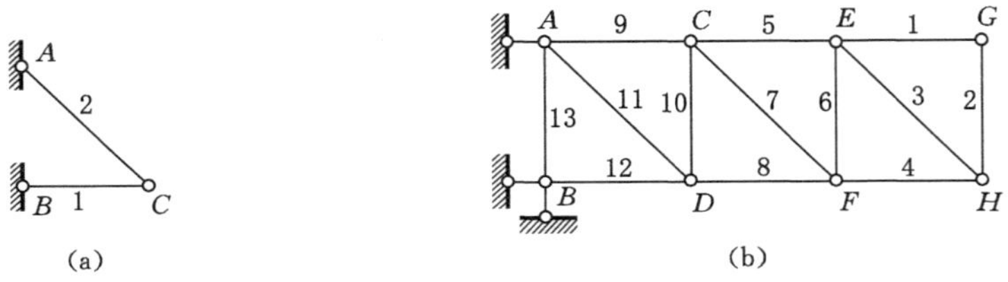

图 2-16 二元体规则的应用

一般情况下，在进行体系几何组成分析前，首先均可利用二元体规则拆除体系中所有的二元体对体系进行简化。

(2) 两刚片规则的应用

如图 2-17(a)所示的简支梁，用不完全平行且不完全交于一点的三根链杆 1、2、3 与基础相连接，由两刚片规则可知它们组成没有多余约束的几何不变体系(也可将体系看作是由基础上搭建二元体 1—A—2、A—B—3 组成，得到相同的结论)。

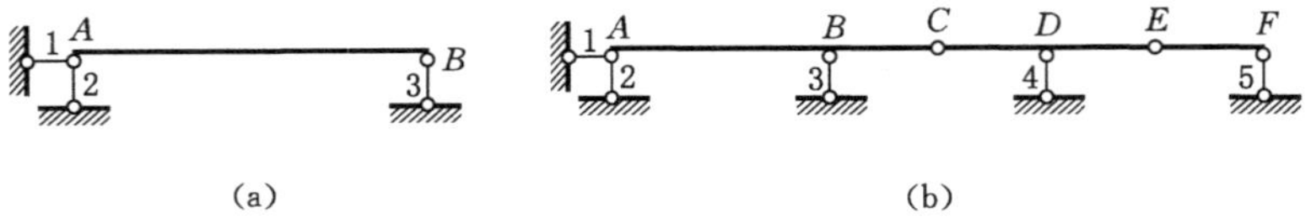

图 2-17 两刚片规则的应用

如图 2-17(b)所示三跨梁，梁 AC 部分通过 1、2、3 三根链杆与基础连接组成几何不变体系，此时就可以将 ABC 和基础看作一个扩大的刚片，梁 CDE 通过铰 C 和链杆 4 与第一次扩大的刚片形成一个二次扩大的刚片，在此基础上再通过铰 E 和链杆 5 将 EF 梁固定，整个体系是没有多余约束的几何不变体系(显然,上述体系的几何组成分析最简便方法应该是将 $E—F—5$、$C—E—4$、$A—C—3$、$1—A—2$ 均看作二元体拆除,或从基础出发搭建,得到相同的结论。也可以在拆除掉二元体 $E—F—5$、$C—E—4$ 后,将梁 AC 和基础看作两个刚片,由 1、2、3 三根不汇交于一点的链杆连接)。

(3) 三刚片规则的应用

如图 2-18(a)所示的三铰刚架,通过 A、B、C 三个不共线的铰将刚片 AC、CB 和第三个刚片基础两两连接,组成没有多余约束的几何不变体系。图 2-18(b)所示体系中,将三铰刚架 ABC 和基础看作一个扩大的刚片,在此基础上,继续用三刚片规则组成没有多余约束的几何不变体系(图中杆件体系也可用二元体规则进行分析)。

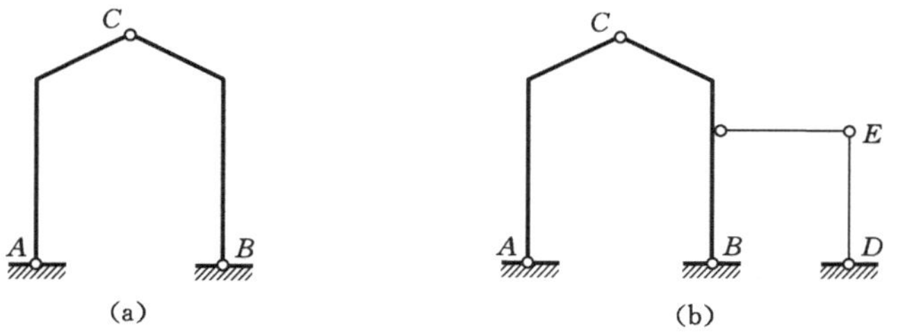

图 2-18　三刚片规则应用

上述杆件体系,均根据三个组成规则直接观察出几何组成规则,是几何组成三个规则的最基本应用。同一个体系,可以通过确定不同的刚片、约束用不同的规则进行分析,但对于同一个体系,其几何组成分析的结论应该是相同的。

2.3.3.2　利用等效替换进行几何组成分析

如图 2-19(a)所示体系,一端与基础连接、一端与刚片连接的链杆有 4 根,基础在几何组成分析中势必要占用两刚片规则或三刚片规则中的一个刚片。将 AB、AC 分别看作刚片Ⅰ和Ⅱ,因为链杆 1、2 和链杆 3、4 的延长线分别汇交于 D 点和 E 点,相当于作用在 D 点和 E 点的两个虚铰。把 4 根链杆分别用虚铰等效替换后,用三刚片规则很容易得出体系是没有多余约束的几何不变体系的结论。

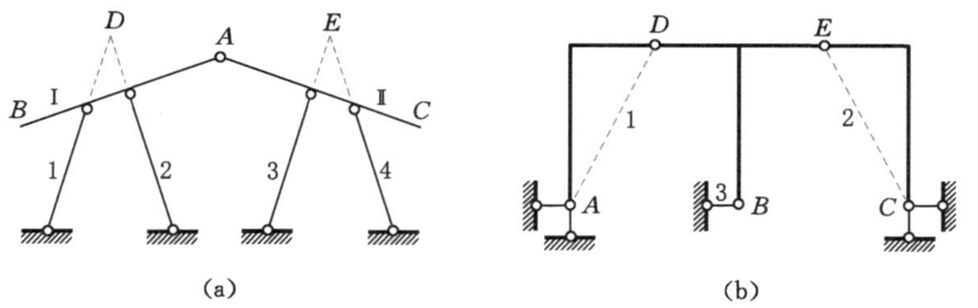

图 2-19　约束的等效替换

如图 2-19(b)所示体系,一端与基础连接的链杆达到 5 根之多,同样要将基础作为一个刚片处理,在除基础以外的体系中定出符合二刚片规则或三刚片规则的刚片和约束,完成对体系的几何组成分析。先将汇交于 A 点和 C 点的两根链杆等效替换为分别作用在 A 点和

C 点的铰。这样一来，AD 杆件两端的铰一端连接在基础上、一端连接在 DEB 刚片上，形成折线形的链杆，相当于直接连接 AD 两点的直线形链杆 1 的约束作用。EC 部分情况相同。经过上述等效替换过程，简化后的体系和原体系由相同的几何组成。链杆 1、2、3 分别成为连接刚片 DEB 和基础这两个刚片之间的 3 根链杆，从而得出原体系为没有多余约束的几何不变体系的结论。

例 2-1　分析图 2-20 所示体系的几何组成。

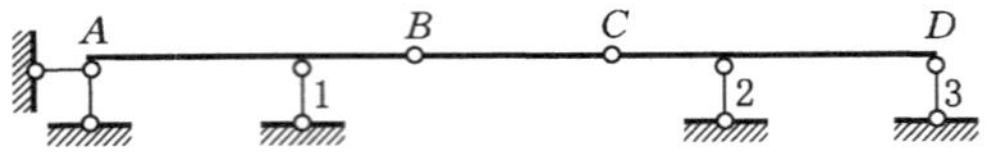

图 2-20　例 2-1 图

解：图 2-20 所示体系无二元体可拆，AD 梁用 5 根链杆和基础相连接，在体系的几何组成分析中，基础作为一个刚片处理。将 AB 梁看作刚片，由铰 A 和链杆 1 与基础相连，形成扩大后的刚片。如果将 BC 作为刚片处理，它和扩大后的刚片只有铰 B 与其相连，不能根据二刚片规则形成进一步扩大的刚片。如果将 CD 作为刚片，将 BC 作为连接 CD 和扩大后刚片的链杆，与 2、3 链杆构成无多余约束的几何不变体系。整个体系为无多余约束的几何不变体系。

例 2-2　分析图 2-21 所示体系的几何组成。

解：图 2-21 所示体系中，用直线形链杆 DG、FG 代换折杆 DHG、FKG，构成二元体 $D—G—F$，同理，链杆 EF 和链杆 FC 可以作为二元体，将它们去掉，分析拆掉二元体后部分的几何组成。AJ、JB 部分与基础形成几何不变的三铰刚架。整个体系为无多余约束的几何不变体系。

例 2-3　分析图 2-22 所示体系的几何组成。

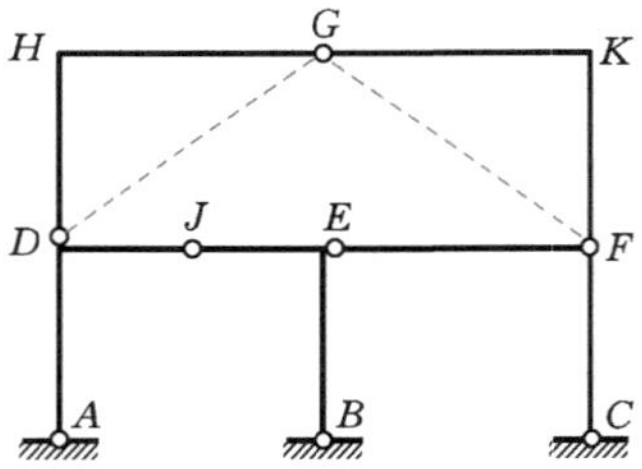

图 2-21　例 2-2 图

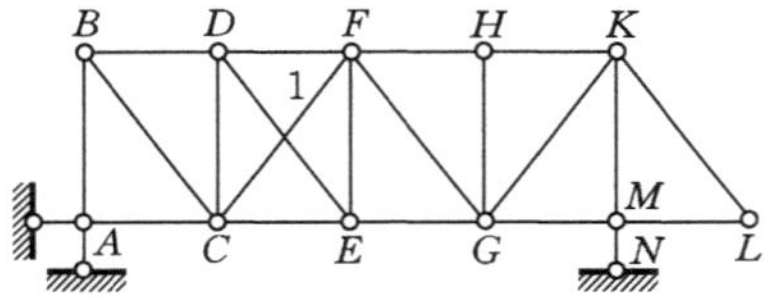

图 2-22　例 2-3 图

解：图 2-22 所示体系中，体系本身用铰 A 和链杆 MN 与基础相连接，符合二刚片规则，上部体系的几何组成就决定了整个体系的几何组成。上部体系由三刚片规则组成的基础三角形出发，通过搭建二元体形成，在刚片 $ABCD$ 与刚片 $EFKL$ 之间，有 4 根链杆连接，其中有一根链杆为多余约束，但这里必须注意的是，不能认为链杆 1 才是多余约束。综合以上分析可知，体系为有一个多余约束的几何不变体系。

例 2-4　分析图 2-23(a)所示体系的几何组成。

解：图 2-23(a)所示体系中，杆件 DF 和三角形 BCE 作为刚片Ⅰ、Ⅱ，地基作为刚片Ⅲ，如图 2-23(b)所示，刚片Ⅰ和Ⅱ用链杆 BD、EF 相连，虚铰 O 在两杆延长线的无穷远处；刚

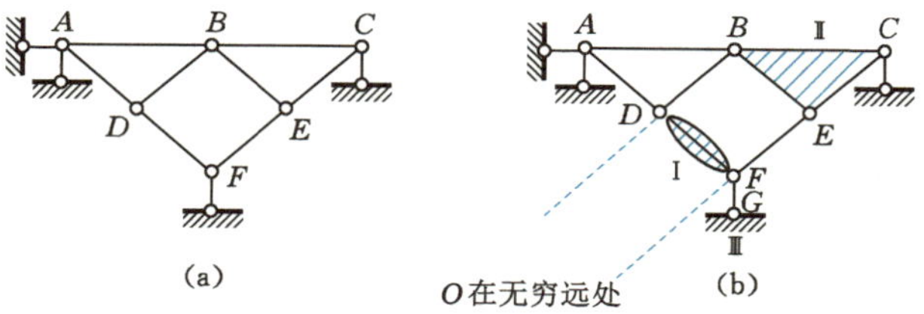

图 2-23　例 2-4 图

片Ⅰ和Ⅲ用链杆 AD、FG 相连，虚铰在 F 点；刚片Ⅱ和Ⅲ用链杆 AB、CH 相连，虚铰在 C 点。三铰在一条直线上，体系为瞬变体系。

例 2-5　分析图 2-24(a)所示体系的几何组成。

解：图 2-24(a)所示体系中，$ADCF$ 和 $BECG$ 都是几何不变的部分，可分别作为刚片Ⅰ和刚片Ⅱ，地基作为一个刚片Ⅲ。如图 2-24(b)所示，刚片Ⅰ和Ⅱ用铰 C 相连，刚片Ⅰ和Ⅲ相当于用虚铰 O 相连，刚片Ⅱ和Ⅲ相当于用虚铰 O 相连，为几何不变体系且无多余联系。

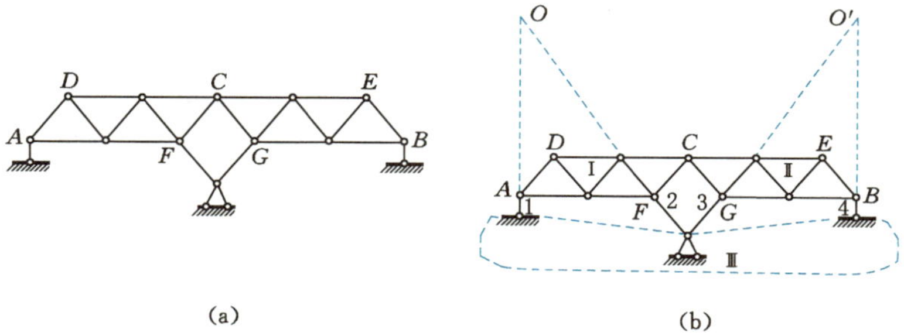

图 2-24　例 2-5 图

通过以上例题分析，总结如下：

(1) 应用二元体规则，找到所有二元体并将其拆除，使体系得以简化。剩余部分的几何组成分析结论与原体系相同。

(2) 无论组成体系的刚片数目多少，分析时最终都必须回归到二刚片和三刚片规则上来。所以分清体系中的刚片和约束至关重要，可以将体系中经判断已肯定为几何不变的部分作为一个扩大的刚片处理。

(3) 三个几何不变体系的组成规则不是孤立的，大多数情况需要多次共同应用三规则实现对体系组成的分析。

此外，应特别注意约束与约束之间的等效代换关系。如单铰和两根链杆的约束作用是等效的，两者可以互换。对于折线形链杆或曲杆，可以用直杆等效代换。刚片和约束都是实际的物体，在几何组成分析中，刚片和约束的角色不是固定不变的，分析过程中可以尝试同一个物体的角色互换，但是一个物体只能在刚片和约束两者中扮演一种角色，不能身兼两职。对体系中的每个刚片以及每个约束，既不能遗漏，也不能重复使用。

2.4 平面体系的自由度

对于一般的平面杆件体系，运用几何不变体系的基本组成规则进行组成分析时，可以明确体系是否为几何可变体系，如果是几何可变体系，其自由度是多少，如果是几何不变体系，该体系有无多余约束，多余约束的个数是多少。但实际上对于复杂体系如何进行组成分析，如何确定自由度数或多余约束数，还需要做进一步讨论。

2.4.1 体系自由度

体系自由度 S 的计算方法：杆件体系是由自由体加上约束组成的。先设想体系中所有的约束都不存在，算出各个自由体自由度的总和；然后在全部约束中确定非多余约束的个数；再将两数相减就得到体系的自由度 S：

$$S = \text{各自由体自由度的总数} - \text{非多余约束总数} \tag{2-1}$$

上式在应用时，需要先确定全部约束中有多少个非多余约束的数目，对于复杂体系，非多余约束数目不易确定。

2.4.2 计算自由度

体系中自由体自由度总数减去约束总数的差值称为体系的计算自由度 W。

$$W = \text{各自由体自由度的总和} - \text{约束总数} \tag{2-2}$$

上式只需要知道全部约束的总数，不需要研究哪些约束是非多余约束。若把刚片作为自由体，把铰节点和链杆作为约束，由此得到计算自由度的公式：

$$W = 3m - (2h + b) \tag{2-3}$$

式中 m——刚片总数；

h——单铰（复铰换算成等效的单铰计入）总数；

b——链杆（包含支座链杆）总数。

约束可分为简单约束和复杂约束。两个刚片间的连接称为简单连接，相应约束为简单约束。两个以上刚片间的连接称为复杂连接，相应约束称为复杂约束。连接几个刚片的复铰相当于$(n-1)$个单铰的作用。所以，n 个刚片间的复杂铰接相当于 $2(n-1)$个简单约束。

若将体系中的节点作为具有自由度的研究对象，而将链杆作为对节点施加的约束。由此得到计算自由度的另一个计算公式：

$$W = 2j - b \tag{2-4}$$

式中 j——铰节点总数；

b——链杆（包含支座链杆）总数。

例 2-6 求解图 2-25 所示体系的计算自由度 W。

解：刚片（杆件）总数：$m=7$；单铰（复铰换算成等效的单铰计入）总数：$h=9$；链杆（支座链杆）总数：$b=3$。

由式(2-3)得：

$$W = 3m - (2h + b) = 3 \times 7 - (2 \times 9 + 3) = 0$$

对于该题，用式(2-4)计算较为简单，因 $j=5$、$b=10$，则：

$$W = 2j - b = 2 \times 5 - 10 = 0$$

结果与用式(2-3)计算的结果相同。

例 2-7　求解图 2-26 所示体系的计算自由度 W。

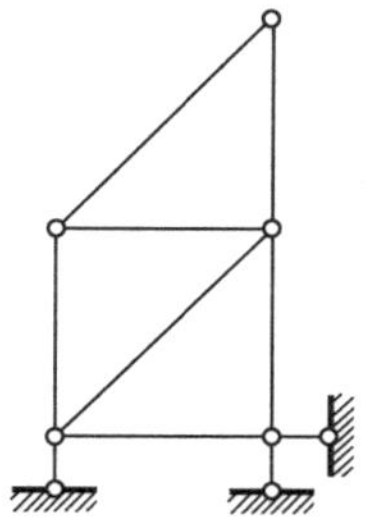

图 2-25　例 2-6 图

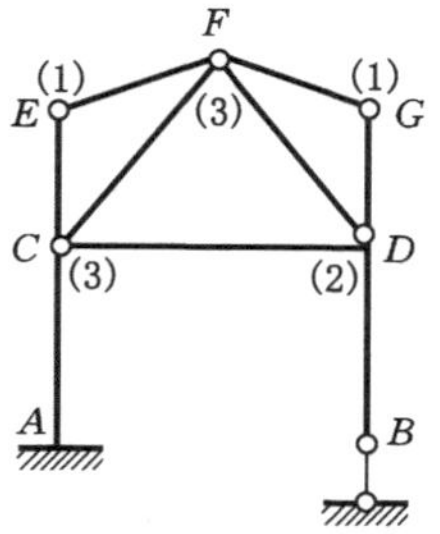

图 2-26　例 2-7 图

解:图示体系中,刚片数:$m=8$;单铰数:$h=10$;支座链杆数:$b=4$。

D 节点:折算单铰数为 2;固定支座 A:3 个联系相当于 3 根链杆。

体系的计算自由度为:

$$W = 3m - (2h + b) = 3 \times 8 - (2 \times 10 + 4) = 0$$

2.5　静定结构和超静定结构

通过对杆件体系的几何组成分析,除了可以判断体系是否为几何不变体系外,还可以通过判定几何不变体系是否存在多余约束,确定结构是静定结构还是超静定结构。

2.5.1　静定结构和超静定结构的概念

静定结构是无多余约束的几何不变体系。图 2-27(a)所示为无多余约束的几何不变体系,有三个支座反力。由平面任意力系的三个平衡方程完全可以确定三个支座反力。支座反力确定后,用截面法即可求出杆件任意一个截面上的内力。在任意荷载作用下,静定结构的全部支座反力和内力均可以由静力平衡条件唯一确定。

超静定结构是有多余约束的几何不变体系。图 2-27(b)所示为有多余约束的几何不变体系,若去掉任何一根竖向链杆,体系仍可保持几何不变。结构有四个支座反力,但根据平面任意力系平衡条件能建立的独立平衡方程只有三个。除了水平支座反力可确定外,剩下的两个平衡方程无法确定三个竖向支座反力,自然无法进一步进行杆件的内力计算。在任意荷载作用下,超静定结构的全部支座反力和内力不能仅由平衡条件唯一确定。

(a)　　(b)

图 2-27　静定结构和超静定结构

2.5.2　几何组成和静定性的关系

2.5.2.1　几何可变体系

在任意荷载作用下,几何可变体系不能维持平衡。其平衡方程或者没有解,或者只在某种特殊情况下才有解。

2.5.2.2 几何瞬变体系

对于几何瞬变体系，其平衡方程或者没有有限值的解，或者在特殊荷载作用下解为不定值。

2.5.2.3 无多余约束的几何不变体系

无多余约束的几何不变体系即静定结构，其静定解是唯一确定的。

2.5.2.4 有多余约束的几何不变体系

具有多余约束的几何不变体系即超静定结构，在任意荷载作用下，因为平衡方程的个数少于拟求支座反力的个数，平衡方程的解有无穷多组。

结合计算自由度的概念，平衡方程的个数减去未知反力的个数等于计算自由度 W。根据计算自由度的数值，对体系的静力特征可得出如下结论：

(1) $W>0$，说明体系所具有的约束总数小于体系自由度总数，该体系缺少足够的约束，体系为几何可变。

(2) $W=0$，说明体系所具有的约束总数等于体系保持几何不变所需的最少约束数，体系是否为几何不变，还要看约束的布置情况是否符合几何不变体系组成规则关于约束布置的限制条件。

(3) $W<0$，说明体系所具有的约束总数大于体系保持几何不变所需的最少约束数，体系是否是几何不变体系，同样还要看约束的配置情况。但说明体系存在多余约束。

本章小结

(1) 结构在任意荷载作用下，即使不考虑材料的应变，体系的形状和位置也会发生改变的体系称为几何可变体系。反之，在任意荷载作用下，只要不发生破坏，体系的形状和尺寸不会发生改变的体系称为几何不变体系。

(2) 分析几何组成的目的及应用。① 判断给定的体系是否为几何不变，从而判定该体系能否作为结构。② 研究几何不变体系的组成规则，保证将若干离散的杆件装配成能承受传递荷载而维持平衡的结构。③ 判断体系为静定结构或超静定结构，从而采用相应的方法进行结构的内力计算。④ 了解结构各部分之间的构造关系，提高和改善结构的性能。某些情况下，根据几何组成分析判断结构的基本部分和附属部分，从而选择适当的计算次序简化计算。

(3) 对刚片、自由度、约束、非多余约束、多余约束、瞬变体系和计算自由度等概念必须深刻理解，为正确利用杆件结构的组成规则打下基础。

(4) 平面杆件体系的几何组成分析。重点是杆件结构的基本组成规则、利用组成规则对杆件体系进行几何组成分析。

(5) 深刻理解二元体、二刚片和三刚片规则。注意每一个规则都由约束数目和约束布置的限制条件组成。当约束数目符合要求，但是约束的布置不符合相关限制条件的时候通常形成瞬变体系。瞬变体系是一种特殊的几何可变体系，不能作为结构使用。

(6) 结构几何组成与静力特征之间的关系。静定结构是无多余约束的几何不变体系。超静定结构是有多余约束的几何不变体系。

思考与练习

2-1　什么是几何不变体系、几何可变体系和瞬变体系？工程中的结构应该是什么体系？

2-2　几何组成分析的目的是什么？体系几何组成分析的基本规则有哪些？

2-3　什么是自由度？什么是约束？自由度和约束之间的关系是什么？

2-4　什么是单铰、复铰？两者之间的区别是什么？

2-5　计算自由度和体系几何组成之间的关系是什么？

2-6　什么是静定结构？什么是超静定结构？两者和结构几何组成之间的关系是什么？

2-7　分析题 2-7 图所示体系的几何组成。

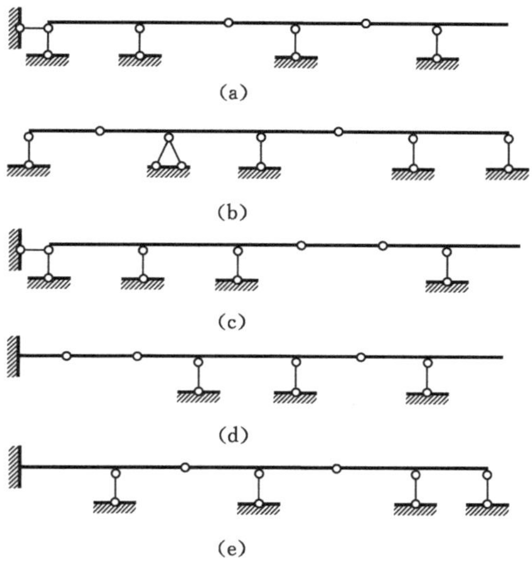

题 2-7 图

2-8　分析题 2-8 图所示体系的几何组成，计算体系的计算自由度。

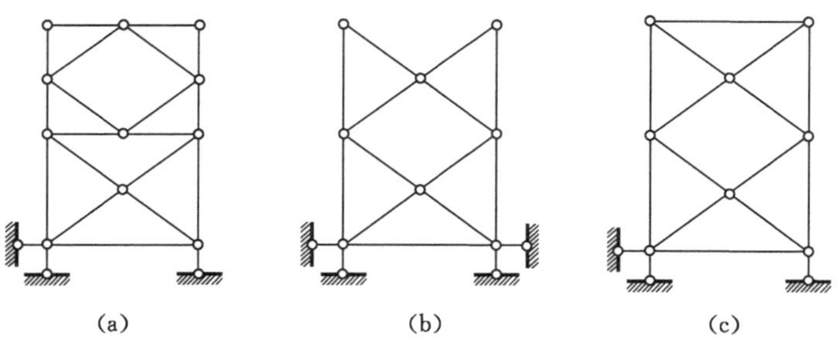

题 2-8 图

2-9 对题 2-9 图所示体系进行几何组成分析。

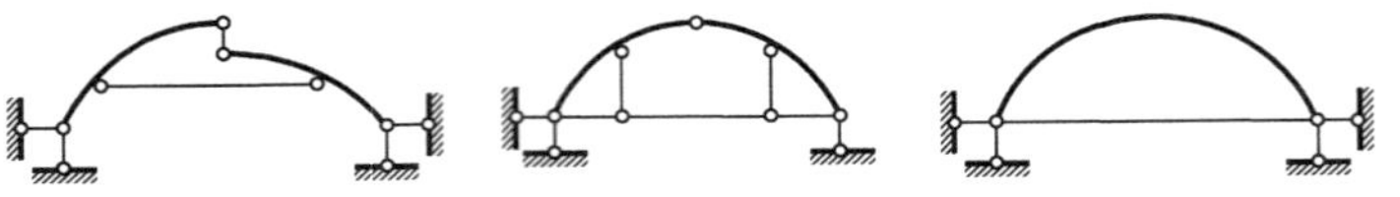

(a) (b) (c)

题 2-9 图

2-10 分析题 2-10 图所示体系的几何组成。

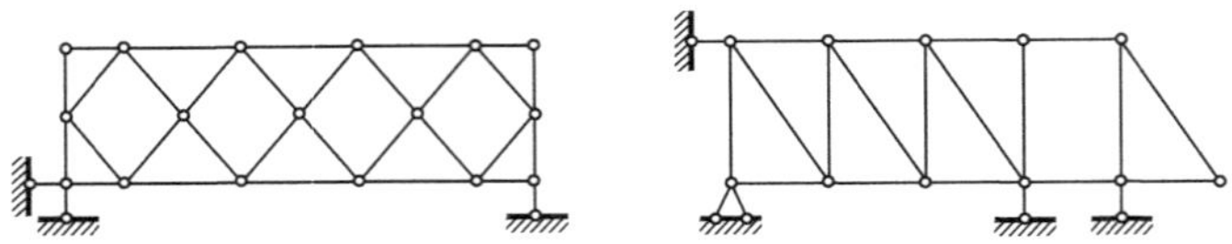

(a) (b)

题 2-10 图

2-11 分析题 2-11 图所示体系的几何组成。

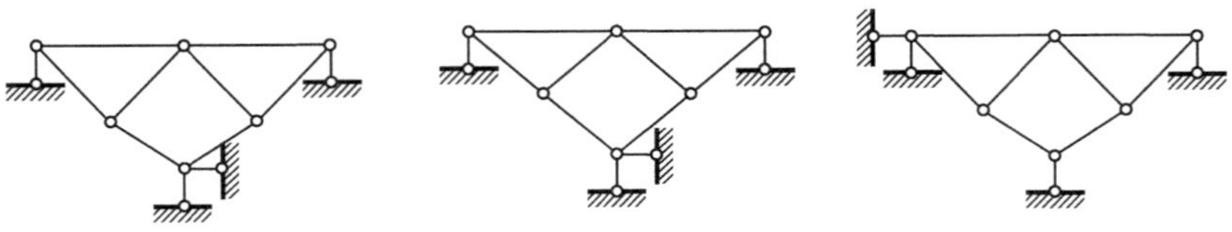

(a) (b) (c)

题 2-11 图

2-12 分析题 2-12 图所示体系的几何组成。

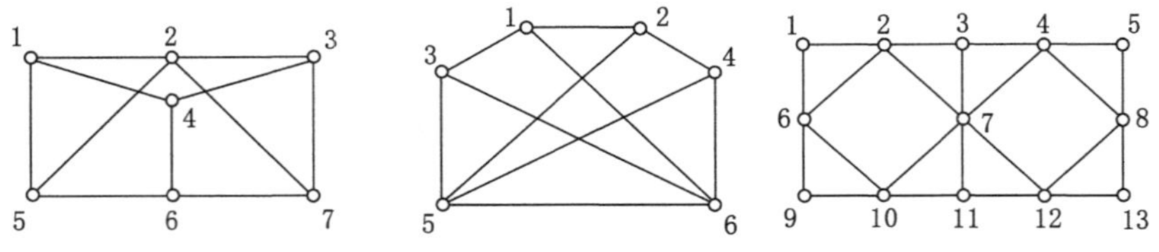

(a) (b) (c)

题 2-12 图

参考答案

2-1～2-6 略

2-7 (a) 几何不变,无多余约束;(b) 几何不变,有一个多余约束;(c) 几何可变;(d) 几何不变,无多余约束;(e) 几何不变,有两个多余约束

2-8 (a) 瞬变，$W=0$；(b) 几何不变，有一个多余约束，$W=-1$；(c) 几何不变，有一个多余约束，$W=-1$

2-9 (a) 几何不变，无多余约束；(b)几何不变，无多余约束；(c) 几何不变，有两个多余约束

2-10 (a) 几何可变；(b)几何不变，有一个多余约束

2-11 (a) 几何不变，无多余约束；(b) 瞬变；(c) 几何不变，无多余约束

2-12 (a) 几何不变，无多余约束；(b) 几何不变，有一个多余约束；(c) 几何可变

第 3 章　静定梁和静定刚架的内力计算

【本章要点】

静定梁和静定刚架的概念；

静定梁和静定平面刚架支座反力的求解；

截面法计算梁和刚架的内力及正负号规定；

静定梁和静定平面刚架的内力图绘制。

【问题导入】

梁，在人类建筑结构中出现得较早，主要应用于房屋和桥的建设。在我国，屋脊上那根很重要的梁，一般称为“栋”，我们经常说的“栋梁之才”也由此引申而来。“梁”字最早出现在西周金文，如图 3-1(a)所示，左为“水”，右为“刅”(chuāng，双刃刀)，意为砍伐树木，水上架桥；到秦朝小篆，发展为左“水”，右上“刅”，右下“木”，如图 3-1(b)所示；楷书“梁”的各部分组成同篆体，但更加简化易写，如图 3-1(c)所示。

虽然人类有记载的桥梁据说是公元前 18 世纪，但最早系统研究梁的著作是 17 世纪伽利略的《关于两门新科学的对话》，到 20 世纪初期由铁摩辛柯对梁的动力学进行了完善。可见一个实际问题的完全解决，不是一朝一夕之功，需要许多学者和工程师的努力与实践。

我国第一座现代化大桥——钱塘江大桥见证了中华民族承受的沉重苦难！它由我国著名桥梁专家茅以升先生主持建造，于 1937 年通车，但仅 89 天后，为阻断日本侵略者的进攻，茅以升亲手炸掉了饱含自己心血的大桥，如图 3-1(d)所示，直到 1955 年，再次由茅以升先生主持重建修复，被称为“万里长江第一桥”，如图 3-1(e)所示。毛泽东的《水调歌头·游泳》一词中广为传诵的一句“一桥飞架南北，天堑变通途”，正是描写武汉长江大桥的气势和重要作用。

中华人民共和国成立之后，经过数代桥梁建设者的努力，我国桥梁建设技术已经处于世界领先地位，多座桥梁突破世界桥史，如世界第一跨海大桥——港珠澳大桥、世界第一高桥——北盘江第一桥[图 3-1(f)]、世界最大钢桁梁斜拉桥——鸭池河大桥[图 3-1(g)]等。桥梁建设事业的发展为提高我国人民生活质量，推动社会主义经济高速发展奠定了基础。

无论是桥，还是房屋建筑，在进行结构设计时，应保证结构的各个构件能正常工作，即构件应具有一定的强度、刚度和稳定性。要解决强度、刚度和稳定性问题，必须首先确定构件的内力。内力计算是结构力学的重要基础知识。本章以静定梁和静定刚架为例，详细说明其内力计算过程和方法，为结构设计及计算打下基础。

(a) 金文

(b) 小篆

(c) 楷书

(d) 炸毁的钱塘江大桥

(e) 重建的钱塘江大桥

(f) 北盘江第一桥

(g) 鸭池河大桥

图 3-1　汉字“梁”的演化及现代桥梁

3.1　静定梁

3.1.1　单跨静定梁的内力

单跨静定梁是工程中常见的结构形式，是组成各种结构的基本结构之一，其受力分析是多跨梁和刚架等结构受力分析的基础。

常见单跨静定梁有简支梁[图 3-2(a)]、悬臂梁[图 3-2(b)]、外伸梁[图 3-2(c)]。

(a)　(b)　(c)

图 3-2　单跨静定梁

内力是指杆件受到外力作用而变形时，其内部各部分之间因相对位置改变而引起的相互作用力的改变量。如图 3-3(a)所示梁 AB，该梁在外力(荷载和约束反力)作用下处于平衡状态，假设外力作用在通过杆件轴线的同一平面内。现讨论距左支座为 a 处的横截面 $m—m$ 上的内力。假想在 $m—m$ 处用一截面将梁截为两段，取左段为研究对象，右段必有力作用于左段的 $m—m$ 截面上。由于两段间既不能有相对移动，也不能有相对转动，所以该截面上内力的主矢和主矩可用三个分量表示，即用沿着杆件轴线和垂直于杆件轴线的两个分力和一个力偶表示，如图 3-3(b)所示。

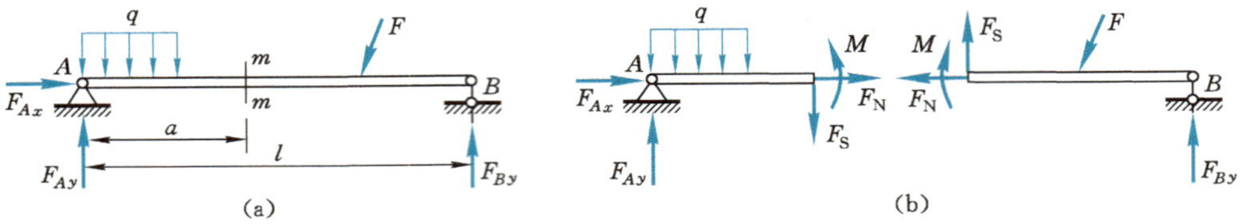

图 3-3　梁横截面上的内力

这两个分力和一个力偶就是横截面 $m—m$ 上的内力。杆件的内力中，沿杆件轴线方向的内力 F_N 称为轴力，沿杆件横截面（垂直杆件轴线）方向的内力 F_S 称为剪力，力偶的力偶矩 M 称为弯矩，具体符号和单位见表 3-1。

表 3-1　内力的正负号及单位

内力	轴力 F_N	剪力 F_S	弯矩 M
图示	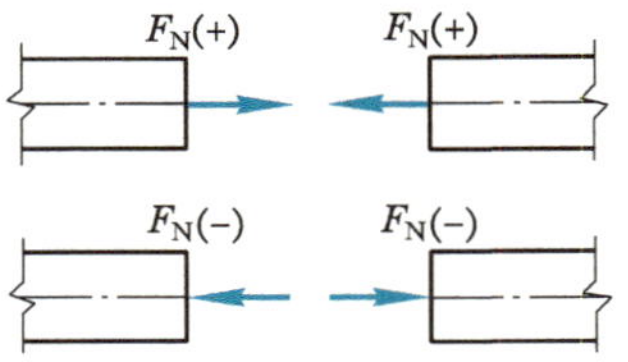	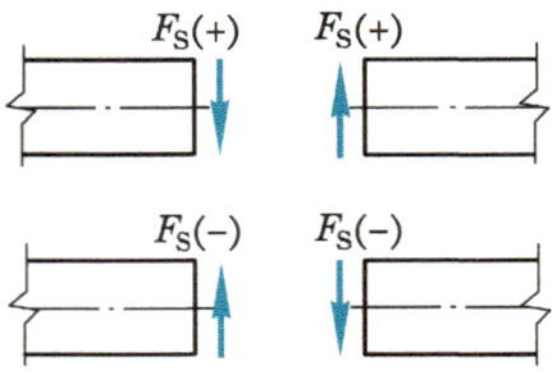	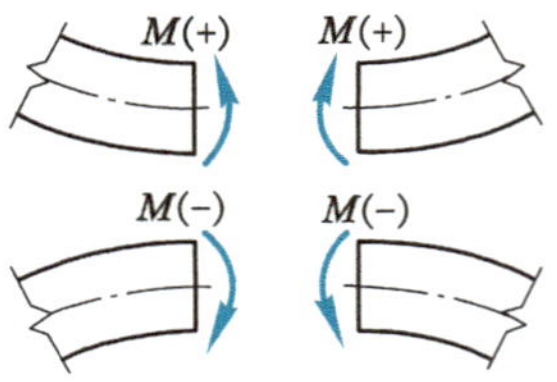
正负号	当截面上的轴力使分离体受拉时为正，反之为负	当截面上的剪力使分离体作顺时针方向转动时为正，反之为负	当截面上的弯矩使分离体凹向上弯曲时为正，反之为负
单位	N 或 kN	N 或 kN	N·m 或 kN·m

梁截面上的内力计算一般采用截面法，即假想地将杆件在要求内力的截面处截为两部分，任选其中一部分为研究对象，画出该部分上所受外力和截面上的内力（均按正方向画出），应用静力学平衡方程求解内力的值。这种求截面内力的方法称为截面法。

为了显示构件在外力作用下所产生的内力，并确定内力的大小和方向，截面法是研究构件内力的一个基本方法。可将其归纳为以下三个步骤。

(1) 截开：在要求内力的截面处，沿该截面假想地把构件分成两部分，保留其中一部分作为研究对象，弃去另一部分。

(2) 代替：将弃去部分对保留部分的作用以内力代替。

(3) 平衡：建立保留部分的平衡方程，确定未知内力。

下面举例说明该方法的具体内容。

例 3-1　如图 3-4(a)所示的外伸梁。已知：若 $q=20\ \text{kN/m}$，$F=20\ \text{kN}$，$M_e=160\ \text{kN·m}$，求此梁距离 A 端 5 m 处 E 横截面上的内力。

解：(1) 求支座反力，梁的受力如图 3-4(a)所示。由平衡方程：

$$\sum F_x=0, F_{Ax}=0$$

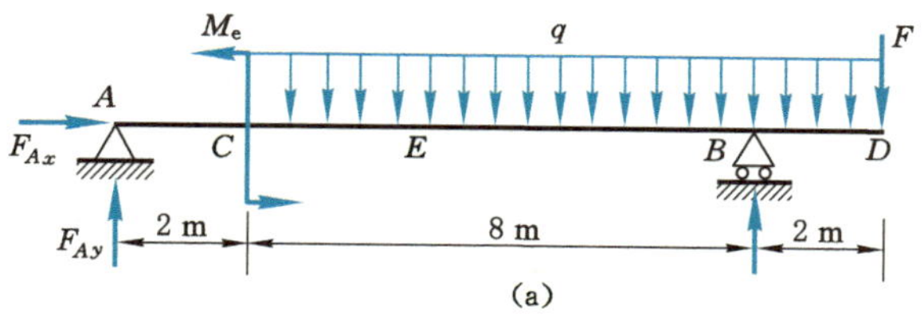

(a)

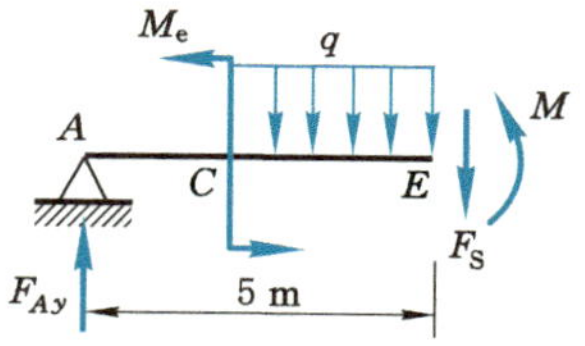

(b)

图 3-4　例 3-1 图

$$\sum F_y = 0, F_{Ay} - 20 \times 10 + F_{By} - 20 = 0$$

$$\sum M_A = 0, 160 - 20 \times 10 \times 7 + F_{By} \times 10 - 20 \times 12 = 0$$

解方程得：

$$F_{Ax} = 0, F_{Ay} = 72\ \text{kN}, F_{By} = 148\ \text{kN}$$

(2) 用截面法求横截面上的内力，取截面左段梁为研究对象，梁左端的受力如图 3-4(b)所示。由平衡方程：

$$\sum F_y = 0, 72 - 20 \times 3 - F_S = 0$$

$$\sum M_E = 0, -72 \times 5 + 160 + 20 \times 3 \times \frac{3}{2} + M = 0$$

解方程得：

$$F_S = 12\ \text{kN}, M = 110\ \text{kN} \cdot \text{m}$$

内力 F_S、M 为正，表示该截面上内力的方向与假设的方向相同。

以上的计算均选择左段为研究对象，如果选用右段为研究对象，仍可得到相同的结果。

3.1.2　内力方程和内力图

根据上节的讨论，我们知道截面的内力因截面位置的不同而变化，若取横坐标轴 x 与杆件轴线平行，则可将杆件截面的内力表示为截面坐标 x 的函数，称之为内力方程。如用纵坐标表示内力值，就可以将内力随截面位置变化的图线画在坐标面上，称之为内力图，如轴力图、剪力图、弯矩图等。

由于梁一般只承受竖向(垂直于梁轴线)荷载作用，此时轴力可以忽略不计。在梁的不同截面上，剪力和弯矩一般均不相同，是随截面位置而变化的。设用坐标 x 表示横截面的位置，则梁各横截面上的剪力和弯矩可以表示为坐标 x 的函数，即：

$$F_S = F_S(x), M = M(x)$$

上述关系式分别称为剪力方程和弯矩方程。

梁的剪力与弯矩随截面位置的变化关系，常用图形来表示，即剪力图与弯矩图。绘图时通常将正值的剪力画在 x 轴的上侧，负值的剪力画在 x 轴的下侧。弯矩画在梁的受拉一侧，即正值的弯矩画在 x 轴的下侧，负值的弯矩画在 x 轴的上侧，下面举例说明。

例 3-2 图 3-5(a)为一集中力 F 作用的简支梁。设 F、l 及 a 均为已知，试列出剪力方程与弯矩方程，并绘剪力图与弯矩图。

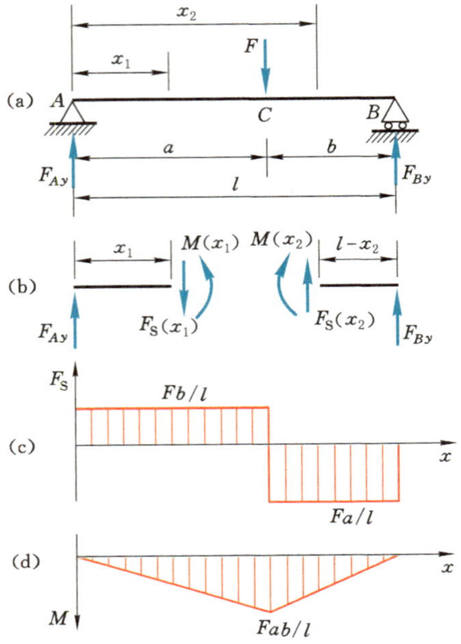

图 3-5 例 3-2 图

解:(1) 求支反力。

由平衡方程式 $\sum M_B = 0$ 及 $\sum M_A = 0$，得：

$$F_{Ay} = \frac{l-a}{l}F, F_{By} = \frac{a}{l}F$$

(2) 列剪力方程与弯矩方程。

集中力 F 左右两段梁上的剪力与弯矩不能用同一方程式表示。将梁分成 AC 及 CB 两段，分别列剪力方程与弯矩方程。

AC 段：利用截面法，沿距 A 点为 x_1 的任意截面将梁截开，并以左段为研究对象，如图 3-5(b)所示。由左段的平衡条件得剪力方程和弯矩方程分别为：

$$F_S(x_1) = F_{Ay} = \frac{l-a}{l}F \quad (0 < x_1 < a) \tag{3-1}$$

$$M(x_1) = F_{Ay}x_1 = \frac{l-a}{l}F_1 \quad (0 \leqslant x_1 \leqslant a) \tag{3-2}$$

CB 段：沿距 A 点 x_2 的任意截面将梁截开，并以右段为研究对象，如图 3-5(b)所示。由右段的平衡条件得到 CB 段的剪力方程和弯矩方程分别为：

$$F_S(x_2) = -F_{By} = -\frac{a}{l}F \quad (a < x_2 < l) \tag{3-3}$$

$$M(x_2) = F_{By}(l - x_2) = \frac{a}{l}F(l - x_2) \quad (a < x_2 \leqslant l) \tag{3-4}$$

(3) 作 F_S 图、M 图。

由式 (3-1) 可知,在 AC 段内梁任意横截面上的剪力都为常数$\frac{l-a}{l}F$,且符号为正,所以在 AC 段($0 \leqslant x_1 \leqslant a$)内,剪力图是在 x 轴上方且平行于 x 轴的直线,同理,可以根据式 (3-3) 作 CB 段的剪力图,如图 3-5(c)所示。从剪力图看出,当 $a>b$ 时,最大剪力发生在 CB 段的各横截面上,其值为:

$$|F_S|_{max} = \frac{Fa}{l}$$

由式(3-2) 可知,在 AC 段内弯矩是 x 的一次函数,所以弯矩图是一条斜直线。只要确定线上的两点,就可以确定这条直线,同理,可以根据式 (3-4) 作 CB 段内的弯矩图。如图 3-5(d) 所示。从弯矩图看出,最大弯矩发生在集中力 F 作用的 C 截面上,其值为:

$$|M|_{max} = \frac{Fa}{l}b$$

例 3-3　简支梁 AB 如图 3-6(a)所示。在梁上 C 处作用着集中力偶M_e,试绘梁的剪力图和弯矩图,图中 M_e、a、b、l 均已知。

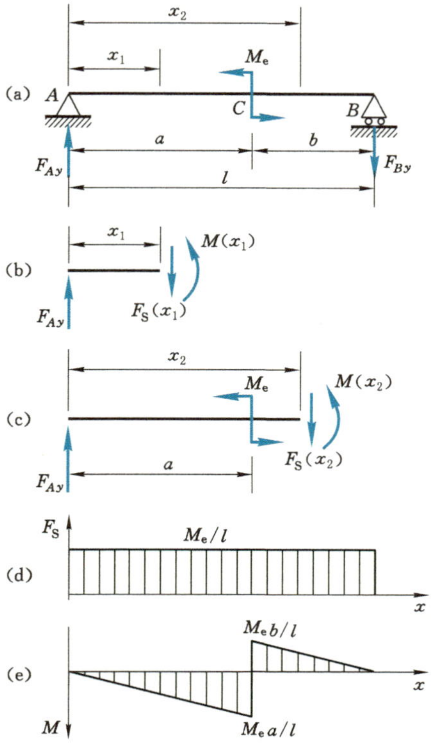

图 3-6　例 3-3 图

解:(1) 求支反力。

由平衡方程式$\sum M_B=0$及$\sum M_A=0$得,

$$F_{Ay}=\frac{M_e}{l}, F_{By}=\frac{M_e}{l}$$

(2) 列剪力方程与弯矩方程。

沿集中力偶作用的 C 截面,把梁分成 AC 和 CB 两段,分别列出 F_S、M 方程式。

AC 段:

$$F_S(x_1)=F_{Ay}=\frac{M_e}{l} \quad (0<x_1\leqslant a) \tag{3-5}$$

$$M(x_1)=F_{Ay}x_1=\frac{M_e}{l}x_1 \quad (0\leqslant x_1<a) \tag{3-6}$$

BC 段:

$$F_S(x_2)=F_{Ay}=\frac{M_e}{l} \quad (a\leqslant x_2<l) \tag{3-7}$$

$$M(x_2)=F_{Ay}x_2-M_e=-\frac{M_e}{l}(l-x_2) \quad (a<x_2\leqslant l) \tag{3-8}$$

(3) 作 F_S 图、M 图。

由式(3-5)、式(3-7)和式(3-6)、式(3-8)分别作 F_S 图、M 图,如图 3-6(d)、3-6(e)所示。由 F_S 图可见最大 F_S 值为

$$|F_S|_{max}=\frac{M_e}{l}$$

当 $a<b$ 时,从 M 图可见,在 C 截面右侧,弯矩的绝对值最大,其值为:

$$|M|_{max}=\frac{M_e}{l}b$$

例 3-4 试绘图 3-7 所示简支梁的 F_S 图、M 图。图中 q,l 均为已知。

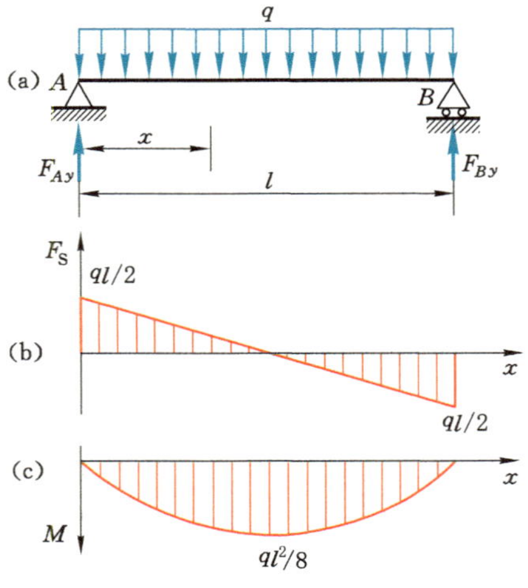

图 3-7 例 3-4 图

解：(1) 求支反力。

由平衡方程式 $\sum M_B = 0$ 及 $\sum M_A = 0$ 得：

$$F_{Ay} = F_{By} = \frac{1}{2}ql$$

(2) 列剪力方程与弯矩方程。

用上述方法直接写出：

$$F_S(x) = \frac{ql}{2} - qx \quad (0 < x < l) \tag{3-9}$$

$$M(x) = \frac{ql}{2}x - \frac{q}{2}x^2 \quad (0 \leqslant x \leqslant l) \tag{3-10}$$

(3) 作 F_S 图、M 图。

由式 (3-9) 可知，剪力图为一斜直线，绘得 F_S 图如图 3-7 所示。由式(3-10) 可见，弯矩图为一抛物线，将式(3-10) 对 x 求导数，并令：

$$\frac{dM(x)}{dx} = \frac{ql}{2} - qx = 0 \tag{3-11}$$

求得弯矩图极值的截面位置为 $x = \frac{l}{2}$，代入式(3-10)，得弯矩的极大值：

$$M_{max} = \frac{ql^2}{8}$$

绘得弯矩图如图 3-7(c)所示。

梁的内力图反映梁的内力变化，我们结合以上例题中不同荷载状况下梁的内力图，可以得出以下结论：

(1) 若在梁的某一段内无荷载作用，即 $q(x) = 0$，则在这一段内 $F_S(x)$ = 常数，$M(x)$ 是 x 的一次函数。因而剪力图是平行于 x 轴的直线，弯矩图是斜直线。

(2) 若在梁的某一段内作用均布荷载，即 $q(x)$ = 常数，则在这一段内 $F_S(x)$ 是 x 的一次函数，$M(x)$ 是 x 的二次函数。因而剪力图是斜直线，弯矩图是抛物线。均布荷载 $q(x)$ 向下，剪力图是向下的斜直线，弯矩图是凹向上的曲线。若 $q(x)$ 向上，剪力图是向上的斜直线，弯矩图是凹向下的曲线。

(3) 若在梁的某一截面上，剪力为零，则在这一截面上弯矩有极值。

(4) 在集中力作用处，剪力 F_S 有突变，突变的数值等于集中力，因而弯矩图的斜率也产生突然变化，成为一个转折点。在集中力偶作用处，F_S 图无改变，弯矩图有一突变，突变的数值等于力偶矩的数值。

(5) $|M|_{max}$ 不但可能发生在前力为零的截面上，也可能发生在集中力作用处，或集中力偶作用处。

利用上述规律，可正确、迅速地绘制与检查剪力图与弯矩图。主要画法是：按梁的支承情况和受力情况将梁分段，判断各段梁上 F_S 图、M 图的大致形状，确定 F_S，M 图在各梁段的端值，即可画出 F_S 图和 M 图。下面举例说明这种画法。

例 3-5　外伸梁及其所受荷载如图 3-8(a)所示，试作梁的剪力图和弯矩图。

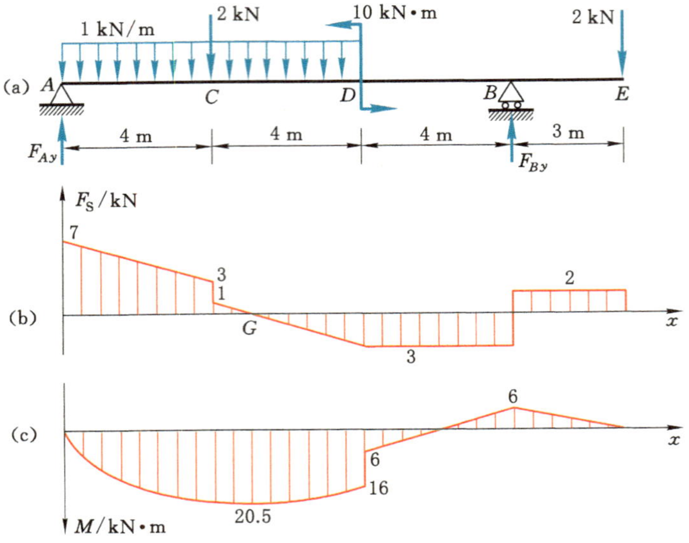

图 3-8　例 3-5 图

解：(1) 求支反力。

由平衡方程式$\sum M_B=0$及$\sum M_A=0$得

$$F_{Ay}=7\ \text{kN}、F_{By}=5\ \text{kN}$$

(2) 分段。

按梁支承和外力情况将其分为 AC、CD、DB、BE 四段。

(3) 求端值，并绘 F_S 图、M 图。

在支反力 F_{Ay} 的右侧截面上，剪力为 7 kN。截面 A 到截面 C 之间的荷载为向下的均布荷载，剪力图为向下的斜直线。

算出 C 左侧截面上的剪力为 $7-4\times1=3$ kN。截面 C 处有一集中力 F_1(↓)，剪力图向下发生突变，突变的数值等于 F_1。故 C 右侧截面上的剪力为 $3-2=1$ kN。从 C 到 D 的剪力图为向下的斜直线，截面 D 上的剪力为 $7-8\times1-2=-3$ kN。截面 D 及截面 B 之间梁上无分布载荷，剪力图为水平线。截面 B 上有反支力 F_{By}(↑)，剪力图向上发生突变，突变的数值为 F_{By}。故 B 右侧截面上的剪力为 $-3+5=2$ kN。截面 B 与截面 E 之间剪力图为水平线。在截面 E 处，有一集中力 F_2(↓)，剪力图向下发生突变，突变的数值为 F_2，于是剪力图自行封闭，如图 3-8(b)所示。

截面 A 上弯矩为零，从 A 到 C 梁上为向下的均布荷载，弯矩图为凹向上的抛物线。算出 C 截面上的弯矩为 $7\times4-\dfrac{1}{2}\times1\times4^2=20$ kN·m。从 C 到 D 弯矩图为另一抛物线，截面 C 上的剪力突变，故弯矩图在 C 点的斜率也突然变化。在截面 G 上剪力等于零，弯矩有极值。G 至左端的距离为 5 m，故可求出截面 G 上弯矩的极值为：

$$M_{max}=7\times5-2\times1-\frac{1}{2}\times1\times5\times5=20.5\ \text{kN}\cdot\text{m}$$

在集成力偶 M_e 左侧截面上弯矩为 16 kN·m。已知 C、G 及 D 三个截面上的弯矩，即可连成 C 到 D 之间的抛物线。截面 D 上有一集中力偶，弯矩图有突变，而且突变的数值等于 M_e，所以在 M_e 右侧梁截面上，$M=16-10=6$ kN·m。从 D 到 B 梁上无荷载，弯矩图为斜直线，算出截面 B 上的弯矩为 $-2\times3=-6$ kN·m。B 到 E 之间的弯矩图也是斜直线，截面 E 上弯矩为零，斜直线容易画出，如图 3-8(c)所示。

3.1.3　用叠加法作剪力图和弯矩图

叠加法可叙述为：当构件上由几个荷载共同作用时，构件的反力和内力可以先分别计算出每一个荷载单独作用时的反力和内力，然后把这些相应计算结果代数相加，即得到几个荷载共同作用时的反力和内力。

值得注意的是，内力图的叠加是指内力图的纵坐标代数相加，而不是内力图形的简单合并。

表 3-2 列出了悬臂梁、简支梁、外伸梁分别在集中力偶、集中荷载、均布荷载作用下的弯矩图。

表 3-2　悬臂梁、简支梁、外伸梁的弯矩图

	悬臂梁	简支梁	外伸梁
集中力偶	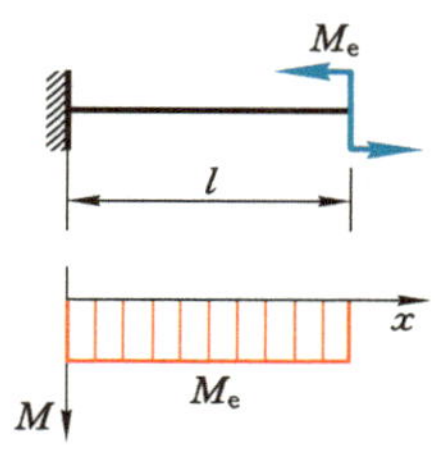	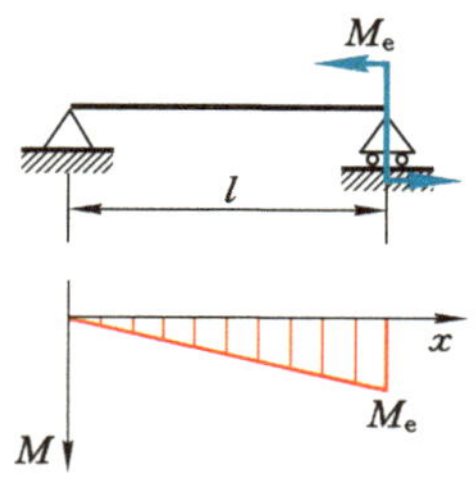	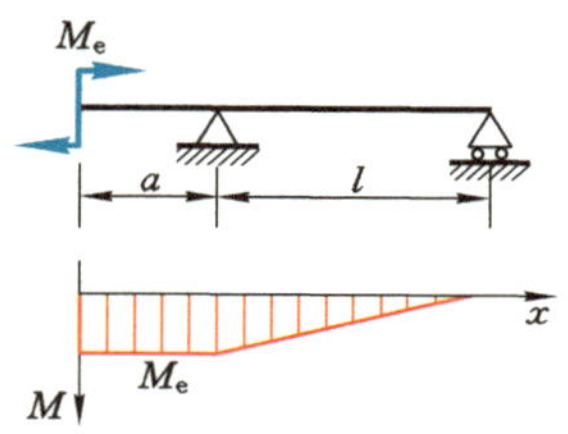
集中荷载	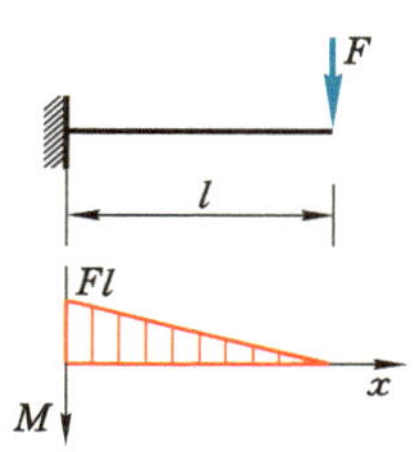	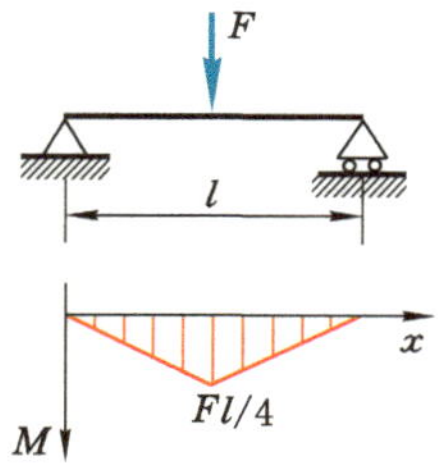	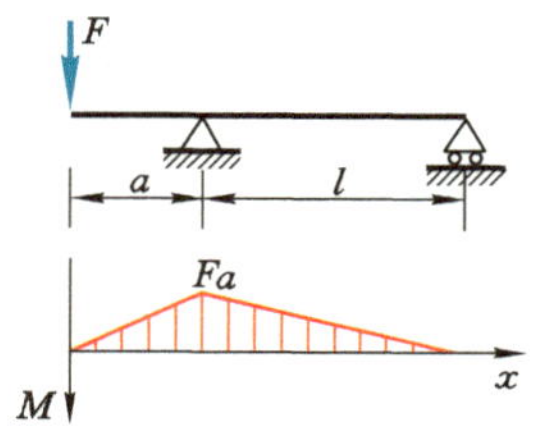
均布荷载	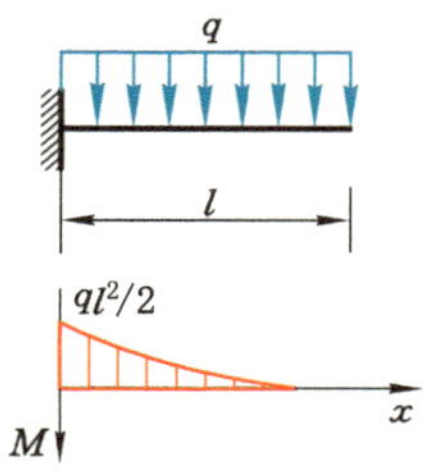	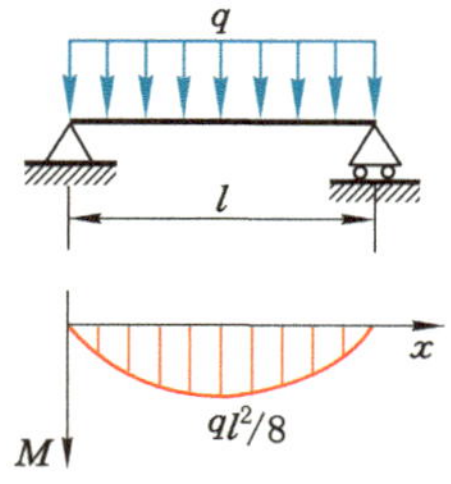	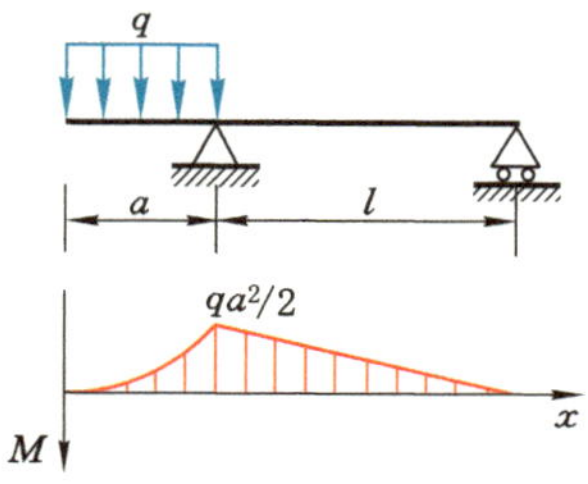

如图 3-9(a)所示的悬臂梁，同时承受集中力 F 和均布荷载 q 作用，按照叠加法，可以看作集中力 F[图 3-9(b)]和均布荷载 q[图 3-9(c)]两种荷载的叠加。各荷载单独作用下的

弯矩图如图 3-9(e)、图 3-9(f)所示。由于两图的弯矩符号相反，在叠加时，把它们放在横坐标的同一侧，如图 3-9(d)所示。凡是两图重叠的部分，正值与负值相互抵消，剩余部分，注明正负号，即得所求的弯矩图。如果将基线改为水平线，即得 3-9(g)所示的弯矩图。

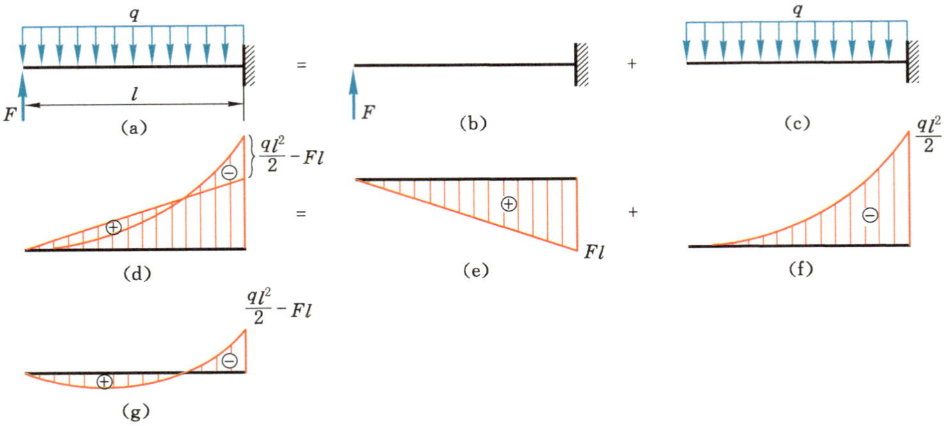

图 3-9　叠加法作弯矩图

例 3-6　简支梁承受集中力和集中力偶 $M=Fa$ 的作用，如图 3-10(a)所示。试作按叠加法作梁的弯矩图。

解：把简支梁看作集中力和集中力偶单独作用的两梁叠加，如图 3-10(b)、图 3-10(c)所示。分别作出 F 和 M 单独作用下的弯矩图，如图 3-10(e)、图 3-10(f)所示。因为弯矩图都是直线组成，叠加时只需求出 A、C、D、B 四个控制截面的弯矩值，即可作出弯矩图。由图 3-10(e)、图 3-10(f)的弯矩值求得：

$$M_A=M_B=0, M_C=\frac{2}{3}Fa-\frac{1}{3}Fa=\frac{1}{3}Fa$$

$$M_{D左}=\frac{1}{3}Fa-\frac{2}{3}Fa=-\frac{1}{3}Fa, M_{D右}=\frac{1}{3}Fa+\frac{1}{3}Fa=\frac{2}{3}Fa$$

因此，AB 梁在 F、M 同时作用下的弯矩如图 3-10(d)所示。

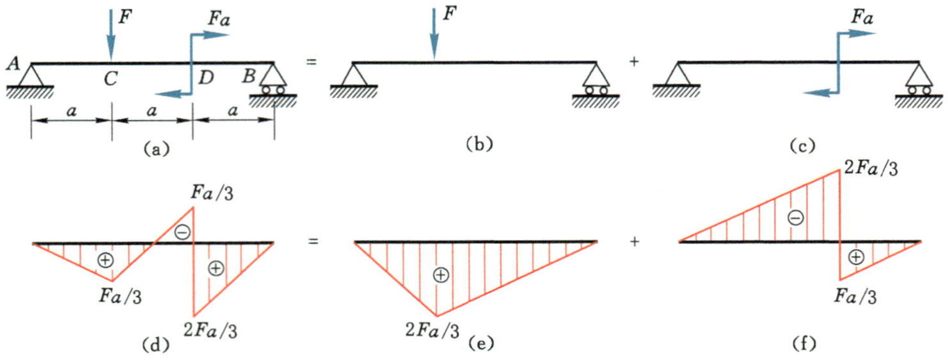

图 3-10　例 3-6 图

3.1.4　斜梁的内力

在工程中还会遇到另一种梁，其轴线是倾斜的，例如楼梯梁，如图 3-11(a)所示。其计算简图通常取为简支斜梁，简称斜梁。

斜梁所受荷载分两种：

(1) 沿水平线分布的竖向荷载，如图 3-11(b)所示。如楼梯梁上的人流。

(2) 沿斜梁轴线分布的竖向荷载，如图 3-11(c)所示。如斜梁自重。

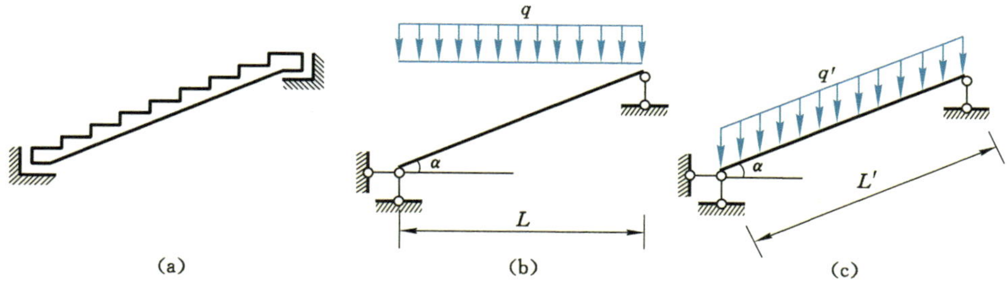

图 3-11　斜梁及其计算简图

当沿斜梁轴线分布的竖向荷载和沿水平线分布的竖向荷载为均布荷载时，两者间的折算关系为：

$$ql = q'l' = q'\frac{l}{\cos\theta}$$

式中　q——沿水平线分布每单位长度上的竖向均布荷载；

　　q'——沿斜梁轴线分布每单位长度上的竖向均布荷载。

$$q = \frac{q'}{\cos\theta}$$

斜梁的内力除弯矩和剪力外还可能有轴力，它的计算方法与一般的水平梁相同。所要注意的是因轴力可能不为零，在作内力图时，也要作出轴力图。下面以图 3-12(a)所示斜梁为例说明静定斜梁问题的计算。

(1) 求支座反力：斜梁受力如图 3-12(a)所示，由平衡方程求得：

$$\sum F_x = 0, F_{Ax} = 0$$

$$\sum M_B = 0, F_{Ay} = \frac{1}{2}ql$$

$$\sum M_A = 0, F_B = \frac{1}{2}ql$$

(2) 求梁上任意一横截面 C 上的内力：取 C 截面左边部分为研究对象，分析受力如图 3-12(b)所示。由平衡方程求得：

$$\sum F_x{}' = 0, F_N + F_{Ay}\sin\alpha - qx\sin\alpha = 0$$

$$\sum F_y{}' = 0, F_S - F_{Ay}\cos\alpha + qx\cos\alpha = 0$$

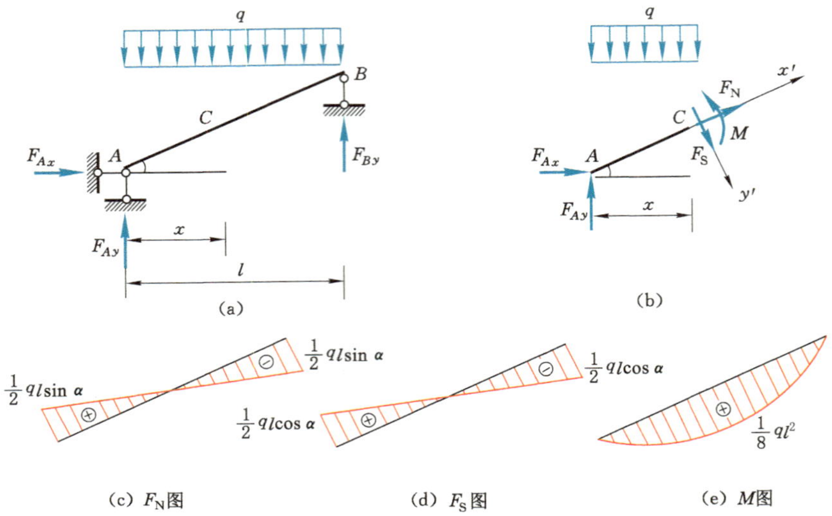

图 3-12　静定斜梁

$$\sum M_C=0, M-F_{Ay}x+qx\frac{x}{2}=0$$

$$F_{Ay}=30q, F_S=(\frac{ql}{2}-qx)\cos\alpha, F_{By}=10q$$

作斜梁的内力图，如图 3-12(c)、图 3-12(d)、图 3-12(e)所示。

3.1.5　多跨静定梁的内力

单跨静定梁是指由一根梁形成的静定结构，而多跨静定梁是由若干根梁用铰连接而成，并用若干支座与基础相连而组成的静定结构。图 3-13(a)为公路桥梁中使用的多跨静定梁及其计算简图。

除了在桥梁方面常采用这种结构形式外，在房屋建筑中的檩条有时也采用这种形式。图 3-13(b)所示为一多跨木檩条的构造及其计算简图。在檩条接头处采用斜搭接的形式，中间用一个螺栓系紧，这种接头不能抵抗弯矩但可防止所连构件在横向或纵向的相对移动，故可看作铰接。

3.1.5.1　多跨静定梁的几何组成特点

由多跨静定梁的几何组成分析可知，图 3-13(a)、图 3-13(b)中的 AB 部分直接由支座固定于基础，是几何不变部分，而图 3-13(a)中的 CD、图 3-13(b)中的 CD 和 EF 部分在竖向荷载作用下也能独立地维持平衡，称它们为基本部分。而其他各个部分必须要依靠基本部分的支撑才能保持其几何不变性，故称为附属部分。

为清晰起见，它们之间的支承关系可用图 3-14(a)、图 3-14(b)、图 3-14(c)来表示，这种图称为层次图，它是按照附属部分支承于基本部分之上来作出的。

3.1.5.2　多跨静定梁的内力及内力图

对于多跨静定梁，只要了解它的组成和各部分的传力次序，即可进行内力计算从层次图可以看出：基本部分上的荷载作用并不影响附属部分，而附属部分上的荷载作用则必传至基

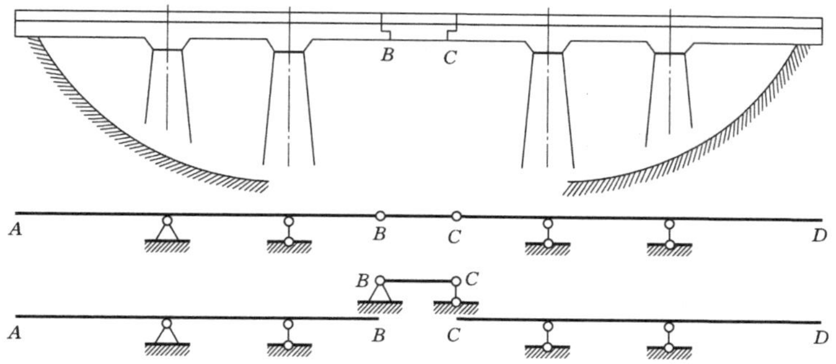

(a) 公路桥梁中使用的多跨静定梁及其计算简图

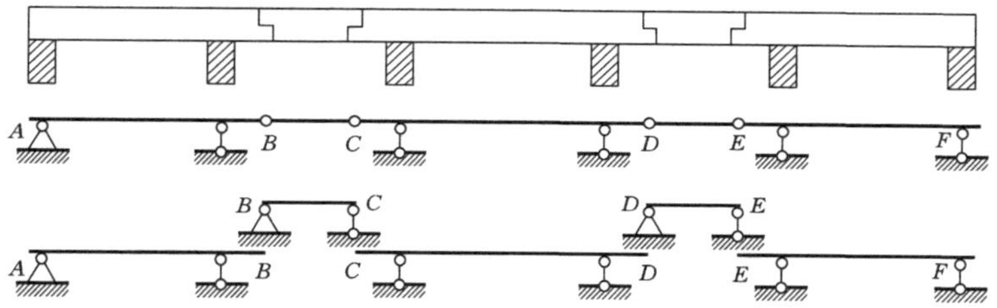

(b) 多跨木檩梁的构造及其计算简图

图 3-13　多跨静定梁及其计算简图

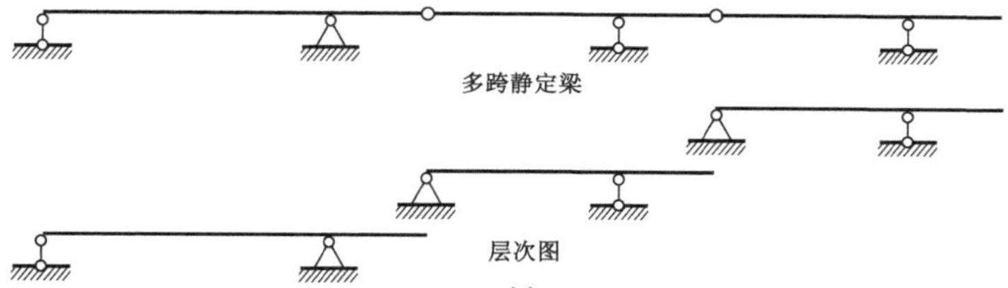

(a)

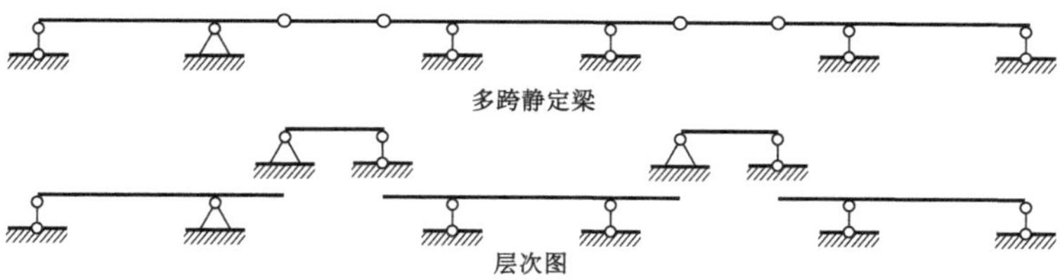

(b)

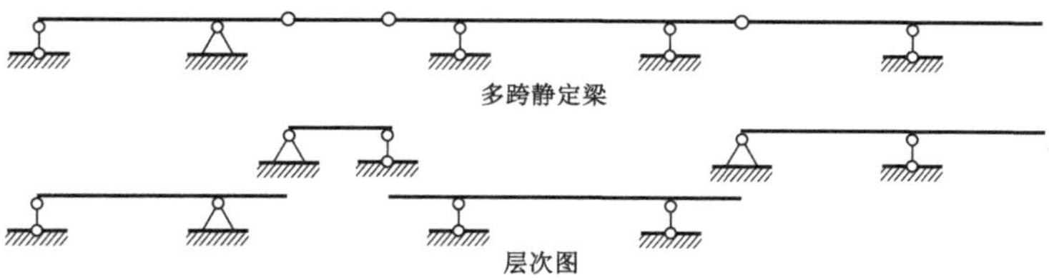

(c)

图 3-14　多跨静定梁及其层次图

本部分。因此，在计算多跨静定梁时，应先计算附属部分，再计算基本部分。二者之间的作用可以根据作用力和反作用力定律确定。这样多跨静定梁即可拆成若干单跨梁分别计算。然后将各单跨梁的内力图相叠加，即得到多跨静定梁的内力图。

例 3-7 作出图 3-15(a)所示多跨静定梁的内力图。

解：(1) 首先分析其几何组成，并作出层次图，分别求出附属部分 CD 和基本部分 ABC 的约束力，如图 3-15(b)所示。

(2) 绘制剪力图和弯矩图，如图 3-15(c)、图 3-15(d)所示。

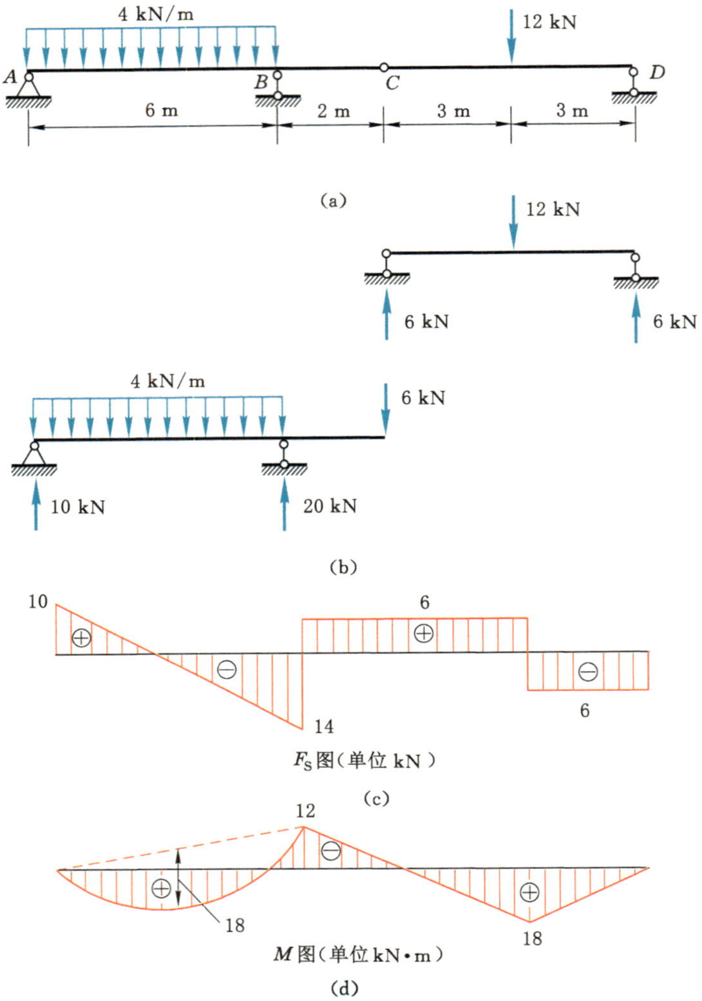

图 3-15　例 3-7 图

例 3-8 作出图 3-16(a)所示多跨静定梁的弯矩图。

解：(1) 首先分析其几何组成，并作出层次图，如图 3-16(b)所示。

(2) 作出附属部分弯矩图，根据内力图的特征作弯矩图，如图 3-16(c)所示。

(3) 将附属部分的 D 支座的反力反方向作用于基本部分的 D 截面，得到基本部分的计算简图，如图 3-16(d)所示。同样作出其弯矩图，如图 3-16(e)所示。

(4) 将图 3-16(c)和图 3-16(e)合并，得到图 3-16(f)所示的原结构的弯矩图。

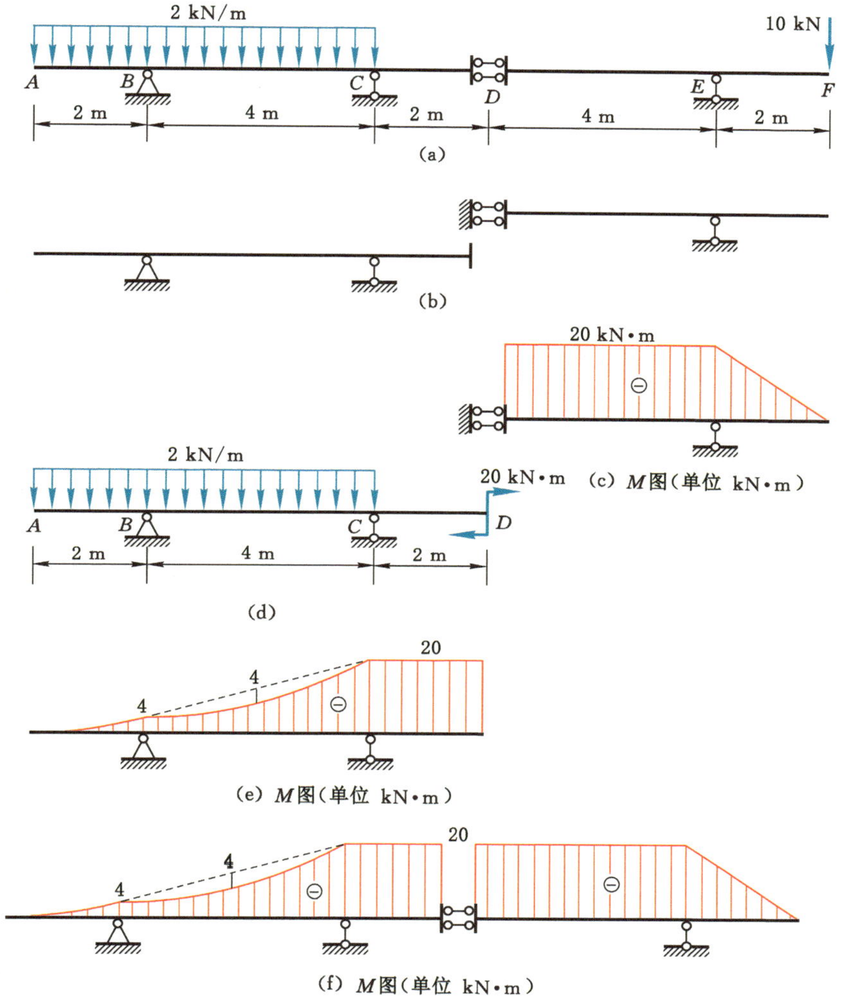

图 3-16　例 3-8 图

3.2　静定平面刚架

3.2.1　静定平面刚架的概念及分类

静定平面刚架是由若干直杆在同一平面内通过全部刚节点或部分刚节点连接组成的静定结构。图 3-17 所示结构为刚架的计算简图。刚架的特点是由于刚节点约束使各杆之间不能发生相对转动，当刚架受力而产生变形时，刚节点处各杆端之间的夹角保持不变。从受力的角度来看，刚节点能承受和传递弯矩，所以刚架能提供较大的使用空间。

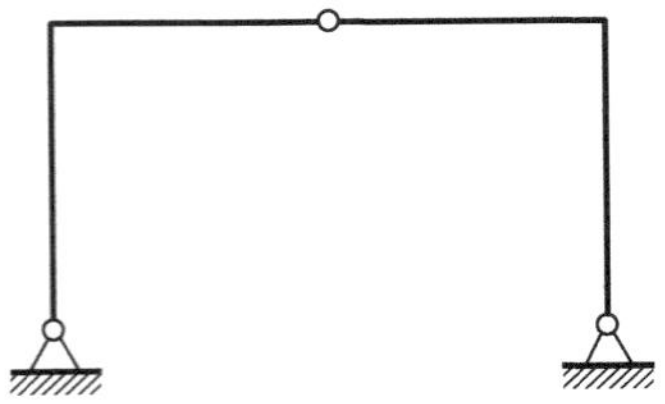

图 3-17　平面刚架计算简图

图 3-18 所示为常见的静定平面刚架。根据刚架受力特点，可以将其简化为力学的计算简图。图 3-19 所示的计算简图，分为悬臂刚架、简支刚架、三铰刚架、组合刚架等。

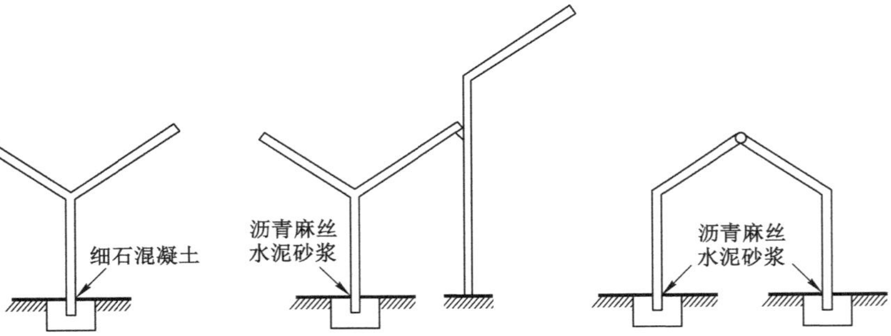

图 3-18　工程中常见的静定平面刚架

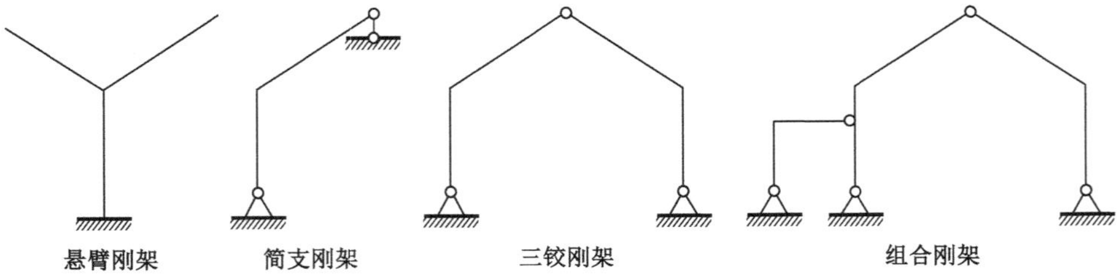

图 3-19　常见的静定平面刚架计算简图

3.2.2　静定平面刚架的支座反力计算

刚架的约束反力可以根据静力平衡条件来求得，但不同的刚架形式，求解时隔离体的选择不同。对于悬臂刚架和简支刚架，由于约束反力只有 3 个，可以取整体为研究对象，3 个方程就可以解出 3 个未知数。对于三铰刚架和组合刚架，由于约束反力多于 3 个，所以，需要选取多个隔离体才能求出所有的约束反力。

例 3-9　求图 3-20(a)所示刚架所受的约束反力。

解：对于图 3-20(a)所示简支刚架，取整体为研究对象，受力图如图 3-20(b)所示。

考虑静力平衡：

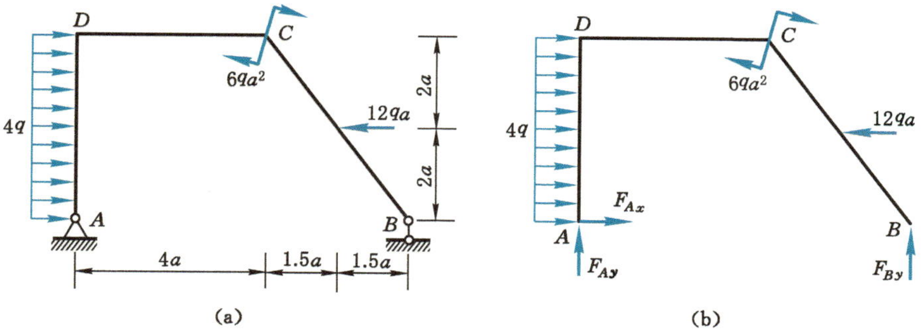

图 3-20　例 3-9 图

$$\sum F_x=0, F_{Ax}=12qa-4qa\cdot 4a=-4qa(\text{向左})$$

$$\sum M_A, F_{By}=\frac{6qa^2+\frac{1}{2}\times 4q\times(4a)^2-12qa\times 2a}{4a+1.5a+1.5a}=2qa(\text{向上})$$

$$\sum F_y=0, F_{Ay}=-F_{By}=-2qa(\text{向下})$$

例 3-10　求图 3-21(a)所示三铰刚架的支座反力。

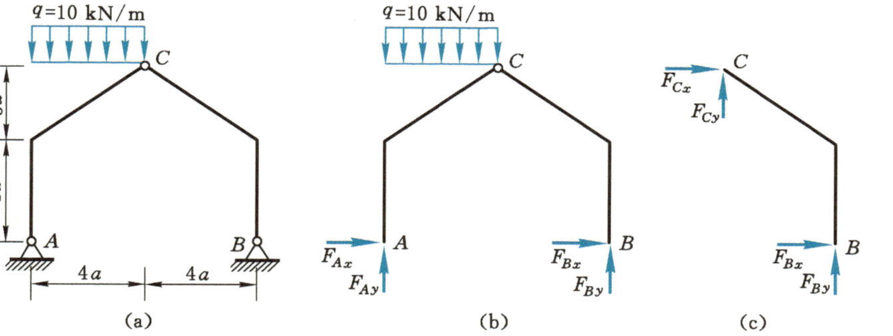

图 3-21　例 3-10 图

解:(1) 取整体为研究对象,受力图如图 3-21(b)所示。

考虑静力平衡,由

$$\sum M_B=0, F_{Ay}\times 8a=4a\times q\times 6a, F_{Ay}=30a(\text{向上})$$

$$\sum F_y=0, F_{By}=10a(\text{向上})$$

(2) 取 CB 为研究对象,受力图如图 3-21(c)所示。

考虑静力平衡,由

$$\sum M_C=0, F_{By}\times 4a=-F_{Bx}\times 7a, F_{Bx}=-\frac{40a}{7}=-5.714a(\text{向左})$$

(3) 再以整体为研究对象,考虑静力平衡,由

$$\sum F_x=0, F_{Ax}=-F_{Bx}=\frac{40a}{7}=5.714a(\text{向右})$$

经校核无误。

3.2.3 静定平面刚架的内力及内力图

在确定了刚架的约束反力后，用截面法求得每个控制点的内力值，控制点的选取可以是外力改变点（集中力作用点、集中力偶作用点、均布荷载的起点和终点），也可以是各杆的杆端（在刚架内力计算时，一般选择各杆杆端为控制点），逐杆求出各杆端内力。然后利用杆端内力分别作各杆的内力图，各杆的内力图合在一起就是刚架的内力图。

3.2.3.1 静定平面刚架的内力计算

例 3-11 计算图 3-22(a)所示悬臂刚架各杆杆端内力。

解：(1) 取 AB 为研究对象，其受力情况如图 3-22(b)所示。

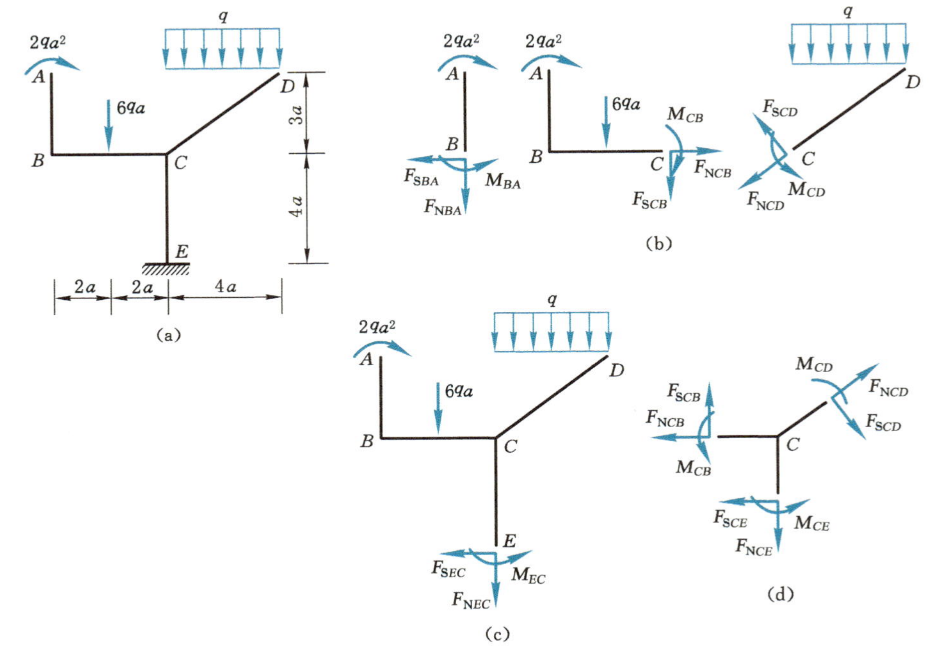

图 3-22 例 3-11 图

考虑静力平衡条件，由

$$\sum M_B=0,2qa^2-M_{BA}=0,M_{BA}=2qa^2\text{（左拉）}$$

$$\sum F_x=0,F_{SBA}=0$$

$$\sum F_y=,F_{NBA}=0$$

(2) 取 ABC 为研究对象，画出 ABC 杆的受力图如图 3-22(b)所示。

考虑静力平衡条件，由

$$\sum M_C=0,-2qa^2-M_{CB}+6qa\times 2a=0,M_{CB}=10qa^2\text{（上拉）}$$

$$\sum F_x=0,F_{NCB}=0$$

$\sum F_y=0, F_{SCB}=-6qa$

(3) 取 CD 为研究对象，其受力图如图 3-22(b)所示。

考虑静力平衡条件，由

$$\sum M_C=0, M_{CD}-q\frac{(4a)^2}{2}=0, M_{CD}=8qa^2\text{(上拉)}$$

$$\sum F_x=0, F_{NCD}+4qa+\frac{3}{5}=0, F_{NCD}=-2.4qa\text{(受压)}$$

$$\sum F_y=0, F_{SCD}-4qa\times\frac{4}{5}=0, F_{SCD}=3.2qa$$

(4) 取整体为研究对象，其受力图如图 3-22(c)所示。

考虑静力平衡条件，由

$$\sum M_E=0, M_E-q\frac{(4a)^2}{2}-2qa^2+6qa\times 2a=0, M_{EC}=-2qa^2\text{(右拉)}$$

$$\sum F_x=0, F_{SEC}=0$$

$$\sum F_y=0, F_{NEC}=-6qa-4qa=-10qa\text{(受压)}$$

(5) 取节点 C 的力矩平衡，画出杆端力矩受力图，如图 3-22(d)所示。由

$$\sum M_C=0, M_{CB}+M_{CE}-M_{CD}=0, M_{CE}=-2qa^2\text{(右拉)}$$

3.2.3.2 静定平面刚架的内力图

在逐杆求出各杆端内力后，可以利用叠加原理作出结构的内力图。在绘制内力图时，弯矩图画在杆件受拉一侧，标明大小，不标正负号；剪力和轴力的符号规定与梁相同，剪力图和轴力图画在杆的任一侧，要标明正负号。

例 3-12 试作例 3-11 中图 3-22(a)的内力图。

解：在例 3-11 中已求出各杆杆端内力。

$F_{SBA}=0, F_{NBA}=0, M_{BA}=2qa^2$(左拉)

$F_{SCB}=-6qa, F_{NCB}=0, M_{CB}=10qa^2$(上拉)

$F_{SCD}=3.2qa, F_{NCD}=-2.4qa$(受压)$, M_{CD}=8qa^2$(上拉)

$F_{SEC}=0, F_{NEC}=-10qa$(受压)$, M_{EC}=-2qa^2$(右拉)

$M_{CE}=-2qa^2$(右拉)

根据叠加原理及内力图特征，可作出其内力图，如图 3-23 所示。

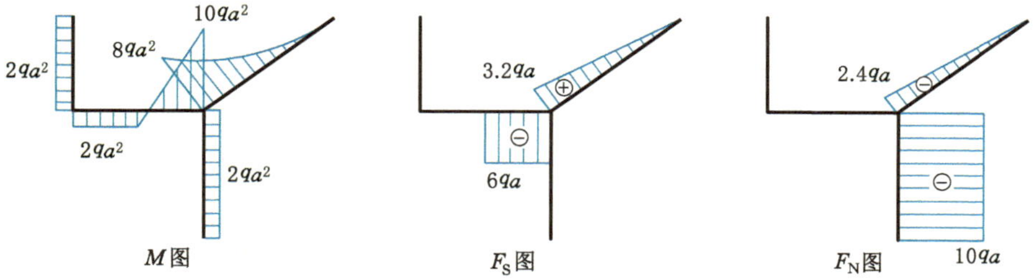

图 3-23 例 3-12 图

例 3-13 试作图 3-24(a)所示刚架的内力图。

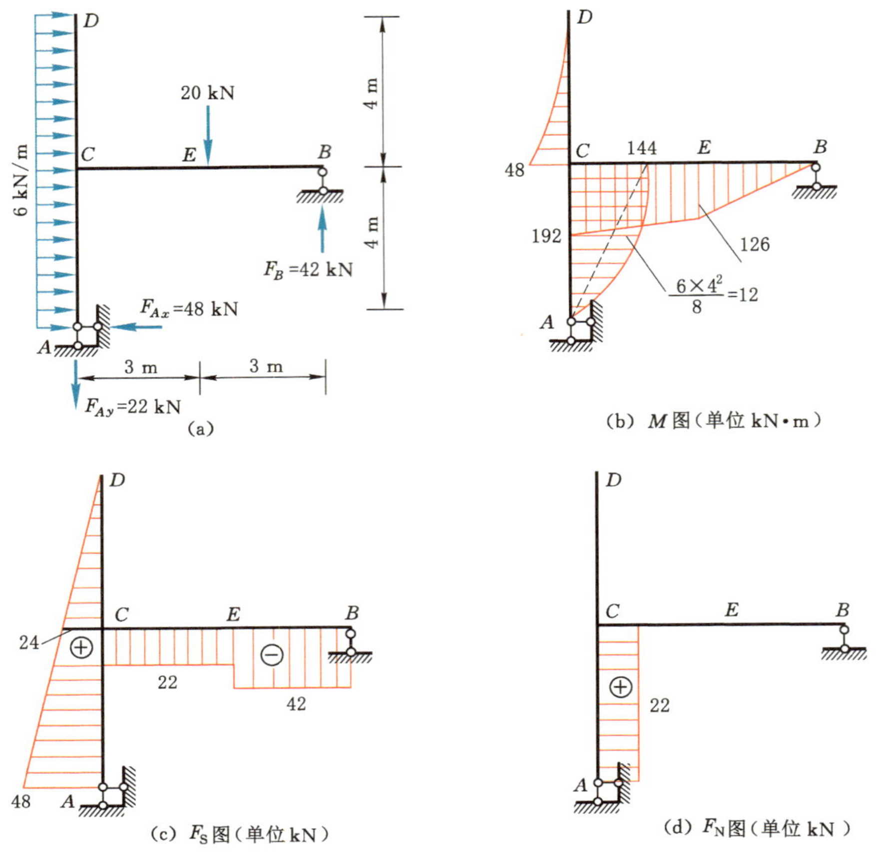

图 3-24 例 3-13 图

解:计算支座反力,由刚架的整体平衡:

$$\sum F_x=0, F_{Ax}=48\ \text{kN}$$

$$\sum M_A=0, F_B=42\ \text{kN}$$

$$\sum F_y=0, F_{Ay}=22\ \text{kN}$$

作弯矩图,控制截面弯矩为:

$$M_{CD}=\frac{1}{2}ql^2=48\ \text{kN}\cdot\text{m}$$

$$M_{BE}=0, M_{EB}=M_{EC}=126\ \text{kN}\cdot\text{m}$$

$$M_{CB}=192\ \text{kN}\cdot\text{m}$$

$$M_{AC}=0, M_{CA}=144\ \text{kN}\cdot\text{m}$$

作弯矩图,如图 3-24(b)所示。

作剪力图，控制截面剪力为：

$$F_{SDC}=0, F_{SCD}=24\ \text{kN}$$

$$F_{SBE}=-42\ \text{kN}, F_{SEC}=-22\ \text{kN}$$

$$F_{SAC}=48\ \text{kN}, F_{SCA}=24\ \text{kN}$$

作剪力图，如图 3-24(c)所示。

作轴力图，控制截面轴力为：

$$F_{NCD}=0, F_{NCB}=F_{NBC}=0, F_{NCA}=F_{NAC}=22\ \text{kN}$$

作轴力图，如图 3-24(d)所示。

例 3-14　试作图 3-25(a)所示三铰刚架的内力图。

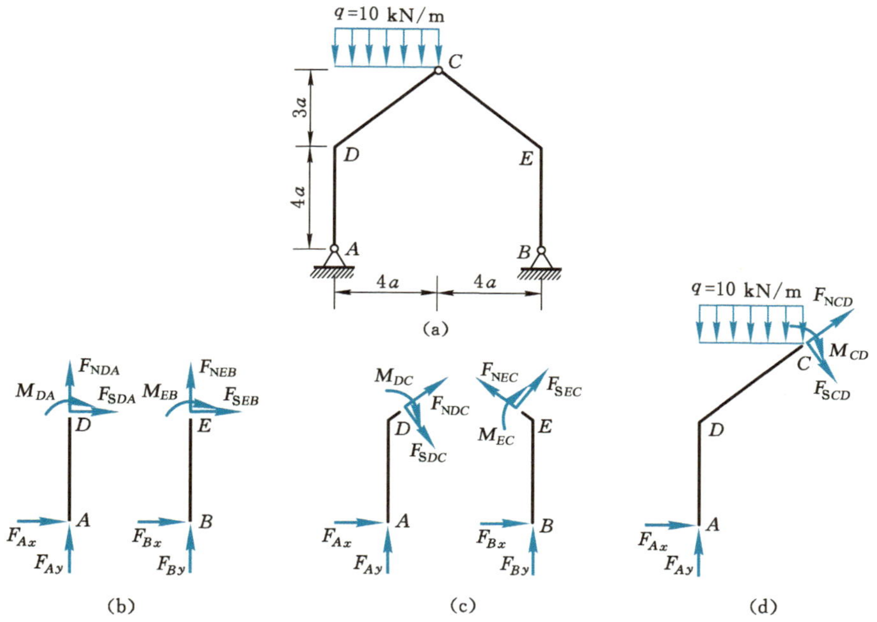

图 3-25　例 3-14 图

解：(1) 求支座反力。

由例 3-10 可知，A、B 处的支座反力为：

$$F_{Ay}=30a(\text{向上}), F_{By}=10a(\text{向上}),$$

$$F_{Bx}=-\frac{40a}{7}=-5.714a(\text{向左})$$

$$F_{Ax}=-F_{Bx}=\frac{40a}{7}=5.714a(\text{向右})$$

(2) 求各杆杆端内力。

① 取 AD 为研究对象，受力图如图 3-25(b)所示。

$$\sum M_D=0, M_{DA}=F_{Ax}\times 4a=16qa^2/7(\text{左拉})$$

由节点 D 的平衡，$M_{DC}=16qa^2/7$（外拉）

$$\sum F_x=0, F_{SDA}=-4qa/7$$

$$\sum F_y=0, F_{NDA}=-3qa$$

② 取 EB 为研究对象，受力图如图 3-25(b)所示。

$$\sum M_E=0, M_{EB}=-16qa^2/7（右拉）$$

由节点 E 的平衡，

$$M_{EC}=-16qa^2/7\ （外拉）$$

$$\sum F_x=0, F_{SED}=-4qa/7$$

$$\sum F_y=0, F_{NED}=-qa$$

③ 从 D 节点上侧截断，取 AD 为研究对象，受力图如图 3-25(c)所示。

$$\sum F_x=0, F_{SDC}+F_{Ax}\sin\beta-F_{Ay}\cos\beta=0, F_{SDC}=2.057qa$$

$$\sum F_y=0, F_{NDC}+F_{Ax}\cos\beta+F_{Ay}\sin\beta=0, F_{NDC}=-2.257qa$$

④ 从 E 节点上侧截断，取 EB 为研究对象，受力图如图 3-26(c)所示。

$$\sum F_x=0, F_{NEC}+F_{Bx}\sin\beta+F_{By}\cos\beta=0, F_{NEC}=-1.057qa$$

$$\sum F_y=0, F_{SEC}+F_{Bx}\cos-F_{By}\sin\beta=0, F_{SEC}=-0.257qa$$

⑤ 取 ADC 为研究对象，受力图如图 3-25(d)所示。

$$\sum F_x=0, F_{SCD}+F_{Ax}\sin\beta-F_{Ay}\cos\beta+4qa\cos\beta=0, F_{SCD}=-1.143qa$$

$$\sum F_y=0, F_{NCD}+F_{Ax}\cos+F_{Ay}\sin\beta-4qa\sin\beta=0, F_{NCD}=-0.143qa$$

经校核无误。

(3) 根据叠加原理及内力图特征，可作出其内力图，如图 3-26 所示。

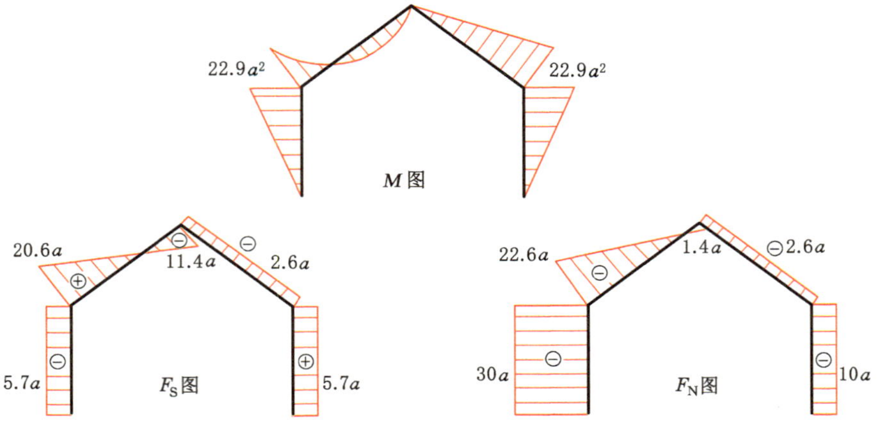

图 3-26　例 3-14 图

例 3-15　绘制例 3-9 中图 3-20(a)的内力图。

解:(1) 求约束反力。

由例 3-9 可知,A、B 处的支座反力为:

$$F_{Ax}=-4qa(\text{向左}),F_{Ay}=-2qa(\text{向下}),F_{By}=2qa(\text{向上})$$

(2) 求各杆杆端内力。

① 取 AD 为研究对象,受力图如图 3-27(b)所示。

$$\sum F_x=0,F_{\mathrm{SDA}}=-12qa$$

$$\sum F_y=0,F_{\mathrm{NDA}}=2qa$$

$$\sum M_D=0,F_{Ax}\cdot 4a-M_{DA}+4q(4a)^2/2=0,M_{DA}=16qa^2(\text{左拉})$$

② 由节点 D 的弯矩平衡得 $M_{DC}=16qa^2$(上拉)。

③ 取 ACD 为研究对象,受力图如图 3-27(c)所示。

$$\sum F_x=0,F_{\mathrm{NCD}}=-12qa$$

$$\sum F_y=0,F_{\mathrm{SCD}}=-2qa$$

$$\sum M_C=0,F_{Ax}\cdot 4a-F_{Ay}\cdot 4a+M_{CD}+4q(4a)^2/2=0,M_{CD}=-24qa^2(\text{上拉})$$

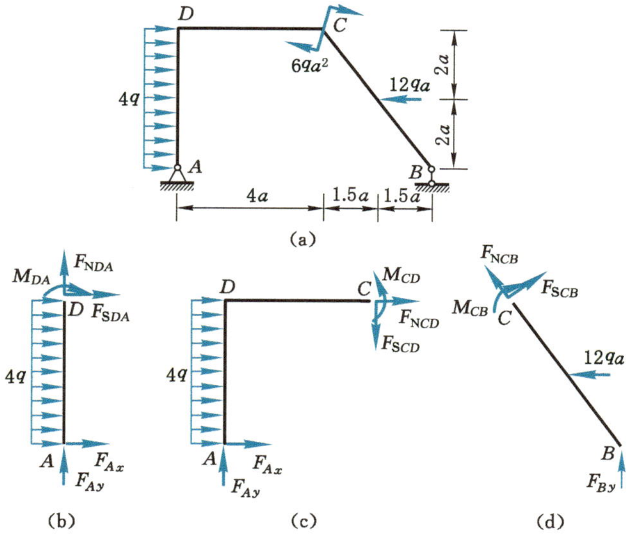

图 3-27　例 3-15 图

④ 从 C 节点的右侧截断,取 BC 为研究对象,受力图如图 3-27(d)所示。

$$\sum M_C=0,\sum M_{CB}=-18qa^2(\text{外拉})$$

$$\sum F_x=0,F_{\mathrm{NCB}}=-2qa\sin\beta-12qa\cos\beta=-8.8qa$$

$$\sum F_y=0,F_{\mathrm{SCB}}=-2qa\cos\beta+12qa\sin\beta=8.4qa$$

⑤ B 端剪力与轴力,把 $F_{By}=2qa$ 分解即可得到。

$$F_{NBC}=-1.6qa, F_{SBC}=-1.2qa$$

经校核无误。

(3) 根据叠加原理及内力图特征,可作出其内力图,如图 3-28 所示。

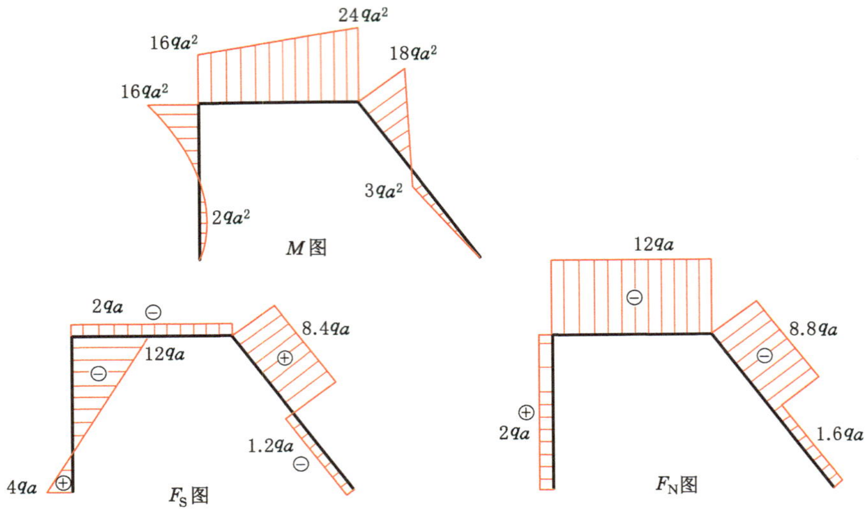

图 3-28　例 3-15 内力图

本章小结

(1) 静定结构计算横截面上内力的基本方法是截面法。一般来说,横截面上的内力有轴力、剪力、弯矩。

(2) 截面法:假想用截面截割杆件为两部分,取其中一部分为分离体,用平衡方程求解横截面上的内力。

(3) 内力方程与内力图:横截面上的内力值随截面位置不同而变化,表达这一变化规律的函数称为内力方程。表达内力变化的图形称为内力图。

(4) 梁的内力图:梁的剪力图正的画在上边,负的画在下边。梁的弯矩图画在受拉一侧。对于多跨梁内力图的绘制,只要分清附属部分与基本部分的传力关系后,把各部分的内力图连在一起即可。

(5) 刚架内力图:弯矩图画在杆件受拉一侧,标明大小,不标正负号;剪力图和轴力画在杆的任一侧,要标明大小,标明正负号。对于刚架内力图的绘制,先求支座反力和约束力。作弯矩图时,先求出各杆的杆端弯矩,再按区段叠加法作弯矩图。作剪力图和轴力图时,先求出各杆的杆端剪力和轴力,再按区段作剪力图和轴力图。

(6) 作弯矩图的基本方法是区段叠加法:通过控制截面将杆件划分为若干段,无荷载作用梁段弯矩图即为相邻控制截面弯矩纵坐标之间所连直线;有荷载作用梁段,以相邻控制截面弯矩纵坐标之间所连直线为基线,叠加以该段长度为跨度的简支梁在跨间荷载作用下的弯矩图，得最后弯矩图。剪力图和轴力图则将相邻控制截面内力纵坐标之间连以直线即得。

思考与练习

3-1　如何用截面法求内力？

3-2　构件横截面上的内力可用几个分量表示？它们的正负是如何规定的？

3-3　简述梁段上的外力情况与内力的关系，剪力图、弯矩图的规律和特点。

3-4　刚架的某一刚节点有两个杆件，且无外力偶作用，节点上两杆端的弯矩有何关系？如有外力偶作用，节点上两杆端的弯矩有何关系？

3-5　简述多跨梁中附属部分与基本部分的几何组成特点和受力特点。

3-6　作弯矩图的基本方法是区段叠加法，试叙述区段叠加法作弯矩图的主要步骤。

3-7　刚架的刚节点有何力学特征？如何利用节点的平衡条件检查内力图绘制的正确性？

3-8　试写出题 3-8 图中各梁的剪力方程和弯矩方程，并作出剪力图和弯矩图。

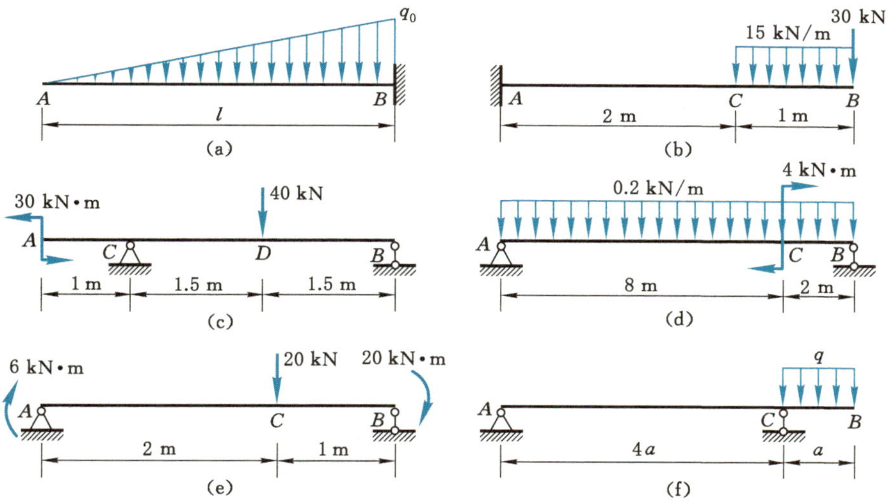

题 3-8 图

3-9　试利用剪力和弯矩的特点，作出题 3-9 图中各梁的剪力图和弯矩图。

3-10　试作出题 3-10 图中各梁的弯矩图。

3-11　试作出题 3-11 图中各多跨静定梁的弯矩图。

3-12　试作出题 3-12 图中各所示刚架的弯矩图、剪力图和轴力图。

3-13　试作出题 3-13 图中各所示结构的弯矩图。

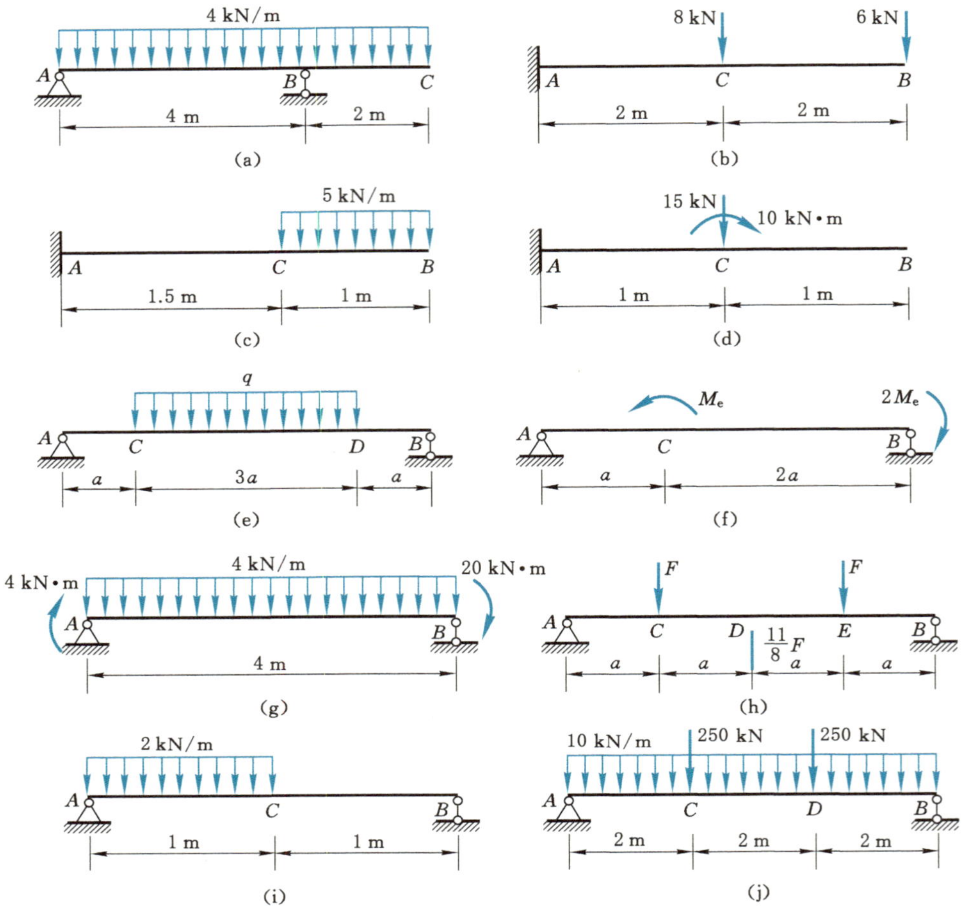
4 kN/m
A B C
4 m 2 m
(a)
8 kN 6 kN
A C B
2 m 2 m
(b)
5 kN/m
A C B
1.5 m 1 m
(c)
15 kN 10 kN·m
A C B
1 m 1 m
(d)
q
A C D B
a 3a a
(e)
M_e $2M_e$
A C B
a 2a
(f)
4 kN·m 4 kN/m 20 kN·m
A B
4 m
(g)
F F
A C D E B
$\frac{11}{8}F$
a a a a
(h)
2 kN/m
A C B
1 m 1 m
(i)
10 kN/m 250 kN 250 kN
A C D B
2 m 2 m 2 m
(j)

题 3-9 图

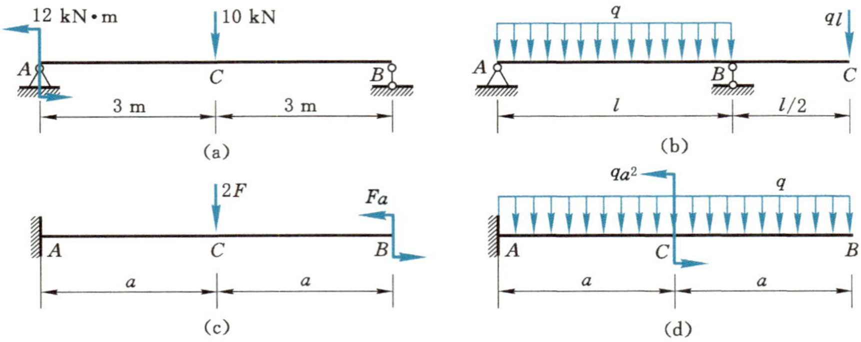
12 kN·m 10 kN
A C B
3 m 3 m
(a)
q ql
A B C
l l/2
(b)
2F Fa
A C B
a a
(c)
qa^2 q
A C B
a a
(d)

题 3-10 图

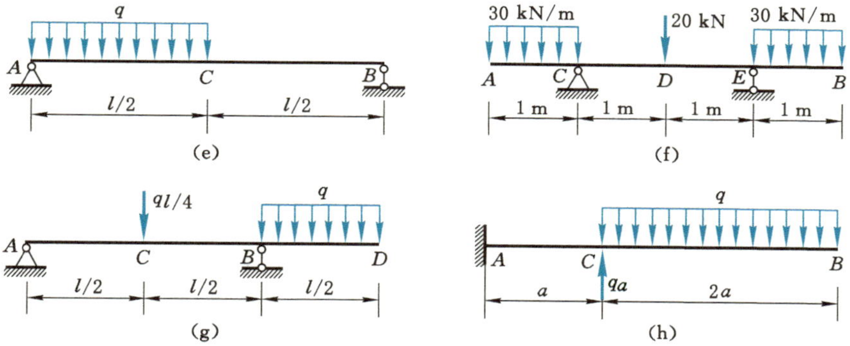

题 3-10 图(续)

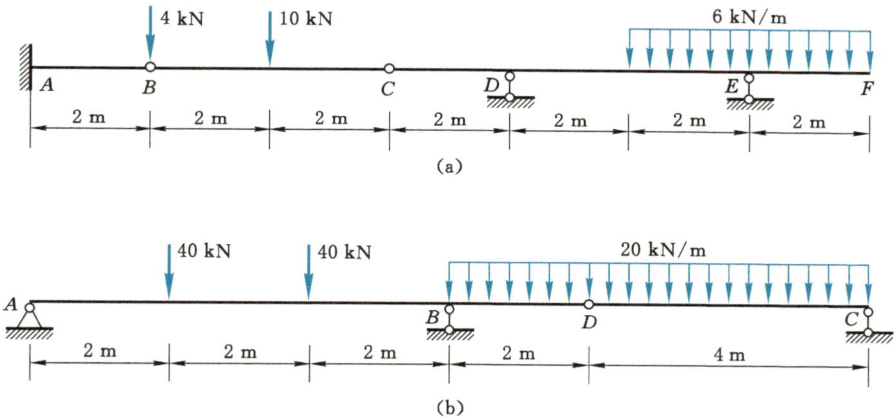

题 3-11 图

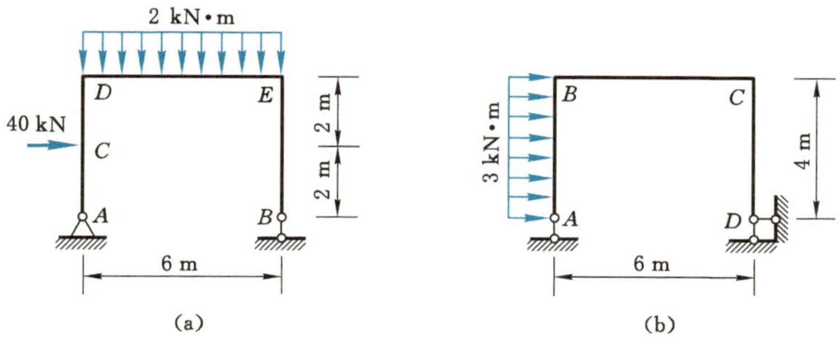

题 3-12 图

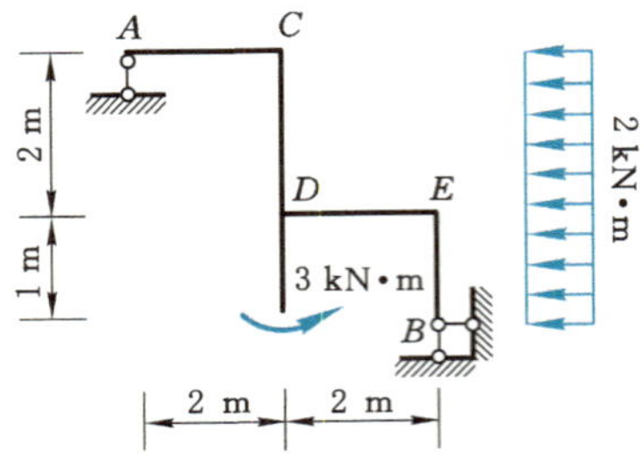

(c)

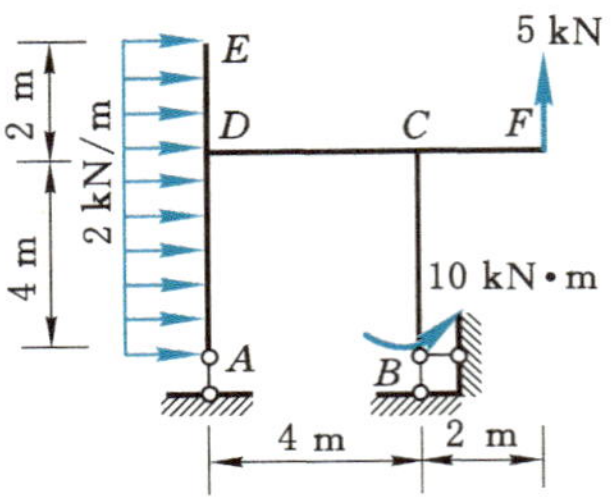

(d)

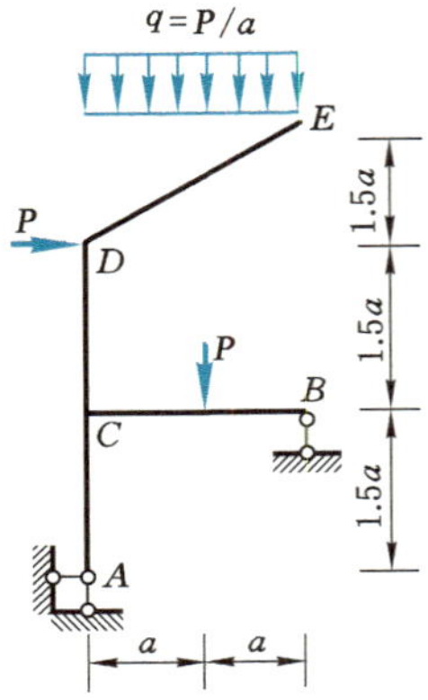

(e)

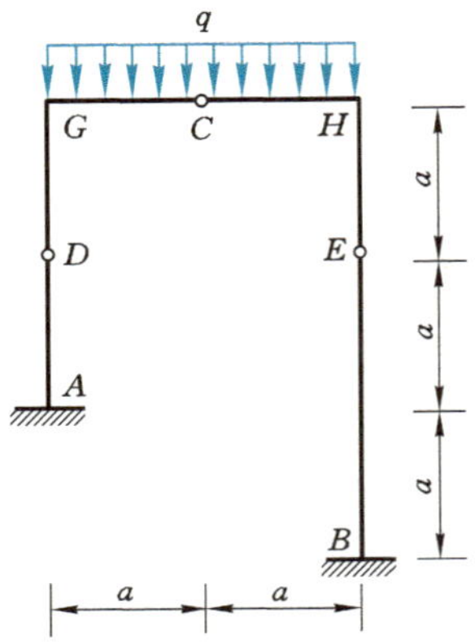

(f)

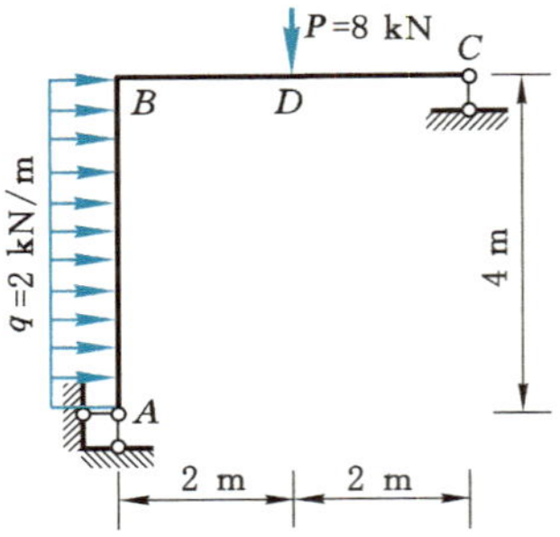

(g)

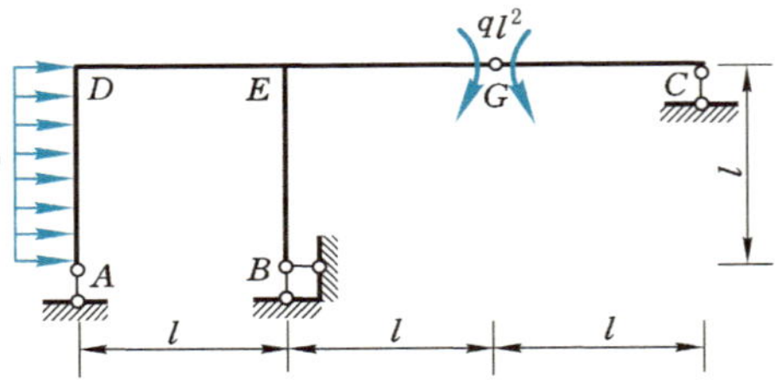

(h)

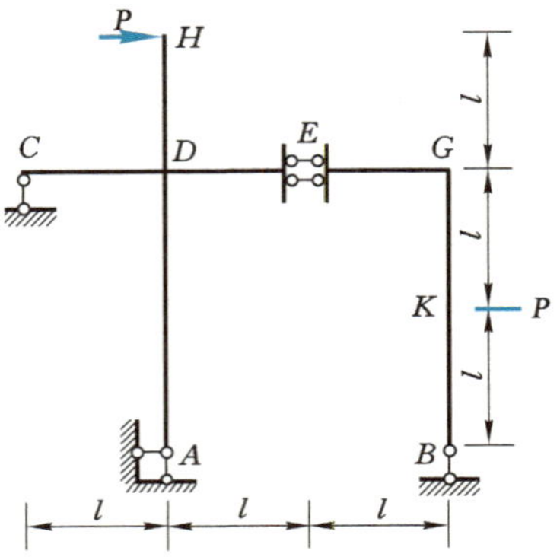

(i)

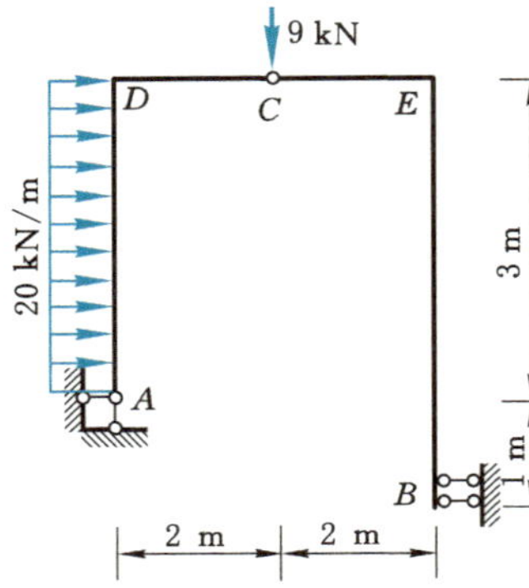

(j)

题 3-12 图(续)

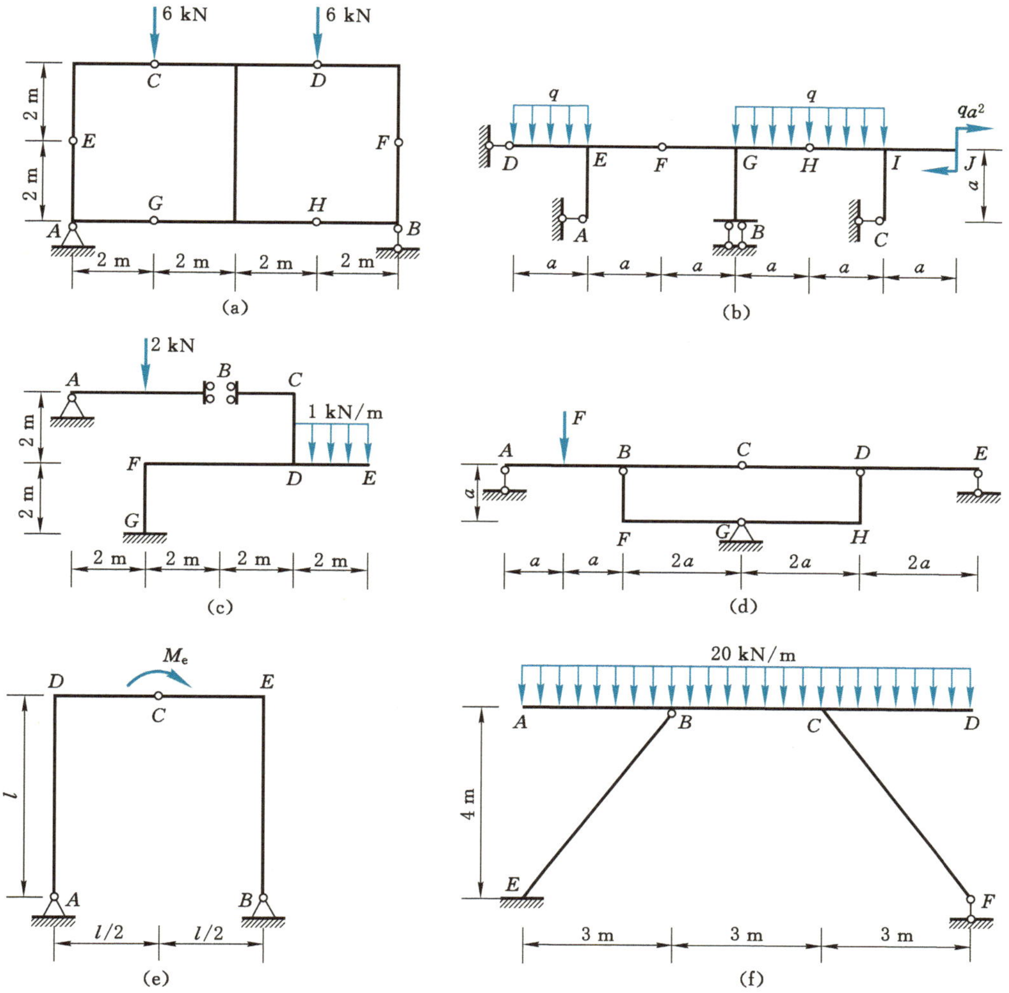

题 3-13 图

参考答案

3-1～3-7　略

3-8　(a) $M_B=-\dfrac{1}{6}q_0l^2$；(b) $M_A=-127.5\ \text{kN}\cdot\text{m}$；

(c) $M_C=-30\ \text{kN}\cdot\text{m}$；(d) 中点的弯矩为 1.6 kN・m；

(e) $M_C=36.7\ \text{kN}\cdot\text{m}$；(f) $M_C=-\dfrac{1}{2}qa^2$

3-9　(a) $M_B=-8\ \text{kN}\cdot\text{m}$；(b) $M_A=-40\ \text{kN}\cdot\text{m}$；

(c) $M_A=-20\ \text{kN}\cdot\text{m}$；(d) $M_A=-25\text{kN}\cdot\text{m}$；

(e) 中点的弯矩为$\dfrac{3qa^2}{2}$ kN・m；(f) $M_{C左}=-\dfrac{1}{3}M_e a$；

(g) 中点的弯矩为 0；(h) $M_D=-\frac{11}{16}Fa$；

(i) $M_C=0.5$ kN·m；(j) 中点的弯矩为 1 196 kN·m

3-10 (a) $M_C=9$ kN·m；

(b) $M_B=\frac{ql^2}{2}$；(c) $M_A=-Fa$；

(d) $M_A=-qa^2$；(e) $M_C=\frac{ql^2}{2}$；(f) $M_D=5$ kN·m；

(g) $M_B=-\frac{ql^2}{8}$；(h) $M_A=-3qa^2$

3-11 (a) $M_A=18$ kN·m，$M_D=10$ kN·m，$M_E=12$ kN·m；

(b) $M_{BA}=120$ kN·m

3-12 (a) $F_{Ay}=2.7$ kN，$F_{Ax}=10$ kN，$F_{By}=9.3$ kN，

$M_C=10\times2=20$ kN·m，$M_D=10\times4-10\times2=20$ kN·m，

$M_E=0$；

(b) $F_{Dx}=12$ kN，$F_{Dy}=4$ kN，$F_{Ay}=-4$ kN，$M_{BA}=24$ kN·m，

$M_{CD}=48$ kN·m，$F_{SBA}=-12$ kN，$F_{SCD}=12$ kN，

$F_{NBA}=4$ kN，$F_{NCD}=-4$ kN；

(c) $M_{CA}=M_{CD}=6$ kN·m，$M_{ED}=M_{EB}=5$ kN·m，

$M_{DC}=2$ kN·m；

(d) $M_{DE}=4$ kN·m，$M_{DA}=16$ kN·m，$M_{DC}=12$ kN·m，

$M_{CD}=28$ kN·m，$M_{CB}=38$ kN·m，$M_{CF}=10$ kN·m；

(e) $M_{DE}=2pa$，$M_{DC}=2pa$，$M_{CD}=3.5pa$，$M_{CB}=5pa$，

$M_{CA}=1.5pa$；

(f) $M_{AD}=\frac{qa^2}{2}$，$M_{GD}=\frac{qa^2}{2}$，$M_{HC}=\frac{qa^2}{2}$，$M_{BE}=qa^2$；

(g) $M_{BA}=16$ kN·m，$M_{DC}=16$ kN·m；

(h) $M_{DA}=\frac{1}{2}ql^2$，$M_{ED}=3ql^2$，$M_{EB}=ql^2$，$M_{EG}=2ql^2$，$M_{GC}=ql^2$；

(i) $M_{DA}=0$，$M_{DC}=2pl$，$M_{DH}=pl$，$M_{DE}=pl$，$M_{GB}=pl$；

(j) $M_{DA}=18$ kN·m，$M_{BE}=36$ kN·m

3-13 (a) $M_{AE}=6$ kN·m；(b) $M_{ED}=\frac{ql^2}{2}$，$M_{EA}=\frac{3ql^2}{2}$；

(c) $M_{FG}=8$ kN·m，$M_{CD}=4$ kN·m；(d) $M_{HD}=\frac{Pa}{2}$；

(e) $M_{CE}=M$，$M_{EB}=\frac{M}{2}$；

(f) $M_{CD}=-90$ kN·m，$M_{CF}=135$ kN·m，$M_{CB}=-45$ kN·m

第 4 章　三铰拱的内力计算

【本章要点】

拱形结构的组成和类型及其特点；

三铰拱的支座反力和内力计算以及内力图的绘制；

三铰拱合理拱的概念及合理拱轴线的确定。

【问题导入】

拱在我国建筑结构上的应用已有悠久的历史，常见的有拱形门、拱形桥、拱形屋顶等，有的可屹立千年而不倒，成为建筑史上的传奇。

赵州桥，如图 4-1(a)所示，又名安济桥，位于河北省石家庄市赵县，在 1 400 多年的历史中，经受住了无数次洪水、地震、行人车辆的考验，至今仍挺立于河上，是世界上现存的年代久远、跨度最大、保存最完整的单孔坦弧敞肩石拱桥，被称为世界桥梁的奇迹。赵州桥所采用的敞肩圆弧拱，被认为是世界桥梁史的“开创者”，比欧洲敞肩拱结构早了 1 200 多年。赵州桥主拱两端各有两个小拱伏于主拱的肩上，据测算，这四个小拱形桥洞可以节省 180 m^3 的石料，并减轻 500 t 的桥重，同时增加了泄洪能力。

我们常见的古代建筑多为梁架式，即通过搭建木梁支撑起整座建筑。而与之相反，无梁殿则是以拱支撑，没有木梁，通体以砖石砌成，内部以拱券式结构撑住整个屋顶。无梁殿出现于 14 世纪末，约至 16 世纪时流行。南京市的灵谷寺拥有中国历史最悠久、规模最大的砖砌拱券结构殿宇，建筑结构十分坚固，如图 4-1(b)所示。

(a) 拱式桥梁代表——赵州桥　　(b) 灵谷寺砖砌拱券结构殿宇

图 4-1　拱

目前，拱形结构的应用也很广泛，主要应用于桥梁、礼堂、体育馆和展览馆等大空间的结构中。拱形结构之所以备受青睐，主要体现在以下两方面：

(1) 拱的结构特性。拱在受到压力的时候，通过曲面缓冲将力分散传递给向下或向外的部分，减小了结构本身的承受力，从而增强了建筑的坚固性。例如，拱形应用至桥梁建设时，能极大地增强泄洪能力，减轻洪水对桥身的冲击力。

(2) 拱的对称美学。对称性是构成形式美的基本原理，对称可以赋予建筑形象静态美，呈现出稳重、古朴之美。拱形所展现的中华美学，以看似简单柔和的线条来塑造出均衡稳重的形态。

那么，拱的类型有哪些？它们都有什么样的特点？如何对拱进行受力分析，计算其内力及变形，何为合理拱轴线，有哪些应用？本章将详细介绍三铰拱的相关力学分析及计算问题。

4.1 拱的概念及分类

构件的轴线通常为曲线，在竖向荷载作用下支座将产生水平反力(称为水平推力)的结构称为拱。

拱的形式有无铰拱、二铰拱、带拉杆拱、三铰拱等，如图 4-2 所示。其中三铰拱是静定结构，而二铰拱、无铰拱是超静定结构。与同跨度的梁相比较，拱由于有水平推力，其轴线又是曲线，它所受的弯矩远比梁小。如果合理地选择拱轴的形状，可以使各截面的弯矩减小至最小，甚至全部都等于零，这样，拱的内力主要是轴向压力。对于某些常用的建筑材料，例如砖、石料、混凝土等来说，它们具有较好的抗压强度而抗拉强度较差，采用拱的形式，就能充分发挥材料的优点。拱形结构由于有水平推力，它需要有坚固而强大的地基基础来支承。为了减轻基础的负担。可以在两个拱趾之间设置一个拉杆，用以代替水平支座链杆。

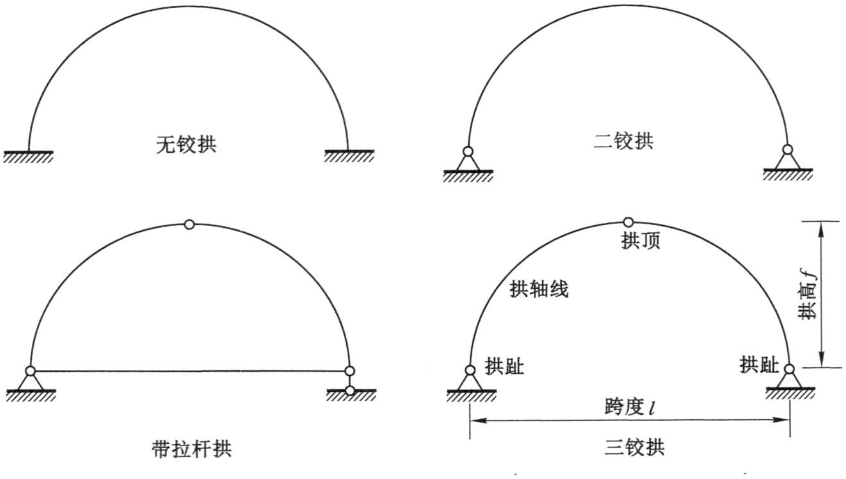

图 4-2 拱的形式

拱的各部分名称如图 4-2 所示。拱身各截面形心的连线称为拱轴线，拱结构的最高点称为拱顶，拱与支座的连接处称为拱趾或拱脚，两个拱趾之间的水平距离 l 称为跨度，拱顶到两拱趾连线的竖向距离 f 称为拱高或拱矢。

4.2　三铰拱的支座反力计算

三铰拱为静定结构，其支座反力可由静力平衡方程算出。现以图 4-3(a)所示的在竖向荷载作用下的三铰拱为例，导出其计算公式。图 4-3(b)所示为与图 4-3(a)具有相同跨度的简支梁，称为代梁。

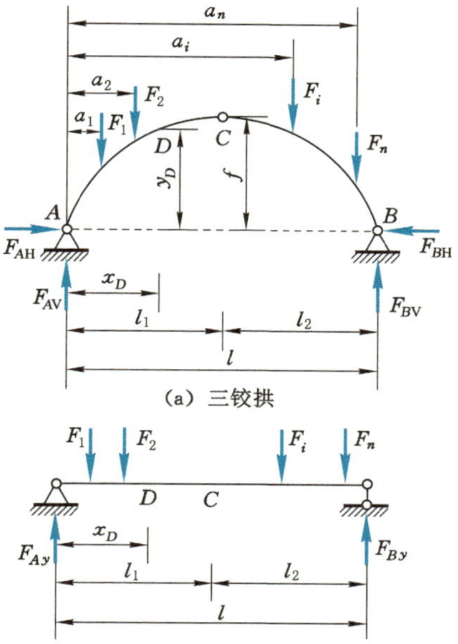

(a) 三铰拱

(b) 代梁

图 4-3　三铰拱

(1) 由拱的整体平衡，$\sum M_B=0$，$F_{AV}\cdot l-\sum_{i=1}^{n}F_i\cdot(l-a_i)=0$ 得：

$$F_{AV}=\frac{\sum_{i=1}^{n}F_i\cdot(l-a_i)}{l} \tag{4-1}$$

由 $\sum M_A=0$，$F_{BV}\cdot l-\sum_{i=1}^{n}F_i\cdot a_i=0$ 得：

$$F_{BV}=\frac{\sum_{i=1}^{n}F_i\cdot a_i}{l} \tag{4-2}$$

由 $\sum F_x=0$，得：

$$F_{AH}=F_{BH}=F_H \tag{4-3}$$

取顶铰 C 以左的部分为研究对象，由 $\sum M_C=0$，$F_{AV}\cdot l_1-\sum_{i=1}^{2}F_i(l_1-a_i)-F_H f=0$ 得：

$$F_H = \frac{F_{AV} \cdot l_1 - \sum_{i=1}^{2} F_i (l_1 - a_i)}{f} \tag{4-4}$$

上式中的分子就是代梁在截面 C 的弯矩 M_C^0，所以：

$$F_H = \frac{M_C^0}{f} \tag{4-5}$$

式中，M_C^0 为代梁 C 截面的弯矩。由式（4-5）可知，三铰拱在竖向荷载作用下，其水平反力（推力）与拱的形状无关，仅与 3 个铰的位置有关，而与各铰间的拱轴形状无关。若竖向荷载和拱趾位置不变，则随着拱矢 f 增大，水平推力减小。反之，拱矢 f 减小，水平推力增大。

（2）由代梁的整体平衡，可得：

$$F_{AV}^0 = F_{AV} = \frac{\sum_{i=1}^{n} F_i (l - a_i)}{l} \tag{4-6}$$

$$F_{BV}^0 = F_{BV} = \frac{\sum_{i=1}^{n} F_i a_i}{l} \tag{4-7}$$

这就是说，拱的竖向反力与简支梁的竖向反力相同。

4.3 三铰拱的内力计算及内力图

在求得支座反力后，可以求出拱轴上任一截面的内力。计算内力时，应注意到拱轴为曲线这一特点，所取截面应与拱轴正交，现以图 4-3(a) 中任一截面 D 为例，导出内力计算公式。

任一截面 D 的位置取决于该截面形心的坐标 x_D、y_D，以及该处拱轴切线的倾角 φ_D。截面 D 的内力可以分解为弯矩 M_D、前力 F_{SD} 和轴力 F_{ND}。取截面 D 以左部分为研究对象，受力图如图 4-4 所示。

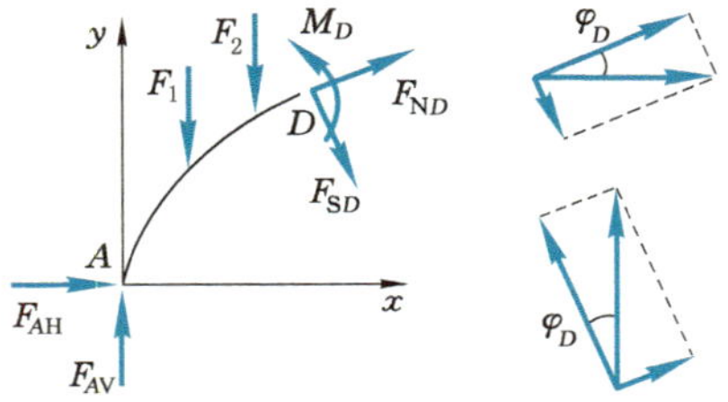

图 4-4 拱轴部分受力图

4.3.1 弯矩的计算

弯矩符号规定以使拱内侧纤维受拉为正，反之为负。有：

$$\sum M_D = 0$$

$$M_D = F_{AV}x_D - F_H y_D - F_1(x_D - a_1) - F_2(x_D - a_2)$$
$$= F_{AV}^0 x_D - F_1(x_D - a_1) - F_2(x_D - a_2) - F_H y_D$$

即得 D 截面的弯矩：

$$M_D = M_D^0 - F_H y_D \tag{4-8}$$

式中，M_D^0 为代梁对应于 D 处截面的弯矩。

由此可见，由于推力的存在，拱的弯矩比代梁的弯矩要小。

4.3.2　剪力的计算

剪力符号的规定是使截面两侧的脱离体有顺时针转动趋势时为正，反之为负。由平衡方程，得：

$$F_{SD} = (F_{AV} - F_1 - F_2) \cdot \cos\varphi_D - F_H \cdot \sin\varphi_D$$

即得 D 截面的剪力：

$$F_{SD} = F_{SD}^0 \cdot \cos\varphi_D - F_H \cdot \sin\varphi_D \tag{4-9}$$

式中，F_{SD}^0为代梁截面 D 的前力，$F_{SD}^0 = F_{AV} - F_1 - F_2$。

4.3.3　轴力的计算

轴力的正负号规定以拉为正，压为负，则有：

$$F_{ND} = (F_1 + F_2 - F_{AV}) \cdot \sin\varphi_D - F_H \cdot \cos\varphi_D$$

即得 D 截面的轴力：

$$F_{ND} = -F_{SD}^0 \cdot \sin\varphi_D - F_H \cdot \cos\varphi_D \tag{4-10}$$

式 (4-8)、式 (4-9) 及式 (4-10) 中的 φ_D 所由轴线确定，φ_D 的符号在图示坐标系中左半拱为正，右半拱为负。

有了上述公式，则不难求得在竖向荷载作用下任一截面的内力。若荷载不是竖向作用或三铰拱为斜拱(两个拱趾不在一条水平线上)，则上述公式不适用，此时应根据平衡条件直接计算三铰拱的支座反力和内力。

根据上述计算内力的公式，求得竖向荷载作用下任一截面的内力，从而作出三铰拱的内力图。因为三铰拱轴线是曲线形的，它的内力图也是曲线形的，一般需要逐点计算和描绘。其步骤如下：

(1) 计算支座反力。

(2) 沿跨度(或拱轴线)把拱截分为若干相等的小段。

(3) 利用上述计算内力的公式，列表计算各截面的弯矩、剪力和轴力。

(4) 把算得的各截面弯矩、剪力和轴力数值在水平基线上(或拱轴线上)逐点描出，绘成 M 图、F_S 图、F_N 图。

例 4-1　如图 4-5(a)所示拱轴线方程 $y = \dfrac{4f}{l^2}x(l - x)$，试求截面 D 的内力。

解：(1) 求支座反力。

取整体为研究对象，有：

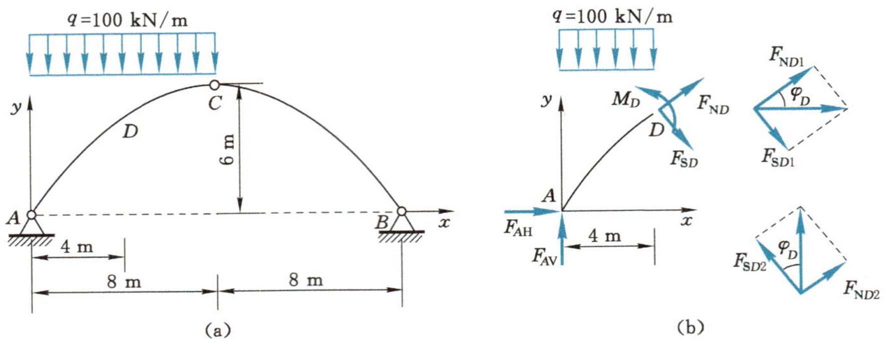

图 4-5　例 4-1 图

$$\sum M_A = 0, F_{BV} = 200 \text{ kN}$$

$$\sum F_y = 0, F_{AV} = 600 \text{ kN}$$

取 BC 为研究对象，有 $\sum M_C = 0, F_H = \frac{800}{3} = 267 \text{ kN}$

(2) 取 AD 为研究对象，受力图如图 4-5(b)所示。

由图可得：

$$x_D = 4 \text{ m}, y_D = \frac{4 \times 6}{16^2} \times 4 \times (16-4) = 4.5 \text{ m}$$

$$\tan \varphi_D = y' \big|_{x=4} = \frac{3}{4}, \sin \varphi_D = \frac{3}{5}, \cos \varphi_D = \frac{4}{5}$$

考虑静力平衡条件，有：

$$\sum M_D = 0, M_D = F_{AV} \times 4 - F_H \times 4.5 - 100 \times 4 \times 2 = 398.5 \text{ kN} \cdot \text{m(内拉)}$$

建立图 4-5(b)所示坐标系：

$$\sum F_x = 0, F_{ND} = -(600-400)\sin \varphi_D - \frac{800}{3}\cos \varphi_D = -333 \text{ kN(受压)}$$

$$\sum F_y = 0, F_{SD} = (600-400)\cos \varphi_D - \frac{800}{3}\sin \varphi_D = 0$$

例 4-2　如图 4-6(a) 所示三铰拱，跨度 $l=16$ m，拱高 $f=4$ m，拱轴线方程为 $y=\frac{4f}{l^2}x(l-x)$。均布荷载 $q=2$ kN/m，集中荷载 $F=8$ kN。绘制其内力图。

解：(1) 求支座反力。

取整体为研究对象，有：

$$\sum M_A = 0, F_{BV} = 10 \text{ kN}$$

$$\sum F_y = 0, F_{AV} = 14 \text{ kN}$$

取 BC 为研究对象，有 $M_C = 0, F_H = 12$ kN

(2) 每隔水平距离 2 m 取一截面，把全拱分为 8 小段，共有 9 个截面。

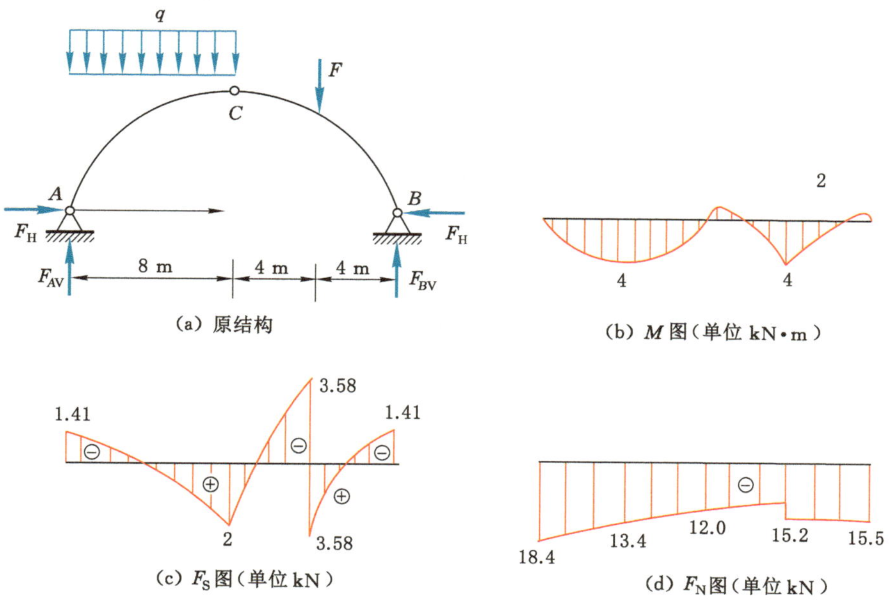

图 4-6　例 4-2 图

(3) 计算每一截面的 y、$\tan\varphi$、$\sin\varphi$ 和 $\cos\varphi$。利用公式逐一计算各截面的弯矩 M，剪力 F_S 和轴力 F_N 列表计算各截面结果见表 4-1。

表 4-1　例 4-2 内力计算表

x/m	y/m	$\tan\varphi$	$\sin\varphi$	$\cos\varphi$	F_N/kN	F_S/kN	M/kN·m
0	0.00	1.00	0.71	0.71	−18.4	1.41	0.00
2	1.75	0.75	0.60	0.80	−15.6	0.80	3.00
4	3.00	0.50	0.45	0.90	−13.4	0.00	4.00
6	3.75	0.25	0.24	0.97	−12.1	−0.97	3.00
8	4.00	0.00	0.00	1.00	−12.0	−2.00	0.00
10	3.75	−0.25	−0.24	0.97	−12.1	0.97	−1.00
12	3.00	−0.50	−0.45	0.90	−11.6	3.58	4.00
13					−15.2	−3.58	
14	1.75	0.75	−0.60	0.80	−15.6	−0.80	−1.00
16	0.00	−1	−0.71	0.71	−15.5	1.41	0.00

根据计算数值，逐点描绘 M 图、F_S 图和 F_N 图，如图 4-6(b)至图 4-6(d)所示。

4.4　三铰拱的合理轴线

拱在荷载作用下，如果能选取一根合适的拱轴线，使得拱上各截面的弯矩均为零，则拱仅受到轴力的作用。此时，各截面处于均匀受压的状态，因而材料能得到充分的利用，相应的拱截面尺寸是最小的。从理论上说，设计成这样的拱是最经济的，故称这样的拱轴线为合理轴线。

对于在竖向荷载作用下的三铰拱，可以利用前面的结论求出合理拱轴线，由任一截面的弯矩为：

$$M_D = M_D^0 - F_H y_D$$

根据合理拱轴的定义，各截面上的弯矩为零，即：

$$M = M^0 - F_H y = 0$$

解得：

$$y = \frac{M^0}{F_H} \tag{4-11}$$

由式 (4-11)可知，合理拱轴线竖向高度 y 与相应代梁的弯矩成正比。当拱上的荷载已知时，只要求出代梁的弯矩方程，就可以得到三铰拱的合理拱轴线方程。

例 4-3 已知 q、l、f、求图 4-7 所示三铰拱的合理拱轴线。

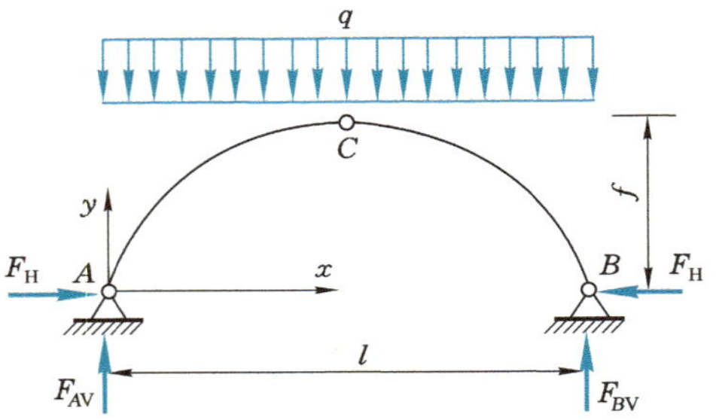

图 4-7 例 4-3 图

解：由对称性，$F_{AV} = F_{BV} = \frac{1}{2}ql$

取左半部分为研究对象，有：

$$\sum M_C = 0, F_{AV} \times \frac{1}{2}l - F_H \times f - \frac{1}{2}q\left(\frac{l}{2}\right)^2 = 0, F_H = \frac{ql^2}{8f}$$

由式 (4-11) 得到合理拱轴方程：

$$y = \frac{M^0}{F_H} = \frac{\frac{1}{2}qlx - \frac{qx^2}{2}}{\frac{ql^2}{8f}} = \frac{4f}{l^2}x(l-x), (0 \leqslant x \leqslant l)$$

由此可见，满跨均布荷载作用下，三铰拱的合理轴线是一条二次曲线。

例 4-4 求图 4-8 所示三铰拱的合理拱轴线，拱高 $f = l$。

解：由对称性，$F_{AV} = F_{BV} = ql$

取左半部分为研究对象，有：

$$\sum M_C = 0, F_{AV} \times 2l - F_H \times l - \int_0^{2l} \frac{qx}{2l} \mathrm{d}x(2l - x) = 0, F_H = \frac{4ql}{3}$$

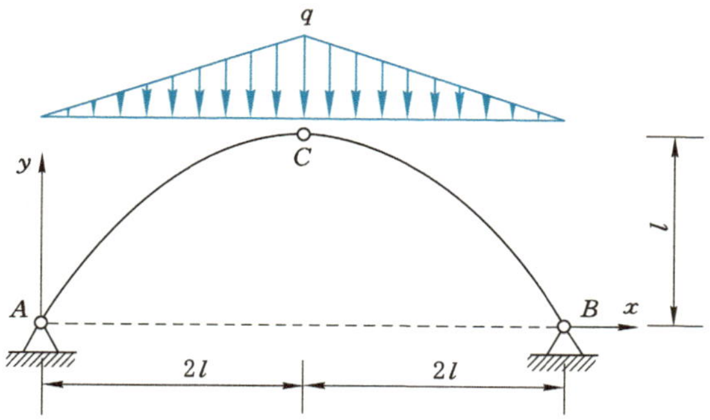

图 4-8　例 4-4 图

由式（4-11）得到合理拱轴方程：

$$y=\frac{M^0}{F_{\rm H}}=\frac{qlx-\dfrac{qx^3}{12l}}{\dfrac{4ql}{3}}=\frac{3x}{4}-\frac{x^3}{16l^2},(0\leqslant x\leqslant 2l)$$

本章小结

（1）三铰拱为静定结构，其支座反力可由静力平衡方程算出。构件的轴线通常为曲线，在竖向荷载作用下支座将产生水平反力。

（2）三铰拱的内力计算：计算三铰拱的内力时，常用截面法求其曲杆内力。为便于计算，将内力计算结果用代梁的弯矩和剪力表示。这样，求三铰拱的内力归结为求水平推力和代梁的弯矩、剪力。

（3）三铰拱轴线是曲线形的，它的内力图也是曲线形的，一般需要逐点计算和描绘。

（4）拱在荷载作用下，如果能选取一根合适的拱轴线，使得拱上各截面的弯矩均为零，则拱仅受到轴力的作用，称这样的拱轴线为合理轴线。

思考与练习

4-1　拱的类型主要有哪几种？

4-2　拱的特点是什么？

4-3　在竖向荷载作用下如何计算三铰拱任一截面的内力？

4-4　什么是合理拱轴线？

4-5　试求题 4-5 图所示三铰拱的支座反力。已知 $F=100$ kN，$q=20$ kN/m。

4-6　题 4-6 图所示三铰拱，拱轴线方程为 $y=\frac{4f}{l^2}x(l-x)$，$l=16$ m，$f=4$ m，$F=4$ kN。求 D，E 截面的内力。

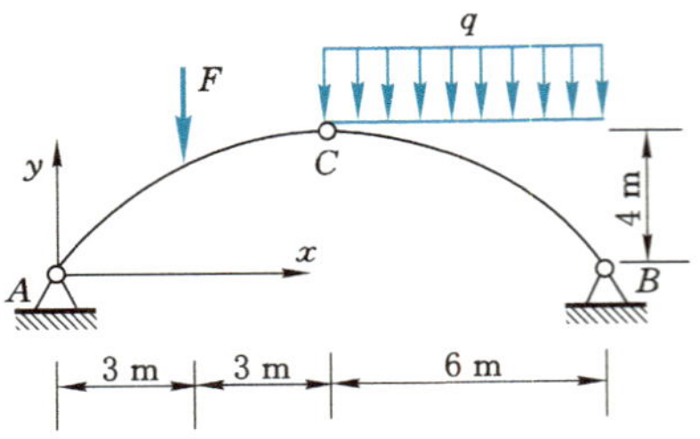

题 4-5 图

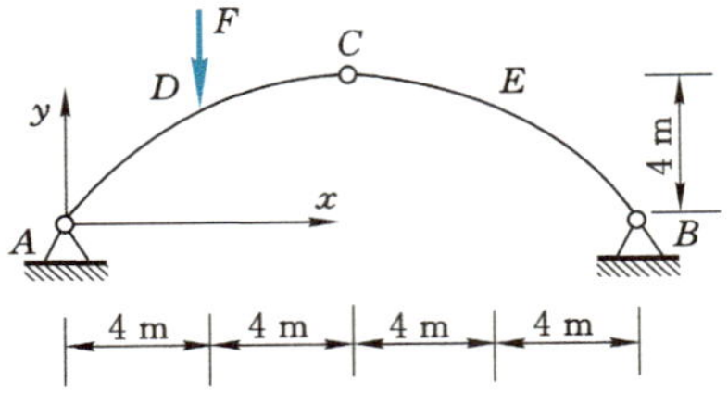

题 4-6 图

4-7　题 4-7 图所示三铰拱为半圆弧形三铰拱，已知 $\alpha=30°$，$q=20$ kN/m，$a=5$ m 求支座反力和 K 截面的内力。

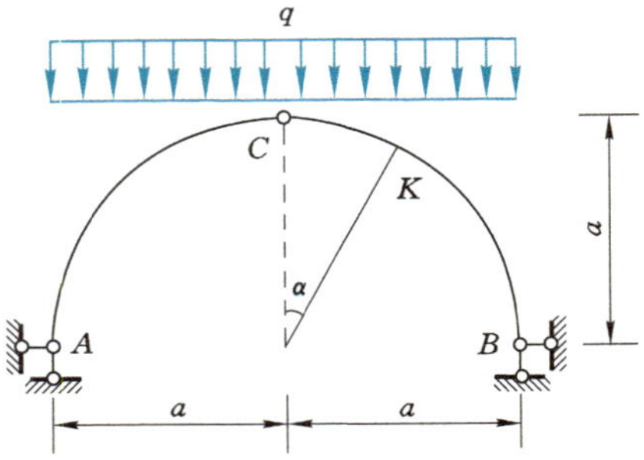

题 4-7 图

4-8　题 4-8 图所示三铰拱为半圆弧形三铰拱，已知 $\alpha=30°$，$q=10$ kN/m，$M_e=10$ kN·m，$F=60$ kN，$R=6$ m 求 K 截面的弯矩。

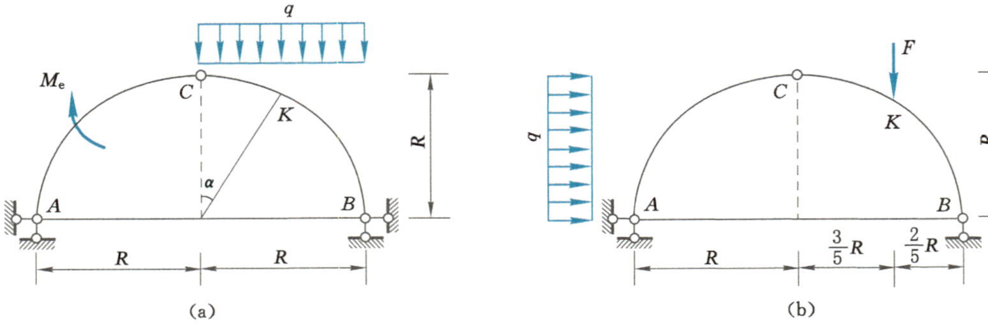

题 4-8 图

参考答案

4-1～4-4　略

4-5　$F_{AV}=105$ kN，$F_{BV}=115$ kN，$F_H=82.5$ kN

4-6　$M_D=6\ \text{kN}\cdot\text{m}$，$M_E=-2\ \text{kN}\cdot\text{m}$，$F_{SD左}=1.8\ \text{kN}$，$F_{ND左}=3.12\ \text{kN}$

4-7　$F_{AV}=F_{BV}=100\ \text{kN}$，$F_H=50\ \text{kN}$，

$F_{SK}=-18.3\ \text{kN}$，$F_{NK}=-68.3\ \text{kN}$，$M_K=-29\ \text{kN}\cdot\text{m}$

4-8　(a) $M_K=1.08\ \text{kN}\cdot\text{m}$；(b) $M_K=21.6\ \text{kN}\cdot\text{m}$

第5章 桁架和组合结构的内力计算

【本章要点】

桁架结构的几何组成；

理想桁架的概念和三条假定；

静定平面桁架的内力计算方法；

判定零杆和等力杆；

静定组合结构的受力特点和内力计算方法。

【问题导入】

桁架是一种由杆件彼此在两端用铰链连接而成的结构，桁架杆件主要承受轴向拉力或压力，从而能充分利用材料的强度，节约材料，减轻结构质量。桁架在桥梁和房屋建造上最先被广泛使用，现在常用的有钢桁架、钢筋混凝土桁架、预应力混凝土桁架、木桁架、钢与木组合桁架、钢与混凝土组合桁架等。

在我国的西南，有一座 1909 年建造的桁架结构式铁路桥，称为“木花果大花桥”，如图 5-1(a)所示，是目前世界上唯一保存而且还在使用中的下承式多腹杆钢桁铁路桥，它也是我国受到法国侵略的历史见证。通过这座桥梁的铁路为“滇越铁路”，整体由法国于 20 世纪初建造完成，滇越铁路当时被《泰晤士报》称之为与苏伊士运河、巴拿马运河齐名的“世界三大工程奇迹”。法国为何“煞费苦心”在我国西南大陆修建铁路，架设桥梁？1885 年 6 月《中法新约》不平等条约的签订，标志法国用武力打开了中国西南的门户，因其觊觎我国云南丰富的矿产，开始计划修建铁路加大运输量，掠夺云南地区矿产资源，“滇越铁路”由此修建。

中华人民共和国成立后，我国铁路事业和桥梁建设突飞猛进，一座座具有划时代意义的桥梁屹立于中国大地，其中包括前面章节提到的“万里长江第一桥”——武汉长江大桥[图 5-1(b)]、中国“争气桥”——南京长江大桥、九江长江大桥[图 5-1(c)]等。

2013 年 9 月和 10 月，习近平主席分别提出共建“丝绸之路经济带”和“21 世纪海上丝绸之路”的合作倡议，从此“一带一路”走上了世界的舞台。与百年前西方列强侵略截然相反，我们国家的“一带一路”旨在借用古代丝绸之路的历史符号，高举和平发展的旗帜，共同打造政治互信、经济融合、文化包容的利益共同体、命运共同体和责任共同体。在“一带一路”中，“中国桥梁”成了联通地域的重要工程，如由我国建造的帕德玛大桥[图 5-1(d)，2022 年 6 月通车]被孟加拉国国民称为“梦想之桥”，它的建成结束了两岸居民摆渡的历史，是孟加拉国历史上最长的桥梁，是中孟两国“一带一路”框架下合作的最大铁路项目，预计造福孟加拉国超过一半的人口。

(a) 滇越铁路桥——木花果大花桥

(b) 武汉长江大桥

(c) 九江长江大桥

(d) 孟加拉国帕德玛大桥

图 5-1　现代桁架和组合结构桥梁

前面提到的武汉长江大桥、南京长江大桥、九江长江大桥、帕德玛大桥等,其桥身主体均为典型的桁架结构。桁架结构为何在桥梁中应用广泛,它是一种什么样的结构,具有怎样的结构特点？如何对其进行内力分析？本章将详细介绍桁架及组合结构的内力计算及分析。

5.1　桁架的组成和特点

梁和刚架在荷载作用下,主要产生弯矩内力,截面上的应力分布是不均匀的。三铰拱由于推力作用,截面上弯矩小而轴力大,应力分布相对均匀。而桁架是由杆件组成的体系,当荷载只作用在节点上时,各杆只有轴力,截面上的应力分布均匀。

杆件轴线都位于同一平面的桁架,称为平面桁架,否则称为空间桁架。本章主要研究平面桁架的内力计算,绝大部分空间桁架都可以简化为平面桁架计算。

由于桁架只受轴力,截面分布均匀,因此可以充分发挥材料的作用,特别是在大跨度的结构中,桁架更是一种重要的结构形式。如由我国工程技术人员设计建造的南京长江大桥和武汉长江大桥的主体结构就是桁架结构。图 5-2 所示的钢筋混凝土屋架和钢木屋架就属于桁架。还有大型的屋架、塔架等。

桁架结构是指若干直杆两端都是用铰相连接组成的结构,并且假设荷载只作用在节点上。实际的桁架结构形式和各杆件之间的连接以及所用的材料是多种多样的,实际受力情况比较复杂,要对它们进行精确分析是困难的。但根据对桁架的实际工作情况分析和桁架结构实验的结果表明,大多数的常用桁架是由比较细长的杆件所组成,而且承受的荷载大多数都是作用在节点上。结构中所有的杆件在荷载作用下,主要承受轴向力,而弯矩和剪力很小,可以忽略不计。因此,为了简化计算,在取桁架的计算简图时,采取如下假定:假定桁架的节点都是光滑的铰节点;各杆的轴线都是直线并通过铰的中心;荷载和支座反力都作用在铰节点上,杆件的自重可略去不计(有时可将杆件自重平均分配到杆件两端的节点上,作为荷载的一部分来考虑)。把符合上述假定条件的桁架称为理想桁架。因此,理想桁架中的所有杆件均为二力杆，在杆的截面上只有轴力。

图 5-2(c)、图 5-2(d)所示分别是图 5-2(a)、图 5-2(b)所示桁架的计算简图。

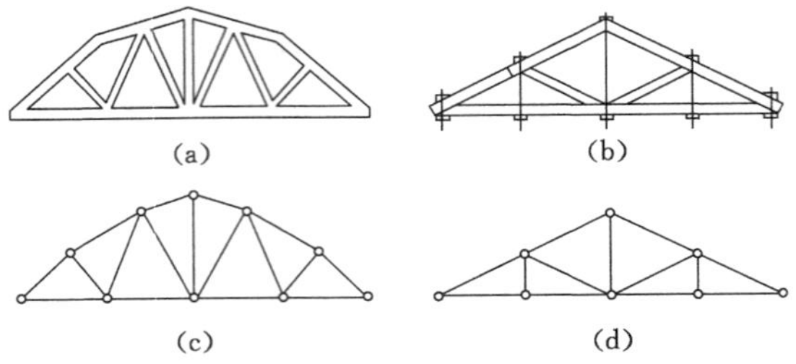

图 5-2　桁架的计算简图

从桁架的几何组成上，桁架可分为静定桁架和超静定桁架。从桁架中的杆件分布上，桁架可分为平面桁架和空间桁架。本章主要研究静定平面桁架的内力计算。

静定平面桁架可分为三类。

(1) 简单桁架：如图 5-3(a)所示，由基础或一个基本铰接三角形开始，逐次增加二元体所组成的桁架。

(2) 联合桁架：如图 5-3(b)所示，由几个简单桁架按几何不变体系的组成规则联合组成的桁架。

(3) 复杂桁架：如图 5-3(c)所示，与图 5-3(a)、图 5-3(b)所示不同，不是按上述两种方式组成的其他桁架。

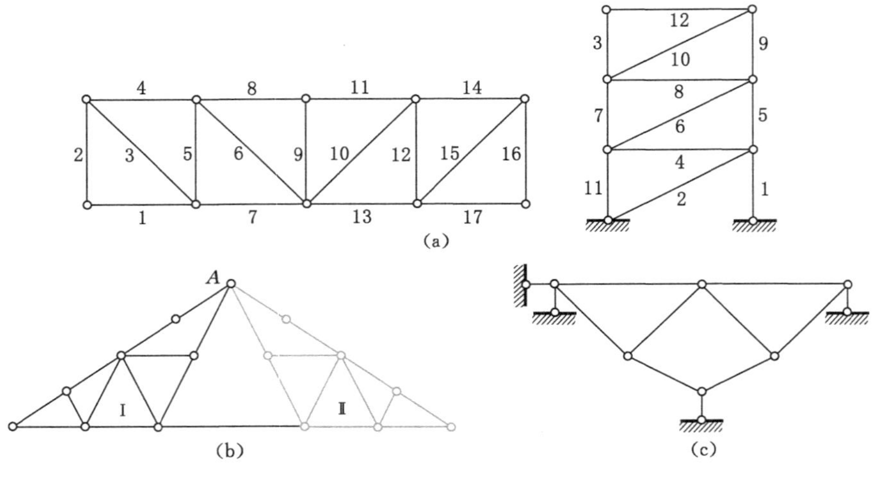

图 5-3　桁架

5.2　桁架的内力计算

为了求得桁架结构中的各杆轴力，可以截取桁架中的一部分为隔离体，考虑隔离体的平衡，建立平衡方程，由平衡方程解出杆的轴力。如果隔离体包含一个节点，这种方法称为节点法。如果截取的隔离体只包含两个以上的节点，这种方法称为截面法。

节点法主要适用于计算简单桁架。

截面法主要适用于联合桁架和简单桁架中少数杆件的计算。

在具体计算时，规定轴力符号以杆件受拉为正，受压为负。节点隔离体上拉力的指向是离开节点，压力的指向是指向节点。对于方向已知的内力应该按照实际方向画出，对于方向未知的内力，通常假设为拉力，如果计算结果为负值，则说明此内力为压力。

5.2.1　节点法

节点法是把桁架的各个节点分离出来作为隔离体，利用节点的平衡条件，求解各杆的轴力。作用于每一节点上的力（外力和内力）组成一个平面汇交力系，因此，对每一节点可以写出两个平衡方程。应用节点法求轴力时，应该从只有两个未知力的节点开始，逐个截取节点，可求出全部杆件轴力。

应用节点法求桁架内力的步骤可归纳如下：

(1) 一般先求支座反力。如果不求反力也可计算内力时，反力可不先求出。

(2) 分离出只有两个未知力的节点，根据它的平衡条件，写出平衡方程，求出未知力。

(3) 依次取其邻近或其他只具有两个未知力的节点为分离体，分别求出各杆的内力。最后一个节点的平衡条件可用来校核。

计算中应注意以下几种情况，以使得计算简化：

(1) 如图 5-4(a)所示，不共线的两杆节点，当节点上无荷载作用时，两杆内力为零。

$$F_1=F_2=0$$

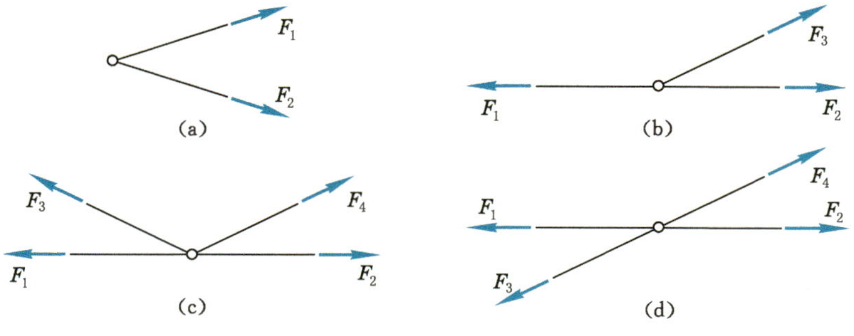

图 5-4　桁架节点平衡的特殊情况

内力为零的杆件称为零杆。

(2) 如图 5-4(b)所示，由三根杆构成的节点，当有两杆共线且节点上无荷载作用时，则不共线的第三杆内力必为零，共线的两杆内力相等，符号相同。

$$F_1=F_2, F_3=0$$

(3) 如图 5-4(c)所示，由四根杆件构成的 K 形节点，其中两杆共线，另两杆在此直线的同侧且夹角相同，当节点上无荷载作用时，则不共线的两杆内力相等，符号相反。

$$F_3 = -F_4$$

(4) 如图 5-4(d)所示由四根杆件构成的 X 形节点，各杆两两共线，当节点上无荷载作用时，则共线杆件的内力相等，且符号相同。

$$F_1 = F_2, F_3 = F_4$$

(5) 对称桁架在对称荷载作用下，对称杆件的轴力是相等的，即大小相等，拉压相同；在反对称荷载作用下，对称杆件的轴力是反对称的，即大小相等，拉压相反。

计算桁架的内力宜从几何分析入手，以便选择适当的计算方法，灵活地选取隔离体和平衡方程。如有零杆，先将零杆判断出来，再计算其余杆件的内力。以减少运算工作量，简化计算。

例 5-1 求出图 5-5(a)所示桁架所有杆件的轴力。

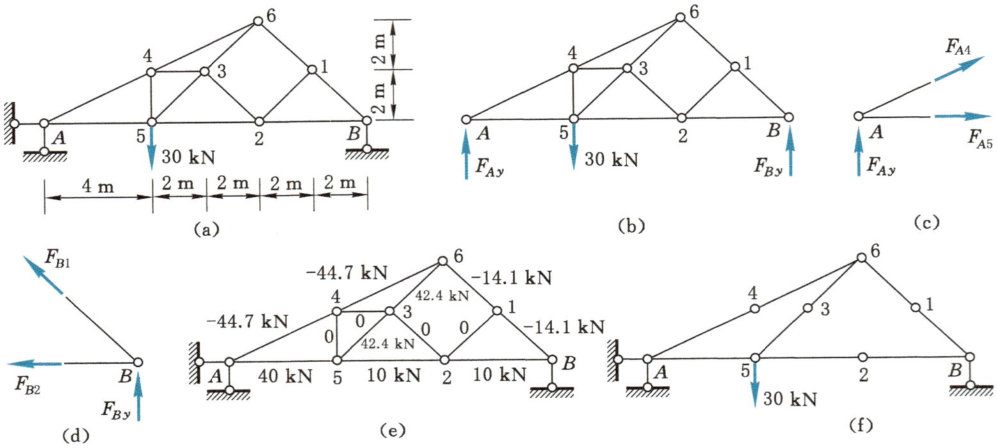

图 5-5　例 5-1 图

解：由于图示桁架可以按照依次拆除二元体的方法将整个桁架拆完，因此可应用节点法进行计算。

(1) 计算支座反力，整体结构的受力图如图 5-5(b)所示，由平衡方程可得：

$$\sum M_B = 0, 30 \times 8 - 12F_{Ay} = 0, F_{Ay} = 20 \text{ kN}$$

$$\sum M_A = 0, 12F_{By} - 30 \times 4 = 0, F_{By} = 10 \text{ kN}$$

(2) 计算各杆内力。

方法一：

应用节点法，可从节点 4 开始，依次计算节点 A、B、1、2、6、3、4、5。

节点 4，隔离体如图 5-5(c)所示。

$$\sum F_y = 0, F_{A4} \times \frac{2}{2\sqrt{5}} + 20 \text{ kN} = 0, F_{A4} = -44.7 \text{ kN(压力)}$$

$$\sum F_x = 0, F_{A4} \times \frac{4}{2\sqrt{5}} + F_{A5} = 0, F_{A5} = 40 \text{ kN(拉力)}$$

节点 B，隔离体如图 5-5(d)所示

$$\sum F_y=0, F_{B1}\times\frac{\sqrt{2}}{2}+10\ \text{kN}=0, F_{B1}=-14.1\ \text{kN}(\text{压力})$$

$$\sum F_x=0, F_{B1}\times\frac{\sqrt{2}}{2}+F_{B2}=0, F_{B2}=10\ \text{kN}(\text{拉力})$$

同理依次计算 1、2、6、3、4、5 各节点，就可以求得全部杆件轴力，杆件内力可在桁架结构上直接注明，如图 5-5(e)所示。

方法二：

首先进行零杆的判断，利用前面所总结的零杆判断方法，在计算桁架内力之前，进行零杆的判断。

$$F_{12}=F_{23}=F_{34}=F_{45}=0$$

去掉桁架中的零杆，图示结构则如图 5-5(f)所示。

在节点 5 上，F_{53} 内力可直接由平衡条件求出，而不需要求解支座反力。

$$\sum F_y=0, F_{53}\times\frac{\sqrt{2}}{2}=30\ \text{kN}, F_{53}=42.4\ \text{kN}(\text{拉力})$$

其他各杆件轴力即可直接求出。

由此可见，利用零杆判断的规则可以直接判断出哪几根杆的内力是零，最终只求少数几根轴力不为零的杆件内力即可。在进行桁架内力计算时，可大大减少运算量。

例 5-2　求出图 5-6(a)所示桁架所有杆件的轴力。

解：由几何组成分析可知，图示桁架为简单桁架。可采用节点法进行计算。

图示结构为对称结构，承受对称荷载，则对称杆件的轴力相等。在计算时只需计算半边结构即可。

(1) 求支座反力

根据对称性，支座 A、B 的竖向支反力为：$F_{Ay}=F_{By}=100$ kN(向上)

(2) 求各杆件内力

由节点 A 开始(在该节点上只有两个未知内力)，隔离体如图 5-6(b)所示。

由平衡条件可得：

$$\sum F_y=0, \frac{\sqrt{2}}{2}F_{AD}+F_{Ay}=0, F_{AD}=-141.4\ \text{kN}$$

$$\sum F_x=0, \frac{\sqrt{2}}{2}F_{AD}+F_{AC}=0, F_{AC}=100\ \text{kN}$$

节点 C：隔离体如图 5-6(c)所示。

由平衡条件可得：

$$\sum F_y=0, F_{CD}=100\ \text{kN}$$

$$\sum F_x=0, F_{CA}=F_{CF}=100\ \text{kN}$$

节点 D：隔离体如图 5-6(d)所示。

由平衡条件:为避免求解联立方程,以杆件 DA,DE 所在直线为投影轴。

$$F_{DE}+141.4-100\times\frac{\sqrt{2}}{2}=0, F_{DE}=-70.7\ \text{kN}$$

$$F_{DF}+100\times\frac{\sqrt{2}}{2}=0, F_{DF}=-70.7\ \text{kN}$$

节点 E:隔离体如图 5-6(e)所示,根据对称性可知 EC 与 ED 杆内力相同。由平衡条件可得:

$$\sum F_y=0, 70.7\times\frac{\sqrt{2}}{2}+70.7\times\frac{\sqrt{2}}{2}-F_{EF}=0, F_{EF}=100\ \text{kN}$$

所有杆件内力已全部求出,轴力图如图 5-6(f)所示。

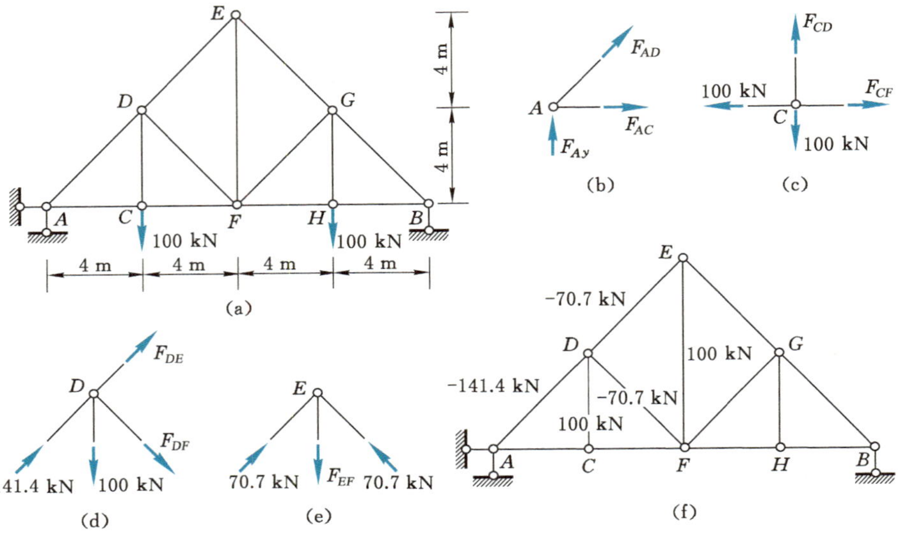

图 5-6　例 5-2 图

5.2.2　截面法

用节点法求解桁架内力时,是按照一定顺序对逐个节点进行计算,这种方法前后计算互相影响。当桁架节点数目较多时,只要求计算桁架的某几根杆件的内力,则使用节点法就显得烦琐,可采用另一种方法——截面法。

在计算平面桁架内力时采用适当的截面,截取桁架的一部分(至少包括两个节点)为隔离体,这时隔离体的受力图不再是平面汇交力系,而是平面任意力系,利用平面任意力系的平衡条件求解杆件内力,这种方法称为截面法。

截面法适用于求解指定杆件的内力,隔离体上的未知力一般不超过三个。在计算中,未知轴力一般假设为拉力。为避免联立方程求解,每一个平衡方程一般包含一个未知力。

应用截面法求桁架内力的步骤可归纳如下:

(1) 一般先求支座反力。如果不求反力也可计算内力时,反力也可不必首先求出。

(2) 用一假想截面把桁架分成两个部分,截取截面所有的未知力的数目一般不能超过三个，它们的作用线不能交于一点，也不相互平行，如果交于一点或全部平行，则不能列出三个独立的方程，也就不能求出三个未知量。

(3) 取其中一部分为分离体，根据它的平衡条件，写出平衡方程，求出未知力。

例 5-3　求出图 5-7(a)所示桁架中杆件 1、2、3 的内力。

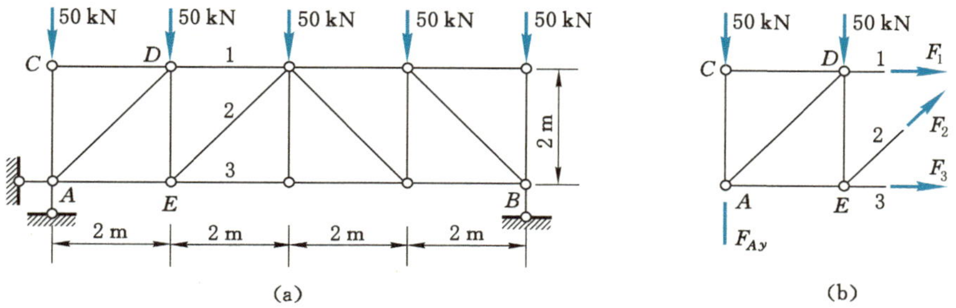

图 5-7　例 5-3 图

解：(1) 求支座反力。

由对称性可得，$F_{Ay}=F_{By}=125$ kN(向上)

(2) 将桁架沿着 1、2、3 杆截开，选取左半部分为研究对象，截开杆件处分别用轴力 F_1，F_2，F_3 代替，如图 5-7(b)所示。列平衡方程：

$$\sum M_E=0, F_1\times 2+125\times 2-50\times 2=0$$

$$\sum F_y=0, F_2\times\frac{\sqrt{2}}{2}+125-50-50=0$$

$$\sum F_x=0, F_1+F_2\times\frac{\sqrt{2}}{2}+F_3=0$$

即可解得：

$$F_1=-75\ \text{kN}, F_2=-35.4\ \text{kN}, F_3=100\ \text{kN}$$

例 5-4　求出图 5-8(a)所示桁架中杆件 1、2、3 的内力。已知：$F_1=10$ kN，$F_2=7$ kN，各杆长度均为 1 m。

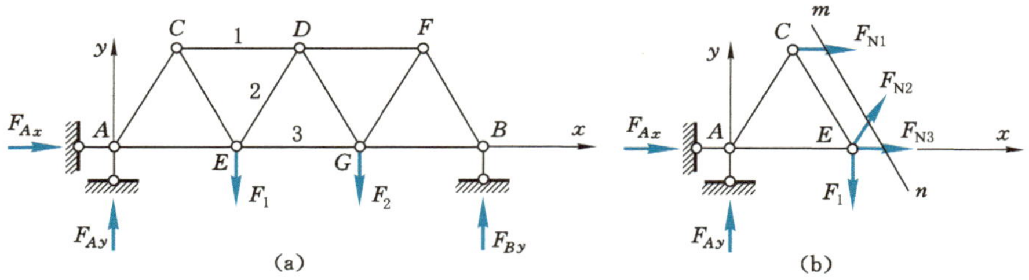

图 5-8　例 5-4 图

解：(1) 取整体，求支座约束力。

$$\sum F_x = 0, F_{Ax} = 0$$

$$\sum F_y = 0, F_{Ay} + F_{By} - 10 - 7 = 0$$

$$\sum M_B = 0, 10 \times 2 + 7 \times 1 - F_{Ay} \times 3 = 0$$

可解得：

$$F_{Ay} = 9\ \text{kN}, F_{By} = 8\ \text{kN}$$

(2) 用截面法，取桁架左边部分，如图 5-8(b)所示。

$$\sum F_x = 0, F_{N1} + F_{N3} + F_{N2} \cos 60^\circ = 0$$

$$\sum F_y = 0, F_{Ay} + F_{N2} \sin 60^\circ - F_{N1} = 0$$

$$\sum M_E = 0, -F_{N1} \times 1 \times \cos 30^\circ - F_{Ay} \times 1 = 0$$

可解得：

$$F_{N1} = -10.4\ \text{kN}, F_{N2} = 1.15\ \text{kN}, F_{N3} = 9.8\ \text{kN}$$

5.2.3 节点法与截面法的联合应用

在桁架计算中，节点法与截面法可联合应用，以便选择最简捷的计算路径，使所用的分离体和所列的方程数为最小。

例 5-5 求出图 5-9(a)所示桁架中杆件 CH 的内力。

解：(1) 求支座约束力，如图 5-9(a)所示。

$$\sum F_y = 0, F_A - 60 - 60 + F_B = 0$$

$$\sum M_A = 0, -60 \times 5 - 60 \times 10 + F_B \times 30 = 0$$

解方程得：

$$F_A = 90\ \text{kN}, F_B = 30\ \text{kN}$$

(2) 取截面Ⅰ—Ⅰ左侧部分为分离体，如图 5-9(b)所示。

由 $\sum M_F = 0, -90 \times 5 + F_{NDE} \times 4 = 0$

可得：

$$F_{NDE} = 112.5\ \text{kN}$$

(3) 由节点 E 的平衡，如图 5-9(c)所示。

由 $\sum F_x = 0$，可得：

$$\sum F_{NEC} = 112.5\ \text{kN}$$

(4)取截面Ⅱ—Ⅱ右侧部分为分离体，如图 5-9(d)所示。

由 $\sum M_G = 0, 30 \times 15 - 112.5 \times 6 - F_{NCH} \times \dfrac{5}{\sqrt{3^2 + 5^2}} \times 6 = 0$ 可得：

$$F_{NCH} = -40\ \text{kN}$$

例 5-6 求出如图 5-10(a)所示桁架中 a、b、c 杆的内力。

解：求支座约束力，取整体为研究对象，由平衡方程：

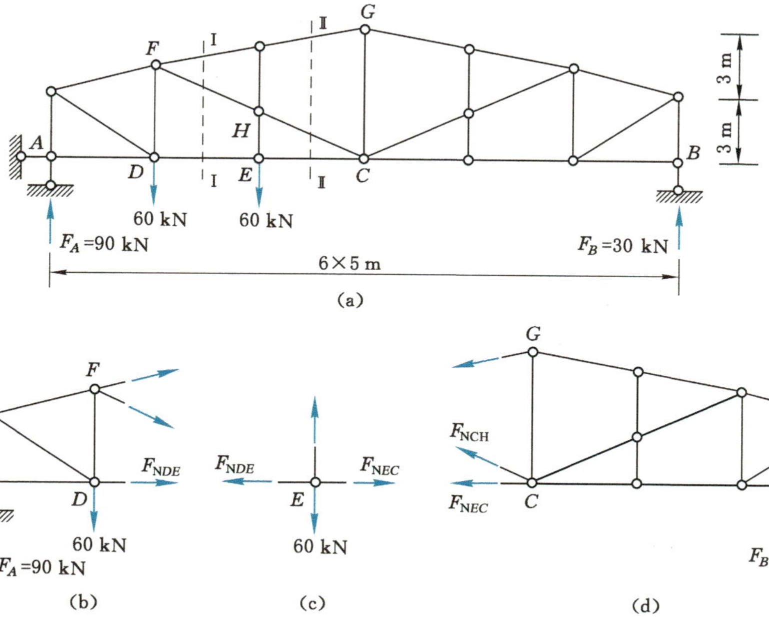

图 5-9　例 5-5 图

$$\sum F_y=0, F_A-6F+F_B=0$$

解得：

$$F_A=3F, F_B=3F$$

取截面Ⅰ—Ⅰ左侧部分为分离体，由节点 K 的受力情况，如图 5-10(b)、图 5-10(c)所示，可知：

$$F_{Na}=-F_{Nc}$$

由 $\sum F_y=0, F_A-\dfrac{F}{2}-F-F+F_{Na}\dfrac{3}{5}-F_{Nc}\dfrac{3}{5}=0$

求得：

$$F_{Na}=-\frac{5F}{12}$$

再由 $\sum M_C=0$，即：

$$-F_A\cdot 12+\frac{F}{2}\cdot 12+F\cdot 8+F\cdot 4-F_{Nb}\cdot 6-F_{Na}\frac{3}{5}\cdot 4-F_{Na}\frac{4}{5}\cdot 3=0$$

可求得：

$$F_{Nb}=-\frac{8}{3}F$$

算法二：作截面Ⅱ—Ⅱ，如图 5-10(d)所示，取其左侧为分离体。

由 $\sum M_D=0$，可得：

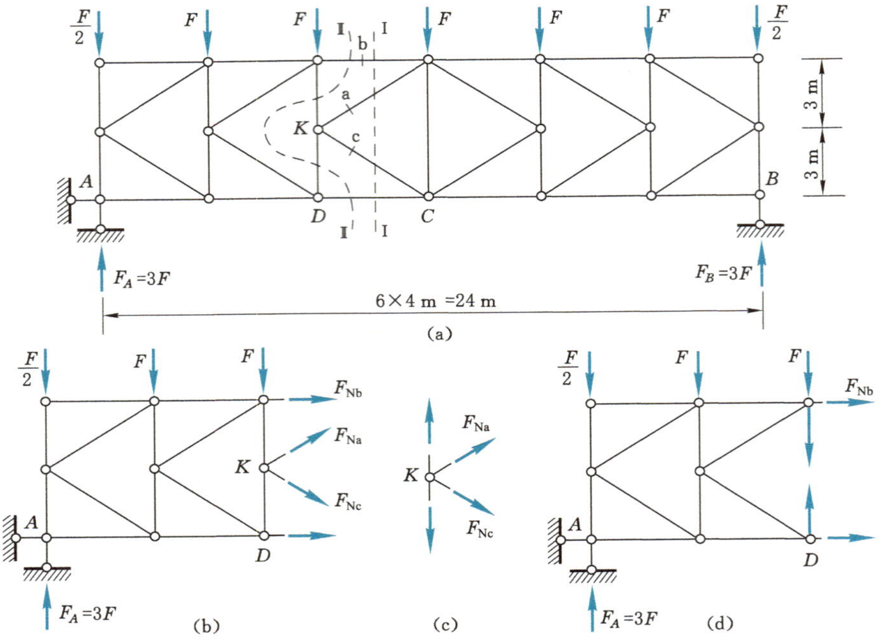

图 5-10　例 5-6 图

$$F_{Nb}=-\frac{8}{3}F$$

5.2.4　常用梁式桁架的比较

工程中常用梁式桁架作为大跨度承重结构，表 5-1 介绍了几种常用的梁式桁架，在同样节间数、节间距和同样荷载($F=1$)下给出了各杆的轴力值。通过对这几种梁式桁架的受力情况作简单的比较，可以了解桁架的形式对内力分布的影响，以及它们的应用范围，以便在结构设计或对桁架作定性分析时，可根据不同的情况和要求，选用适当的桁架形式。

表 5-1　常用的几种梁式桁架

<table>
<tr><td>简支梁</td><td>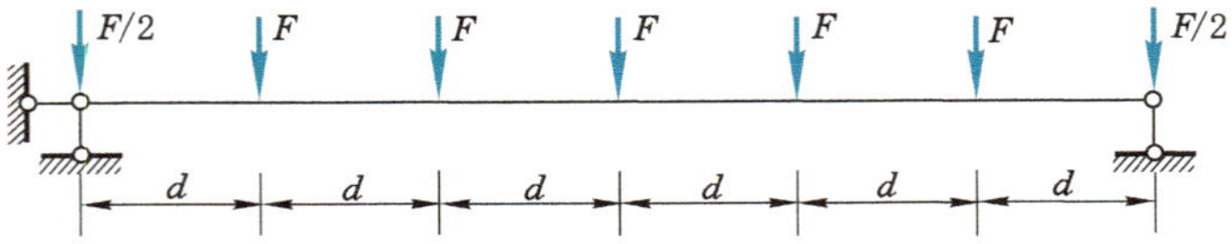
</td></tr>
<tr><td>平行弦桁架</td><td>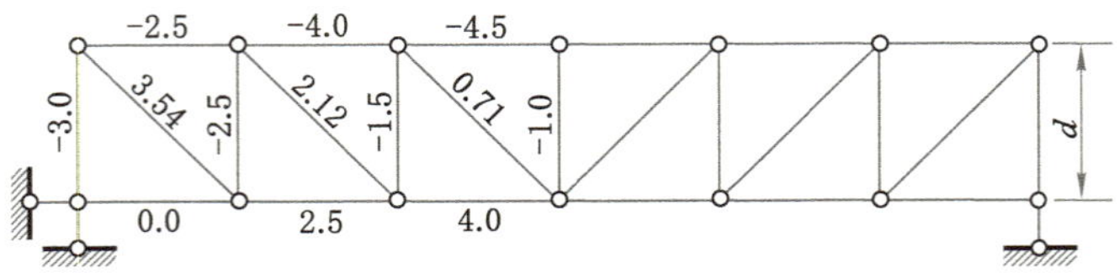
</td></tr>
</table>

表 5-1(续)

<table>
<tr><td>三角形桁架</td><td>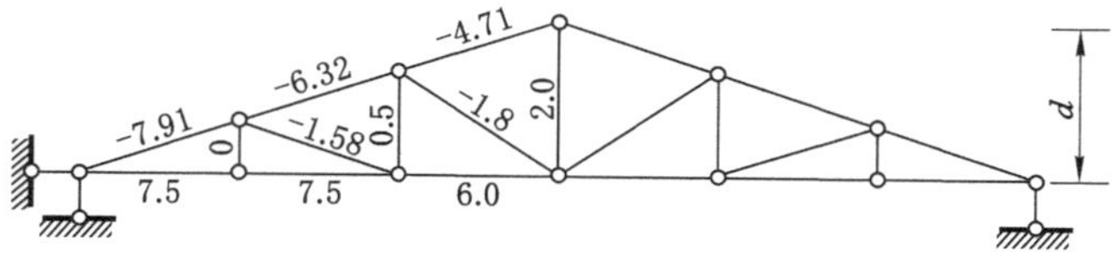
</td></tr>
<tr><td>抛物线桁架</td><td>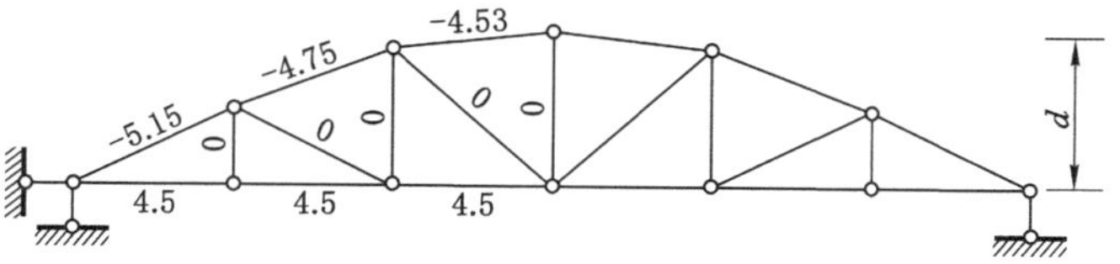
</td></tr>
<tr><td>折线形桁架</td><td>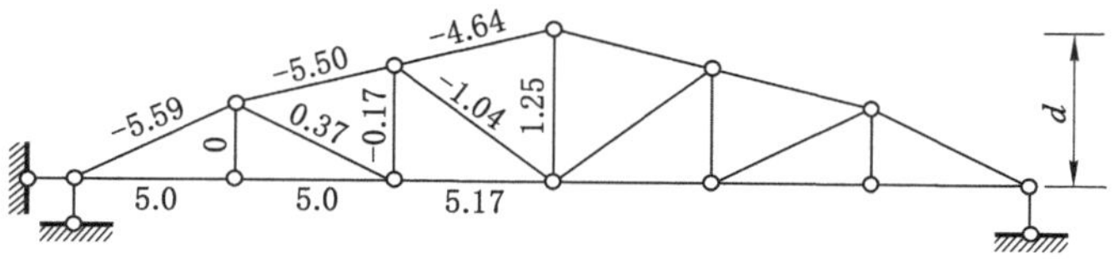
</td></tr>
</table>

表 5-1 中三角形桁架、抛物线形桁架和折线形桁架。桁高 d 和跨度 l 均相同，各桁架上弦节点上作用相同的单位力($F=1$)，各杆的内力值分别标在杆件上(由于结构和荷载均对称，其内力也对称，故各桁架上只在半边注明内力值)。从各图中可知，桁架弦杆的外形对桁架杆内力的分布有很大的影响。

表 5-1 中三角形桁架的内力分布是不均匀的。其弦杆的内力从中间向支座方向递增，近支座处最大；在腹杆中，斜杆受压，而竖杆则受拉(或为零杆)，而且腹杆的内力是从支座向中间递增。这种桁架的端节点处，上下弦杆之间夹角较小，构造复杂。但由于其两面斜坡的外形符合屋顶构造的要求，所以，在跨度较小、坡度较大的屋盖结构中较多采用三角形桁架。

表 5-1 中抛物线形桁架(上弦节点在一抛物线上)的内力分布均匀。其从受力角度来看是比较好的桁架形式，但构造和施工复杂。为了节约材料，在跨度为 18 ～30 m 的屋架中常采用抛物线形桁架。

表 5-1 中折线形桁架是三角形桁架和抛物线形桁架的一种中间形式，其端节间的上弦杆与其他节间的上弦杆不在一直线上，成折线形。由于上弦改成折线，端节间上弦杆的坡度比三角形桁架大。因此，它的弦杆内力比三角形桁架要小，内力分布比三角形桁架均匀，又克服了抛物线形桁架上弦转折太多而形成的缺点，施工制造方便。它是目前钢筋混凝土屋架中经常采用的一种形式，在中等跨度(18～24 m)的工业厂房中采用得较多。

5.3　组合结构的计算

组合结构是指由链杆(二力杆)和以受弯曲为主的梁式杆组成的结构。经常用于房屋建筑中的屋架、桥梁和吊车梁等承载结构。图 5-11(a)所示为一组合屋架,图 5-11(b)所示为组合屋架的计算简图。

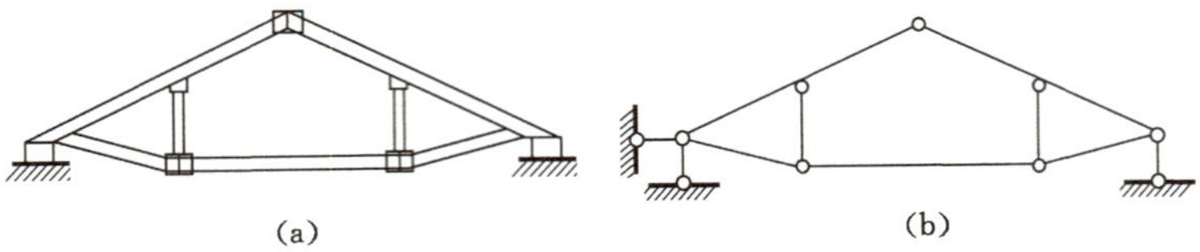

图 5-11　组合结构

组合结构中链杆为两端铰接杆,内力只有轴力。梁式杆为受弯曲构件,内力一般有轴力、剪力和弯矩。计算组合结构时,一般还是先求支座反力,再求链杆轴力,最后求梁杆的内力并画内力图。计算时特别应注意区分链杆与梁式杆。

例 5-7　求出图 5-12(a)所示组合结构的内力,$q=1$ kN/m。

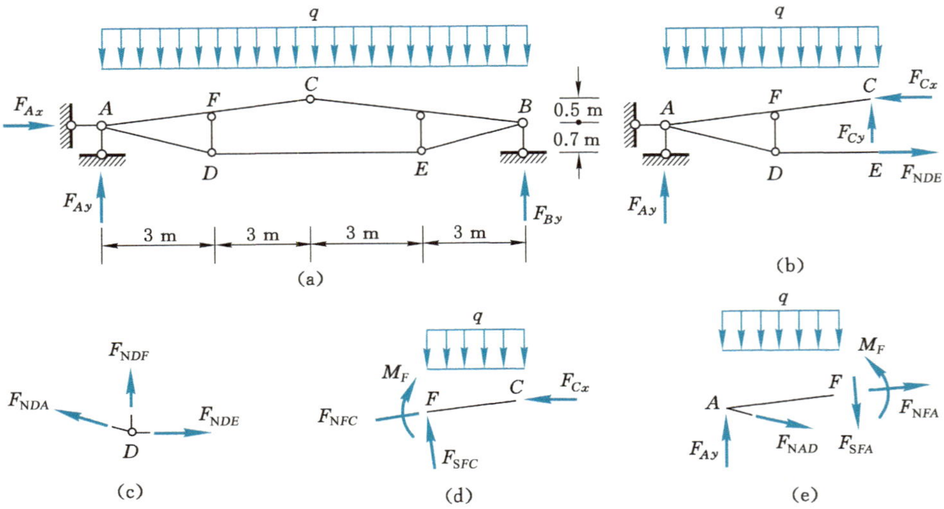

图 5-12　例 5-7 图

解:因此组合结构的结构对称,荷载也对称,故其内力也是对称的,只需求出一半结构的内力即可,这里以左半部分为例计算如下。

(1) 求支座反力,取整体为分离体,如图 5-12(a)所示,列平衡方程可求得支座反力为:

$$F_{Ax}=0, F_{Ay}=6 \text{ kN}, F_{By}=6 \text{ kN}$$

(2) 求 F_{NDE},将 DE 杆截断,并拆开铰 C,取左边为分离体,如图 5-12(b)所示。

$$\sum F_x=0, -F_{Cx}+F_{NDE}=0$$

$$\sum F_y=0, F_{Ay}+F_{Cy}-6q=0$$

$$\sum M_C=0, 1\times 6\times 3-6\times 6+F_{NDE}\times 1.2=0$$

可解得:

$$F_{NDE}=15\ \text{kN}, F_{Cx}=15\ \text{kN}, F_{Cy}=0$$

对节点 D，如图 5-12(c)所示：

$$\sum F_x=0, F_{NDE}-\frac{3}{\sqrt{0.7^2+3^2}}F_{NDA}=0$$

$$\sum F_y=0, F_{NDF}-\frac{0.7}{\sqrt{0.7^2+3^2}}F_{NDA}=0$$

可解得：

$$F_{NDA}=15.4\ \text{kN}, F_{NDF}=-3.5\ \text{kN}$$

(3) 求梁式杆的内力 M、F_S、F_N。

① 取 FC 段作为分离体，如图 5-12(d)所示。

F 端截面弯矩 M_F，

$$\sum M_F=0, 0.25F_{Cx}-M_F-1\times3\times1.5=0,$$

$$M_F=-0.75\ \text{kN}\cdot\text{m}$$

F 端截面剪力 F_{SFC}，

$$\sum M_C=0, \sqrt{3^2+0.25^2}F_{SFC}-M_F+1\times3\times1.5=0$$

$$F_{SFC}=1.74\ \text{kN}$$

F 端截面轴力 F_{NFC}，

$$-F_{NFC}-\frac{3}{\sqrt{3^2+0.25^2}}F_{Cx}-1\times3\times\frac{0.25}{\sqrt{3^2+0.25^2}}=0$$

$$F_{NFC}=-15.2\ \text{kN}$$

C 端截面的弯矩 $M_{CF}=0$

C 端截面的剪力 $F_{SCF}=\dfrac{-0.25}{\sqrt{3^2+0.25^2}}F_{Cx}=-1.25\ \text{kN}$

C 端截面的轴力 $F_{NCF}=\dfrac{-3}{\sqrt{3^2+0.25^2}}F_{Cx}=-15.0\ \text{kN}$

② AF 段作为分离体，如图 5-12(e)所示。可求得，

A 端截面的轴力：

$$F_{NAF}=-15.4\times\frac{3}{\sqrt{3^2+0.7^2}}\frac{3}{\sqrt{3^2+0.25^2}}+\left(15.4\times\frac{0.7}{\sqrt{3^2+0.7^2}}-6\right)\times\frac{0.25}{\sqrt{3^2+0.25^2}}=-15.2\ \text{kN}$$

A 端截面的剪力：

$$F_{SAF}=-15.4\times\frac{3}{\sqrt{3^2+0.7^2}}\frac{0.7}{\sqrt{3^2+0.25^2}}+\left(6-15.4\times\frac{0.7}{\sqrt{3^2+0.7^2}}\right)\times\frac{3}{\sqrt{3^2+0.25^2}}=-1.00\ \text{kN}$$

A 端截面的弯矩 $M_A=0$，

F 端截面剪力 F_{SFA}，

$$\sum M_A=0, M_F-\sqrt{3^2+0.25^2}F_{SFA}-1\times3\times1.5=0$$

$$F_{SFA}=-1.74\ \text{kN}$$

F 端截面轴力 F_{NFA}，$F_{FC}=0$，

$$F_{NFA}+15.4\times\frac{3}{\sqrt{3^2+0.7^2}}\frac{0.7}{\sqrt{3^2+0.25^2}}+(6-1\times3)\times\frac{0.25}{\sqrt{3^2+0.25^2}}=0$$

$$F_{NFA}=-14.9\ \text{kN}$$

例 5-8　分析如图 5-13(a)所示组合结构的内力计算。

解：利用整体平衡求 A、B 支座反力

作截面Ⅰ—Ⅰ拆开铰 C 和截断杆件 DE，取分离体如图 5-13(b)所示。

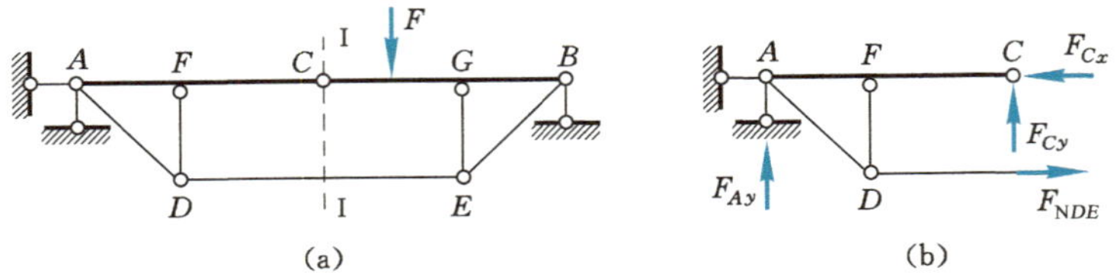

图 5-13　例 5-8 图

由 $\sum M_C=0$ 可求得 F_{NDE}。

由节点 D、E 的平衡，可求得 DA、DF、EB、EG 各链杆的内力。

分别取 AC、CB 梁式杆为研究对象，由截面法求其内力 F_N、F_S、M。

绘出受梁式杆内力图。

5.4　静定结构的基本特性

静定结构有梁、刚架、桁架、拱和组合结构等类型。虽然这些结构形式有所不同，但它们具有如下共同的特性：

(1) 在几何组成方面，静定结构是没有多余联系的几何不变体系。在静力平衡方面，静定结构的全部反力可以由静力平衡方程求得，其解答是唯一的确定值。

(2) 因为静定结构的支座反力和内力只用静力平衡条件就可以确定，而不需要考虑结构的变形条件，所以反力和内力只与荷载以及结构的几何形状和尺寸有关，而与构件的材料及其截面形状和尺寸无关。

(3) 由于静定结构没有多余联系，因此在温度改变、支座产生位移和制造误差等因素的影响下，不会产生内力和反力，但能使结构产生位移，如图 5-14 所示刚架，在 B 点向下产生位移 b 时，支座 A、B 上均不产生支座反力，刚架上的杆也不弯曲，即没有内力产生，但是整个刚架均有位移发生。

(4) 如果一组平衡力系作用在静定结构上某一几何不变部分，则只会使该部分产生内力外，其余部分不会产生内力。如图 5-15 所示，受平衡力系作用的桁架，只在粗线所示的杆件中产生内力。反力和其他杆件的内力不受影响。

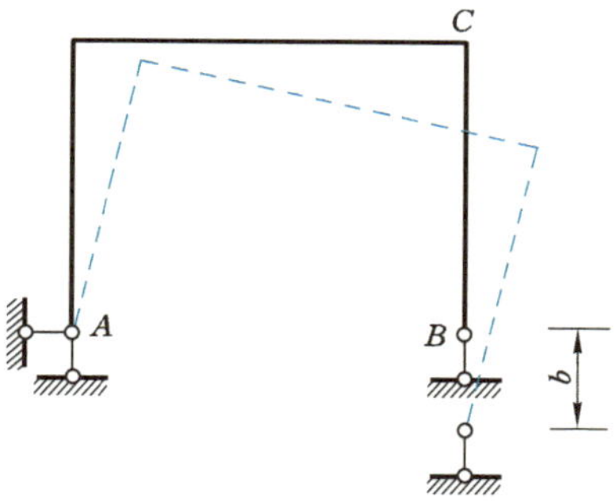

图 5-14　静定刚架产生的支座位移

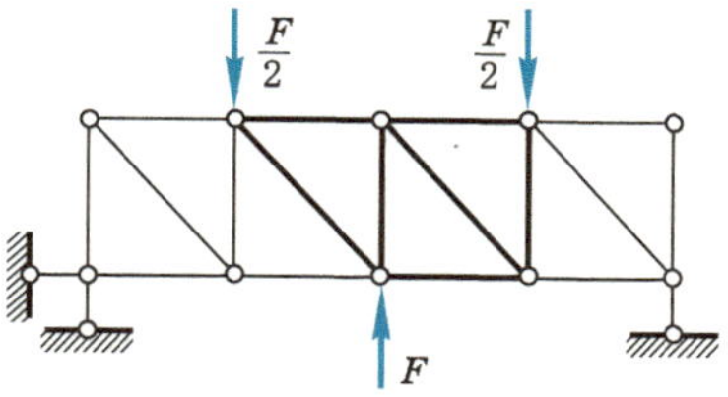

图 5-15　在平衡力系作用下的桁架

当静定结构的某一内部几何不变部分上的荷载做等效变换时，只有该部分的内力发生变化，其余部分的内力和反力均保持不变。所谓等效变换是指将一种荷载变为另一种等效荷载。如图 5-16(a) 中所示的荷载 q 与节点 A、B 上的两个荷载 $ql/2$ 是等效的。若用图 5-16(b) 替换图 5-16(a)，则只有 AB 上的内力发生变化，其余各杆的内力不变。这也说明在求桁架其余杆的内力时，可以把非节点荷载等效到节点上。

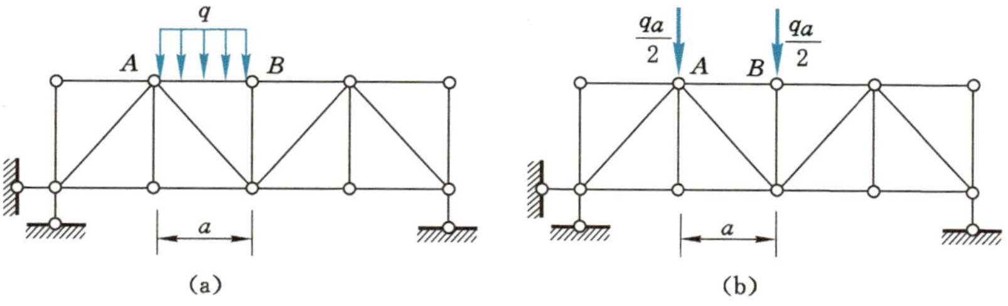

图 5-16　荷载等效变换

在工程中，以梁作为承载结构一般跨度不宜过大，刚架、拱和组合结构可用于跨度较大的结构，桁架则常用于跨度更大的结构。不同的结构形式均有其各自适用范围，在选择结构形式时，除从受力状态方面考虑外，还应进行全面的分析和比较，才能获得最佳方案。

本章小结

(1) 桁架属于链杆结构，各杆都是两端铰接的二力杆，在桁架只承受节点荷载时，各杆内力只有轴力。

(2) 计算桁架内力的基本方法是节点法和截面法。前者以节点为研究对象，用平面汇交力系的平衡方程求解内力；后者以桁架的一部分为研究对象，用平面任意力系的平衡方程求解内力。对于复杂桁架或者某些特殊桁架，应灵活地应用节点法、截面法或二者联合使用。

(3) 计算组合结构时，一般还是先求支座反力，再求链杆轴力，最后求梁杆的内力。

(4) 静定平面结构的特性：静定结构是没有多余约束的几何不变体系。静定结构的支座反力和内力只用静力平衡条件就可以确定。静定结构在温度改变、支座产生移动和制造误差等因素影响下，不会产生反力和内力，但能使结构产生位移。

思考与练习

5-1　静定平面桁架的组成规则是什么？

5-2　什么是理想桁架？

5-3　静定平面桁架的受力有什么特点？

5-4　计算桁架内力的基本方法是节点法和截面法。应用这两种方法时注意什么？

5-5　如何判断桁架中的零杆？

5-6　组合结构的组成和受力有什么特点？如何计算其内力？

5-7　找出题 5-7 图中的所有零杆。

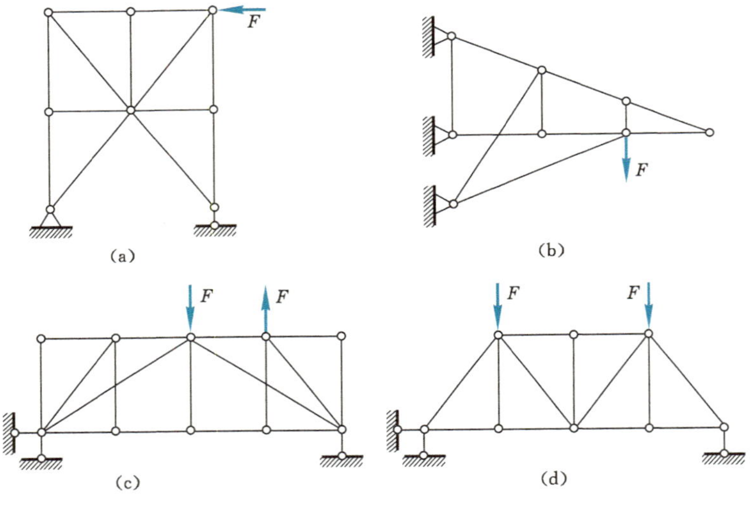

题 5-7 图

5-8　求题 5-8 图所示桁架中各杆件的内力。

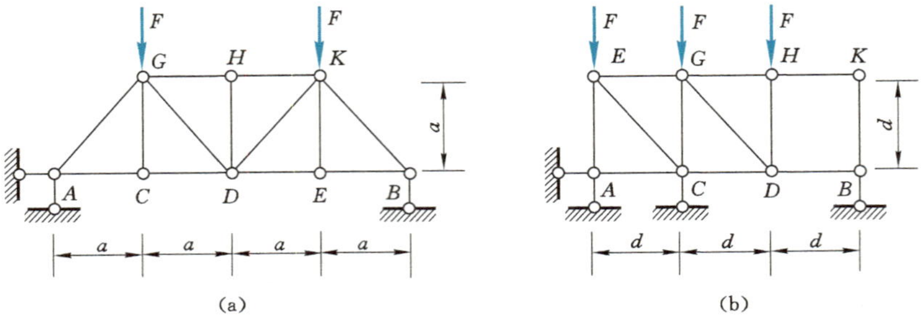

题 5-8 图

5-9　求题 5-9 图所示桁架中杆件 1、2 的内力。

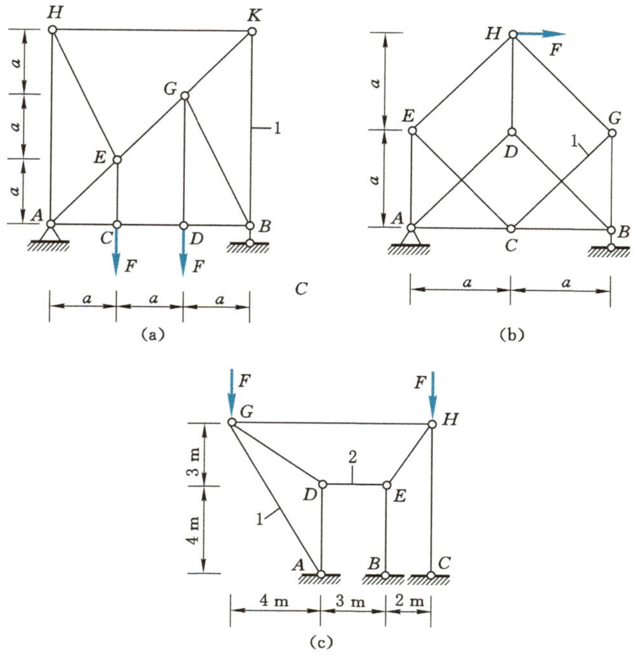

题 5-9 图

5-10　求题 5-10 图所示桁架中杆件 1、2、3 的内力。

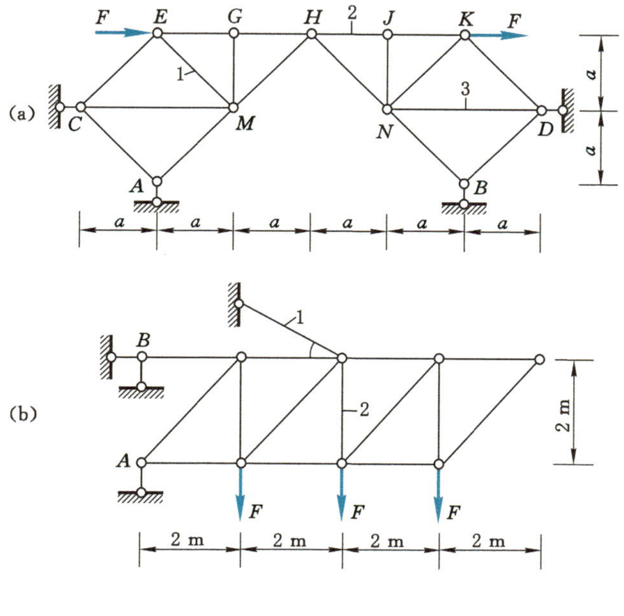

题 5-10 图

5-11　计算题 5-11 图所示结构，作出梁式杆的弯矩图。

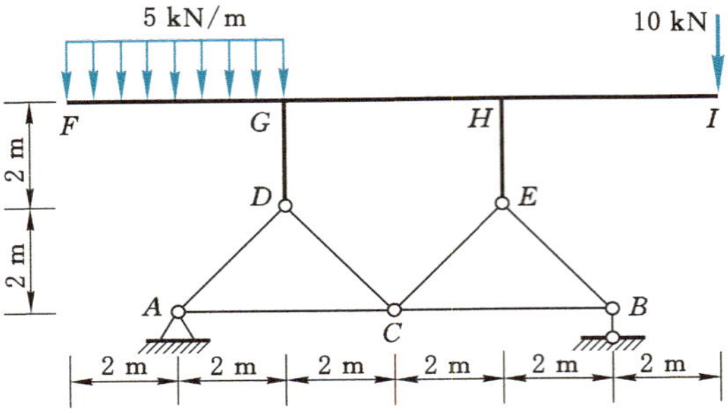

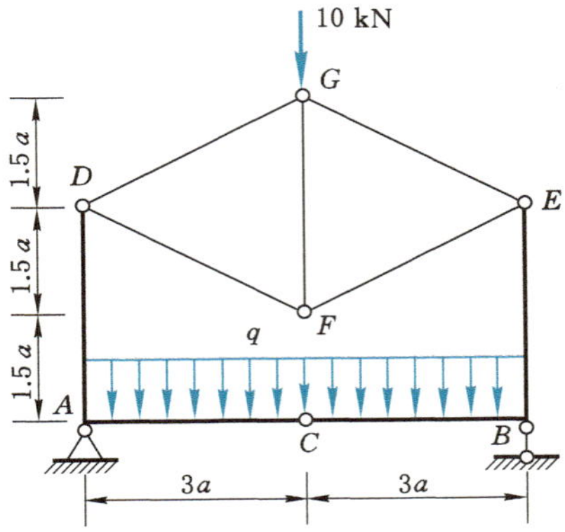

题 5-11 图

参考答案

5-1～5-6　略

5-7　(a) 零杆 9 根；(b) 零杆 7 根；(c) 零杆 9 根；(d) 零杆 5 根

5-8　(a) $F_{NKH}=-F$，$F_{DE}=F$；(b) $F_{CD}=-F$，$F_{DG}=\sqrt{2}F$

5-9　(a) $F_1=-\frac{1}{3}F$；(b) $F_1=\frac{\sqrt{2}}{2}F$；(c) $F_{N1}=0$，$F_{N2}=-\frac{4}{3}P$

5-10　(a) $F_1=-\frac{\sqrt{2}}{4}F$，$F_2=\frac{F}{2}$，$F_3=-\frac{F}{4}$；(b) $F_{Nb}=30\ \text{kN}$，$F_{Na}=100\ \text{kN}$

5-11　(a) $F_{NCD}=-3.5\ \text{kN}$，$M_{HE}=30\ \text{kN}\cdot\text{m}$；(b) $M_{AD}=4qa^2$

第 6 章　静定结构的影响线

【本章要点】

影响线的概念；

用静力法和机动法作静定梁的影响线；

用静力法作静定桁架的影响线；

能够进行影响量值的计算和最不利荷载位置的确定。

【问题导入】

我国公路、铁路交通的发展见证了我国从“一穷二白”到如今迈向社会主义现代化强国的历史进程。从 20 世纪 80 年代起，我国已经开始探索“高铁”，经过技术考察、技术争论、技术引进和技术创新，目前已经成为世界高铁先进技术的引领者。

高速铁路桥是我国高铁网络联通的重要节点，在众多高速铁路桥中，较引人注目的是大胜关长江大桥[图 6-1(a)]和丹昆特大桥梁[图 6-1(b)]。大胜关长江大桥建造时首次采用了我国自主研发的 Q420 高强度、高韧性和良好焊接性能的新型钢材，其建成时，是世界首座六线铁路大桥，是世界上跨度最大的高速铁路桥，也是世界上设计荷载最大的高速铁路桥，标志着中国桥梁建造技术跻身于世界领先行列。丹昆特大桥梁位于京沪高速铁路江苏段，起自丹阳，终至昆山，全长 164.851 km，世界最长的桥梁。

(a) 大胜关长江大桥

(b) 丹昆高铁特大桥

图 6-1　现代高速铁路桥

高铁桥梁工程结构除了承受固定荷载外，还会受到高速列车移动荷载的影响，此外，其他工程结构也受到移动荷载的影响，如厂房中的吊车梁承受的吊车荷载等就是移动荷载。移动荷载作用点在结构上是不断移动的。在移动荷载作用下，结构的反力和截面内力随荷载位置的移动而变化，为此需要研究其变化规律。但是不同的反力和不同截面的内力变化规律各不相同，即使同一截面不同的内力变化规律也各不相同。一般一次只研究某一指定量值的变化规律（例如某一支座反力、某一截面的某一项内力或位移），根据变化规律来确定移动荷载作用下产生的该量值的最大值，并确定产生这一最大值的荷载位置，即该量值的最不利荷载位置。这就是本章的主要内容。

6.1 影响线的概念

移动荷载的类型很多，实际工程中所遇到的移动荷载通常是间距不变的竖向平行集中荷载或均布荷载，不可能针对每一个结构、每一种移动荷载进行一一分析。一般只需研究具有典型意义的一个竖向单位集中荷载沿结构移动时，某一量值的变化规律，再利用叠加原理进一步研究各种移动荷载对该量值的影响。

下面举例说明影响线的概念。如图 6-2(a)所示简支梁，当 F 在结构上移动时，讨论支座反力 F_B 的变化规律。取 A 点为坐标原点，横坐标 x 表示荷载的作用位置，向右为正，当 x 为定值时，F 为固定荷载；当 x 为变化值时，F 为移动荷载。变量 x 的取值范围为$[0,l]$。杆轴线作为基线，纵坐标表示反力 F_B 的数值。

利用平衡条件，可得到 F_B 表达式：

$$\sum M_A=0, F_B=\frac{x}{l}$$

上式称为支座反力 F_B 的影响线方程，表示了反力 F_B 与荷载位置 x 之间的函数关系。根据上式绘制图形，就得到支座反力 F_B 的影响线，反映了 F 在梁上移动时反力 F_B 的变化规律。上式 x 为的一次方程，所以支座反力 F_B 的影响线是一条直线，只需定出两个竖标即可绘出 F_B 的影响线。

$$A\text{ 点}, x=0, F_B=0;$$
$$B\text{ 点}, x=l, F_B=1。$$

在水平基线上对应于梁端 A、B 两点分别画出上述竖标并连以直线，即得 F_B 的影响线。如图 6-2(b)所示。

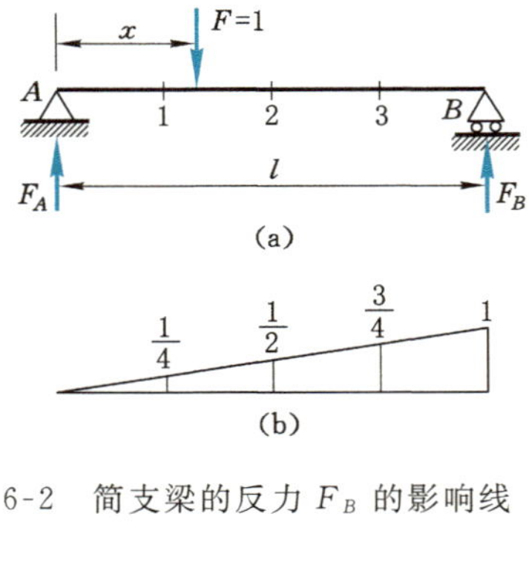

图 6-2 简支梁的反力 F_B 的影响线

从图 6-2(a)可以看出，当荷载 F 移动到 A、1、2、3、B 各等分点时，反力 F_B 的数值分别为 0、$\frac{1}{4}$、$\frac{2}{4}$、$\frac{3}{4}$、1；当移动到 B 点时反力 F_B 的数值最大，这一荷载位置称为最不利荷载位置。

综上所述，可得出影响线的定义：当方向不变的单位集中荷载（通常竖向）沿结构移动时，表示结构某一指定量值变化规律的图形称为该量值的影响线。影响线上任一点横坐标，表示移动荷载 F 的作用位置，绘制影响线时一般以杆轴线作为基线，纵坐标 y 表示荷载作用于该点时该量值的数值，正号竖标一般绘制在基线的上方。

本章将先讨论静定结构影响线的做法，然后讨论影响线的应用。

6.2　静力法作梁的影响线

静定结构影响线的基本做法有两种，即静力法和机动法。根据静力平衡条件建立影响线方程，由函数作图的方法称作静力法。

静力法作图的一般步骤：

（1）选定坐标系，定坐标原点，并用变量 x 表示单位移动荷载 $F=1$ 的作用位置；

（2）取隔离体，根据平衡条件确定所求量值与坐标之间的关系式，也就是该量值的影响线方程；

（3）根据影响线方程绘出影响线。

注意：① 正负号规定：一般规定竖向支座反力以向上为正，剪力以使隔离体顺时针旋转为正，弯矩以使梁下部纤维受拉为正。② 正值的竖标画在基线上侧，负值的竖标画在基线下侧。并应在影响线的图形上标上正负号和关键点处的值。

6.2.1　简支梁的影响线

6.2.1.1　支座反力影响线

如图 6-3(a)所示简支梁，要求绘制支座反力 F_A 的影响线。

首先建立坐标系，取梁的左端点 A 为原点，杆轴线作为水平基线，即 x 轴，向右为正，横坐标 x 表示荷载 F 到点 A 的距离。变量 x 的取值范围 $0 \leqslant x \leqslant l$，以整体作为研究对象，根据力矩平衡条件：

$$\sum M_B = 0, F_A = \frac{l-x}{l} \quad (0 \leqslant x \leqslant l)$$

得到支座反力 F_A 的影响线方程。它表示了 F_A 与荷载位置之间的函数关系。上式为 x 的一次 方程，所以支座反力 F_A 的影响线是一条直线，只需定出两个竖标即可绘出 F_A 的影响线。

$$A\ 点, x = 0, F_A = 1$$

$$B\ 点, x = l, F_A = 0$$

在水平基线上对应于梁端 A、B 两点分别画出上述竖标并连以直线，即得 F_A 的影响线，如图 6-3(b)所示。

同样的方法绘出反力 F_B 的影响线，如图 6-3(c)所示。单位荷载是量纲为 1 的量，由此

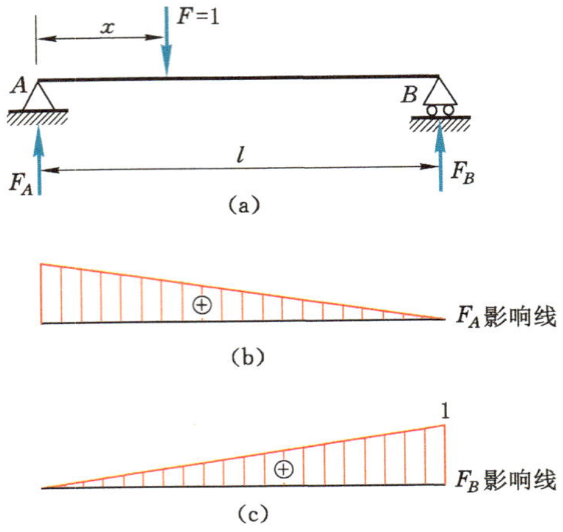

图 6-3　简支梁的支座反力影响线

可知反力影响线的竖标量纲也为 1。

6.2.1.2　剪力影响线

如图 6-4 所示简支梁要绘制截面 C 的剪力影响线。当荷载在 C 点左、右两侧移动时 F_{SC} 的表达式不同,应当分别考虑。当 F 在 AC 段移动时,取截面 C 以右的部分为隔离体。根据平衡条件可得:

$$F_{SC}=-F_B,(0\leqslant x<a)$$

由此看出,在 AC 段 F_{SC} 影响线与 F_B 影响线相同,也为直线,但符号相反。因此将 F_B 的影响线反号并取左段即得 F_{SC} 影响线左直线,C 点的竖标为 $-\frac{a}{l}$,如图 6-4(b)所示。

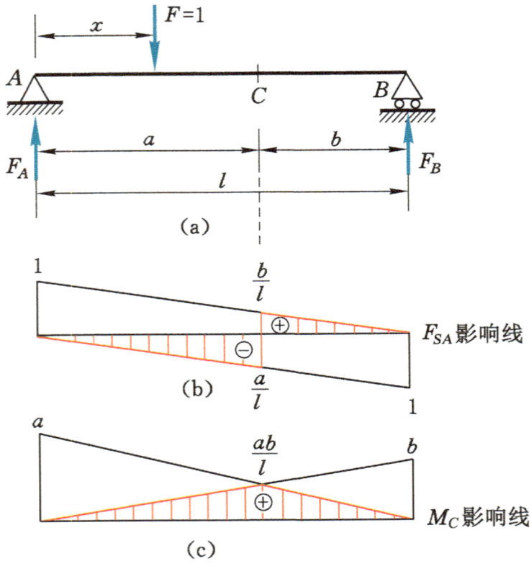

图 6-4　简支梁截面内力的影响线

同理，当 F 在 BC 段移动时，取截面 C 以左的部分为隔离体，根据平衡条件可得：

$$F_{SC}=F_A \quad (a<x\leqslant l)$$

由此看出，在 BC 段影响线与 F_A 影响线相同。因此可以利用 F_A 的影响线并取右段即可得 F_{SC} 到影响线右直线。C 点的竖标为 $\frac{b}{l}$，如图 6-4(b)所示。

由上面的分析可以看出，F_{SC} 影响线由两段平行直线组成，直线的斜率大小为 $\frac{1}{l}$，同时两段线延长至梁边后，其竖标均为 1，如图 6-4(b)所示。因此这两段直线是平行的。竖标在 C 点有突变，当由 C 点左侧移动到右侧时，截面 C 的剪力值将发生突变，突变值等于 1。当 F 正好作用在 C 点时，F_{SC} 值不确定，竖标没有意义。通常称截面 C 左右两侧的直线分别为左直线和右直线。

剪力影响线的纵坐标量纲为 1。

由上面剪力 F_{SC} 影响线的绘制可以看出，剪力影响线可以利用支座影响线来绘制。这种利用已知量值的影响线来做其他量值的影响线的方法很方便，在后面的内容中经常用到。

6.2.1.3　弯矩影响线

现在绘制截面的弯矩影响线。当荷载在 C 点左、右两侧移动时 M_C 的表达式不同，应当分别考虑。当 F 在 AC 段移动时，取截面 C 以右的部分 CB 为隔离体，根据平衡条件可得：

$$\sum M_C=0, M_C=F_B\times b=\frac{x}{l}b \quad (0\leqslant x\leqslant a)$$

由此看出，在 AC 段 M_C 影响线为一条直线。

$$A\text{ 点}, x=0, M_C=1$$

$$C\text{ 点}, x=a, M_C=\frac{ab}{l}$$

用直线连接两个竖标即可绘出 M_C 影响线左侧部分。另外，左侧部分也可以看成是 F_B 影响线竖标乘以 b 保留其 AC 段。其中 C 点的竖标为 $\frac{ab}{l}$，如图 6-4(c)所示。

当 F 在 CB 段移动时，取截面 C 以左的部分 AC 为隔离体，根据平衡条件可得：

$$\sum M_C=0, M_C=F_A\times a=\frac{l-x}{l}a \quad (a\leqslant x\leqslant l)$$

由此看出，在 CB 段 M_C 影响线仍为一条直线。

$$C\text{ 点}, x=a, M_C=\frac{ab}{l}$$

$$B\text{ 点}, x=l, M_C=0$$

用直线连接两个竖标即可绘出 M_C 影响线右侧部分。另外，右侧部分也可以看成是 F_A 影响线竖标乘以 a 保留其 CB 段。其中 C 点的竖标仍为 $\frac{ab}{l}$ 。如图 6-4(c)所示。

由图 6-4(c)可以看出，M_C 影响线由两段直线组成，形成一个三角形，顶点正好位于截

面 C 处，弯矩达到最大值。M_C 影响线也可以利用支座反力影响线绘制。

弯矩影响线的纵坐标量纲为长度单位。

6.2.2 伸臂梁的影响线

如图 6-5(a)所示伸臂梁，现在绘制指定量值的影响线。

建立坐标系如下：取梁的左端支座点 A 为原点，杆轴线作为水平基线，横坐标 x 表示荷载 F 到点 A 的距离，向右为正。

6.2.2.1 支座反力影响线

以整体作为研究对象，根据力矩平衡条件，求得两个支座反力：

$$\sum M_B=0,F_A=\frac{l-x}{l}\quad(-l_1\leqslant x\leqslant l+l_2)$$

$$\sum M_A=0,F_B=\frac{x}{l}\quad(-l_1\leqslant x\leqslant l+l_2)$$

上面两式与简支梁的反力影响线方程完全相同，只是 x 的变化范围扩大为 $-l_1\leqslant x\leqslant l+l_2$。因此，伸臂梁的反力影响线可以利用简支梁的反力影响线绘出。在跨内与简支梁的反力影响线相同，在伸臂部分只需将直线延长即可，如图 6-5(b)、图 6-5(c)所示。

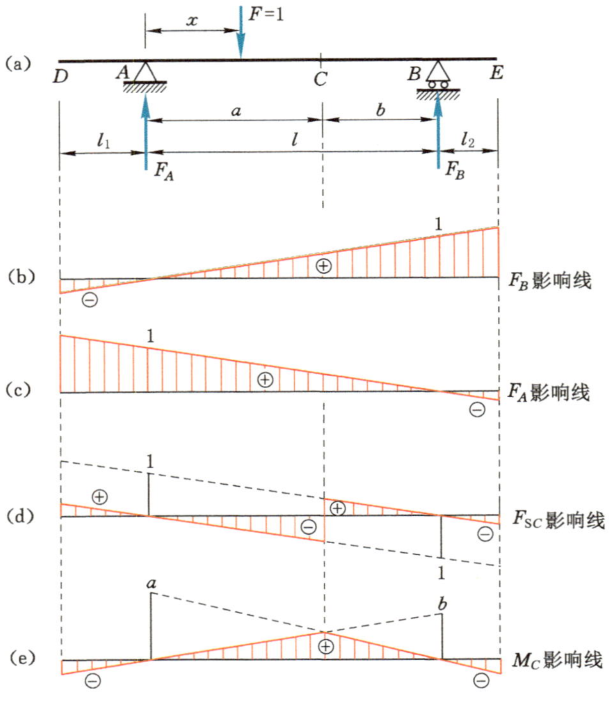

图 6-5 伸臂梁的影响线

6.2.2.2 跨内部分截面内力影响线

现在要绘制伸臂梁 AB 截面 C 的剪力 F_{SC} 和弯矩 M_C 影响线。当 F 在 C 点以左移动时，取截面 C 以右的部分为隔离体。根据平衡条件可得：

$$F_{SC}=-F_B, M_C=F_Bb$$

当 F 在 C 点以右移动时，取截面 C 以左的部分为隔离体，可得：

$$F_{SC}=-F_A, M_C=F_Aa$$

由此看出，上面两式与简支梁的相应影响线方程相同。因此，只需将简支梁相应截面的影响线向两伸臂部分分别延长即可得到，如图 6-5(d)、图 6-5(e)所示。

6.2.2.3　伸臂部分截面内力影响线

(1) 伸臂部分截面 K 的剪力 F_{SK} 和弯矩 M_K 影响线。

如图 6-6(a)所示伸臂梁。为了计算方便，以 K 点为原点，x 向左为正。当 F 在截面 K 以左 DK 段移动时，取截面 K 以左的部分为隔离体。根据平衡条件可得：

$$M_K=-x, F_{SK}=-1 \quad (0\leqslant x\leqslant d)$$

当 F 在截面 K 以右 KE 段移动时，仍取截面 K 以左的部分为隔离体，而这部分无外力作用，所以：

$$M_K=0, F_{SK}=0$$

这一结果正好符合当荷载作用于基本部分时附属部分不受力的理论，也就是说，只有当荷载作用于 DK 段时，才会对截面 K 的内力产生影响。由此作出 F_{SK} 和 M_K 影响线，如图 6-6(b)、图 6-6(c)所示。

(2) 支座处截面 A 的剪力影响线。

需要对支座左、右两侧的截面分别讨论，要分清是属于跨内截面还是伸臂部分截面。

例如支座 A 左侧截面的 F_{SA}^{L} 影响线，可以看作是截面 K 趋近于截面 A 左侧，可以由 F_{SK} 影响线向截面 A 左侧趋近得到。同理，支座 A 右侧截面的影响线 F_{SA}^{R} 可由跨内截面 C 的 F_{SC} 影响线由截面 C 向截面 A 右侧趋近得到，如图 6-6(d)、图 6-6(e)所示。

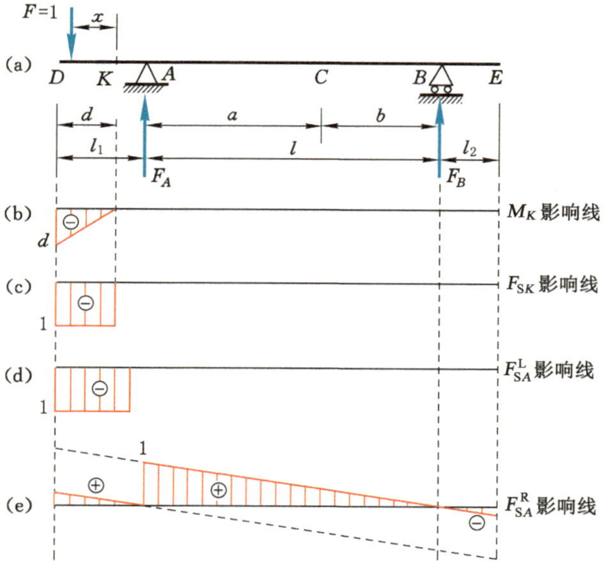

图 6-6　伸臂梁部分截面内力影响线

6.2.3 静力法做多跨静定梁的影响线

图 6-7(a)所示为多跨静定梁,图 6-7(b)所示为其层叠图,可以看出各部分之间的支承关系。现在作截面 K 的弯矩影响线。

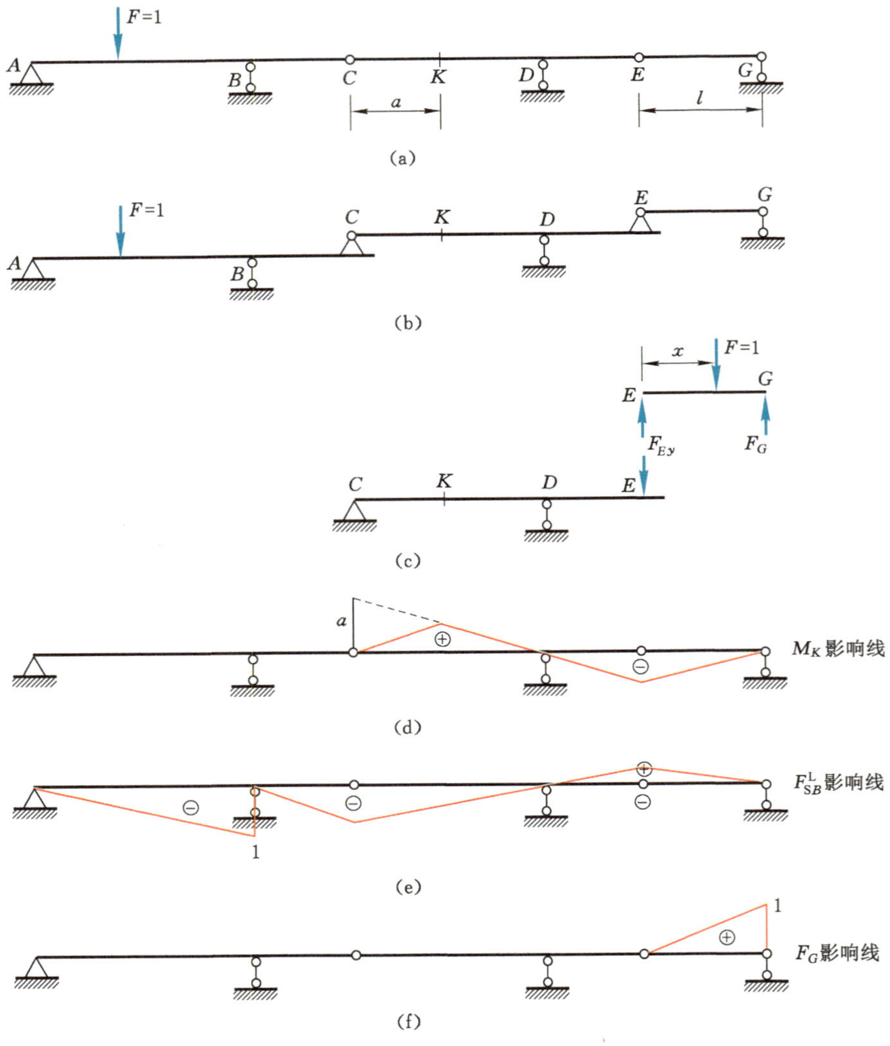

图 6-7 静力法做多跨静定梁的影响线

(1) 当 $F=1$ 在 ABC 段移动时,AC 段为基本部分,荷载作用于基本部分 AC 段,CDE 为附属部分,不受力。因此在 AC 段 M_K 影响线竖标为零。

(2) 当 $F=1$ 在 K 点所属的 CD 段移动时,作为 CD 段附属部分的 EG 段不受力,可以撤去,基本部分支承 CD 段,提供支座反力,相当于 CD 段的支座。所以 M_K 的影响线与 CDE 段单独作为伸臂梁时的影响线相同。

(3) 当 $F=1$ 在附属部分 EG 段移动时,对 CD 段来说 EG 段为附属部分,作为基本部

分的 CD 段会受力。

分析 EG 段，以 E 点为原点，x 表示 $F=1$ 到 E 点的距离，得出竖向支座反力：

$$F_{Ey}=\frac{l-x}{l}$$

将其反向作用于 CE 段 E 铰点处，如图 6-7(c)所示。根据影响线的定义，在竖直向力 F_{Ey} 作用下，K 截面弯矩为：

$$M_K=F_{Ey}\cdot y_E$$

其中，y_E 为一定值，为 CD 段 M_K 的影响线在 E 点处竖标。F_{Ey} 是 x 的一次函数，所以 EG 段 M_K 为 x 的一次函数。因此 M_K 影响线在 EG 段必为一条直线。而且可以知道，当 $F=1$ 在 EG 段移动时，对 CD 段的各种量值均为 x 的一次函数。

定出两点：

当 $F=1$ 作用于铰点 E 处时，M_K 值可以由 CE 段影响线得出。相应竖标为：

$$y=M_K=\frac{l-0}{l}\cdot y_E=y_E$$

而 $F=1$ 作用于支座 G 处时，有：

$$y=M_K=\frac{l-L}{l}\cdot y_E=0$$

连接上述两个竖标即可绘出 EF 段 M_K 影响线，如图 6-7(d)所示。

由上述可以总结出利用静力法绘制多跨静定梁影响线的一般方法如下：

(1) 当 $F=1$ 在量值所属的梁段上移动时，量值影响线与单跨梁相同。

(2) 当 $F=1$ 在对量值所属部分为基本部分的梁段上移动时，量值影响线竖标为零。

(3) 当 $F=1$ 在对量值所属部分为附属部分的梁段上移动时，量值影响线为直线；一般在铰处的竖标为已知，在支座处竖标为零，根据上述条件可以绘出该段影响线。

按照上述方法，作出 F_{SB}^{L} 和 F_G 影响线，如图 6-7(e)、图 6-7(f)所示。

6.2.4　内力影响线与内力图的比较

内力影响线与内力图两个概念截然不同。内力影响线表示指定截面内力随单位移动荷载的变化规律。荷载的位置参数即所求内力的截面位置是指定的，但其内力值即影响线竖标在变，竖标表示当移动荷载移动到该位置时指定量值的数值，是因变量。一般来说，对于静定结构，反力和内力的影响线都是由直线组成的。而静定结构的位移、超静定结构的各种量值影响线则为曲线。而内力图表示在实际固定荷载作用下不同截面的内力值。这时荷载位置不变，横坐标 x 即所求内力的截面位置是变化的，是自变量，竖标表示截面的内力，随 x 变化，是因变量。

6.3　间接荷载作用下梁的影响线

在桥梁及房屋建筑中的某些主梁计算时，常假定纵梁简支在横梁上，横梁再简支在主梁上，荷载直接作用在纵梁上，通过横梁传给主梁，如图 6-8(a)所示，主梁只在放横梁处(节点处)受到集中力作用。对主梁而言,这种荷载称为间接荷载(或称节点荷载)。下面讨论在间接荷载作用下,主梁各种量值影响线的做法。现以主梁上截面 K 的弯矩影响线为例说明如下:

首先,当荷载 $F=1$ 移动到各节点处,如 A、C、D、E、B 处时,就相当于荷载直接作用在主梁的节点上。因此,荷载直接作用在主梁上时,M_K 影响线如图 6-8(b)所示,各节点处的纵距与主梁在间接荷载作用下各节点处 M_K 影响线的纵距相同。

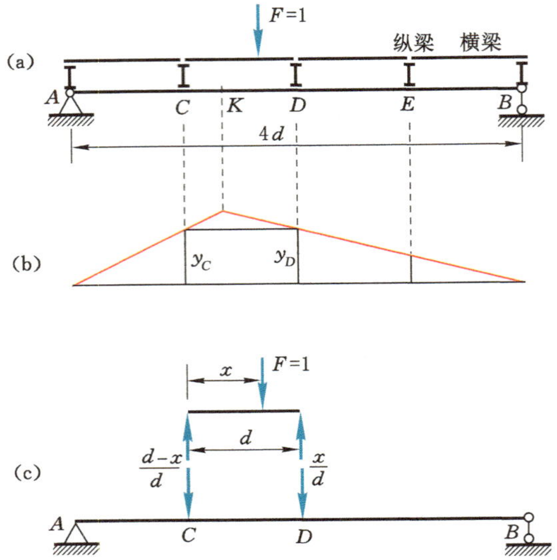

图 6-8　节点荷载作用下得的影响线

其次,考虑荷载 $F=1$ 在任意两相邻节点 C、D 之间的纵梁上移动时的情况。此时,主梁将在 C、D 处分别受到节点荷载$\dfrac{d-x}{d}$及$\dfrac{x}{d}$的作用,如图 6-8(c)所示。设直接荷载作用下 M_K 影响线在 C、D 处的竖标分别为 y_C 和 y_D,则根据影响线的定义和叠加原理可知,在上述两节点荷载作用下 M_K 值应为:

$$y=\frac{d-x}{d}y_C+\frac{x}{d}y_D$$

这就是一个节间内的 M_K 影响线方程,说明在节间内 M_K 为 x 的一次函数,随 x 呈直线变化,且由当 $x=0$ 时,$y=y_C$;$x=d$ 时,$y=y_D$ 可知,此直线就是连接竖标 y_C 和 y_D 的直线,如图 6-8(b)所示。

由此可知,只要找到直接荷载作用下的 M_K 影响线的各节点竖标,将相邻竖标顶点逐段连以直线,就得到间接荷载下的 M_K 影响线。由图 6-8(b)可知,两者在大部分节间的直线段是重合的,只是在截面所在的节间内不同,而且可以看出,不论截面 K 位于节间的哪一处,M_K 影响线都相同。

上面的结论实际上适用于间接荷载作用下任何量值的影响线。由此,可将绘制间接荷载作用下影响线的一般方法归纳如下:

(1) 作出直接荷载作用下所求量值的影响线。

(2) 取各节点处的竖标，并将其顶点在每一纵梁范围内连成直线。

6.4　静力法作桁架的影响线

用静力法作桁架内力的影响线时，仍然采用截面法和节点法，只不过所作用的荷载是一个移动的单位荷载。$F=1$ 在不同部分移动时，分别写出所求杆件内力的影响线方程，即可根据方程作出影响线。对于斜杆，为计算方便，可先绘出其水平分力或竖向分力影响线，然后按比例关系求得其内力影响线。桁架通常承受节点荷载，如图 6-9(a)所示桁架，其荷载的传递与图 6-9(b)所示的梁相同，后者称为前者的等代梁。因此，绘制桁架各杆内力的影响线，可以利用节点荷载作用下梁的影响线的性质。

下面以图 6-9(a)所示的简支桁架为例，来说明桁架杆件内力影响线的绘制方法。设荷载 $F=1$ 沿下弦移动。支座反力的影响线与相应简支梁的相同，不再讨论。

6.4.1　力矩法

求下弦杆 1—2 的内力影响线，可作截面 Ⅰ—Ⅰ 并以节点 5 为矩心，当 $F=1$ 在节点 A、1 之间移动时，取截面 Ⅰ—Ⅰ 以右的部分为隔离体，由 $\sum M_5=0$ 有：

$$F_B \times 5d - F_{N12}h = 0$$

得：

$$F_{N12} = \frac{5d}{h}F_B$$

由此可知，将反力 F_B 影响线竖标乘以 $\frac{5d}{h}$ 并取其对应于节点 A、1 之间的一段，即得到 F_{N12} 在这部分的影响线，称为左直线。

当 $F=1$ 在被截的节间以右即节点 2、B 之间移动时，取截面 Ⅰ—Ⅰ 以左部分为隔离体，由 $\sum M_5=0$ 有：

$$F_A \times 3d - F_{N12}h = 0$$

得：

$$F_{N12} = \frac{3d}{h}F_A$$

由此可知，将反力 F_A 影响线竖标乘以 $\frac{5d}{h}$ 并取其对应于节点 2、B 之间的一段，即得到 F_{N12} 在这部分的影响线，称为右直线。

左、右两直线的交点恰在矩心 5 的下面。

根据间接荷载下影响线的性质可知，当 $F=1$ 在被截的节间内，即在节点 1、2 之间移动时，F_{N12} 影响线在此段应为一直线，即将节点 1、2 处的竖标用直线相连，如图 6-9(c)所示。

F_{N12} 影响线的左、右两直线方程可以合并写为一个式子，即：

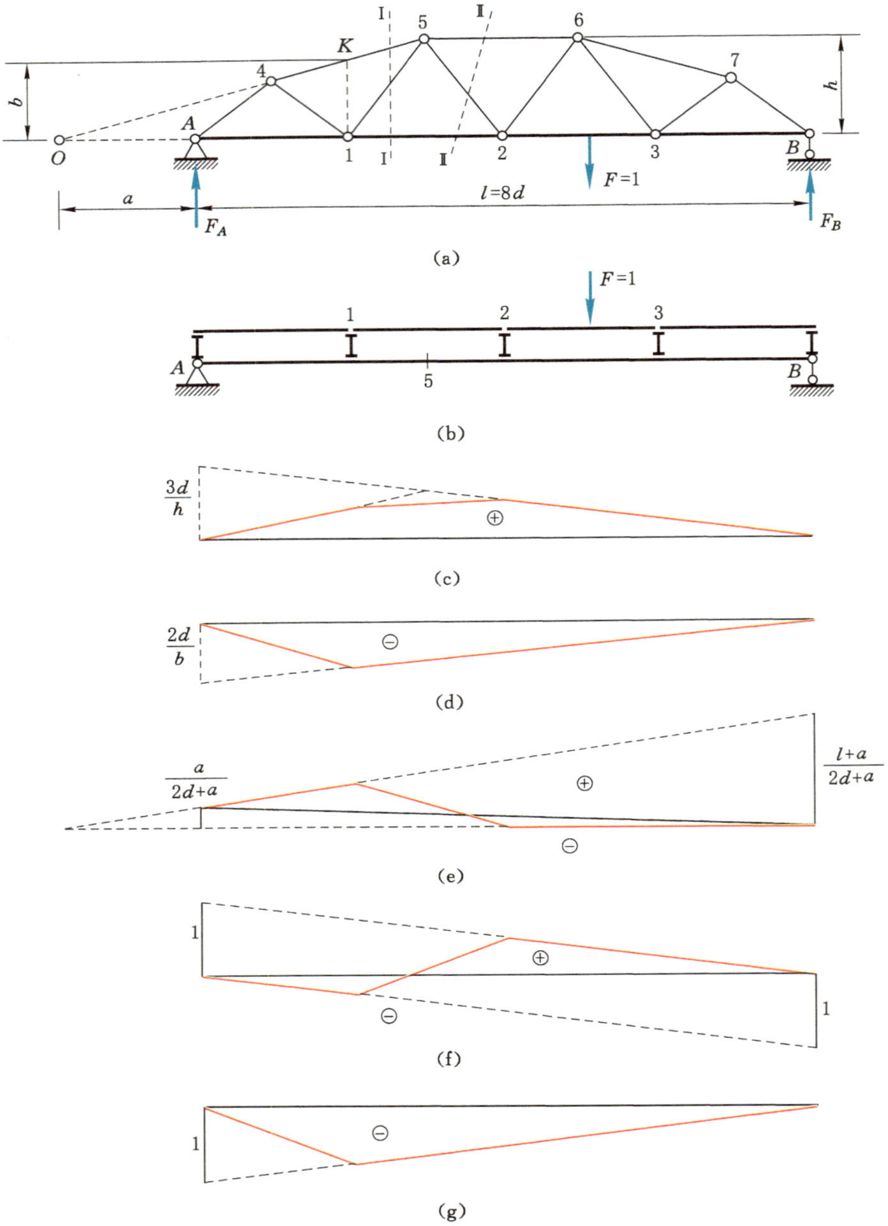

图 6-9　桁架的内力影响线

$$F_{N12}=\frac{M_5^0}{h}$$

式中：M_5^0 是相应的简支梁如图 6-9(b)上对应于矩心 5 处截面的弯矩影响线，将其竖标除以力臂 h 即得到 F_{N12} 影响线。

又如求上弦杆 4-5 的内力影响线，仍取截面 Ⅰ—Ⅰ，以节点 1 为矩心，并为了计算方便，将该杆内力在 K 点处分解为水平分力和竖向分力。当 $F=1$ 在节点 A、1 之间移动时，取截

面 Ⅰ—Ⅰ 以右部分为隔离体，由 $\sum M_1 = 0$ 有：

$$F_B \times 6d + F_{x45} b = 0$$

得

$$F_{x45} = -\frac{6d}{b} F_B$$

当 $F=1$ 在 2、B 之间移动时，取截面 Ⅰ—Ⅰ 以左部分为隔离体，由 $\sum M_1 = 0$ 有：

$$F_A \times 2d + F_{x45} b = 0$$

得

$$F_{x45} = -\frac{2d}{b} F_A$$

根据上面两式可分别作出左、右直线。然后，将节点 1、2 处的竖标连以直线，这段直线恰好与右直线重合。由此可绘出 4—5 杆的水平分力 F_{x45} 影响线，如图 6-9(d)所示，再根据比例关系便可得到其内力 F_{N45} 影响线。

此时左、右直线的交点在矩心 1 下面。实际上，对于单跨梁式桁架，用力矩法作杆件内力影响线时，左、右直线的交点恒在矩心之下。利用这一特点，只需作出左、右直线中的任一直线，便可绘出其全部影响线。

同样，上述 F_{x45} 影响线方程亦可表示为：

$$F_{x45} = -\frac{M_1^0}{b}$$

即可由相应简支梁上矩心 1 处的弯矩影响线除以力臂 b，并反号得到 F_{x45} 影响线。

同样的方法可以求斜杆 1—5 的内力(或其分力)影响线，仍作截面 Ⅰ—Ⅰ，而取杆 1—2 和杆 4—5 两杆延长线的交点 O 为矩心，并将 1—5 杆的内力在节点 1 处分解为水平分力和竖向分力，得竖向分力 F_{y45} 影响线，如图 6-9(c)所示。

6.4.2　投影法

求斜杆 2—5 的内力(或其分力) 影响线，可作截面 Ⅱ—Ⅱ，用投影法来求。当 $F=1$ 在 A、1 之间时，取截面 Ⅱ—Ⅱ 以右部分为隔离体，由 $\sum F_y = 0$ 有：

$$F_{y25} = -F_B$$

当 $F=1$ 在 2、B 之间时，取截面 Ⅱ—Ⅱ，以左部分为隔离体，由 $\sum F_y = 0$ 有：

$$F_{y25} = F_A$$

根据上面两式可分别作出左、右直线，并在节点 1、2 处连以直线，即得竖向分力 F_{y25} 影响线，如图 6-9(f)所示。

以上 F_{y25} 响线的左、右两直线方程也可合并为一个式子：

$$F_{y25} = F_{S12}^0$$

这里，F_{S12}^0 是相应简支梁节间 1—2 中的任一截面的剪力影响线。

6.4.3　节点法

作端斜杆 A—4 的内力(或其分力) 影响线，可取节点 A 为隔离体来求。由于荷载

$F=1$ 沿弦移动，故节点 A 在承重弦上，因而其平衡方程应分别按 $F=1$ 在该节点和不在该节点两种情况来建立。当 $F=1$ 不在节点 A（即在节点 1、B 之间移动）时，由节点 A 的 $\sum F_y=0$ 有：

$$F_{yA4}=-F_A$$

当 $F=1$ 作用于节点 A 时，由节点 A 的 $\sum F_y=0$ 有：

$$F_{yA4}=-F_A+1=-1+1=0$$

据此，并按影响线在各节间内应为直线，即可绘出竖向分力 F_{yA4} 影响线，如图 6-9(g)所示。

在绘制桁架内力影响线时，应注意荷载 $F=1$ 是沿上弦移动（上承）还是沿下弦移动（下承），因为在两种情况下所作出的影响线有时是不相同的。

在比较复杂的情况下，绘制桁架某些杆件的内力影响线时，需将节点法和截面法联合应用，且需把其他杆件的内力影响线先行求出，然后根据它们之间的静力学关系，用叠加法来作出所求杆件的内力影响线。

6.5 机动法作梁的影响线

6.5.1 机动法作影响线的原理和步骤

机动法作影响线的依据是虚位移原理，即刚体体系在力系作用下处于平衡的必要和充分条件是：在任何微小的虚位移中，力系所做的虚功总和为零。下面先以图 6-10(a)所示简支梁的反力 F_A 影响线为例，说明用机动法作影响线的原理和步骤。

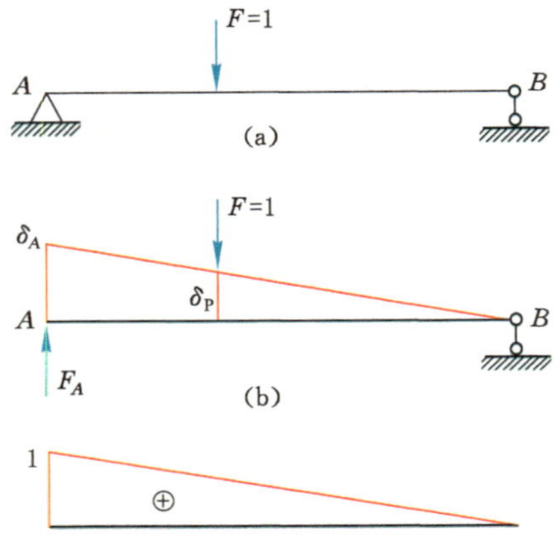

图 6-10 动法作影响线的原理

为求反力 F_A，首先去掉与其相应的联系即 A 处的支座链杆，同时代之以正向的反力 F_A，如图 6-10(b)所示。此时，原结构变为具有一个自由度的几何可变体系。然后，给此体系以微小虚位移，即使刚片 AB 绕 B 支座做微小转动，并以 δ_A 和 δ_P 分别表示力 F_A 和 F

的作用点沿力作用方向上的虚位移。由于体系在 F_A、F、F_B 共同作用下处于平衡状态，故它们所做的虚功总和应等于零，虚功方程为：

$$F_A\delta_A+F\delta_P=0$$

因 $F=1$，故得：

$$F_A=-\frac{\delta_P}{\delta_A}$$

式中：δ_A 为力 F_A 的作用点沿其方向上的位移，在给定的虚位移下它是常数；δ_P 则为在荷载 $F=1$ 作用点沿其方向上的位移，由于 $F=1$ 是移动的，因而 δ_P 图形就是荷载所沿着移动各点的竖向虚位移图。可见，F_A 影响线与位移图 δ_P 是成正比的，将位移图的竖标 δ_P 除以 δ_A 并反号，就得到 F_A 的影响线。为方便起见，可令 $\delta_A=1$，则上式成为 $F_A=-\delta_P$，也就是此时的虚位移图 δ_P 便代表 F_A 的影响线，如图 6-10(c)所示，只是符号相反。但注意到 δ_P 是以与力 F 方向一致为正，即以向下为正，因而可知：当 δ_P 向下时，F_A 为负；当 δ_P 向上时，F_A 为正，这就恰与影响线中正值的竖标绘在基线上方向一致。

由上可知，欲作某一量值(反力或内力)S 的影响线，只需将与 S 相应的联系去掉，并使所得体系沿 S 的正方向发生单位虚位移，则由此得到的荷载作用点的竖向位移图即代表 S 的影响线。这种作影响线的方法称为机动法。

机动法的优点在于不必经过具体计算就能迅速绘出影响线的轮廓，这对设计工作很有帮助，同时亦便于对静力法作出的影响线进行校核。

6.5.2　机动法作简支梁的影响线

以图 6-11(a)所示简支梁截面 C 的弯矩和剪力影响线为例，来进一步说明机动法的应用。作弯矩 M_C 影响线时，首先撤去与 M_C 相应的联系，即将截面 C 改为铰节，并加一对等值反向的力偶 M_C 代替原有联系的作用。然后，使 AC、CB 两刚片沿 M_C 的正方向发生虚位移，如图 6-11(b)所示，并写出虚功方程：

$$M_C(\alpha+\beta)+F\delta_P=0$$

得：

$$M_C=-\frac{\delta_P}{\alpha+\beta}$$

式中，$\alpha+\beta$ 是 AC 与 BC 两刚片的相对转角。若令 $\alpha+\beta=1$，则所得竖向位移图即为 M_C 影响线。如图 6-11(c)所示。所谓令 $\alpha+\beta=1$，并不是说在给体系以虚位移时要使相对转角 $\alpha+\beta$ 等于 1 rad。虚位移 $\alpha+\beta$ 应是微小值，从而在图 6-10(b)中可认为 $AA_1=a(\alpha+\beta)$，然后需将此虚位移图的竖标除以 $\alpha+\beta$，以求得 M_C 影响线，这样便有 $\frac{AA_1}{\alpha+\beta}=\frac{a(\alpha+\beta)}{\alpha+\beta}=a$。可见，在图 6-11(c)中所谓令 $\alpha+\beta=1$，实际上只是相当于把图 6-11(b)的微小虚位移图的竖标除以 $\alpha+\beta$，或者说乘以比例系数 $\frac{1}{\alpha+\beta}$。

若作剪力 F_{SC} 影响线，则应撤去与 F_{SC} 相应的联系，即将截面 C 处改为用两根水平链杆相连(这样，该截面不能抵抗剪力但仍能承受弯矩和轴力)，同时加上一对正向剪力 F_{SC} 代替

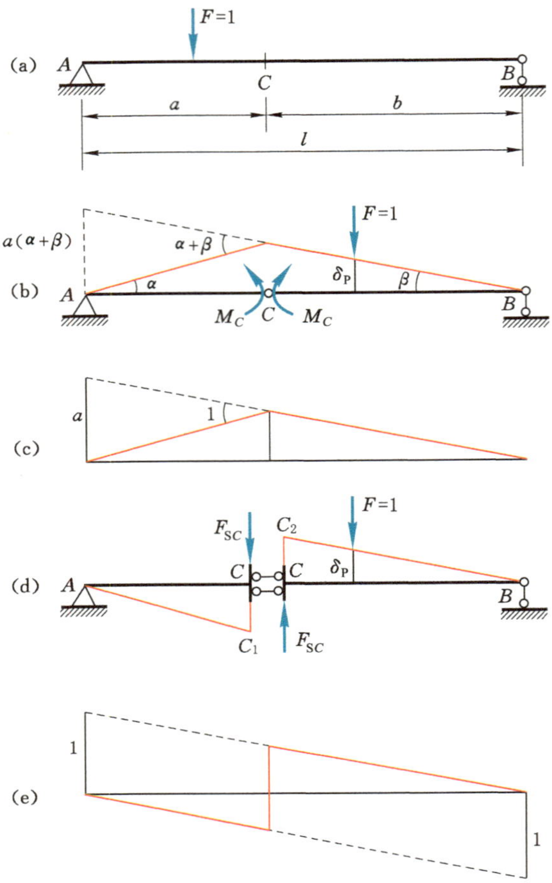

图 6-11　机动法作简支梁的影响线

原有联系的作用，如图 6-11(d)所示。然后，再令该体系沿 F_{SC} 正方向发生虚位移。由虚功原理有：

$$F_{SC}(CC_1 + CC_2) + F\delta_P = 0$$

得：

$$F_{SC} = -\frac{\delta_P}{CC_1 + CC_2}$$

这里，$CC_1 + CC_2$ 为 C 左右两侧的相对竖向位移。若令 $CC_1 + CC_2 = 1$ 则所得的虚位移图即为 F_{SC} 影响线，如图 6-11(e)所示。注意到 AC 与 BC 两刚片间是用两根平行链杆相连，它们之间只能做相对的平行移动，故在虚位移图中，AC_1 和 C_2B 两直线为平行线，亦即 F_{SC} 影响线的左、右两直线是相互平行的。

最后，注意到虚位移图 δ_P 是指荷载 $F = 1$ 作用点的位移图，因为荷载是在纵梁上移动的，因此用机动法作间接荷载下的影响线时，δ_P 应是纵梁的位移图，而不是主梁的位移图。

6.5.3　机动法作静定多跨梁的影响线

此外，用机动法来绘制静定多跨影响线很方便。首先去掉与所求反力或内力 S 相应的联系，然后使所得体系沿 S 的正方向发生单位位移，此时根据每一刚片的位移图应为一段直线，以及每一竖向支座处竖向位移为零，便可迅速地绘出各部分的位移图，如图 6-12 所示各量值的影响线。

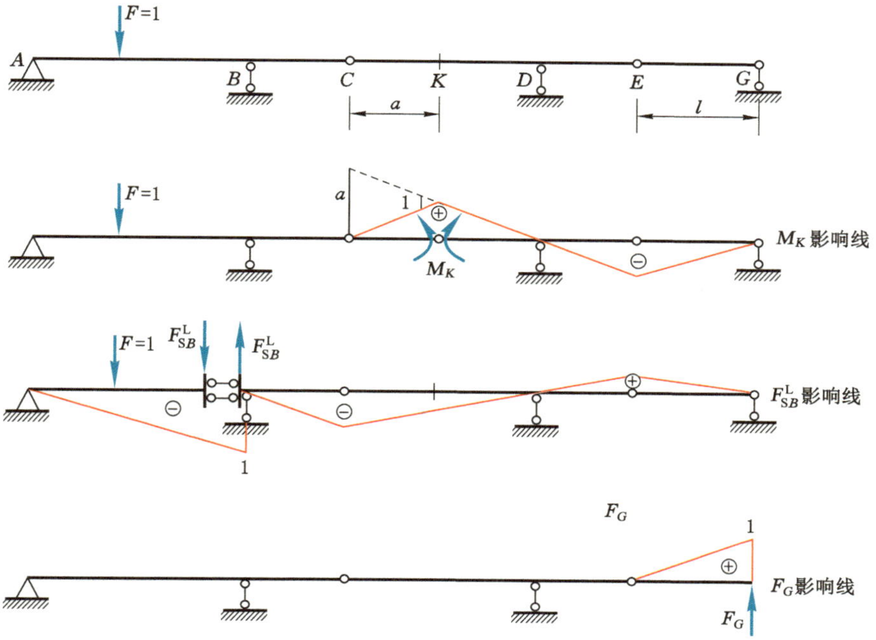

图 6-12　机动法作静定多跨梁的影响线

应注意撤去约束后虚位移图形的特点，弄清楚哪些部分可以发生虚位移，哪些部分不能发生虚位移。属于附属部分的量值，体系只在附属部分发生虚位移，基本部分不动，位移图只限于附属部分；属于基本部分的量值，基本部分和其所支承的附属部分都能发生虚位移，位移图在基本部分和其所支承的附属部分都有。

6.6　影响线的应用

前面几节研究了影响线的做法。我们可以利用影响线来求实际移动荷载作用下某一量值的影响量，还可以利用影响线判断移动荷载对某一量值的最不利位置。本节主要讨论上述两个问题。

6.6.1　计算影响量值

6.6.1.1　集中荷载

现有一组集中荷载 $F_1, F_2, \cdots, F_n$ 作用在结构上，某量值 S 的影响线已绘出，如图 6-13 所示。各个集中荷载作用点对应的竖标为 $y_1, y_2, \cdots, y_n$，以此来计算量值 S 的大小。根据定义，影响线上的竖标 y 代表单位荷载作用于该处时量值 S 的大小，当集中荷载 F 作用时 $S=F_y$。则根据叠加原理，这组荷载作用下量值 S 值为：

$$S = F_1 y_1 + F_2 y_2 + \cdots + F_n y_n = \sum F_i y_i \tag{6-1}$$

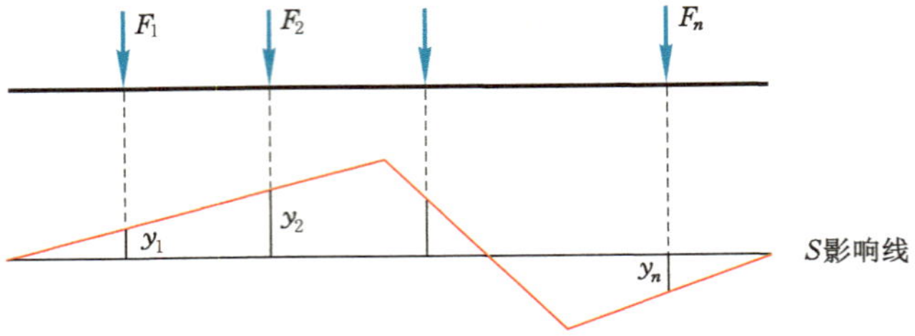

图 6-13　一组集中荷载作用

特别地，如果一组集中力作用在影响线某一直线范围内，如图 6-14 所示，可以用简化方法计算，即量值 S 等于这组集中力合力与该合力所对应的影响线竖标的乘积。

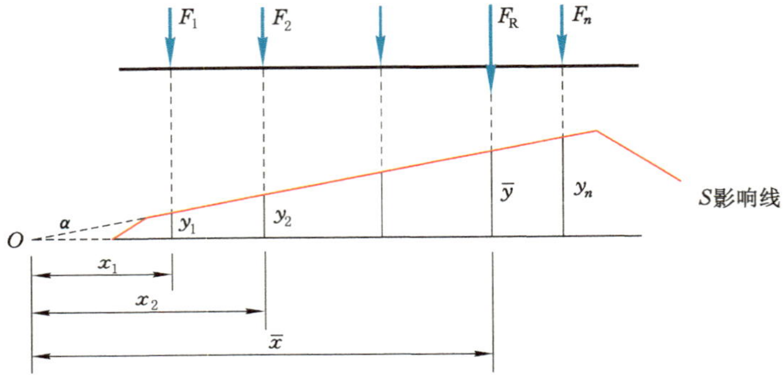

图 6-14　一组集中力作用在影响线某一直线范围内

如将该段影响线延长与基线交于 O 点，则有：

$$\begin{aligned} S &= F_1 y_1 + F_2 y_2 + \cdots + F_n y_n = \sum F_i y_i \\ &= (F_1 x_1 + F_2 x_2 + \cdots + F_n x_n)\tan\alpha = \tan\alpha \sum F_i x_i \end{aligned}$$

$\sum F_i x_i$ 为各力对 O 点力矩之和，根据合力矩定理，有：

$$\sum F_i x_i = F_R \bar{x}$$

因此：

$$S = F_R(\bar{x}\tan\alpha) = F_R \bar{y} \tag{6-2}$$

式中，$\bar{y}$ 为合力 F_R 所对应的影响线竖标。

6.6.1.2　分布荷载

如图 6-15 所示结构在 AB 段承受分布荷载，将分布荷载沿长度分成许多无穷小的微段，则可将微段 $\mathrm{d}x$ 上的荷载 $q_x\mathrm{d}x$ 看作集中荷载，在 AB 段内产生的量值 S 为：

$$S = \int_A^B q_x y \,\mathrm{d}x \tag{6-3}$$

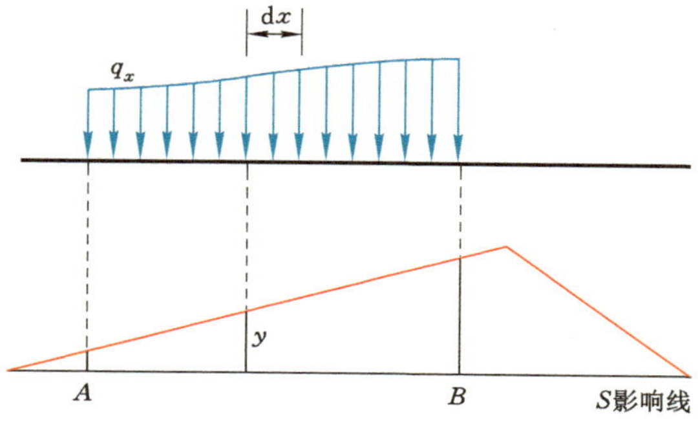

图 6-15　分布荷载作用

若 q_x 为均布荷载，则：

$$S=\int_A^B qy\,\mathrm{d}x=q\int_A^B y\,\mathrm{d}x=qA_\omega$$

式中：A_ω 表示影响线图形在 AB 上的面积的代数和。式(6-4) 表示均布荷载所引起的量值 S 等于荷载集度与受载区段面积的乘积，如图 6-16 所示。应用式(6-3) 和式(6-4) 时，要注意面积 A_ω 和竖标 y 的正负号。

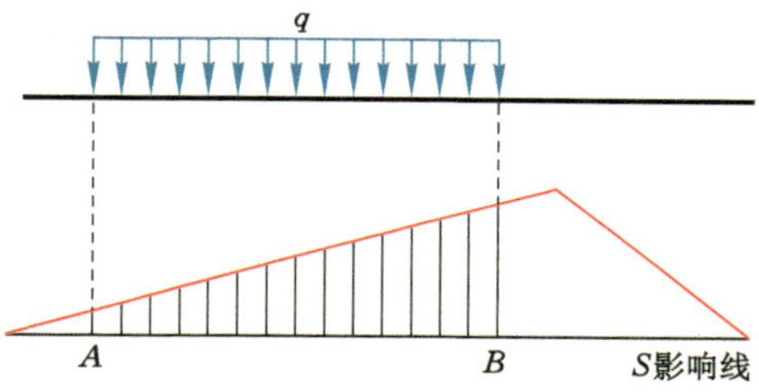

图 6-16　分布荷载作用下的量值计算

6.6.2　最不利荷载位置

对于比较简单的荷载，只需对影响线和荷载的特点加以分析和判断，就可定出荷载的最不利位置。但是对于较复杂的移动荷载难以凭直观判断，下面我们分别加以讨论。

6.6.2.1　单个集中荷载

如图 6-17 所示，当移动荷载是单个集中荷载时，凭直观得出最不利位置是此集中荷载作用在影响线的竖标最大(最大正值和最大负值)位置处，得到：

$$S_{\max}=Fy_{\max},S_{\min}=Fy_{\min}$$

6.6.2.2　可动均布荷载

可动均布荷载又称可以任意断续布置的均布荷载，例如建筑物中的人群荷载等，由于可以任意断续地布置，故不利荷载位置是在正号部分布满荷载产生最大值 $S_{\max}$，在负号部分布满荷载产生最小值 $S_{\min}$，如图 6-18 所示。

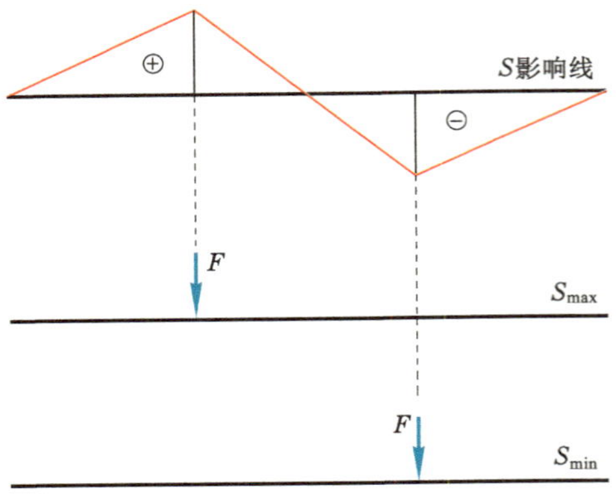

图 6-17　移动荷载是单个集中荷载

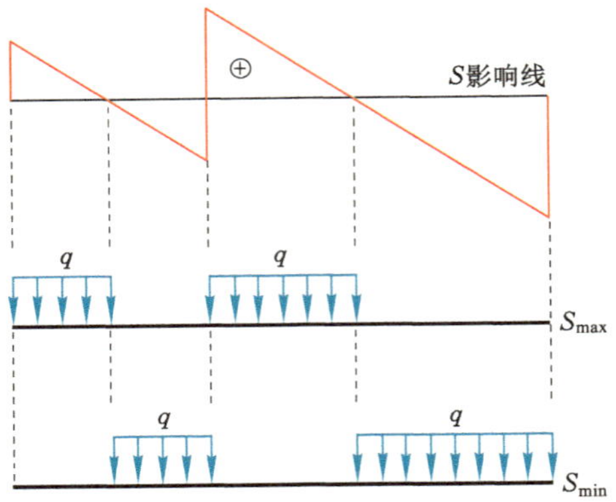

图 6-18　移动荷载是可动均布荷载

6.6.2.3　行列荷载

行列荷载是指一系列间距不变的移动集中荷载(也包括均布荷载),如汽车荷载等,其最不利荷载位置难以直观得出,只能通过寻求 S 的极值条件来解决求 S_{max} 的问题。一般分两步进行:

(1) 求出使量值达到极值的荷载位置,该荷载位置叫作荷载的临界位置。

(2) 从荷载的临界位置中找出荷载的最不利位置,亦即从 S 的极大值中找出最大值,从极小值中找出最小值。

下面首先讨论荷载临界位置的判定方法。

图 6-19 所示为一组集中荷载,荷载移动时间距和数值保持不变,其量值 S 的影响线为一折线形,各段直线的倾角分别为 $\alpha_1,\alpha_2,\cdots,\alpha_n$,倾角 α 以逆时针转动为正。取坐标轴 x 向右为正,y 轴向上为正。

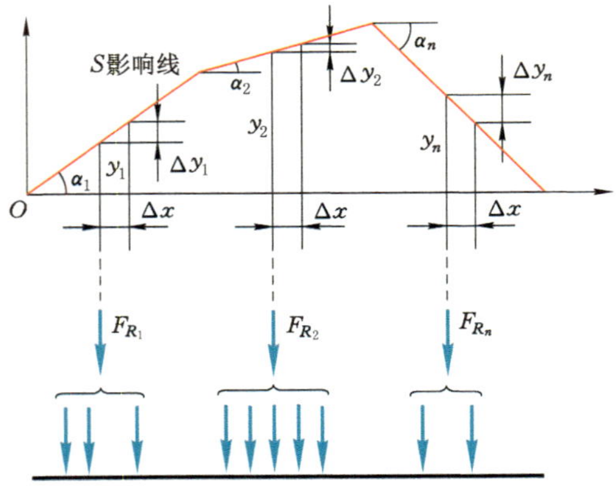

图 6-19　一组行列荷载作用

荷载组作用在图示位置时,产生的量值为 S_1,若每一直线段范围内各荷载的合力分别为 $F_{R_1},F_{R_2},\cdots,F_{R_n}$,则根据叠加原理,并利用合力来计算,可以得到:

$$S=F_{R_1}y_1+F_{R_2}y_2+\cdots+F_{R_n}y_{R_n}=\sum F_{R_i}y_i$$

这里 $y_1, y_2, \cdots, y_n$ 分别为各段直线范围内荷载合力 $F_{R_1}, F_{R_2}, \cdots, F_{R_n}$ 对应的影响线的竖标。

若整个荷载组向右移动微小距离 Δx（向右移动 Δx 为正），且在此微小移动过程中各个集中荷载都没有跨越影响线的顶点，即各个直线段范围内荷载的合力保持不变，则此时产生的量值 S_2 为：

$$S_2=F_{R_1}(y_1+\Delta y_1)+F_{R_2}(y_2+\Delta y_2)+\cdots+F_{R_n}(y_n+\Delta y_n)$$

量值 S 的增量为：

$$\begin{aligned}\Delta S=S_2-S_1&=F_{R_1}\Delta y_1+F_{R_2}\Delta y_2+\cdots+F_{R_n}\Delta y_n\\&=F_{R_1}\Delta x\tan\alpha_1+F_{R_2}\Delta x\tan\alpha_2+\cdots+F_{R_n}\Delta x\tan\alpha_n\\&=\Delta x\sum F_{R_i}\tan\alpha_i\end{aligned}$$

用变化率表示即为：

$$\frac{\mathrm{d}S}{\mathrm{d}x}=\sum F_{R_i}\tan\alpha_i$$

显然，使 S 成为极大值的条件是：荷载自该位置向左或向右移动时，量值 S 均应减小，即 $\Delta S<0$。由于荷载向左移动时 $\Delta x<0$，而向右移动时 $\Delta x>0$，故使 S 成为极大值的条件为：

荷载向左移，

$$\Delta x<0\quad \sum F_{R_i}\tan\alpha_i>0 \tag{6-5(a)}$$

荷载向右移，

$$\Delta x>0\quad \sum F_{R_i}\tan\alpha_i<0 \tag{6-5(b)}$$

可以看出，当荷载向左、右移动时，$\sum F_{R_i}\tan\alpha_i$ 必须由正变负，才使 S 成为极大值。同理，当 $\sum F_{R_i}\tan\alpha_i$ 由负变正时，则在该位置处为极小值，因此使 S 成为极小值的条件应为：

荷载向左移，

$$\Delta x<0\quad \sum F_{R_i}\tan\alpha_i<0 \tag{6-6(a)}$$

荷载向右移，

$$\Delta x>0\quad \sum F_{R_i}\tan\alpha_i>0 \tag{6-6(b)}$$

因此可得如下结论：当荷载组向左、右移动微小距离时，$\sum F_{R_i}\tan\alpha_i$ 必须变号，S 才产生极值。

下面讨论在什么情况下 $\sum F_{R_i}\tan\alpha_i$ 才有可能变号。由于 $\tan\alpha_i$ 是影响线中各段直线的斜率，是常数，并不随荷载位置而改变，因此，当荷载组向左、右移动微小距离时，要使 $\sum F_{R_i}\tan\alpha_i$ 改变符号，只有各段内的合力 F_{R_i} 改变数值才有可能。而要使 F_{R_i} 改变数值，只有当某一个集中荷载正好作用在影响线的某一顶点（转折点）处时，才有可能。这是当荷载组向左、右移动微小距离时，使$\sum F_{R_i}\tan\alpha_i$变号的必要条件，但不是充分条件。

因此，并不是每个集中荷载位于影响线顶点时都能使$\sum F_{R_i}\tan\alpha_i$变号。我们把能使$\sum F_{R_i}\tan\alpha_i$变号的荷载，亦即使S产生极值的荷载称为临界荷载。此时相应的荷载位置称为临界位置。式(6-5)及式(6-6)称为临界位置的判别式。

一般情况下，临界位置可能不止一个，这时需要将各个临界位置相应的S极值分别求出，再从中找出最大(或最小)的S值。

至于哪一个荷载是临界荷载，则需要试算，将某一集中荷载F_i，置于影响线和$i+1$段的顶点处。当荷载组向左移动时，该集中荷载F_i应计入左边第i段的合力F_{R_i}中，当荷载组向右移动时，该集中荷载F_i应计入右边第$i+1$段的合力F_{R_i}中，计算$\sum F_{R_i}\tan\alpha_i$是否能满足判别式。为了减少试算次数，可从以下两点估计最不利荷载位置：

(1) 将行列荷载中数值较大，且较密集的部分置于影响线的最大纵距附近。

(2) 位于同符号影响线范围内的荷载应尽可能多。

总结一下，确定最不利荷载位置的步骤如下：

(1) 从荷载中选定一个集中力F_i，使它位于影响线的一个顶点上。

(2) 在荷载组分别向左、右移动时，分别求$\sum F_{R_i}\tan\alpha_i$的数值，看其是否变号(或由零变为非零)，若变号，则此荷载位置为临界位置。

(3) 对每一个临界位置求出相应的S极值，再从各种极值中找出最大值即为$S_{\max}$，找出最小值即为$S_{\min}$。产生该最大值及最小值所对应的荷载位置，即为最不利荷载位置。

当影响线为三角形时，临界位置的判别式可以简化。如图6-20所示，设S影响线为一三角形，设F_{cr}为临界荷载，正好作用于影响线顶点处，F_R^L、F_R^R分别表示左方、右方的荷载的合力，根据判别条件，可得出：

$$(F_R^L+F_{cr})\tan\alpha-F_R^R\tan\beta>0$$

$$F_R^L\tan\alpha-(F_{cr}+F_R^R)\tan\beta<0$$

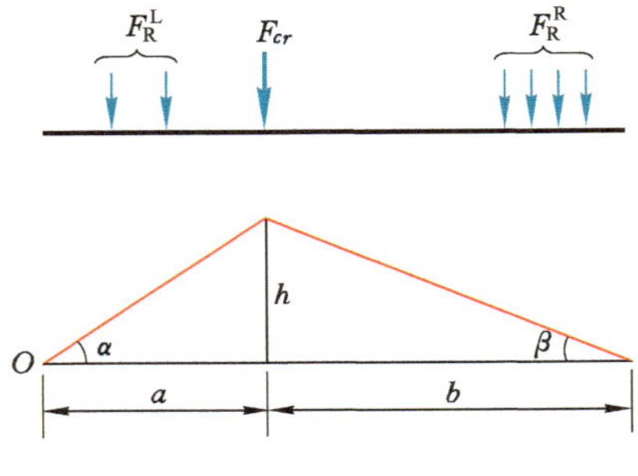

图6-20　临界荷载位于影响线顶点

由图6-20可知，$\tan\alpha=h/a$，$\tan\beta=h/b$，代入上式，得：

$$\frac{F_R^L+F_{cr}}{a}>\frac{F_R^R}{b}$$

$$\frac{F_R^L}{a} < \frac{F_R^R + F_{cr}}{b} \tag{6-7}$$

这是三角形影响线临界位置的判别公式。上式表明，临界位置的特点是把临界荷载 F_{cr}，算入哪一边，则哪一边的荷载平均集度就大。

当一段长度固定的移动均布荷载跨过三角形影响线时，如图 6-21 所示，根据极值条件 $\frac{dS}{dx}=0$ 即 $\sum F_{R_i}\tan\alpha_i$ 可得：

$$\sum F_{R_i}\tan\alpha_i = F_R^L\frac{h}{a} - F_R^R\frac{h}{b} = 0$$

$$\frac{F_R^L}{a} = \frac{F_R^R}{b}$$

也就是说，当左、右两边的平均荷载相等时，为临界位置。

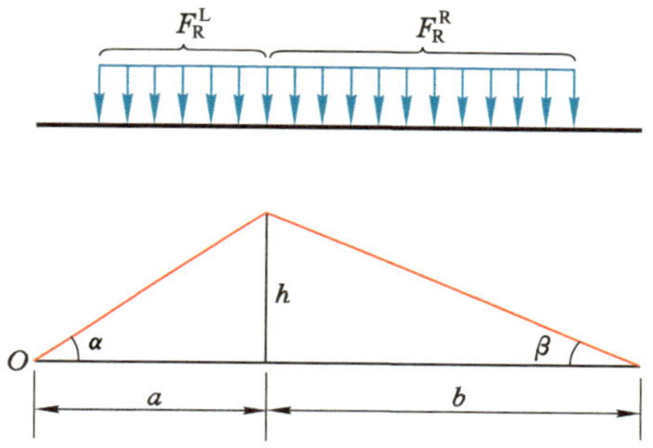

图 6-21　长度固定的移动均布荷载跨过三角形影响线

当影响线中有直角三角形时（竖标有突变的影响线），判别式不适用。此时的最不利荷载位置，当荷载较简单时，一般可由直观判定；当荷载较复杂时，可按前述估计最不利荷载位置的原则，布置几种荷载位置，直接算出相应的 S 值，而选取其中最大者，最大 S 值对应的荷载位置就是使量值 S 为最大值的最不利荷载位置。

例 6-1　试求图 6-22(a)所示简支梁在一列火车开行时，荷载作用下截面 C 的最大弯矩。

解：作出 M_C 的影响线，如图 6-22(b)所示，各段直线的斜率分别为：

$$\tan\alpha_1 = \frac{5}{8}, \tan\alpha_2 = \frac{1}{8}, \tan\alpha_3 = -\frac{3}{8}$$

(1) 当列车由右向左开行时，将 F_4 置于 E 点，如图 6-22(c)所示。按照公式计算，有

右移：$\sum F_{R_i}\tan\alpha_i = 220\times\frac{5}{8} + (220\times 2)\times\frac{1}{8} - (220\times 2 + 92\times 5)\times\frac{3}{8} < 0$

左移：$\sum F_{R_i}\tan\alpha_i = 220\times\frac{5}{8} + (220\times 3)\times\frac{1}{8} - (220 + 92\times 5)\times\frac{3}{8} < 0$

$\sum F_{R_i}\tan\alpha_i$ 未变号，说明此时不是临界位置。同时左移 $\Delta x < 0$，$\Delta S > 0$，因此量值 M_C 增大，需将荷载继续左移。

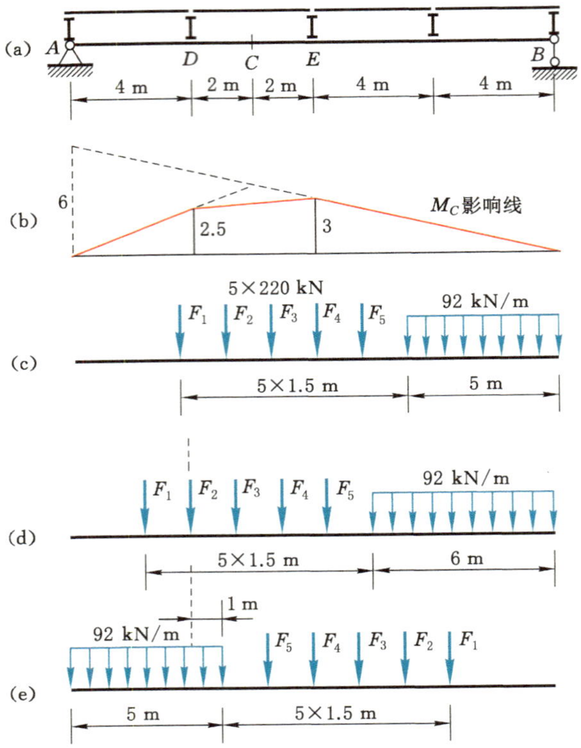

图 6-22　例 6-1 图

将 F_2 置于 D 点，如图 6-21(d) 所示，有

右移：$\sum F_{R_i}\tan\alpha_i = 220\times\frac{5}{8}+(220\times3)\times\frac{1}{8}-(220+92\times6)\times\frac{3}{8}<0$

左移：$\sum F_{R_i}\tan\alpha_i = 220\times2\times\frac{5}{8}+(220\times3)\times\frac{1}{8}-(220+92\times6)\times\frac{3}{8}>0$

$\sum F_{R_i}\tan\alpha_i$ 变号，F_2 置于 D 点是临界位置，计算得到相应的 M_C 值为：

$$M_C = F_1\times\frac{2.5}{4}\times2.5+3\times220\times\left(2.5+\frac{1.5+0.5}{4}\times3\right)+$$

$$F_5\times\frac{7.5}{8}\times3+92\times6\times\frac{3}{8}\times3=4\ 223.5\ (\mathrm{kN\cdot m})$$

继续试算，当列车由右向左开行时只有上述一个临界位置。

(2) 当列车由左向右开行时，将 F_4 置于 E 点，如图 6-22(e)所示。可得，

左移：$\sum F_{R_i}\tan\alpha_i = 92\times4\times\frac{5}{8}+(92\times1+440)\times\frac{1}{8}-660\times\frac{3}{8}>0$

右移：$\sum F_{R_i}\tan\alpha_i = 92\times4\times\frac{5}{8}+(92\times1+440+220)\times\frac{1}{8}-88\times\frac{3}{8}<0$

$\sum F_{R_i}\tan\alpha_i$ 变号，这是临界位置，计算得到相应的 M_C 值为：

$$M_C = 3\times 220\times 1.875 + F_1\times 3 + F_5\times 2.8125 + 92\times\frac{4}{2}\times 2.5 + 92\times 1\times 2.5625 = 3212\ (\text{kN}\cdot\text{m})$$

继续试算，当列车由左向右开行时只有上述一个临界位置。

所以 C 截面的最大弯矩为 4 223.5 kN·m。

例 6-2　求图 6-23(a)所示简支梁截面 C 的最大弯矩。已知行列荷载 $F_1=4.5$ kN，$F_2=2$ kN，$F_3=7$ kN，$F_4=3$ kN。

解：作出 M_C 的影响线，如图 6-23(b)所示。直观判断 F_4 不可能是临界荷载。

将 F_1 置于 C 点，如图 6-23(c)所示。按照公式计算，有：

$$\frac{F'_R+F_{cr}}{a}=\frac{2+4.5}{6}>\frac{F'_R}{b}=\frac{0}{10}$$

$$\frac{F'_R}{a}=\frac{2}{6}<\frac{F'_R+F_{cr}}{b}=\frac{4.5}{10}$$

所以 F_1 是临界荷载，相应的位置为临界位置。

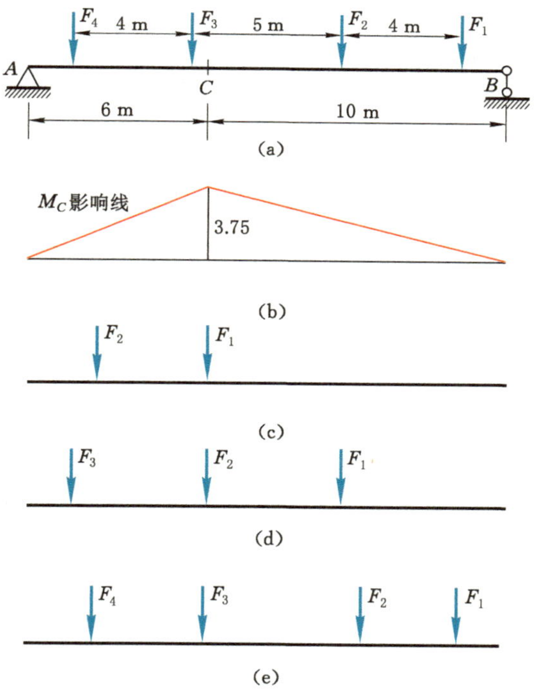

图 6-23　例 6-2 图

将 F_2 置于 C 点，如图 6-23(d)所示。按照公式计算，有：

$$\frac{F'_R+F_{cr}}{a}=\frac{7+2}{6}>\frac{F'_R}{b}=\frac{4.5}{10}$$

$$\frac{F'_R}{a}=\frac{7}{6}>\frac{F'_R+F_{cr}}{b}=\frac{2+4.5}{10}$$

所以 F_2 不是临界荷载。

将 F_3 置于 C 点，如图 6-23(e)所示。按照公式计算，有：

$$\frac{F'_R + F_{cr}}{a} = \frac{3+7}{6} > \frac{F'_R}{b} = \frac{2+4.5}{10}$$

所以 F_3 是临界荷载，相应的位置为临界位置。

图 6-23(c)所示临界位置对应的 M_C 的值为：

$$M_C = F_1 \times 3.75 + F_2 \times \frac{2}{6} \times 3.75 = 4.5 \times 3.75 + 2 \times \frac{2}{6} \times 3.75 = 19.375\ (\text{kN} \cdot \text{m})$$

图 6-23(e)所示临界位置对应的 M_C 的值为：

$$\begin{aligned} M_C &= F_3 \times 3.75 + F_2 \times \frac{5}{10} \times 3.75 + F_1 \times \frac{1}{10} \times 3.75 + F_4 \times \frac{2}{6} \times 3.75 \\ &= 7 \times 3.75 + 2 \times \frac{5}{10} \times 3.75 + 4.5 \times \frac{1}{10} \times 3.75 + 3 \times \frac{2}{6} \times 3.75 \\ &= 35.44\ (\text{kN} \cdot \text{m}) \end{aligned}$$

所以 C 截面的最大弯矩为 35.44 kN·m。

6.7 铁路和公路的标准荷载制及换算荷载

6.7.1 铁路和公路的标准荷载制

铁路上行驶的机车、车辆，公路上行驶的汽车、拖拉机等，规格不一，类型繁多，载运情况也相当复杂。结构设计时不可能对每一种情况都进行计算，而是按照一种制定出的统一的标准荷载进行设计。这种荷载是经过统计分析制定出来的，它既能概括当前各种类型车辆的情况，又必须考虑将来交通发展的情况。

6.7.1.1 铁路标准荷载制

列车由机车和车辆组成，机车和车辆类型很多，轴重、轴距各异。为规范设计，我国根据机车车辆轴重、轴距对桥梁不同影响及考虑车辆的发展趋势制定了中华人民共和国铁路标准活载(简称“中-活载”)。它包括普通活载和特种活载两种，其形式如图 6-24 所示。

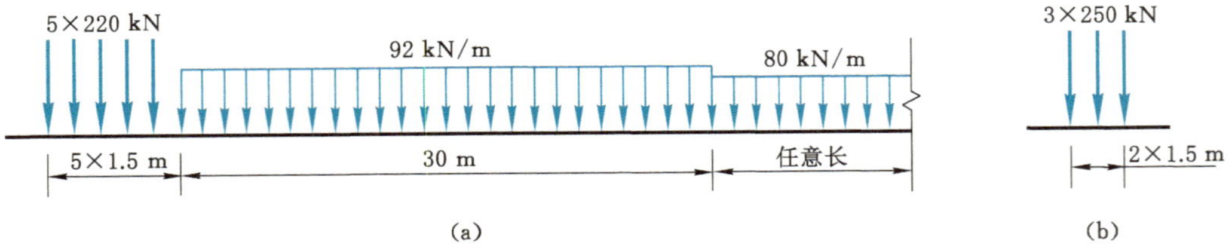

图 6-24 中-活载

普通活载代表一列火车的质量，前面五个集中荷载代表一台机车的五个轴重，中部一段 30 m 长的均布荷载代表煤水车和与其相连挂的另一台机车与煤水车的平均质量。后面任意长的均布荷载代表车辆的平均质量。特种活载代表重型机车、车辆的轴重。

使用中-活载时，可由图式中任意截取一段，但不得变更轴间距。列车可由左端或右端进入桥涵，以确定其最不利位置。图 6-24 所示为单线上的荷载，若桥梁是单线，由两片主梁组成，则单线上每片主梁承受图示荷载的一半。

设计时，普通活载和特种活载中哪种活载产生的内力大就应取用哪一种作为设计标准。特种活载虽轴重较大，但轴数较少，适合对小跨度桥梁(7 m 以下)控制设计。在一般计算中常用普通活载进行设计。

高速铁路列车设计活载应采用 ZK 活载，ZK 活载为列车竖向静活载，包括标准活载和特种活载两种，如图 6-25 所示。

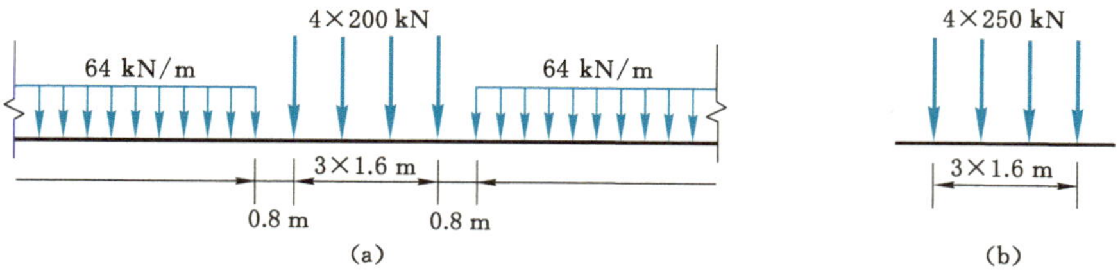

图 6-25　ZK 活载

6.7.1.2　公路标准荷载制

我国公路桥涵设计所使用的汽车荷载分公路-Ⅰ级和公路-Ⅱ级两个等级。汽车荷载由车道荷载和车辆荷载组成，车道荷载由均布荷载和集中荷载组成。桥梁结构的整体计算采用车道荷载，桥梁结构的局部加载以及涵洞、桥台和挡土墙土压力等的计算采用车辆荷载。车道荷载和车辆荷载作用不得叠加。

车道荷载的计算图式如图 6-26(a)所示。

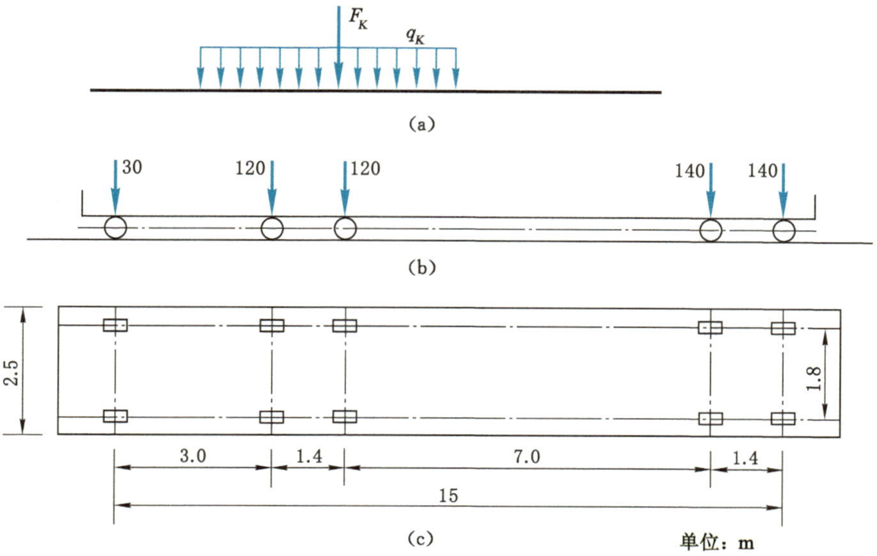

图 6-26　车辆荷载

公路-Ⅰ级车道荷载的均布荷载标准值为 $q_K=10.5$ kN/m；集中荷载标准值 F_K 按以下规定选取：桥涵计算跨径小于或等于 5 m 时，$F_K=180$ kN；桥涵计算跨径大于或等于 50 m 时，$F_K=360$ kN；桥涵计算跨径在 5～50 m 之间时，F_K 值采用直线内插求得。当计算剪力效应时，上述集中荷载标准值应乘以 1.2 的系数。

公路-Ⅱ级车道荷载的均布荷载标准值和集中荷载标准值，按公路-Ⅰ级车道荷载的 0.75倍采用。

车道荷载的标准值应满布于使结构产生最不利效应的同号影响线上，集中荷载标准值只作用于相应影响线中一个最大影响线峰值处。

车辆荷载的立面、平面尺寸如图 6-26(b)、图 6-26(c)所示。公路-Ⅰ级和公路-Ⅱ级汽车荷载采用相同的车辆荷载标准值。

其余内容可见相应规范和规程。

6.7.2 换算荷载

6.7.2.1 换算荷载

由前面分析可知，在移动荷载作用下，要求结构上某一量值的最大(最小)值，需经过试算才能确定相应的最不利荷载位置。计算工作量很大，比较麻烦。为了便于使用，实际工作中常利用预先编好的换算荷载表来求某一量值的最大值。

换算均布荷载的定义：当假想的均布荷载 K 所产生的某一量值，与指定的移动荷载产生的该量值的最大值 S_{max} 相等时，则该均布荷载称为换算荷载。由定义可得：

$$S_{max}=KA_{\omega}$$

式中，A_{ω} 是量值 S 影响线的面积。

由上式可求出该移动荷载的换算荷载 $K=\dfrac{S_{max}}{A_{\omega}}$。

换算荷载的数值与移动荷载及影响线的形状有关。移动荷载数值及影响线的形状不同，换算荷载 K 值亦不同。但对竖标成固定比例的各影响线，其换算荷载相等。对于长度相同、顶点位置相同、最大纵距不同的三角形影响线，对应竖标成固定比例，换算荷载相等。证明如下。

如图 6-27(a)、图 6-27(b)所示两影响线的纵距 $y_1=ny_2$，按同一比例变化，故有 $A_{\omega2}=nA_{\omega1}$，于是有：

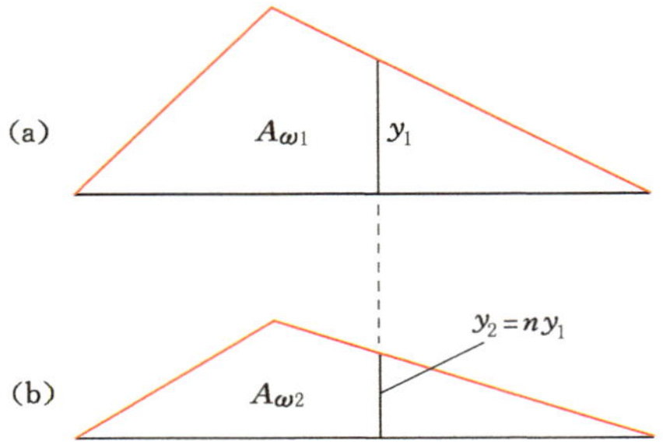

图 6-27 换算荷载

6.7.2.2　换算荷载表

为便于使用，表 6-1 列出了我国现行铁路标准荷载的换算荷载，供使用时查阅。它是根据三角形影响线制成的，使用时应注意以下几点。

表 6-1　中-活载的换算荷载(每线)/(kN · m^{-1})

跨径或荷载长度/m	影响线最大纵坐标位置				
	端部	1/8 处	1/4 处	3/8 处	跨中
	K_0	$K_{0.125}$	$K_{0.25}$	$K_{0.375}$	$K_{0.5}$
1	500.0	500.0	500.0	500.0	500.0
2	312.5	285.7	250.0	250.0	250.0
3	250.0	238.1	222.2	200.0	187.5
4	234.4	214.3	187.5	175.0	187.5
5	210.0	197.5	180.0	172.0	180.0
6	187.5	178.6	166.7	161.1	166.7
7	179.6	161.8	153. 1	150.9	153.1
8	172.2	157.1	151.3	148.5	151.3
9	165.5	151.5	147.5	144.5	146.7
10	159.8	146.2	143.6	140.0	141.3
12	150.4	137.5	136.0	133.9	131.2
14	143.3	130.8	129.4	127.6	125.0
16	137.7	125.5	123.8	121.9	119.4
18	133.2	122.8	120.3	117.5	114.2
20	129.4	120.3	117.4	114.2	110.2
24	123.7	115.7	112.2	108.3	104.0
25	122.5	114.7	110.0	111.0	102.5
30	117.8	110.3	106.8	102.4	99.2
32	116.2	108.9	105.3	100.8	98.4
35	114.3	106.9	103.3	99.1	97.3
40	111.6	104.8	100.8	97.4	96.1
45	109.2	102.9	98.8	96.2	95.1
48	107.9	101.8	97.6	95.5	94.5
50	107.1	101.1	96.8	95.0	94.1
60	103.6	97.8	94.2	92.8	91.9
64	102.4	96.8	93.4	92.0	91.1
70	100.8	95.4	92.2	90.9	89.9
80	98.6	93.3	90.6	89.3	88.2
90	96.9	91.6	89.2	88.0	86.8
100	95.4	90.2	88.1	86.9	85.5

表 6-1(续)

跨径或荷载长度/m	影响线最大纵坐标位置				
	端部	1/8 处	1/4 处	3/8 处	跨中
	K_0	$K_{0.125}$	$K_{0.25}$	$K_{0.375}$	$K_{0.5}$
110	94.1	89.0	87.2	85.9	84.6
120	93.1	88.1	86.4	85.1	83.8
140	91.4	86.7	85.1	83.8	82.8
160	90.0	85.7	84.2	82.9	82.2
180	89.0	84.9	83.4	82.3	81.7
200	88.1	84.2	82.8	81.8	81.4

(1) 表格仅适用于三角形影响线的情况，如图 6-28 所示。

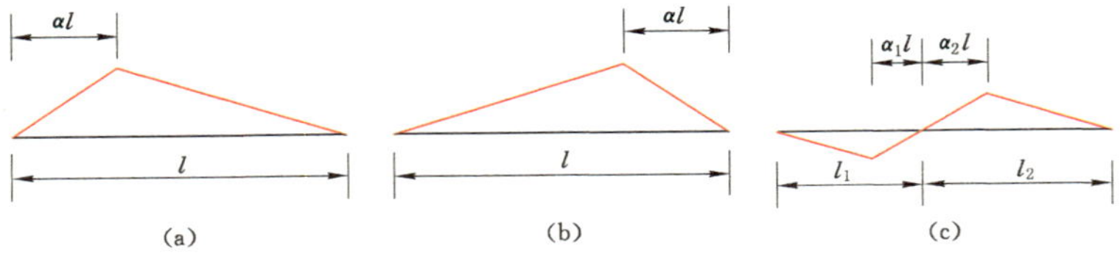

图 6-28　三角形影响线

(2) 加载长度(或跨度、荷载长度)l 指的是同符号影响线长度。

(3) αl 是顶点至较近零点的水平距离，故 α 的值为 0～0.5。

(4) 当 α 及 l 值在表列数值之间时，K 值按直线内插求得。

例 6-3　试利用换算荷载表计算中-活载作用下如图 6-29(a)所示简支梁截面 C 的最大(小)剪力和弯矩。

解：先作出 F_{SC} 及 M_C 的影响线，如图 6-29(b)、图 6-29(c)所示。

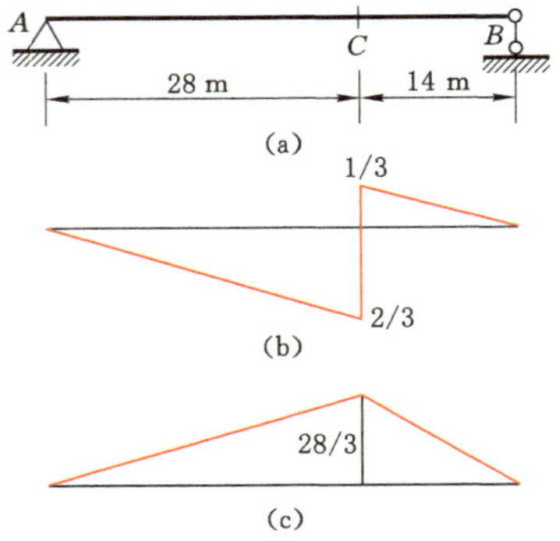

图 6-29　例 6-3 图

(1) 计算 $F_{SC\min}$。此时，$l=28$ m，$\alpha=0$。查表 6-1 知表中无此 l 值，由直线内插可得当 $\alpha=0$，$l=25$ m 时，$K=122.5$ kN/m；当 $\alpha=0$，$l=30$ m 时，$K=117.8$ kN/m。

按直线内插法，当 $\alpha=0$，$l=25$ m 时，可得：

$$K = 117.8 + \frac{30-28}{30-25} \times (122.5 - 117.8) = 119.7\ (\text{kN/m})$$

则有：

$$F_{SC\min} = K_\omega = 119.7 \times \left(-\frac{1}{2} \times 28 \times \frac{2}{3}\right) = -1\ 117\ (\text{kN})$$

(2) 计算 $F_{SC\min}$。此时，$l=42$ m，$\alpha=0$，查表 6-1 得 $K=143.3$ kN/m。

故：

$$F_{SC\min} = K_\omega = 143.3 \times \left(\frac{1}{2} \times 14 \times \frac{1}{3}\right) = 334.4\ (\text{kN})$$

(3) 计算 $M_{C\max}$。此时 $l=42$ m，$\alpha=\frac{14}{42}=\frac{1}{3}=0.333$，都是表中未列数，可用多次内插求出 K 值，计算如下：

根据 $l=40$ m，$K_{0.25}=100.8$ kN/m；$l=45$ m，$K_{0.25}=98.8$ kN/m，利用内插得到当 $l=42$ m，$\alpha=0.25$ 时：

$$K = 100.8 - \frac{42-40}{45-40} \times (100.8 - 98.8) = 100.0\ (\text{kN/m})$$

同理，可求出当 $l=42$ m，$\alpha=0.375$ 时：

$$K = 97.4 - \frac{42-40}{45-40} \times (97.4 - 96.2) = 96.9\ (\text{kN/m})$$

根据以上内插法结果，再利用内插法，求得当 $l=42$ m，$\alpha=0.333$ 时：

$$K = 100.0 - \frac{0.333-0.25}{0.375-0.25} \times (100.0 - 96.6) = 97.7\ (\text{kN/m})$$

从而可求得：

$$M_{C\max} = KA_\omega = 97.7 \times \left(\frac{1}{2} \times 42 \times \frac{28}{3}\right) = 1.91 \times 10^4 (\text{kN} \cdot \text{m})$$

6.8　简支梁的内力包络图和绝对最大弯矩

6.8.1　简支梁的包络图

6.8.1.1　包络图的概念

在结构设计中，必须求出各种活载作用下整个结构上每一截面内力的最大值(最大正值和最大负值)。连接各截面内力最大值的曲线称为内力包络图。简支梁的内力包络图包括弯矩包络图及剪力包络图。包络图表示各截面内力变化的极限值，是结构设计的重要依据，在吊车梁和桥梁设计中应用较多。

在承受动力荷载的结构设计中，还必须考虑动力影响。通常是将荷载所产生的内力乘以动力系数来考虑。动力系数的确定可查有关规范。

设梁所承受的恒载为均布荷载 q，某一内力 S 的影响线正、负面积及总面积分别用 $A_{\omega+}$、$A_{\omega-}$ 及 $\sum A_\omega$ 表示，活载的换算均布荷载为 K，则在恒载及活载共同作用下该内力 S 的最大值及最小值的算式可写为：

$$S_{max}=q\cdot\sum A_\omega+(1+\mu)KA_{\omega+}$$
$$S_{min}=q\cdot\sum A_\omega+(1+\mu)KA_{\omega-} \qquad (6\text{-}8)$$

6.8.1.2　内力包络图的做法

现以承受单个集中荷载的简支梁为例，说明包络图的做法。如图 6-30(a)所示简支梁，集中荷载 F 沿梁移动。首先作出任一截面 C 的弯矩和剪力影响线，如图 6-30(b)、图 6-30(c)所示。

分析：由前面的结论可以确定，当荷载 F 正好作用于 C 时，M_C 达到最大，$M_{C\max}=\dfrac{ab}{l}F$。因此，只要算出每一截面的最大弯矩，便可以得到弯矩包络图。

具体做法：沿梁的跨度将梁分为若干等份（根据精度要求划分）。该例中划分为八等份，如图 6-30(b)、图 6-30(c)所示，逐个求出相应截面的弯矩最大值。如 a 为 $0.125l$、$0.25l$……，M_C 为 $0.109Fl$、$0.187\,5Fl$……，将各截面的最大弯矩在基线上用竖标标出，然后用曲线相连即得弯矩包络图，如图 6-30(b)所示。同理可作出剪力包络图，如图 6-30(c)所示。

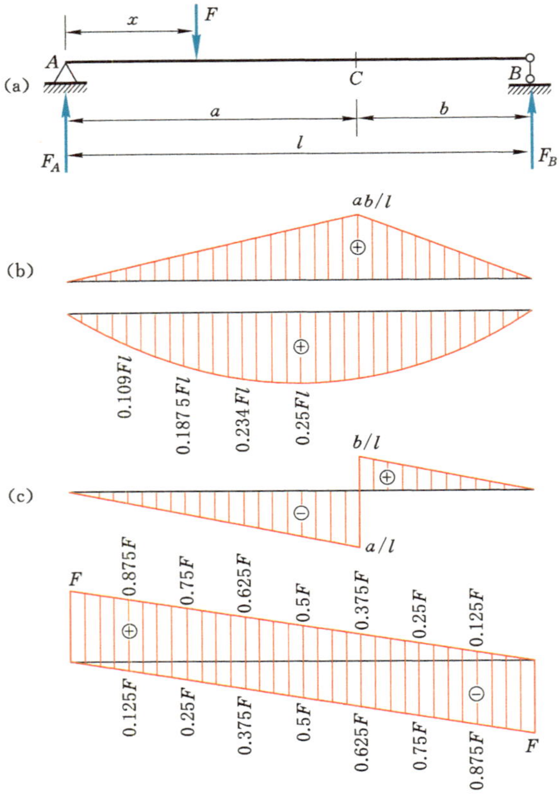

图 6-30　内力包络图

总之，内力包络图的一般作法：将梁沿跨度分成若干等份，求出各等分点的内力（移动活载和恒载产生的内力的叠加值）的最大值和最小值，用光滑曲线将最大值连成曲线，将最小值（负值最大）也连成曲线，由此得到的图形即为内力包络图。

例 6-4　跨度 16 m 的单线简支桥梁，有两片梁，承受中-活载，试绘制梁的弯矩和剪力包络图(不计恒载作用)。

解：将梁分成八等份。作出各等分点截面的弯矩和剪力影响线。在中-活载作用下分别求出各截面的最大弯矩和最大剪力，根据规范，乘以动力系数 1.261。计算过程见表 6-2。根据计算结果，用曲线连接各截面的最大弯矩竖标，得到弯矩包络图，如图 6-31(b)所示。

表 6-2　例 6-4 计算过程

截面		1	2	3	4
影响线	α	0.125	0.25	0.375	0.5
	l/m	16	16	16	16
	A_ω 影响线面积/m^2	14	24	30	32
换算荷载 $K/(kN\cdot m^{-1})$		125.5	123.8	121.9	119.4
动力系数		1.261	1.261	1.261	1.261
活载弯矩最大值/$(1+\mu)\frac{K}{2}A_\omega/(kN\cdot m)$		1 108	1 873	2 306	2 409

影响线	α	0	0	0	0	0	0	0	0	0
	l/m	10	16	14	2	12	4	10	6	8
	A_ω/m^2	8	6.13	−0.13	4.5	−0.5	3.13	−1.13	2	−2
	$\sum A_\omega/m^2$	8	6		4		1		0	
换算荷载 $k/(kN\cdot m^{-1})$		137.7	143.3	312.5	150.4	234.4	159.8	187.5	172.2	172.2
动力系数		1.261	1.261	1.261	1.261	1.261				
活载剪力 $(1+\mu)\frac{K}{2}A_\omega$/kN		6 950	553	−25	427	−74	315	−133	217	−217

同理，作出剪力包络图，如图 6-32(b)所示。由图看出剪力包络图接近于直线。

6.8.2　简支梁的绝对最大弯矩

弯矩包络图中最大的竖标称为绝对最大弯矩，也就是移动荷载作用下全梁所有截面最大弯矩中的最大值。下面以简支梁承受行列集中荷载时为例，说明求绝对最大弯矩的方法。

要确定简支梁的绝对最大弯矩，应解决下面两个问题：

(1) 绝对最大弯矩发生在哪个截面；

(2) 此截面产生最大弯矩时的荷载位置。

如图 6-33 所示简支梁承受集中荷载组，由前面内容可知，梁的弯矩图的顶点一定在集中荷载作用点处，因此，绝对最大弯矩一定发生在某一个集中荷载的作用点处。关键是确定发生在哪一个荷载作用点处以及该作用点的位置在哪里。

试选一个荷载作为临界荷载 F_{cr}，研究其作用点处的弯矩何时达到最大值。然后按同样的方法，分别求出其他荷载作用点处的最大弯矩，再加以比较，即可确定绝对最大弯矩。

以 x 表示移动荷载至支座 A 的距离，以 a 表示梁上荷载的合力 F_R 与 F_{cr} 的作用线之间的距离。由 $\sum M_B=0$，得：

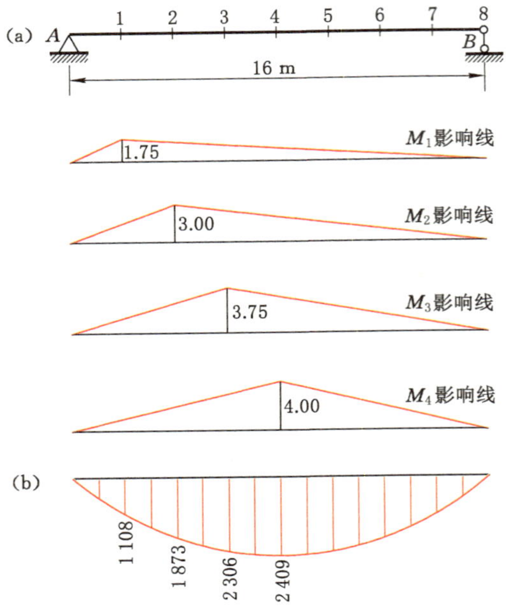

图 6-31　例 6-4 弯矩包络图（单位:kN・m）

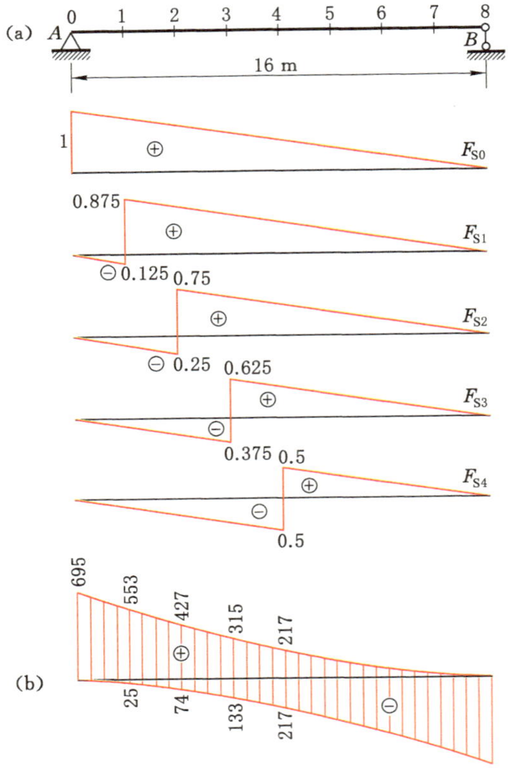

图 6-32　例 6-4 剪力包络图(单位:kN)

$$F_A=\frac{(l-x-a)F_R}{l}$$

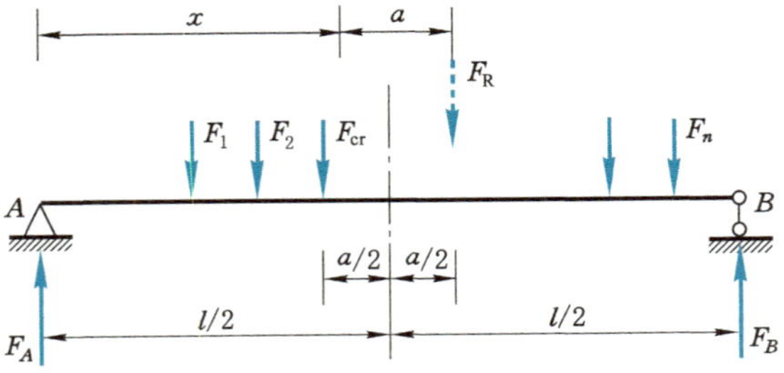

图 6-33　简支梁的绝对最大弯矩

取 F_{cr} 作用截面以左为隔离体，求得 F_{cr} 作用点的截面弯矩 M_x 为：

$$M_x=F_Ax-M_{cr}=\frac{(l-x-a)F_R}{l}x-M_{cr}$$

式中，M_{cr} 表示 F_{cr} 以左的各集中荷载对 F_{cr} 作用点的力矩之和，它是一个与 x 无关的常数。利用极值条件：

$$\frac{dM_x}{dx}=0,\frac{l-2x-aF_R}{l}=0$$

从而得到：

$$x=\frac{l}{2}-\frac{a}{2}$$

上式说明，当 F_{cr} 作用点的弯矩最大时，F_{cr} 与梁上合力 F_R 位于梁的中点两侧的对称位置。此时最大弯矩为：

$$M_{\max}=\frac{F_R}{l}(\frac{l}{2}-\frac{a}{2})^2-M_{cr}$$

应用上式时，应注意以下两点：

(1) F_R 是梁上实有荷载的合力。因为安排 F_{cr} 与 F_R 的位置时，有些荷载进入梁跨范围内，或有些荷载离开梁上，应注意查看梁上荷载是否与求合力时相符。若不符，应重新计算合力 F_R 的数值和位置。

(2) 当 F_{cr} 位于合力 F_R 的右边时，上式中 a 应取负值。

利用上述结论算出每个荷载作用点处截面最大弯矩，选择其中最大的一个就是绝对最大弯矩，实际计算中，常可以事先估计出发生绝对最大弯矩的临界荷载。由经验可知，使梁中点截面产生最大弯矩的临界荷载通常是发生绝对最大弯矩的临界荷载。因此，计算绝对最大弯矩的步骤如下：

(1) 确定使梁中点截面发生最大弯矩的临界荷载；

(2) 按照公式计算相应的荷载位置，并计算 F_{cr} 作用点处的弯矩，即为绝对最大弯矩。

例 6-5　试求图 6-34(a)所示吊车梁的绝对最大弯矩，并与跨中截面 C 的最大弯矩相比较。已知 $F_1=F_2=F_3=F_4=82$ kN。

解：(1) 首先求出使跨中截面 C 产生最大弯矩的临界荷载。经分析可知，只有 F_2 或 F_3 在 C 点时才能产生截面 C 的最大弯矩。当 F_2 在截面 C 处时，如图 6-34(c)所示，根据 M_C 影响线，如图 6-34(b)所示，得：

$$M_{\max}=82\times\left(\frac{2.5}{6}\times3+3+\frac{4.5}{6}\times3+\frac{1}{6}\times3\right)=574\ (\text{kN}\cdot\text{m})$$

由对称性可知，F_3 作用在 C 点时产生截面 C 的最大弯矩与上相同。因此，F_2 和 F_3 都是产生绝对最大弯矩的临界荷载。

(2) 求绝对最大弯矩。

现以 $F_{cr}=F_2$ 为例求梁的绝对最大弯矩。

合力 $F_R=82\ \text{kN}\times4=328$ kN。由于对称，合力作用点在 F_2 和 F_3 的中点，即 $a=0.75$ m，F_2 距跨中 C 点为 0.375 m。此时最不利荷载位置如图 6-34(d)所示。

由公式 $M_{\max}=\frac{F_R}{l}(\frac{l}{2}-\frac{a}{2})^2-M_{cr}$ 可得 F_2 作用点处截面的弯矩为：

$$M_{\max}=\frac{328}{12}\times(6-0.375)^2-82\times3.5=578\ (\text{kN}\cdot\text{m})$$

现令 $F_{cr}=F_3$ 求梁的绝对最大弯矩。

此时，由于 $F_{cr}=F_3$ 位于合力 F_R 的右侧，故 $a=-0.75$ m，F_3 距跨中 C 点为 0.375 m。此时最不利荷载位置如图 6-33(e)所示。F_2 作用点处截面的弯矩为：

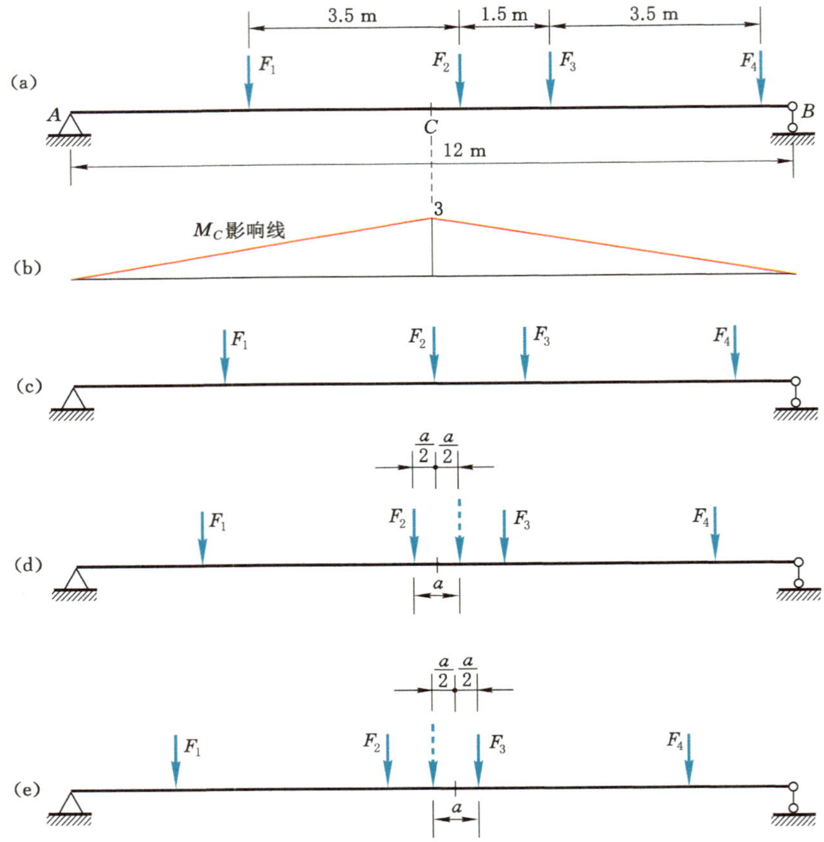

图 6-34　例 6-3 图

$$M_{max}=\frac{328}{12}\times(6+0.375)^2-82\times5-82\times1.5=578\ (kN\cdot m)$$

由于对称，本题在 F_2 和 F_3 下的最大弯矩相等，故最大弯矩为 578 kN · m。与跨中截面 C 最大弯矩相比，绝对最大弯矩比跨中最大弯矩相差不超过 1%，在实际工作中，有时也用跨中截面的最大弯矩来近似代替绝对最大弯矩。

本章小结

(1) 影响线是研究荷载位置改变时对结构某量值的影响，是研究移动荷载的基本工具。

(2) 注意理解影响线的物理意义。

(3) 掌握利用静力法和机动法作影响线的方法。

(4) 利用某量值的影响线确定荷载最不利位置的原则和方法。注意移动荷载作用和固定荷载作用下问题的对比：计算方法的对比、影响线和内力图的对比。

(5) 利用影响线求荷载的最不利位置的方法是以数学中极限位置的判别原则为基础的试算法，首先找到临界位置，再从可能的临界位置中求得最不利位置。

（6）包络图和绝对最大弯矩表明移动荷载对整个结构的影响，在结构设计中非常重要。

思考与练习

6-1　什么是影响线？影响线上任一点的横坐标和纵坐标分别代表什么意义？

6-2　影响线和内力图有哪些异同？

6-3　什么是间接荷载？如何作间接荷载作用下的影响线？

6-4　简述机动法作影响线的原理。

6-5　如何判断临界荷载和临界位置？什么是最不利荷载位置？

6-6　什么是内力包络图？它与内力图、影响线有什么区别？

6-7　什么是简支梁的绝对最大弯矩？它与跨中截面最大弯矩是否相等？

6-8 至 6-12　试作题 6-8 图至题 6-12 图所示结构中指定量值的影响线。

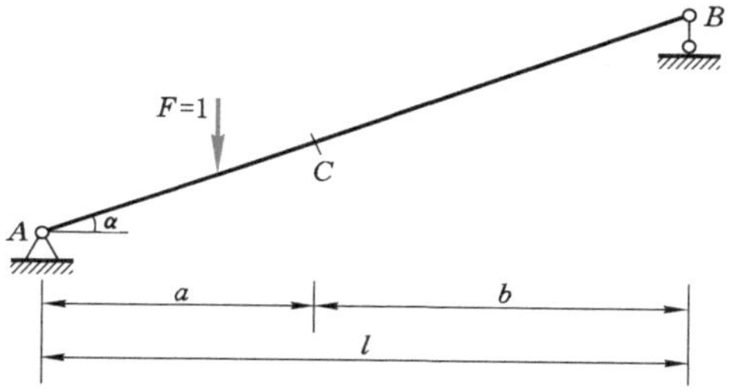

题 6-8 图（C 截面内力）

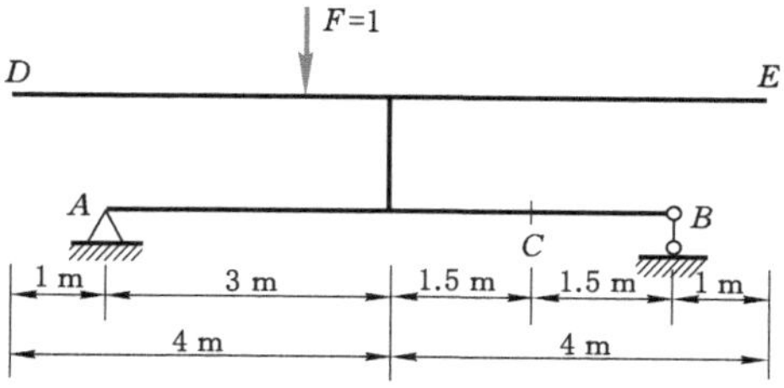

题 6-9 图（C 截面内力）

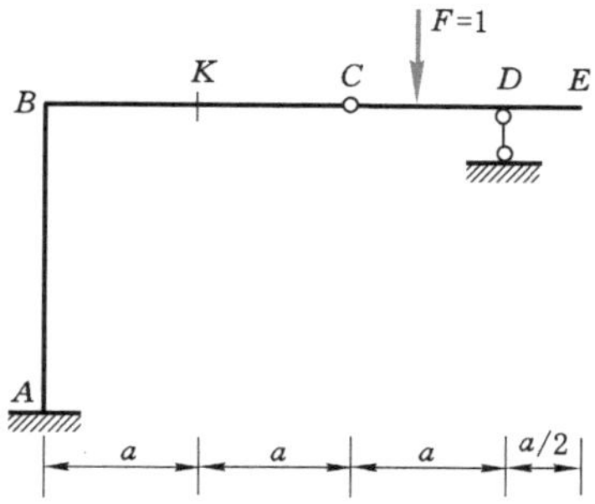

题 6-10 图（K 截面内力）

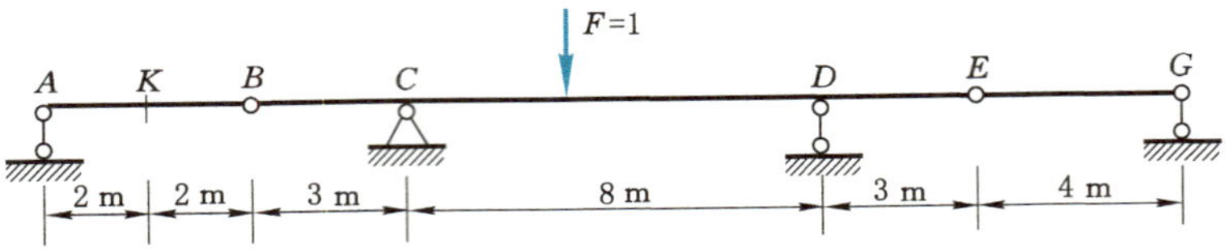

题 6-11 图（K 截面内力）

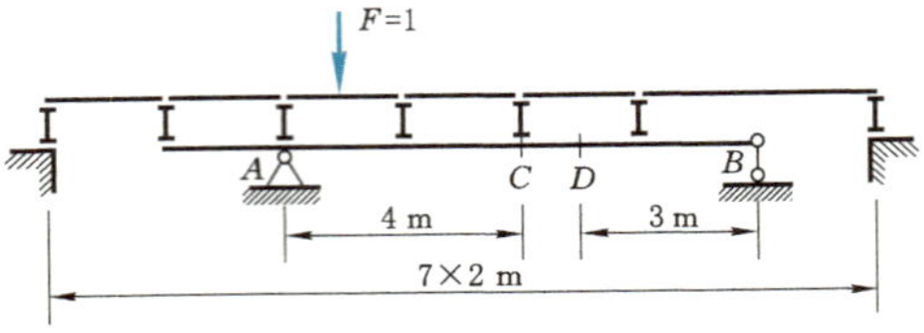

题 6-12 图（C,D 截面内力）

6-13　试作题图 6-13 所示桁架中指定杆件内力的影响线。

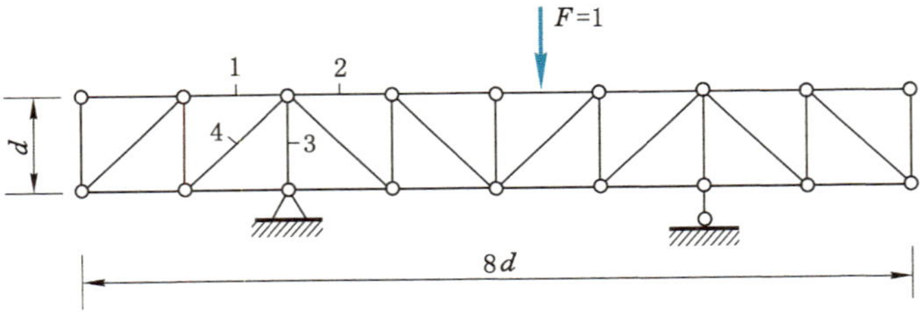

(a)

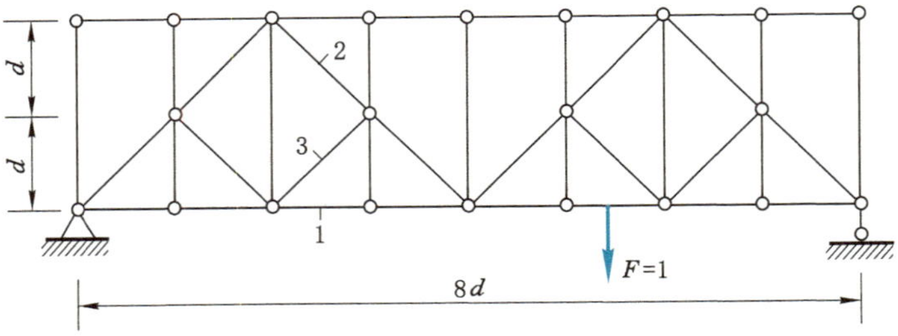

(b)

题 6-13 图

6-14　利用影响线计算题 6-14 图所示梁在固定荷载作用下指定量值的大小。题 6-14 图(a)中为 C 截面的剪力，题 6-14 图(b)中为 B 支座反力及 B 左截面剪力。

6-15　求出题 6-15 图所示吊车梁在两台吊车轮压作用下支座的最大反力。

6-16　求出题 6-16 图所示梁在移动荷载组作用下 K 截面的 $M_{K\max}$、$F_{SK\max}$、$F_{SK\min}$。

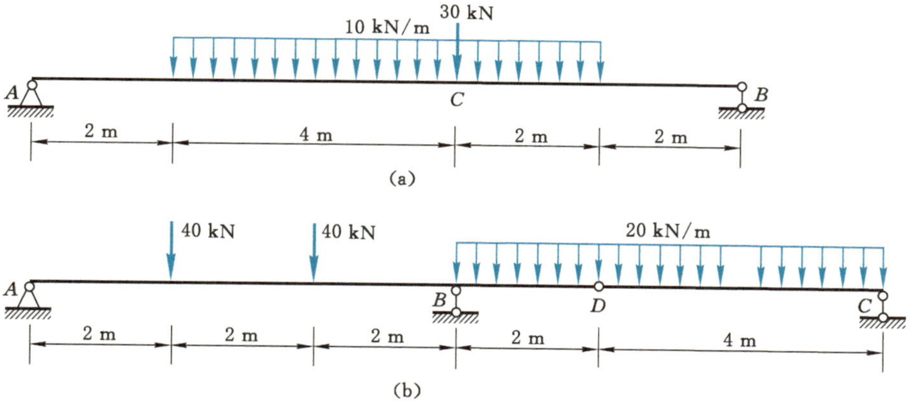

题 6-14 图

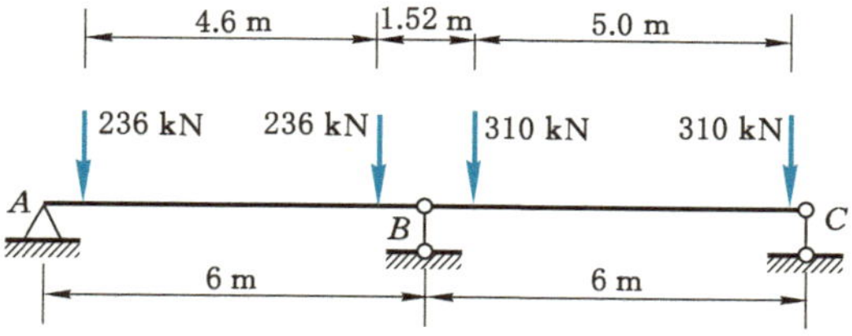

题 6-15 图

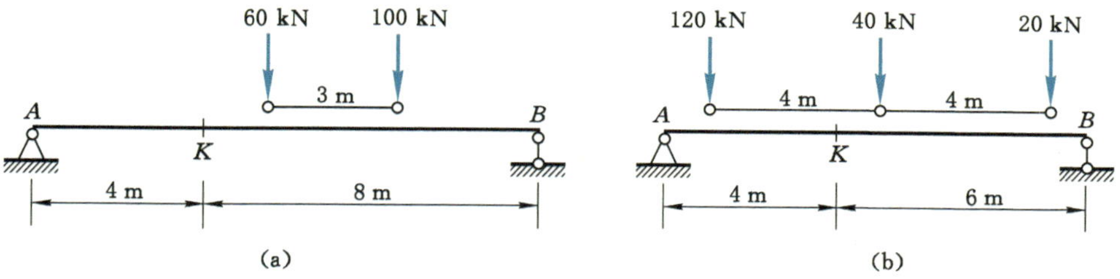

题 6-16 图

参考答案

6-1～6-13　略

6-14　(a) $F_{SC左}=2$ kN，$F_{SC右}=28$ kN；

　　　(b) $F_{B}=140$ kN，$F_{SB左}=-60$ kN

6-15　$F_{B}=537.9$ kN

6-16　(a) $M_{K\max}=326.7$ kN·m，$F_{SK\max}=81.7$ kN，$F_{SK\min}=-38.3$ kN；

　　　(b) $M_{K\max}=320$ kN·m，$F_{SK\max}=80$ kN，$F_{SK\min}=-40$ kN

第 7 章　静定结构的位移计算

【本章要点】

结构变形和位移的基本概念；
变形体系的虚功原理；
静定结构在荷载作用下的位移计算方法；
单位荷载法、图乘法计算结构的位移；
温度变化或支座移动时静定结构的位移计算；
线弹性结构的互等定理。

【问题导入】

结构的刚度一般用变形或位移来度量，因此结构的位移计算十分必要。例如，在跨度较大的结构中，有时为了避免产生明显的下垂现象，可预先将结构做成与其挠度反向的弯曲，这种做法在工程上称为“建筑起拱”，或简称为“起拱”。如图 7-1(a) 所示屋架，在屋盖自重作用下，下弦各节点将产生虚线所示的挠度，为了减小屋架在使用阶段下弦各节点的竖向位移，制作时通常将各竖杆的实际下料长度做得比设计长度短些，如图 7-1(b)所示的建筑起拱。

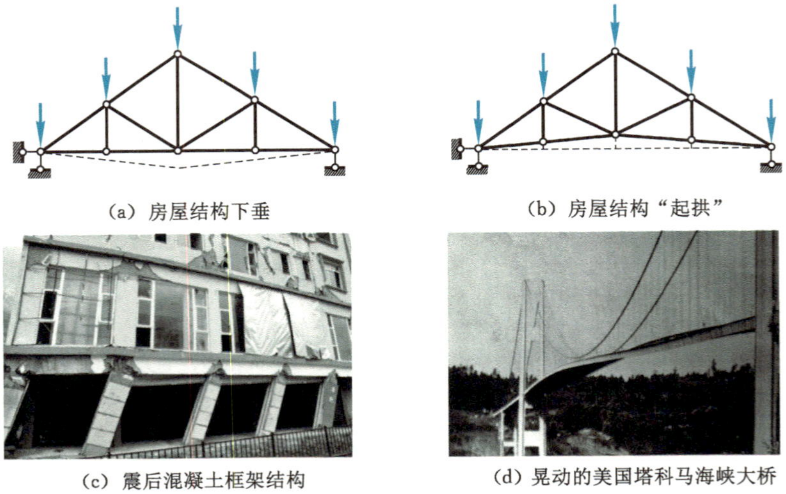

(a) 房屋结构下垂　(b) 房屋结构“起拱”

(c) 震后混凝土框架结构　(d) 晃动的美国塔科马海峡大桥

图 7-1　建筑结构“起拱”图及实例

在强烈地震、台风、爆炸冲击等荷载作用下，建筑结构常常会发生严重破坏，其与结构的位移指标有着直接的关系，图 7-1(c)所示为一地震后的混凝土框架，柱节点角位移发生显著变化。我国建筑结构抗震设计规范规定：混凝土框架弹性层间位移角限值为 1/550，抗倒塌层间位移角限值为 1/50。塔科马海峡大桥坍塌事故发生于 1940 年，在中等风速下，桥面发生严重的变形，如图 7-1(d)所示。调查结果表明，大桥坍塌的原因是“卡门涡街”效应引起桥面极度变形，过大的变形使钢梁和钢缆的承载超过了极限值而发生断裂和破坏。

结构的位移计算至关重要，那么结构产生位移的原因有哪些？如何计算结构的位移？本章重点介绍静定结构的位移计算。

7.1　概述

工程中的结构都是由变形材料制成的，在荷载作用下会产生变形和伴随而来的位移，变形是指结构的形状发生改变，位移是指结构某点位置或某截面位置和方位的改变。工程中的结构除强度要求外，往往还有刚度要求，即要求它的变形不能过大，以满足正常使用的要求。例如，建筑中的楼板梁变形过大时，会使下面的抹灰层开裂和剥落；桥梁的变形过大会影响行车安全并引起很大的震动。因此，需要进行结构的位移计算。

如图 7-2 所示的刚架，在荷载作用下发生如虚线所示的变形。A 点移动到了 A' 点，线段 AA' 称为 A 点线位移，用 Δ_A 表示，它也可以用水平线位移 Δ_{Ax} 和竖向线位移 Δ_{Ay} 两个分量来表示。同时截面还转过一个角度，称为截面 A 的角位移，用 θ_A 表示。

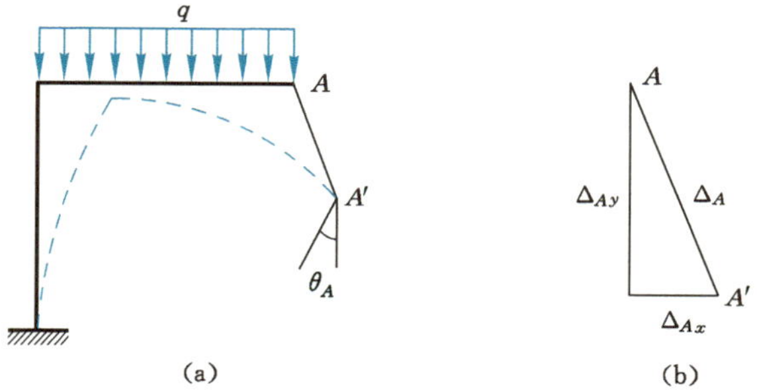

图 7-2　刚架的变形曲线

引起结构产生位移的主要因素除了荷载作用以外，还有温度变化、支座移动和制造误差等。也能使结构产生位移。计算结构位移的目的：

(1) 为了校核结构的刚度，校核刚度的目的是保证结构在使用过程中不致发生过大的位移。

(2) 为超静定结构的计算打下基础。超静定结构单用静力平衡条件无法求解，可同时考虑变形条件，增加补充方程，这样就需要计算结构的位移。

(3) 为了结构制造、施工、架设的需要。常需预先知道结构位移后的位置，因而也需要计算结构的位移。

计算结构位移的方法有多种，在工程力学中曾经讲过用挠曲线近似微分方程积分的方法求梁的位移，计算有时会十分烦琐。在本章中将讲一种对各种杆件结构（梁、刚架、桁架等）由于各种原因（荷载、温度变化、支座移动等）引起的位移都普遍适用的方法，是一种以虚位原理为基础计算结构位移的方法。

7.2 虚功和虚功原理

7.2.1 实功与虚功

当做功的力 F 与 Δ 相应位移彼此相关，即位移是由做功的力本身所引起时，则力所做的功称为实功。而当做功的力与相应位移彼此独立无关时，则力所做的功称为虚功，如图 7-3 所示，简支梁在 C 点受力 F 作用而达到实曲线平衡位置后，如果由于某种原因(如其他荷载或温度变化等)使梁继续发生微小变形到虚线位置，力对相应位移所做的功就是虚功，即：

$$W = F\Delta_2 \tag{7-1}$$

式中，C 点的位移 Δ_2 不是由力 F 所引起的。

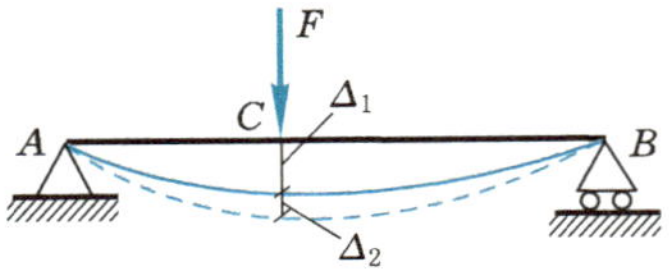

图 7-3 虚功的概念

7.2.2 广义力与广义位移

如果 F 是一个集中力，相应的 Δ 为沿这个力作用线方向的线位移，如图 7-4(a)所示简支梁在 C 点作用一个竖向力 F，让它经历如图 7-4(c)所示的位移做功，相应的位移 Δ 则是在 C 点沿 F 力作用方向的线位移。

如果 F 是一个力偶，相应的 Δ 为沿力偶作用方向的角位移，如图 7-4(b)简支梁在 B 端作用一个力偶 M_e，让它在图 7-4(c)所示的位移上做功，相应的位移 Δ 则是沿 M_e 作用方向的 B 端截面的角位移 θ。

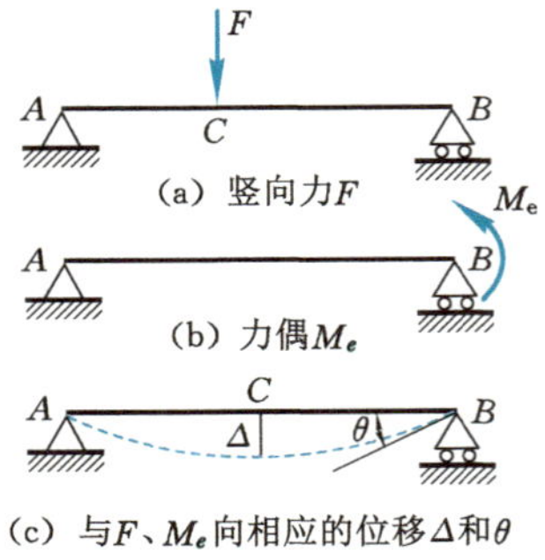

图 7-4 力和相应的位移

如果一组力在相应的位移上做功，即一组力可以用一个符号 F 表示，则相应的位移也可用一个符号 Δ 表示。

式(7-1)中的力和位移 Δ 分别称为广义力和广义位移。

7.2.3　变形体的虚功原理

体系在变形过程中，不但各杆发生刚体运动，其内部材料同时也产生应变，体系属于变形体体系。对于变形体体系，虚功原理可表述如下：体系在任意平衡力系作用下，给体系以几何可能的位移和变形，体系上所有外力所做的虚功总和恒等于体系各截面所有内力在微段变形上所做的虚功总和，即：

$$W_e = W_i \tag{7-2}$$

式中，W_e 为体系的外力虚功，W_i 为体系的内力虚功。

这里，几何可能的位移和变形的含义为：位移和变形是微小量，位移与约束条件相符合，变形是协调的（即体系变形后仍是一个连续体）。

7.3　位移计算的一般公式和单位荷载法

7.3.1　位移计算的一般公式

图 7-5(a)表示一平面杆系结构在一组力系作用下处于平衡状态。现在求结构上任一截面 K 沿任一指定方向（如竖直方向）上的广义位移 Δ_k。

利用虚功原理求解这个问题，首先要确定做功的力系和引起变形的力系。其中做功的力系称为力状态，如图 7-5(a)所示。引起变形的力系称为位移状态，如图 7-5(b)所示，位移状态是与力状态完全无关的其他任何原因（如另一组力系、温度变化、支座移动等）引起的，甚至是假想的，但位移状态中的位移必须是微小的，并为支座支承约束条件和变形连续条件所允许。为了简化计算，可以在 K 点所求位移方向上加一个单位集中力 $F=1$ 如图 7-5(b)所示。

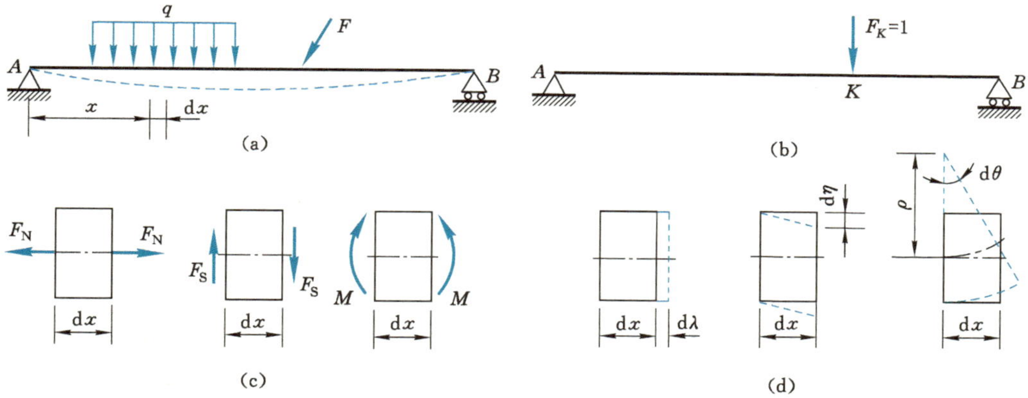

图 7-5　梁的力状态和位移状态

下面我们来计算虚拟状态的外力和内力在实际状态相应的位移和变形上所做的虚功。注意到实际状态的支座无位移，因而外力虚功为：

$$W_e = F_K \cdot \Delta_{KF} = 1\Delta_{KF} \tag{7-3}$$

接着讨论在杆系体系中内力虚功 W_i 的表达式。

从梁中取出微段 $\mathrm{d}x$ 进行讨论。图 7-5(a)中微段 $\mathrm{d}x$ 的内力如图 7-4(c)所示。相应微段 $\mathrm{d}x$ 的变形如图 7-5(d)所示。设实际状态下横截面的内力弯矩、剪力、轴力分别用 M、F_S、F_N 来表示，而虚设状态下横截面的内力弯矩、剪力、轴力分别用 $\overline{M}$、$\overline{F}_S$、$\overline{F}_N$ 来表示。

虚设状态下横截面的内力弯矩、剪力、轴力 $\overline{M}$、$\overline{F}_S$、$\overline{F}_N$ 在图 7-5(d)微段变形上所做的内力虚功定义为：

$$\mathrm{d}W_i=\overline{F}_N\mathrm{d}\lambda+\overline{F}_S\mathrm{d}\eta+\overline{M}\mathrm{d}\theta$$

式中，$\mathrm{d}\lambda$、$\mathrm{d}\eta$、$\mathrm{d}\theta$ 为 $\mathrm{d}x$ 微段截面相应的相对变形。由材料力学可知：

$$\mathrm{d}\theta=\frac{M\mathrm{d}x}{EI},\mathrm{d}\eta=k\frac{F_S\mathrm{d}x}{GA},\mathrm{d}\lambda=\frac{F_N\mathrm{d}x}{EA}$$

因此，梁 AB 的内力虚功表达式为：

$$W_i=\int_A^B(\overline{F}_N\mathrm{d}\lambda+\overline{F}_S\mathrm{d}\eta+\overline{M}\mathrm{d}\theta)=\int_A^B\left(\frac{\overline{F}_NF_N}{EA}+k\frac{\overline{F}_SF_S}{GA}+\frac{\overline{M}M_F}{EI}\right)\mathrm{d}x \tag{7-4}$$

根据虚功原理，将式(7-3)、式(7-4)代入式(7-2)，便得到弹性结构在荷载作用下的位移计算公式：

$$\Delta_{KF}=\sum\int\overline{F}_N\mathrm{d}\lambda+\sum\int\overline{F}_S\mathrm{d}\eta+\sum\int\overline{M}\mathrm{d}\theta \tag{7-5}$$

则

$$\Delta_{KF}=\sum\int\frac{\overline{F}_NF_N}{EA}\mathrm{d}x+\sum\int k\frac{\overline{F}_SF_S}{GA}\mathrm{d}x+\sum\int\frac{\overline{M}M_F}{EI}\mathrm{d}x \tag{7-6}$$

其中 k 是因切应力在截面上分布不均匀而加的修正系数，与截面形状有关。矩形截面 $k=1.2$，圆形截面 $k=10/9$。工字形或箱型截面 $k=A/A_1$（A_1 为腹板截面面积）。

当计算结果为正时，说明所求位移 Δ_{KF} 的实际方向与假定的单位荷载($F=1$)的指向相同；为负时，则表示 Δ_{KF} 的实际方向与 $F=1$ 的指向相反。

7.3.2 单位荷载法

采用虚拟单位荷载来计算结构位移的方法称为单位荷载法。值得指出的是：虚拟状态是根据所求位移而假设的，随着所求位移的不同，虚拟状态也不相同。例如对于图 7-6(a)所示结构，求不同位移的虚拟状态有以下几种情况。

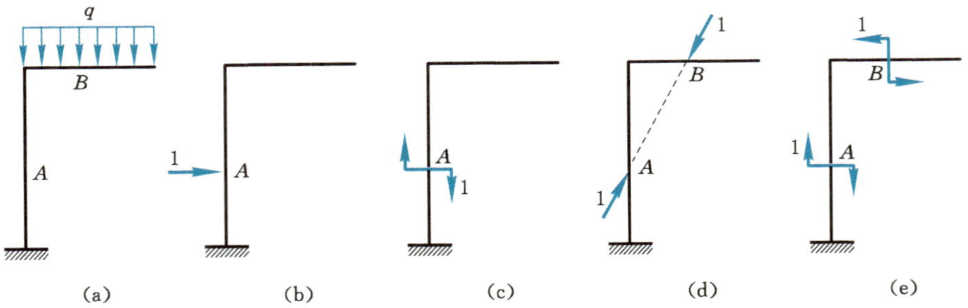

图 7-6 虚拟单位荷载

(1) 欲求 A 点沿水平方向的线位移，则应在 A 点沿水平方向加一单位集中力，如图7-6(b)所示。

(2) 欲求 A 截面的角位移，则应在 A 截面加一单位力偶，如图 7-6(c)所示。

(3) 欲求 A、B 两点的相对线位移，即 A、B 两点间距离的改变量，则应在 A、B 两点沿 AB 连线方向加一对反向的单位集中力，如图 7-6(d)所示。

(4) 欲求两截面的相对角位移，则应在 A、B 两截面加一对反向的单位力偶，如图 7-6(e)所示。

对于桁架，如图 7-7 所示，情况也基本相同，只是在求某杆的角位移时，由于杆件只受轴力，故应将单位力偶等效变换为作用在该杆两端节点上的一对反向集中力，其作用线与杆轴垂直，大小等于杆长的倒数 $1/l$。

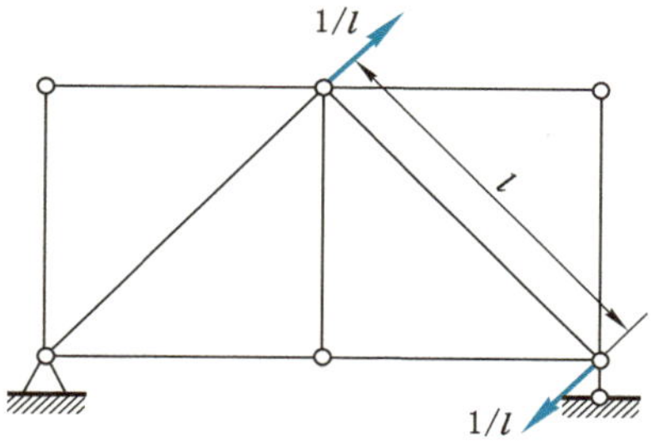

图 7-7　虚拟单位荷载

7.3.3　积分法求位移

利用式(7-6)计算结构位移的基本步骤如下：

(1) 在欲求位移处沿所求位移方向虚设广义单位力，然后分别列各杆段内力方程。

(2) 列实际荷载作用下各杆段内力方程。

(3) 将各个内力方程分别代入式(7-6)，分段积分后求和即可计算出所求位移。

根据上面步骤求结构某截面位移的方法称为积分法。

利用荷载作用下位移计算公式(7-6)计算结构位移时，可根据结构的具体情况对公式进行简化。对于梁和刚架，位移主要是由弯矩引起的，轴力和剪力的影响很小，一般忽略不计，因此，位移计算公式(7-6)可简化为

$$\Delta = \sum\int \frac{\overline{M}M_F\,\mathrm{d}x}{EI} \tag{7-7}$$

在桁架结构中，因为杆件只有轴力作用，而且同一杆件的轴力 F_{NF}、$\overline{F}_{NF}$ 及 EA 沿杆的长度 l 均为常数，因此，位移计算公式(7-6)可简化为：

$$\Delta = \sum\int \frac{\overline{F}_N F_N}{EA}\mathrm{d}x = \sum \frac{\overline{F}_N F_N l}{EA} \tag{7-8}$$

在组合结构中，杆件可分为梁式杆和二力杆两类，梁式杆只考虑弯矩的影响，而二力杆则只考虑轴力的影响，因此，位移计算公式(7-6)可简化为：

$$\Delta_{KF} = \sum\int \frac{\overline{M}M_F}{EI}\mathrm{d}x + \sum \frac{\overline{F}_N F_N l}{EA} \tag{7-9}$$

7.3.4　荷载作用下位移计算举例

例 7-1　试求图 7-8(a)所示梁中点 C 的竖向位移 Δ，已知 EI 为常数。

解:(1) 在 C 点加相应于竖向位移的单位力 $F=1$,如图 7-8(b)所示。

(2) 由平衡条件求实际荷载作用下的内力,再求虚设单位荷载作用下的内力,取 A 点为坐标原点。当 $0\leqslant x\leqslant\frac{1}{2}$时,任意截面 x 的内力表达式为:

$$M_F=\frac{q}{2}(lx-x^2),\overline{M}=\frac{1}{2}x$$

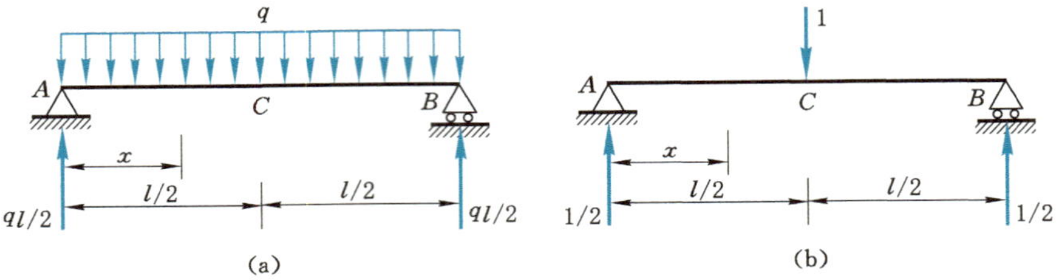

图 7-8 例 7-1 图

(3) 计算 Δ。

将内力表达式代入式(7-7),因对称关系,积分限取长度的一半,然后再乘以两倍。

C 点的竖向位移为:

$$\Delta=\sum\int\frac{\overline{M}M_F\mathrm{d}x}{EI}=2\int_0^{\frac{l}{2}}\frac{\left(\frac{1}{2}x\right)\frac{q}{2}(lx-x^2)}{EI}\mathrm{d}x=\frac{5ql^4}{384EI}$$

Δ 为正值,说明 C 点的竖向位移与虚设方向一致。

例 7-2 试求图 7-9(a)所示结构 C 端的水平位移 Δ_{cx} 和角位移 θ_c,已知 EI 为常数。

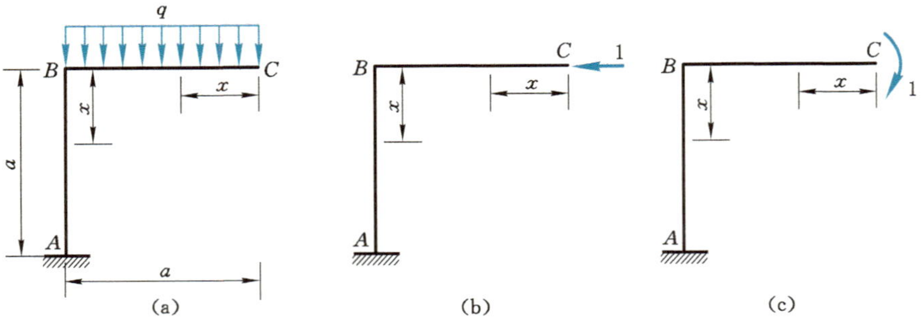

图 7-9 例 7-2 图

解:(1) 求 C 端的水平位移时,在 C 点加一水平单位力作为虚拟状态,如图 7-9(b)所示。两种状态的弯矩为:

$$横梁\ BC\ 上\ \overline{M}=0,M_F=-\frac{1}{2}qx^2$$

$$竖柱\ AB\ 上\ \overline{M}=x,M_F=-\frac{1}{2}qa^2$$

代入公式(7-7)，得 C 端的水平位移为：

$$\Delta_{cx}=\sum\int\frac{\overline{M}M_F\,\mathrm{d}x}{EI}=\frac{1}{EI}\int_0^a x\cdot\left(-\frac{1}{2}qa^2\right)\mathrm{d}x=-\frac{qa^4}{4EI}$$

计算结果为负，表示实际位移与所设虚拟力的方向相反。

(2) 求 C 端的角位移时，可在 C 点加一单位力偶作为虚拟状态，如图 7-9(c)所示。两种状态的弯矩为：

$$\text{横梁 } BC \text{ 上 } \overline{M}=-1, M_F=-\frac{1}{2}qx^2$$

$$\text{竖柱 } AB \text{ 上 } \overline{M}=-1, M_F=-\frac{1}{2}qa^2$$

代入公式(7-7)，得 C 端的角位移为：

$$\theta_C=\frac{1}{EI}\int_0^a(-1)\cdot\left(-\frac{1}{2}qx^2\right)\mathrm{d}x+\frac{1}{EI}\int_0^a(-1)\cdot\left(-\frac{1}{2}qa^2\right)\mathrm{d}x=\frac{2qa^3}{3EI}$$

计算结果为正，表示实际位移与所设虚拟力的方向相同。

例 7-3　如图 7-10(a)所示桁架，计算下弦中点 C 的竖直位移。已知各杆弹性模量 $E=210$ GPa，截面面积 $A=12\ \mathrm{cm}^2$，$F=45$ kN。

解：(1) 在 C 点加单位力 $F=1$，如图 7-10(b)所示。

(2) 计算在荷载作用下各杆的轴力 F_N，见表 7-1。

(3) 计算在 $F=1$ 作用下各杆的轴力 $\overline{F}_N$，见表 7-1。

(4) 求 Δ_C：根据桁架位移公式(7-8)，即：

$$\Delta=\sum\frac{\overline{F}_N F_N l}{EA}$$

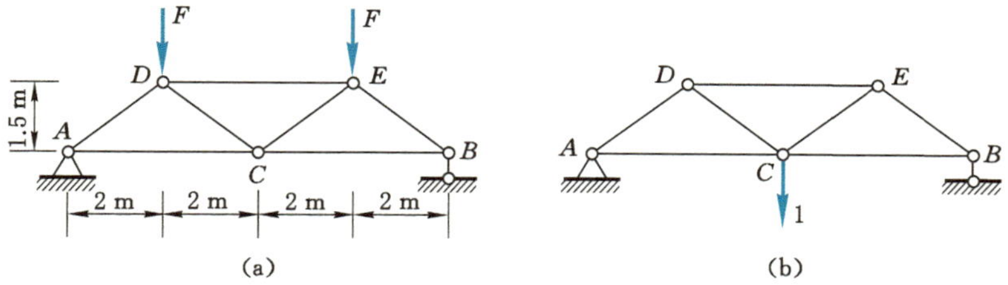

图 7-10　例 7-3 图

表 7-1　点 C 的数值位移 Δ_C 的计算表

杆件	$\overline{F}_N$	F_N/kN	l/cm	A/cm²	E/(10 Pa)	$\frac{\overline{F}_N F_N l}{EA}$/cm
AC	2/3	60	400	12	2.1×10^4	0.063
AD	−5/6	−75	250	12	2.1×10^4	0.062
DE	−4/3	−60	200	12	2.1×10^4	0.063
DC	5/6	0	250	12	2.1×10^4	0
$\sum$						$\Delta=0.188$ cm

由于桁架及荷载的对称性,计算总和时,在表中只计算了半个桁架,杆 DE 的长度只取一半,最后求位移时乘以 2。

$$\Delta_C = 2\times 0.188 = 0.376\ \text{mm}$$

7.4 图乘法

7.4.1 图乘法的位移计算公式

求梁和刚架结构的位移时,常遇到如下的积分形式:

$$\Delta = \sum\int \frac{\overline{M}M_F\,\mathrm{d}x}{El}$$

这个运算过程有时是很麻烦的,但是,如果结构各杆段均满足下述 3 个条件,则这一积分式就可通过 $\overline{M}$ 和 M_F 两个弯矩图之间逐段相乘的方法来求解。这 3 个条件如下:

(1) 杆段的 EI 为常数。

(2) 杆段轴线为直线。

(3) 各杆段的 $\overline{M}$ 图和图 M_F 中至少有一个为直线图形。

对于等截面直杆,前两个条件恒可满足,至于第三个条件,虽然 M_F 图在受到分布荷载作用时将成为曲线形状,但其 $\overline{M}$ 图却总是由直线段所组成的,我们只要分段考虑就可得到。

设某结构上 AB 段为等直杆,EI 为常数,M_F 图、$\overline{M}$ 图如图 7-11 所示。显然是符合上条件的我们以 $\overline{M}$ 图的基线为 x 轴,以 $\overline{M}$ 图的延长线与 x 轴的交点 O 为原点,并设置 y 轴如图 7-11 所示。

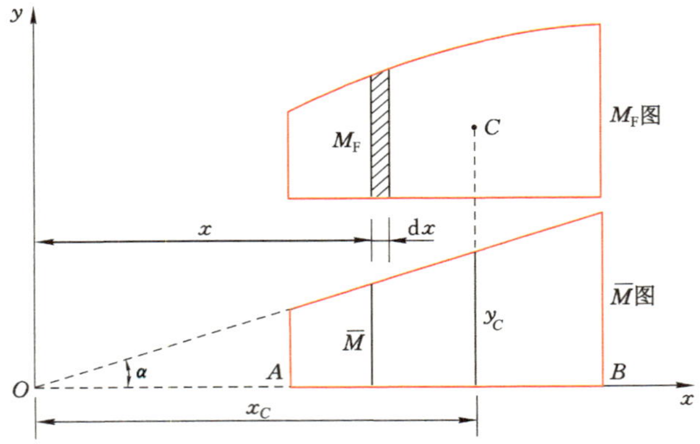

图 7-11 图乘法

因 EI 为常数,所以可将 EI 提出积分号外。

又因 $\overline{M}$ 图为一直线,其上任一纵坐标 $\overline{M}=x\tan\alpha$,代入积分式,则有:

$$\int_A^B \frac{\overline{M}M_F\,\mathrm{d}x}{EI} = \frac{1}{EI}\int_A^B x\tan\alpha M_F\,\mathrm{d}x = \frac{1}{EI}\tan\alpha\int_A^B xM_F\,\mathrm{d}x = \frac{1}{EI}\tan\alpha\int_A^B x\,\mathrm{d}\omega \quad [7\text{-}10(\text{a})]$$

这里的 $\mathrm{d}\omega = M_F\,\mathrm{d}x$ 表示 M_F 图的微面积,$x\,\mathrm{d}\omega$ 即为该微面积对 y 轴的静矩,因此,积分

$\int_A^B x\,\mathrm{d}\omega$ 表示 M_F 图的面积 ω 对于 y 轴的静矩。这个静矩可以写成：

$$\int_A^B x\,\mathrm{d}\omega = \omega x_C$$

式中，x_C 是 M_F 图的形心到 y 轴的距离。于是式[7-10(a)]可化为：

$$\int_A^B \frac{\overline{M}M_F\,\mathrm{d}x}{EI} = \frac{1}{EI}\tan\alpha\int_A^B x\,\mathrm{d}\omega = \frac{\tan\alpha}{EI}\omega x_C \qquad [7\text{-}10(\mathrm{b})]$$

式中 $x_C\tan\alpha = y_C$ 为 M_F 图的形 C 所对应的 $\overline{M}$ 图的纵坐标，如图 7-11 所示，代入式[7-10(b)]后，积分式简化为：

$$\int_A^B \frac{\overline{M}M_F\,\mathrm{d}x}{EI} = \frac{1}{EI}\omega y_C \qquad (7\text{-}11)$$

上式表明当上述3个条件被满足时，积分式 $\int_A^B \frac{\overline{M}M_F\,\mathrm{d}x}{EI}$ 之值就等于 M_F 图的面积 ω 乘其形心下相对应的 $\overline{M}$ 图（直线图形）上的竖标 y_C，再除以 EI。所得结果按 ω 与 y_C 在基线的同一侧时为正，否则为负。这就是图乘法。应该注意：y_C 必须从直线图形上取得。当 $\overline{M}$ 图形是由若干段直线组成时，就应该分段图乘。

如果结构上所有杆段均可图乘，则位移计算公式(7-7)可写为：

$$\Delta = \sum \frac{\omega y_C}{EI} \qquad (7\text{-}12)$$

由以上推导过程可知，应用图乘法求结构位移时，应注意下列几点：

(1) 必须符合前面的 3 个条件。

(2) 纵坐标 y_C 只能由直线弯矩图中取值。如果 $\overline{M}$ 和 M_F 图形都是直线，则可取自任何一个图形。

(3) 若面积 ω 与纵坐标 y_C 在杆件的同一侧，乘积取正值；不在同一侧时，乘积取负值。图乘时经常用到的几种弯矩图的面积和形心位置如图 7-12 所示。应注意在各抛物线图形中，顶点是指切线平行于底边的点。凡顶点在中点或端点的抛物线称为标准抛物线。

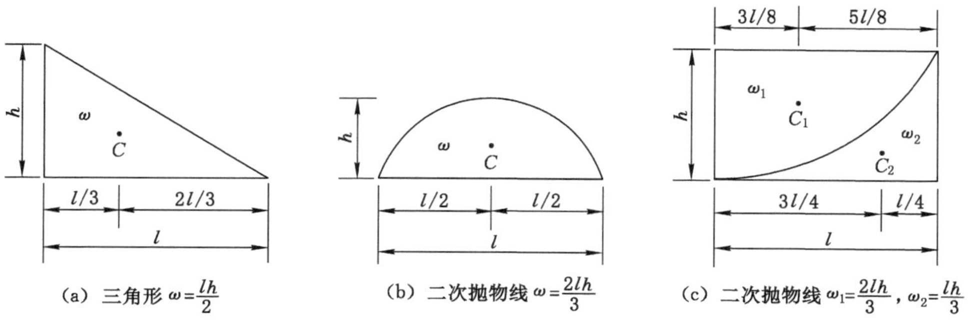

图 7-12　常见图形面积与形心位置

应用图乘法时，如遇到弯矩图的形心位置或面积不便于确定的情况，我们可将该图形分解为几个易于确定形心位置或面积的部分，并将这些部分分别与另一图形相乘，然后再将所得结果相加，即得两图相乘之值。常见的有以下几种情况。

(1) 图 7-13 所示两个梯形图相乘时，梯形的形心位置较难确定，因而把它分解成两个形心位置很容易确定的三角形(也可分为一个矩形和一个三角形)，此时图乘结果为：

$$\int \frac{\overline{M}M_F\mathrm{d}x}{EI}=\frac{1}{EI}(\omega_1 y_1+\omega_2 y_2)$$

(2) 当 M_F 图或 $\overline{M}$ 图的竖坐标 a、b 或 c、d 不在基线的同一侧时，如图 7-14 所示。可分解为位于基线两侧的两个三角形，按上述方法分别图乘，然后叠加。式中的 y_1 和 y_2 为根据比例计算，图乘时特别要注意正、负号。

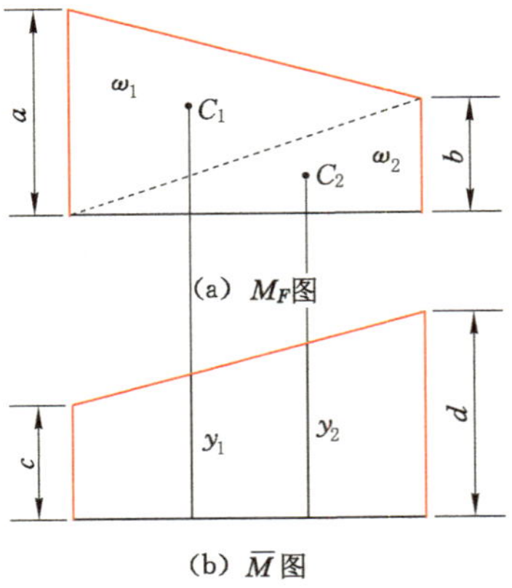

图 7-13 分解图乘法示例 1

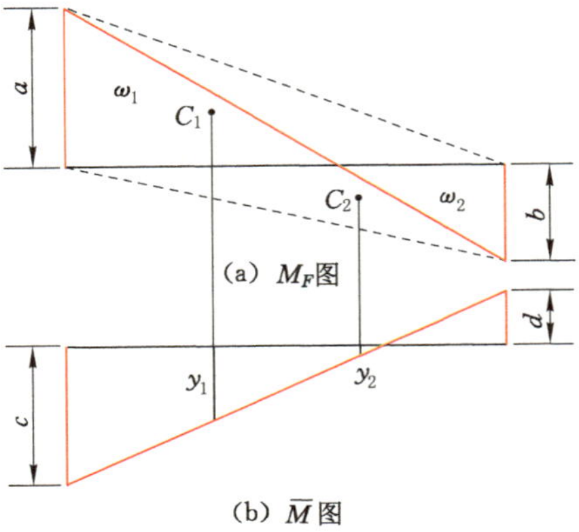

图 7-14 分解图乘法示例 2

(3) 当 y_C 所属图形不是一段直线而是由若干段直线组成时，应分段图乘，再进行叠加。

(4) 当 y_C 所属图形各杆段的横截面积不相等时，也应分段图乘，再进行叠加。

(5) 对于在均布荷载作用下的任何直杆段，其弯矩图可以看成是一个梯形与一个标准抛物线图形的叠加。

用图乘法求解位移的步骤如下：

(1) 作结构在实际荷载作用下的 M_F 图。

(2) 在所求位移处沿所求位移方向虚设广义单位力，并作其 $\overline{M}$ 图。

(3) 分段计算 M_F 图(或 $\overline{M}$ 图)的面积及其形心所对应的 $\overline{M}$ 图(或 M_F 图)的纵坐标 y_C。

(4) 将 ω、y_C 代入图乘法公式(7-12)计算位移。

7.4.2 用图乘法计算静定梁和静定刚架的位移

例 7-4 计算图 7-15(a)所示梁在荷载 q 作用下中点 C 的竖直位移，EI 为常数。

解：(1) 在简支梁中点 C 加单位竖向力 $F=1$，如图 7-15(c)所示。

分别作荷载 q 产生的弯矩图 M_F 图，如图 7-15(b)所示，和单位力 $F=1$ 产生的弯矩图 $\overline{M}$ 图，如图 7-15(c)所示。

(2) 计算 Δ

用图乘公式(7-12)。因 M_F 图是曲线，应以 M_F 图来求 ω，而 $\overline{M}$ 图是两直线组成，应分

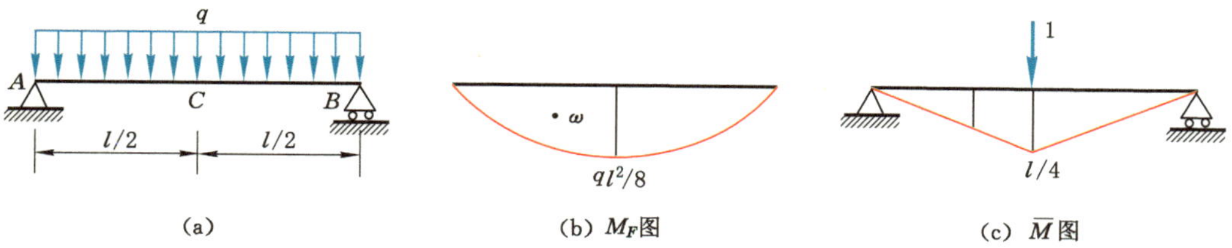

图 7-15　例 7-4 图

两段进行。但因图形对称，可计算一半再乘以两倍。

$$\omega=\frac{2}{3}\cdot\frac{l}{2}\cdot\frac{ql^2}{8}=\frac{ql^3}{24}$$

$$y_C=\frac{5}{8}\cdot\frac{l}{4}=\frac{5l}{32}$$

所以

$$\Delta=\sum\int\frac{\overline{M}M_F\mathrm{d}x}{EI}=2\frac{1}{EI}\omega y_C=2\cdot\frac{1}{EI}\cdot\frac{ql^3}{24}\cdot\frac{5l}{32}=\frac{5ql^4}{384EI}(\downarrow)$$

例 7-5　计算图 7-16(a) 所示悬臂梁在 B 点的竖直位移，EI 为常数。

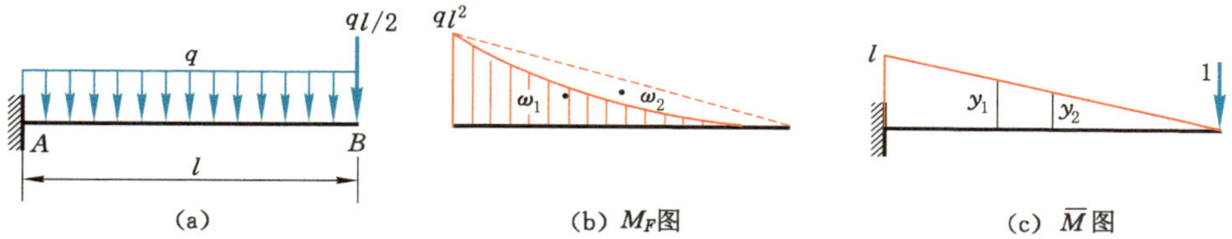

图 7-16　例 7-5 图

解：(1) 在 B 点加单位竖向力，如图 7-16(c)所示。

(2) 作荷载 q 产生的弯矩 M_F 图，如图 7-16(b)所示，$\overline{M}$ 图，如图 7-16(c)所示。

(3) 计算 Δ。

图乘时，要注意此 M_F 图的 B 点不是抛物线的顶点，因而面积和形心不能直接用抛物线面积公式。M_F 图可分解为一个在上边受拉的三角形 ω_1 和一个在下边受拉的抛物线 ω_2。图形的面积和纵坐标计算如下：

$$\omega_1=\frac{1}{2}lql^2=\frac{1}{2}ql^3, y_1=\frac{2}{3}l(y_1\text{ 与 }\omega_1\text{ 同侧})$$

$$\omega_2=\frac{2}{3}l\ \frac{1}{8}ql^2=\frac{1}{12}ql^3, y_2=\frac{1}{2}l(y_1\text{ 与 }\omega_2\text{ 不在同侧})$$

所以

$$\Delta_B=\int\frac{\overline{M}M_F\mathrm{d}x}{EI}=\frac{1}{EI}(\omega_1y_1+\omega_2y_2)=\frac{1}{EI}\left(\frac{1}{2}ql^3\times\frac{2}{3}l-\frac{1}{12}ql^3\times\frac{1}{2}l\right)=\frac{7ql^4}{24EI}(\downarrow)$$

例 7-6　求图 7-17(a)所示刚架铰 C 左右两侧截面的相对角位移 θ_{C-C} 和竖向位移 Δ_{Cy}，EI 为常数。

解:(1) 作实际荷载作用下的 M_F 图,如图 7-17(b)所示。

(2) 在铰 C 左右两侧面加一对反向的单位力偶,作 $\overline{M}_1$ 图,如图 7-17(c)所示。

(3) 用图乘法计算 $\theta_{C\text{-}C}$。

$$\theta_{C\text{-}C}=\frac{1}{EI}\times\left(-\frac{1}{2}\times\frac{Fl}{4}\times l\times\frac{2}{3}\times 1-\frac{1}{2}\times\frac{Fl}{4}\times\frac{l}{2}\times 1\right)\times 2=-\frac{7Fl^2}{24EI}$$

(4) 在铰 C 截面加一单位竖向集中力,作 $\overline{M}_2$ 图,如图 7-17(d)所示。

(5) 用图乘法计算 Δ_{Cy}

$$\Delta_{Cy}=\frac{1}{EI}\times\left(\frac{1}{2}\times\frac{Fl}{4}\times l\times\frac{2}{3}\times\frac{l}{4}+\frac{1}{2}\times\frac{Fl}{4}\times\frac{l}{2}\times\frac{2}{3}\times\frac{1}{4}\right)\times 2=\frac{Fl^3}{16El}$$

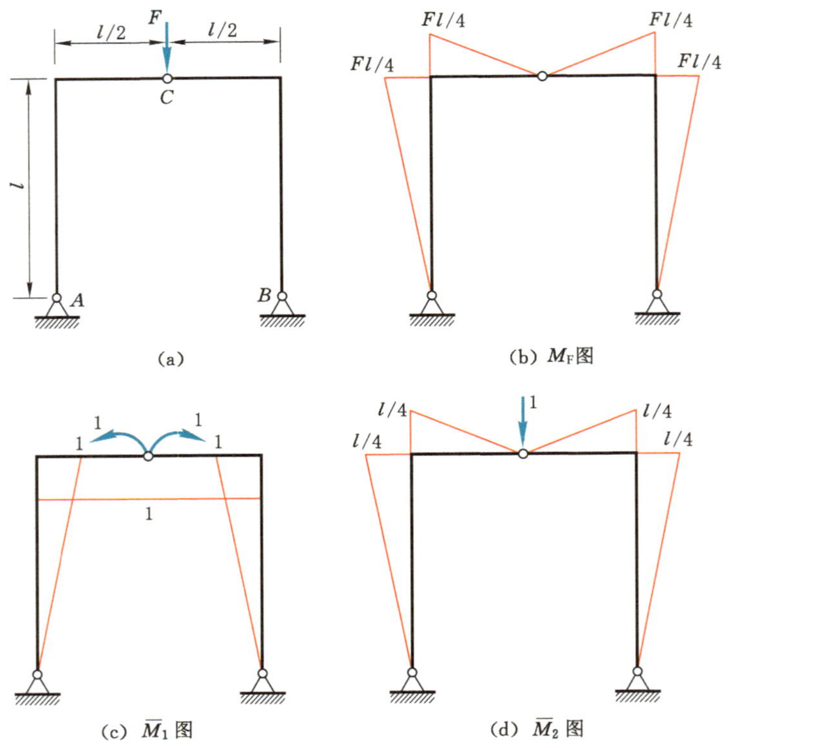

图 7-17　例 7-6 图

7.5　温度改变和支座移动时的位移计算

7.5.1　温度改变时的位移计算

静定结构在温度变化作用下各杆能自由变形,所以结构不产生内力,但是会引起位移。

试求如图 7-18(a)所示结构由于温度变化产生的 K 点的竖向位移 Δ_{Kt}。α 为材料的线膨胀系数。这里仍然采用单位荷载法,如图 7-18(b)所示,在 K 点施加一个竖向单位荷载,由此得到结构内力 $\overline{F}_N$、$\overline{F}_S$、$\overline{M}$。由式(7-6)得:

$$\Delta_{Kt}=\sum\int\overline{F}_{N}\mathrm{d}\lambda+\sum\int\overline{F}_{S}\mathrm{d}\eta\sum\int\overline{M}\mathrm{d}\theta \tag{7-13}$$

（1）如图 7-18(a)所示结构。结构内外表面温度发生改变，t_1、t_2 是温度改变值，而非某时刻的温度。

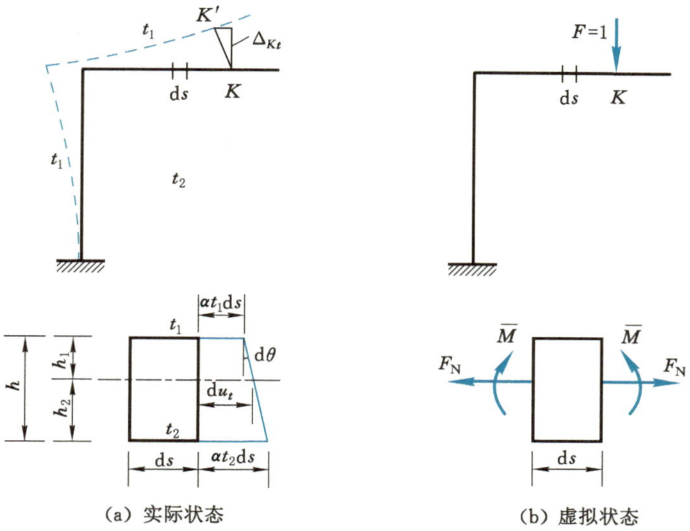

图 7-18　结构温度改变时的位移

（2）温度沿杆件截面厚度方向呈线性变化。

截面上、下边缘温差：$\Delta=t_2-t_1$，令$(t_2>t_1)$

杆轴线处温度改变值 t_0：$t_0=\dfrac{h_1t_2+h_2t_1}{h}$

对于矩形截面杆件：$h_1=h_2=h/2$，$t_0=(t_1+t_2)/2$

（3）微段轴线 ds 的线变形为 $\mathrm{d}\lambda=\alpha t_0\mathrm{d}s$。

微段轴线 ds 两端截面的相对转角为：

$$\mathrm{d}\theta=\frac{\alpha t_2\mathrm{d}s-\alpha t_1\mathrm{d}s}{h}=\frac{\alpha\Delta t}{h}\mathrm{d}s,\Delta t=|t_2-t_1|$$

对于杆件结构，温度改变并不引起剪切变形，即 $\mathrm{d}\eta=0$。

（4）位移计算公式：将以上微段轴线 ds 的温度变形代入式(7-13)，得：

$$\Delta_{Kt}=\sum\int\overline{F}_{N}\alpha t_0\mathrm{d}s+\sum\int\overline{M}\frac{\alpha\Delta t}{h}\mathrm{d}s \tag{7-14}$$

若 t、Δt 和 h 沿各个杆件全长为常数，则得：

$$\Delta_{Kt}=\sum\alpha t_0\int\overline{F}_{N}\mathrm{d}s+\sum\frac{\alpha\Delta t}{h}\int\overline{M}\mathrm{d}s \tag{7-15}$$

式中，右边两项正负号规定：轴力 $\overline{F}_N$ 以拉力为正，压力为负。t_0 以温度升高为正，降低为负。弯矩 $\overline{M}$ 及温度变化使杆件同一侧纤维伸长（弯曲方向相同），则乘积$\dfrac{\alpha\Delta t}{h}\int\overline{M}\mathrm{d}s$ 为正，反之为负。

例 7-7 求如图 7-19(a)所示刚架 C 截面水平位移 Δ_{Cx}。已知杆件线膨胀系数为 α，杆件矩形横截面高为 h。

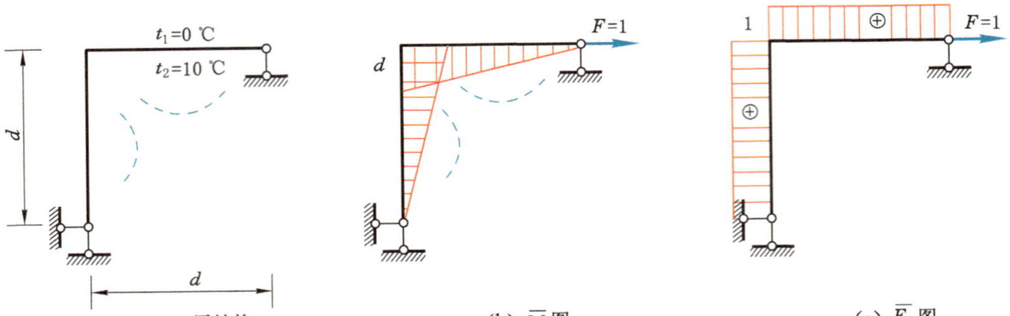

(a) 原结构　　(b) $\overline{M}$ 图　　(c) $\overline{F}_N$ 图

图 7-19　例 7-7 图

解：

$$t_0=\frac{t_2+t_1}{2}=5\ ℃,\Delta t=10-0=10\ ℃$$

$$\sum\int\overline{M}\mathrm{d}s=2\times\frac{1}{2}d^2=d^2,\sum\int\overline{F}_N\mathrm{d}s=2\times1\times d=2d$$

$$\Delta_{Cx}=\sum\alpha t_0\int\overline{F}_N\mathrm{d}s+\sum\frac{\alpha\Delta t}{h}\int\overline{M}\mathrm{d}s=\frac{10\alpha}{h}d^2+5\alpha\times2d=10\alpha d\left(1+\frac{d}{h}\right)$$

7.5.2 支座移动时的位移计算

静定结构是无多余约束几何不变体系，当只有支座移动而无其他因素作用时，结构的移动不受限制，则结构只产生刚性位移而无变形，故对于杆件的任意微段变形均为零。不会产生内力，刚体的内力虚功之和为零，即 $W_i=0$。

如图 7-20(a)所示刚架，其支座发生了水平位移 c_1、竖向沉陷 c_2 和转角 c_3，现要求由此引起的任一点沿任一方向的位移，如点 K 的竖向位移 Δ_{Ky}。

虚拟单位力状态如图 7-20(b)所示。

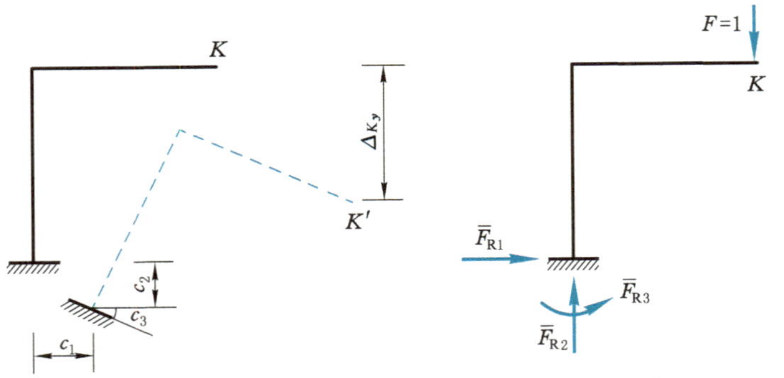

(a)　　(b)

图 7-20　构支座移动时的位移

由虚功原理：$W_e=W_i$

外力虚功 $W_e=1\times\Delta_{Kx}+\sum\overline{F}_{R_i}C_i$，所以：

$$\Delta_{Kx}=-\sum\overline{F}_{R_i}C_i$$

支座移动时的位移计算公式为：

$$\Delta=-\sum\overline{F}_{R_i}C_i \tag{7-16}$$

式中，C_i 为实际位移状态中的支座位移，$\overline{F}_{R_i}$ 为虚拟单位力状态对应的支座反力。等号右边的负号是公式推导而得出，不能去掉。若 $\overline{F}_{R_i}$ 与 C_i 方向相同，则乘积为正，反之为负。

例 7-8　如图 7-21 (a)所示刚架，已知刚架支座 B 向右移动 a，求 Δ_{Cy}、Δ_{Dx}、θ_c。

解：(1) Δ_{Cy} 虚拟单位力状态如图 7-21(b)所示。由支座移动时的位移计算公式：

$$\Delta_{Cy}=-\sum\overline{F}_{R_i}C_i=-\left(-\frac{d}{2h}\times a\right)=\frac{da}{2h}$$

(2) Δ_{Dx} 虚拟单位力状态如图 7-21(c)所示。由支座移动时的位移计算公式：

$$\Delta_{Dx}=-\sum\overline{F}_{R_i}C_i=-\left(-\frac{1}{2}\times a\right)=-\frac{a}{2}$$

(3) θ_c 虚拟单位力状态如图 7-21(d)所示。由支座移动时的位移计算公式：

$$\theta_c=-\sum\overline{F}_{R_i}C_i=-\left(\frac{1}{h}\times a\right)=-\frac{a}{h}$$

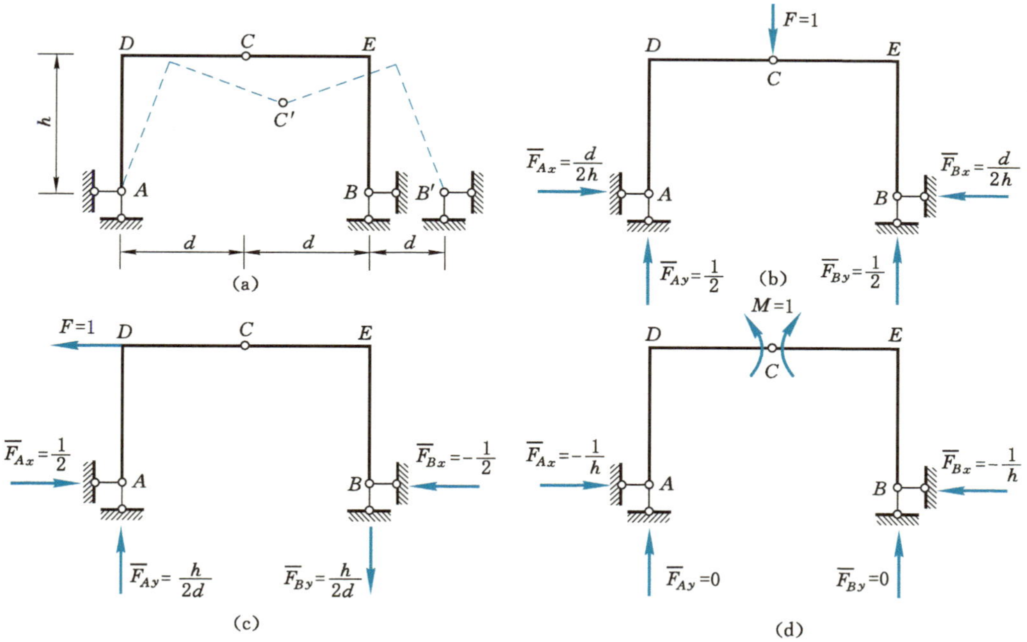

图 7-21　例 7-8 图

7.6　线弹性体的互等定理

本节介绍三个普遍定理即线弹性体的互等定理。这些定理在位移计算及超静定结构的计算中是有用的，也是今后学习研究其他有关内容的一个基础。

7.6.1 功的互等定理

图 7-22(a)和 7-22(b)所示为一弹性结构分别承担两组外力 F_1 和 F_2 的两种状态。设以 M_1、F_{S1}、F_{N1} 代表第一组力 F_1 所产生的各项内力，以 M_2、F_{S2}、F_{N2} 代表第二组力 F_2 所产生的各项内力。现在来研究这两组力按不同次序先后作用在结构上时所引起的虚功，并由此推出功的互等定理。

如图 7-22(c)所示，若先施加力 F_1，等达到弹性平衡后，再施加力 F_2，此时，如以 W_{12} 代表第一组外力由于第二组外力 F_2 的影响所作的虚功，则由虚功原理有：

$$W_{12}=\sum\int M_1\mathrm{d}\theta_2+\sum\int F_{N1}\mathrm{d}\lambda_2+\sum\int F_{S1}\mathrm{d}\eta_2$$

$$=\sum\int M_1\frac{M_2}{EI}\mathrm{d}x+\sum\int F_{N1}\frac{F_{N2}}{EA}\mathrm{d}x+\sum\int F_{S1}\frac{F_{S2}}{GA}\mathrm{d}x \tag{7-17}$$

再看图 7-22(d)，若先施加力 F_2，等达到弹性平衡后，再施加力 F_1，此时，如以 W_{21} 代表第二组外力 F_2 由于第一组力 F_1 的影响所做的虚功，则由虚功原理有：

$$W_{21}=\sum\int M_2\mathrm{d}\theta_1+\sum\int F_{N2}\mathrm{d}\lambda_1+\sum\int F_{S2}\mathrm{d}\eta_1$$

$$=\sum\int M_2\frac{M_1}{EI}\mathrm{d}x+\sum\int F_{N2}\frac{F_{N1}}{EA}\mathrm{d}x+\sum\int F_{S2}\frac{F_{S1}}{GA}\mathrm{d}x \tag{7-18}$$

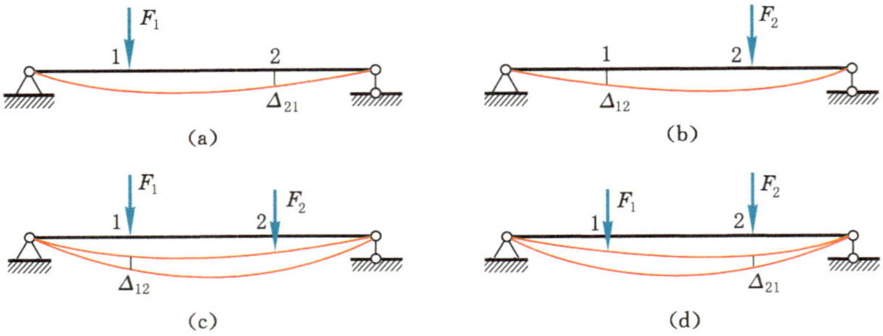

图 7-22 功的互等定理

比较式(7-17)和式(7-18)可知：

$$W_{12}=W_{21} \tag{7-19}$$

或写：

$$\sum F_1\cdot\Delta_{12}=\sum F_2\cdot\Delta_{21} \tag{7-20}$$

其中，Δ_{12} 及 Δ_{21} 分别代表 F_1 与 F_2 和相应的位移。总和号 $\sum$ 表示包括结构上全部的外力所做的虚功。

上面所得到的公式就是功的互等定理，可叙述如下：第一状态的外力在第二状态的位移上所做的虚功，等于第二状态的外力在第一状态的位移上所做的虚功。

功的互等定理对于任何弹性结构都是普遍适用的，在两种状态中也可以包括支座移动在内，不过在计算外力的虚功时也必须把反力的虚功包括在内。

7.6.2　位移互等定理

设两个状态中的荷载都只是一个单位集中力，即 $\bar{F}_1=1$，$\bar{F}_2=1$，如图 7-23 所示，则由功的互等定理可得：

$$1\cdot\Delta_{12}=1\cdot\Delta_{21}$$

由于这里的 Δ_{12} 和 Δ_{21} 都是由单位力引起的，为了便于识别，用小写字母 δ_{12} 和 δ_{21} 表示，于是有：

$$\delta_{12}=\delta_{21} \tag{7-21}$$

这就是位移互等定理。即第一个单位力所引起的第二个单位力作用点沿其方向上的位移，等于第二个单位力所引起的第一个单位力作用点沿其方向上的位移。

在这里，单位力是广义单位力，位移也是广义位移。如图 7-24(a)、图 7-24(b)所示简支梁的两个状态中，根据位移互等定理，可知必有：

$$\varphi_A=f_c$$

即 C 点的单位垂直力使 A 截面产生角位移，在数值上等于 A 截面的单位力偶使 C 点产生的垂直位移。事实上，由图乘法我们可以容易地算得：

$$\varphi_A=\frac{Fl^2}{16EI}=\frac{l^2}{16EI},(\text{弧度}),F=1$$

$$f_c=\frac{Ml^2}{16EI}=\frac{l^2}{16EI},(\text{长度}),M=1$$

可见 $\varphi_A=f_c$，两者单位虽不同，但数值是相等的。

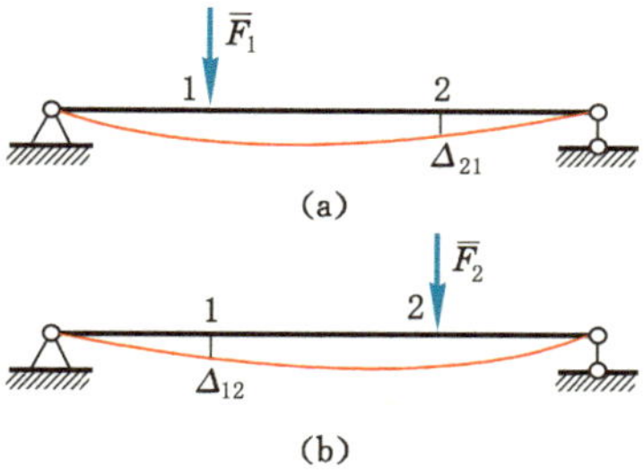

图 7-23　位移互等定理

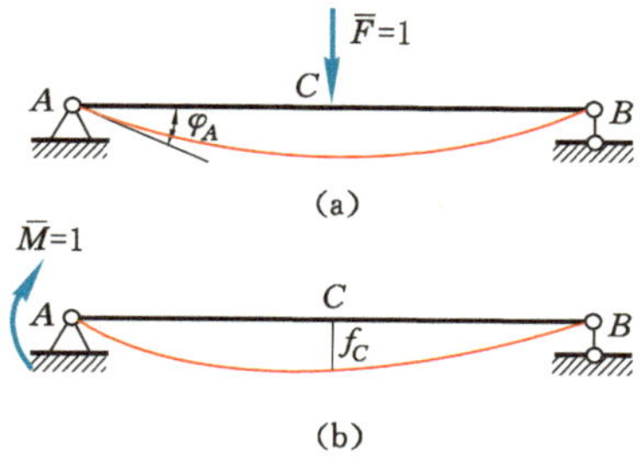

图 7-24　广义位移互等定理

7.6.3　反力互等定理

反力互等定理也是功的互等定理的一种特殊情况。它用来说明超静定结构在两个支座分别产生单位位移时，这两种状态中反力的互等关系。设在图 7-25(a)中，超静定梁的支座 1 发生单位位移 $\Delta_1=1$ 时，使支座 2 产生的反力为 r_{21}；又设在图 7-25(b)中，超静定梁的支座 2 发生单位位移 $\Delta_2=1$ 时，使支座 1 产生的反力为 r_{12}，则由功的互等定理有：

$$r_{21}\Delta_2=r_{12}\Delta_1$$

由于 $\Delta_1=\Delta_2=1$，所以：

$$r_{21}=r_{12} \tag{7-22}$$

上式表明：在超静定结构中，支座1的单位位移使支座2产生的反力(r_{21})，在数值上等于支座2的单位位移使支座1产生的反力(r_{12})。这个关系就叫反力互等定理，它对超静定结构的任何两个支座都是适用的。

在图7-26(a)和图7-26(b)中，分别表示单跨超静定梁固定支座与链杆支座发生了单位位移$\varphi_1=1$，$\Delta_2=1$，由反力互等定理可知：反力矩r_{12}和反力r_{21}，虽然二者单位不同，但在数值上是相等的，它的本质是功互等。

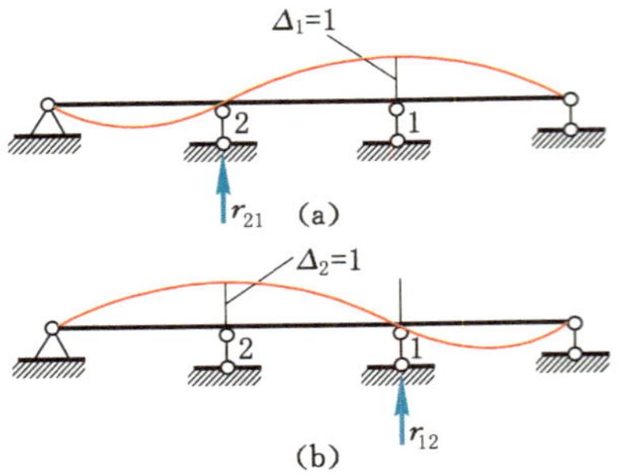

图7-25 超静定梁的反力互等定理

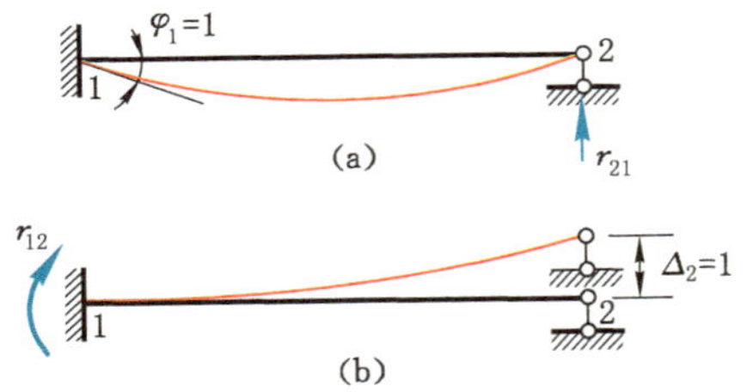

图7-26 单跨超静定梁的反力互等定理

本章小结

(1) 结构的位移包含刚体位移和变形体位移，结构上各截面的位移用线位移、角位移两个基本变量来描述。刚体的位移可以用简单的几何关系得到，简单的变形体的位移也可用曲率与位移的关系进行计算，但非常烦琐，因此，常用的方法是基于虚功原理的位移计算方法。

(2) 利用结构或构件的虚功原理建立了单位荷载法。利用单位荷载法可以求解各种变形静定结构在荷载作用下的位移计算，温度变化或支座移动时静定结构的位移计算。

(3) 在运用单位荷载法给出的公式计算位移时，必须进行积分运算。如果：EI为常数，杆件轴线是直线，$M_F(x)$图和$\overline{M}(x)$图中至少有一个是直线图形。在以上3个条件满足的情况下，可用图乘法计算结构的位移。

(4) 用图乘法计算结构在荷载作用下的位移是结构分析与工程计算最常用的手段。要熟练掌握计算方法。

(5) 三个互等定理是超静定结构内力分析的理论基础，要了解其内容及其表达式中各符号的含义。

思考与练习

7-1 什么是结构的变形？什么是结构的位移？它们之间有何关系？

7-2 产生位移的因素有哪些？

7-3 什么是广义力和广义位移？

7-4　没有变形就没有位移，此结论对否？

7-5　在虚功原理中对力状态和位移状态有什么要求？

7-6　应用虚功原理求位移时，虚设的单位荷载如何施加？

7-7　试写出积分法求梁、刚架和桁架的位移假设公式。

7-8　图乘法的应用条件及注意要点是什么？

7-9　温度变化或支座移动时静定结构的位移如何计算？

7-10　互等定理为何只适用于线弹性结构？

7-11　试用积分法求题 7-11 图所示外伸梁中 A 点的竖直位移和转角。已知 EI 为常数。

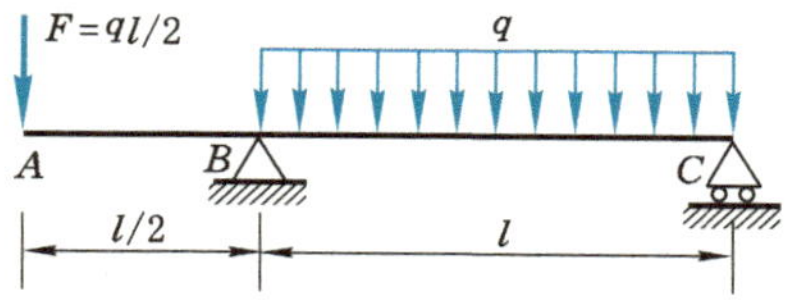

题 7-11 图

7-12　试用积分法求题 7-12 图所示悬臂梁 B 端的竖直位移。已知 EI 为常数。

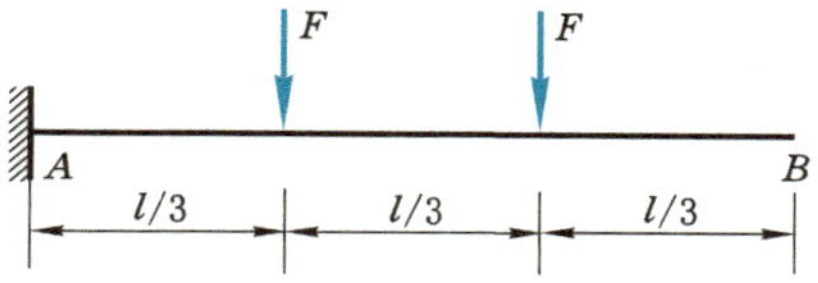

题 7-12 图

7-13　试用积分法求题 7-13 图所示外伸梁的 Δ_{Cy}。已知 EI 为常数。

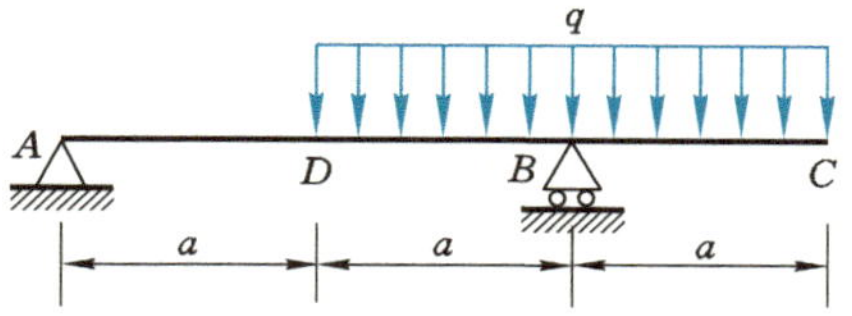

题 7-13 图

7-14　求题 7-14 图(a)中 B 点的竖直位移，题 7-14 图(b)中 A 点的竖直位移。已知 EI 为常数。

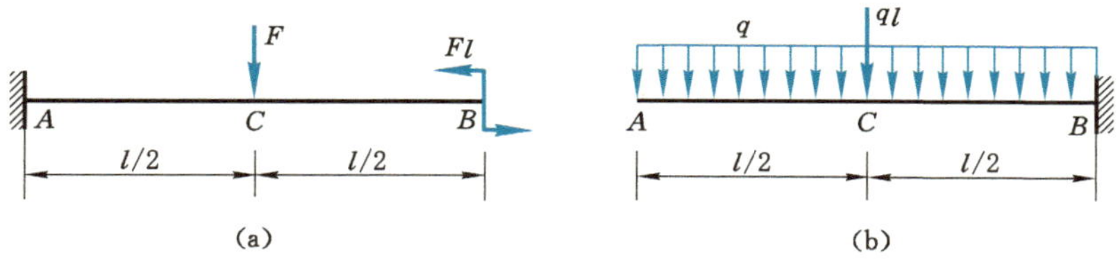

题 7-14 图

7-15　求题 7-15 图所示结构中 D 截面的转角 θ_D，已知 EI 为常数。

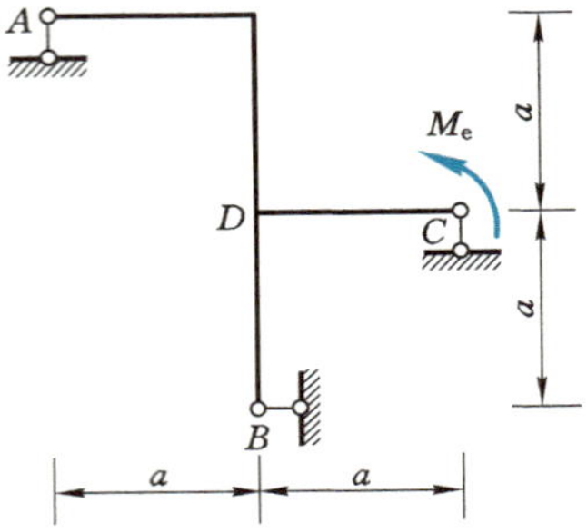

题 7-15 图

7-16　试求题 7-16 图所示结构铰 C 两侧截面的相对转角 θ_C。

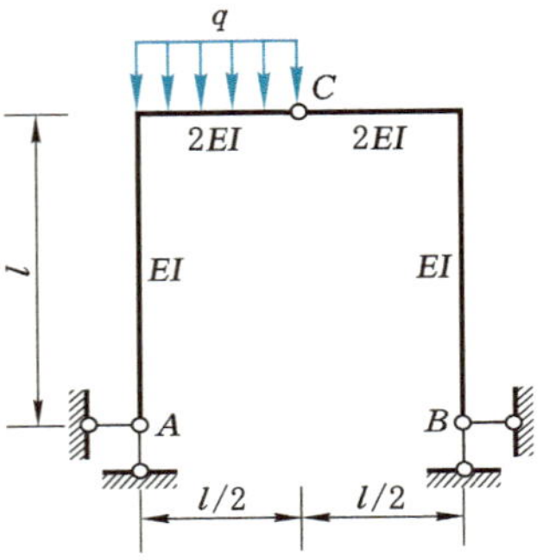

题 7-16 图

7-17　试求题 7-17 图所示结构 B 点的水平位移。

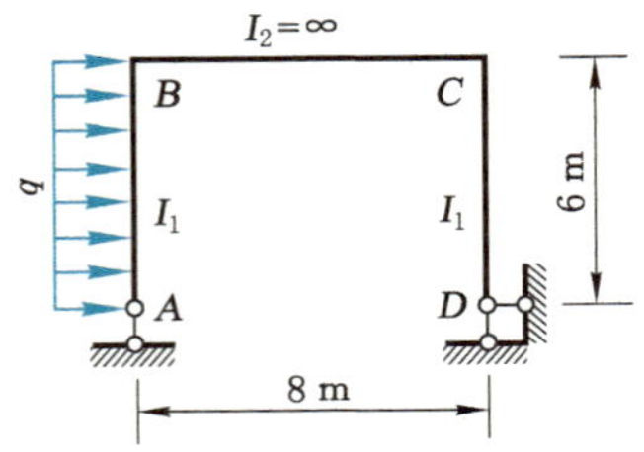

题 7-17 图

7-18　计算题 7-18 图所示桁架 CD 杆的转角，各杆 EA 相同。

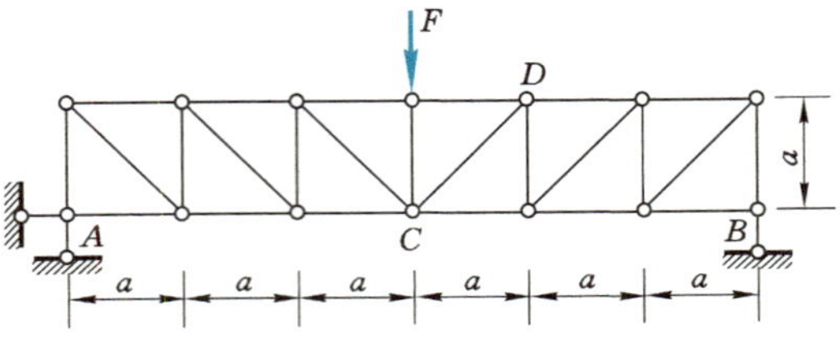

题 7-18 图

7-19　试求题 7-19 图示静定梁铰 C 左、右两侧截面的相对转角 φ_C，各杆 EI 为常数。

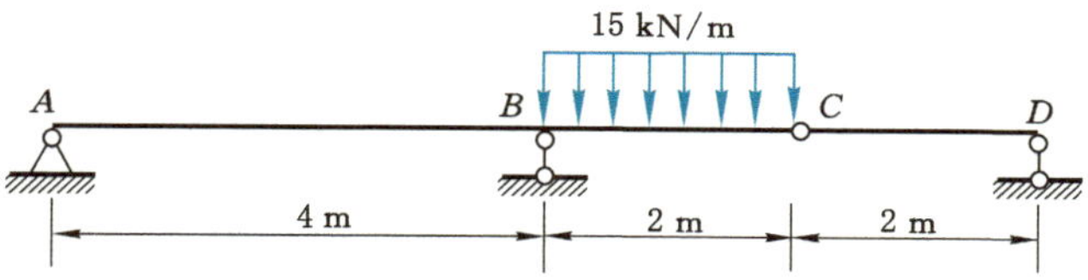

题 7-19 图

7-20　试求题 7-20 图所示桁架 C 点的竖向位移，已知：各杆横截面积，$A=2\times10^{-3}\ \mathrm{m}^2$，$E=210\ \mathrm{GPa}$，$d=2\ \mathrm{m}$，$F=40\ \mathrm{kN}$。

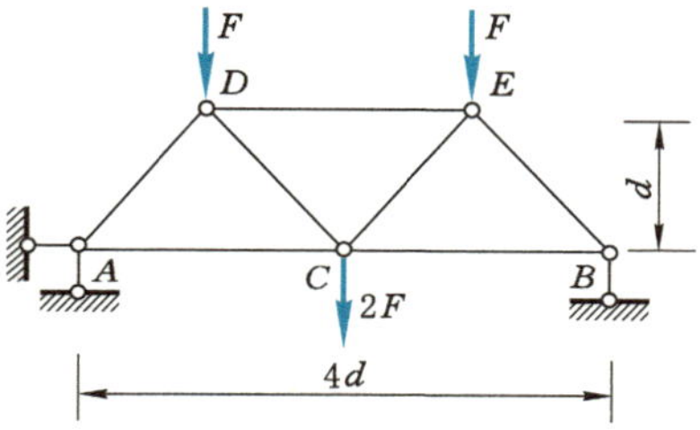

题 7-20 图

7-21　如题 7-21 图所示结构，已知支座 B 发生下沉量为 b，试求刚架 C 点的水平位移。

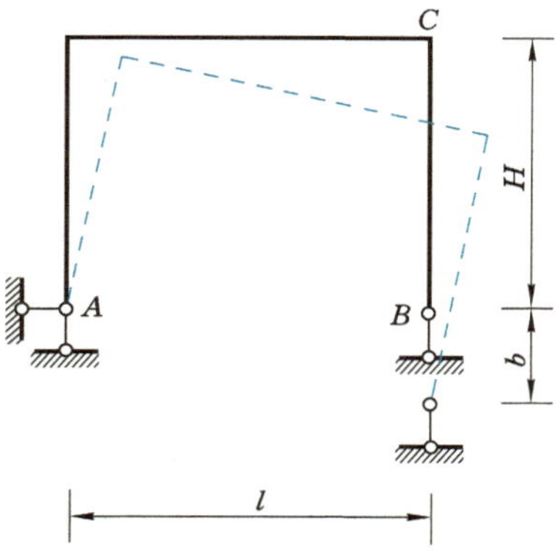

题 7-21 图

7-22　如题 7-22 图所示，已知材料的线膨胀系数为 α，各杆截面为矩形，截面高度 h 相同，设刚架内部升温 30 ℃。试求刚架 C 点的竖向位移。

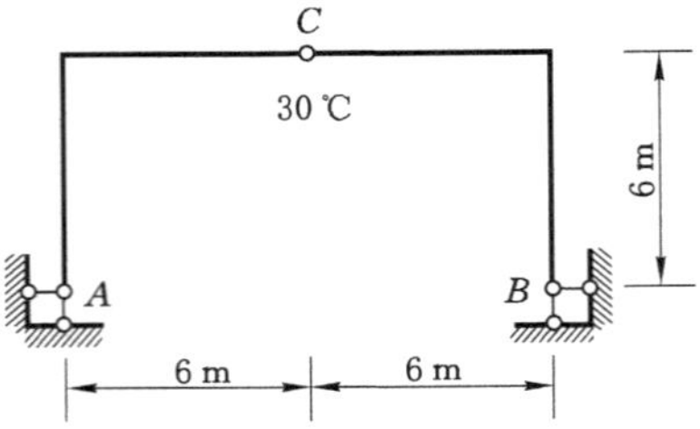

题 7-22 图

参考答案

7-1～7-10 略

7-11 $\Delta_{Ay}=\dfrac{ql^4}{24EI}$，$\theta_A=\dfrac{5ql^3}{48EI}$

7-12 $\Delta_{By}=\dfrac{2Fl^3}{9EI}$

7-13 $\Delta_{Cy}=\dfrac{13qa^4}{48EI}$

7-14 (a) $\Delta_{By}=-\dfrac{19Fl^3}{48EI}$；(b) $\Delta_{Ay}=-\dfrac{11ql^4}{48EI}$

7-15 $\theta_D=\dfrac{M_e a}{6EI}$

7-16 $\theta_C=\dfrac{5ql^3}{96EI}$

7-17 $\Delta_{Bx}=\dfrac{432}{EI_1}q$

7-18 $\theta_{CD}=\dfrac{(3+\sqrt{2})}{2EA}F$

7-19 $\varphi_C=\dfrac{115}{EI}$

7-20 3.52 mm

7-21 $\Delta_C=180\alpha+\dfrac{1\ 080\alpha}{h}$

7-22 $\Delta_{Cx}=\dfrac{Hb}{I}$

第8章　力　　法

【本章要点】

超静定结构的概念和特点；

常见的超静定结构形式；

力法的基本概念和力法求解超静定结构的方法；

力法计算超静定结构在荷载作用下以及支座移动、温度变化时的内力；

利用对称性简化计算方法；

计算超静定结构的位移。

【问题导入】

在本书第 2 章后面，简单介绍了超静定结构的基本概念，在第 3 章至第 7 章详细介绍了常见的静定结构如梁、拱、桁架、刚架及组合结构的内力、位移计算方法。然而实际工程中的结构多数都是超静定的，如第 2 章中提到的南京长江大桥，其桥身桁架结构为超静定结构，对其简化平面模型图分析可知。对于静定结构已经几何不变，超静定结构是否浪费材料这一问题的答案是因为超静定结构虽然也是几何不变体系，但有着多余的约束，这使得当结构某部分约束被破坏时，仍然可以保持稳定，有较好的防护能力，会使得结构更加稳定和安全。

“安全”是一个永不过时的话题。虽然伟大的工程结构见证了人类文明的璀璨发展，但仍有不少灾难性工程事故发人深省。如加拿大魁北克桥坍塌造成 75 人死亡[1907 年 8 月，杆件失稳，图 8-1(a)]，美国圣弗朗西斯大溃坝造成 450 人死亡(1928 年 3 月，设计和施工缺陷)，美国银桥坍塌造成 46 人死亡[1967 年 12 月，结构设计缺陷，图 8-1(b)]，美国凯悦酒店坍塌造成 114 人死亡(1981 年 7 月，设计缺陷)，韩国圣水大桥桥板整体塌落造成 32 人死亡[1994 年 10 月，材料及施工缺陷，图 8-1 (c)]，我国重庆綦江彩虹桥坍塌事故造成 40 人死亡(1999 年 1 月，设计建造缺陷)，堤溪沱江大桥施工坍塌造成 64 人死亡[2007 年 8 月，设计缺陷，图 8-1(d)]，等等。以上案例警示我们在结构设计要遵循规律，认真细致；施工建造时万不可偷工减料、不按规程行事，须时刻把安全放在首位。此外需对工程结构进行长期监测和维护以保证安全运营。

虽然超静定结构增加了安全系数，但同时也使得结构分析变得复杂。超静定结构有多余约束，因此，超静定结构的内力状态由不能平衡条件唯一确定，须同时考虑变形条件，力法便是利用了这一特性对超静定结构进行分析和计算。另外还有位移法、渐进法、矩阵位移法等，在后面各章节将详细进行介绍。本章首先介绍超静定结构的组成次数的确定方法，然后再说明力法的基本原理及计算步骤。

(a) 加拿大魁北克桥坍塌事故

(b) 美国银桥坍塌事故

(c) 韩国圣水大桥事故

(d) 我国堤溪沱江大桥施工坍塌

图 8-1　工程事故

8.1　超静定结构的组成和超静定次数

8.1.1　超静定结构的组成

超静定结构是有多余约束的几何不变体系。与静定结构不同，超静定结构的反力和内力仅凭静力平衡条件是无法确定或无法全部确定的，这些无法利用静力平衡条件确定的约束反力，我们称之为多余约束反力。如图 8-2 所示，它的水平反力虽可以通过静力平衡条件求出，但竖向反力只凭静力平衡条件无法确定，也不能进一步求出其内力。分析其几何组成，可知图 8-2 有 3 个多余约束，可将支座 B、C、D、E 当中的任意 3 个作为多余约束。同时，我们也可以知道，支座 B、C、D、E 当中任意去掉 3 个，超静定结构即可变为静定结构。

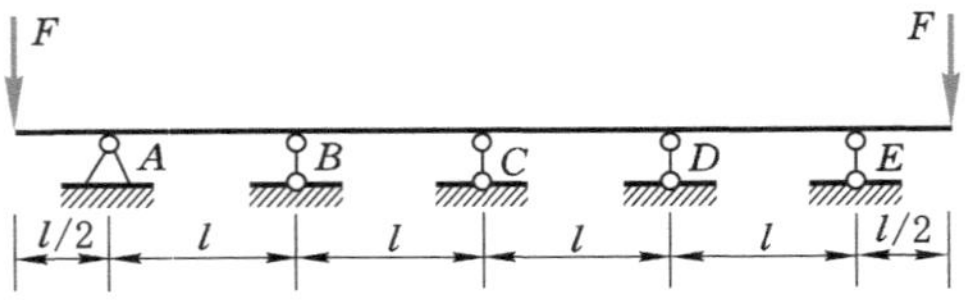

图 8-2　连续梁

超静定结构中的多余约束，是按照几何组成分析得出的结论，并非是不需要的约束。合理设置多余约束会使结构受力、变形更合理，但也增加了解题难度。

工程中常见的超静定结构类型有：

(1) 超静定梁有单跨超静定梁，多跨超静定梁(连续梁)，如图 8-2 所示；

(2) 超静定刚架可分为单跨、多跨刚架，也可分为单层、多层刚架，如图 8-3(a)所示；

(3) 排架有单跨和多跨排架，如图 8-3(b)所示；

(4) 超静定桁架有外部有多余约束和内部有多余约束两种桁架，如图 8-3(c)所示。

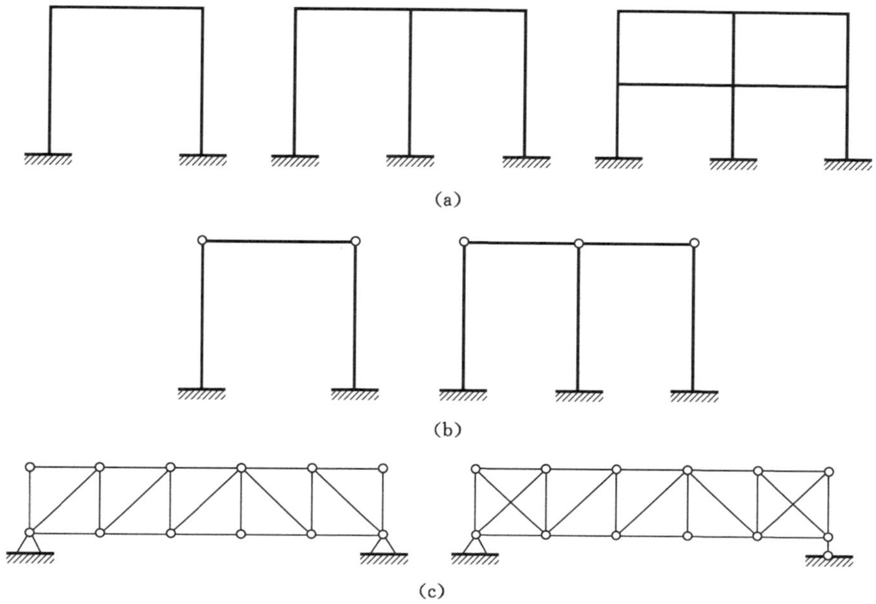

图 8-3　超静定结构

8.1.2　结构超静定次数的确定

从几何组成角度来说，超静定次数就是多余约束的个数，可以通过几何组成分析的方法确定。可以认为在静定结构中添加多余约束，就变成超静定结构，所以，确定结构超静定次数的方法是：去掉结构的多余约束，使其变成一个静定的结构，则所去除的约束的数目即为结构的超静定次数。下面结合具体实例说明。

图 8-4(a)所示的刚架，可以通过以下方式去除多余约束变成静定结构：

(1) 把固定端约束 A、B 换为固定铰支座。如图 8-4(b)所示，相当于去掉两个多余约束。

(2) 去除单铰 D。如图 8-4(c)所示，相当于去掉两个多余约束。

(3) 把固定端 B 换成活动铰支座。如图 8-4(d)所示，相当于去掉两个多余约束。

图 8-5(a)所示桁架和排架，切断或去掉一根链杆变为静定结构，有一个多余约束，原结构为一次超静定。

图 8-6(a)所示刚架，可以切断一根梁式杆，去掉 3 个多余约束，也可以直接去除一个固定端约束，即变为静定结构，所以刚架为 3 次超静定结构。

总之，根据上述例子可知，去除多余约束的方式通常有如下几种：

(1) 切断一根链杆或去掉一个活动铰支座，相当于去掉一个约束。

(2) 将固定端支座改成固定铰支座，或者将梁式杆某处改成铰接，相当于去掉一个约束。

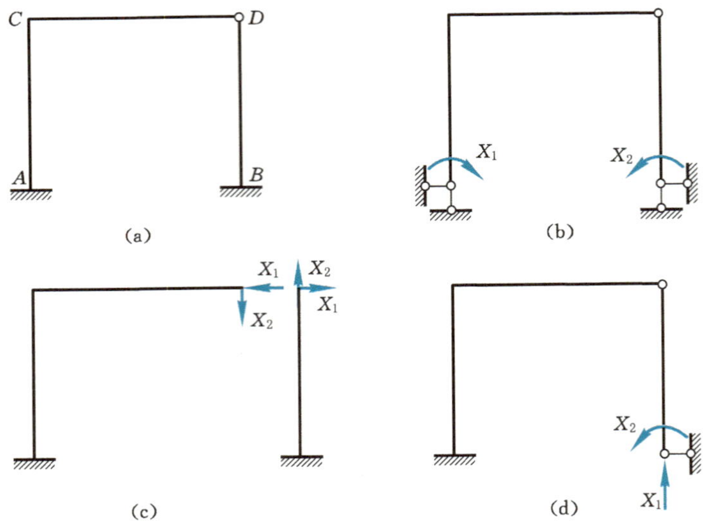

图 8-4 刚架去约束的方法

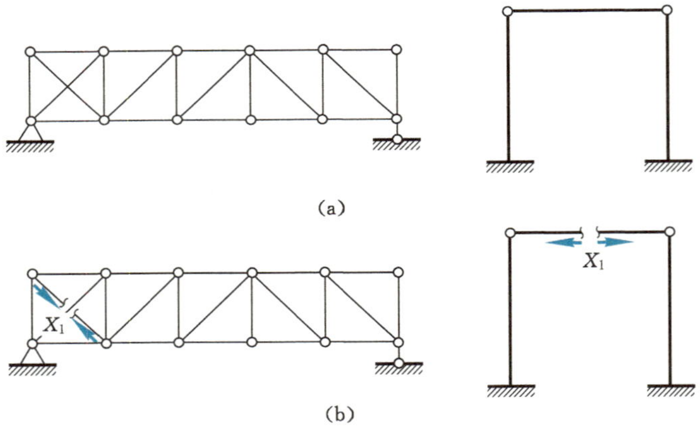

图 8-5 桁架和排架

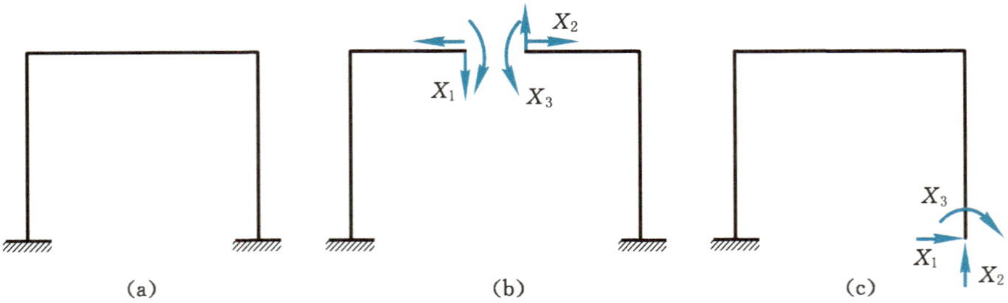

图 8-6 超静定次数等于去掉的约束数

(3) 去掉一个单铰,或去掉一个固定铰支座,相当于去掉两个约束。

(4) 切断一梁式杆或去掉一个固定端支座,相当于去除3个约束。

应用上述去约束的方法,可以确定任何结构的超静定次数,而且一般去除约束的方案不是唯一的。但无论如何,要保证去除约束后的结构应该是几何不变体系。

8.2 力法的基本含义和典型方程

8.2.1 力法的基本含义

对于静定结构,可以通过静力平衡条件求解所有约束反力和内力,而超静定结构由于多余约束的存在,平衡方程数少于未知约束力数目,必须补充方程才能求解。力法求解超静定结构,是通过位移协调条件建立补充方程,首先求解超静定结构的多余未知反力和内力,然后再对结构进一步求解。

以图8-7(a)所示一次超静定结构为例,首先,去除多余约束 B,并施加等效的未知反力 X_1,得到一个带有未知反力的静定结构,如图8-7(b)所示,我们称之为力法的基本体系。将原超静定结构中去掉多余约束后所得到的静定结构称为力法的基本结构。根据所去约束处的位移条件可知,原结构在 B 处竖向位移为零。可得到如下方程:

$$\Delta_1=0$$

F 单独作用下,B 处的竖向位移 Δ_{1F} 如图8-7(c)所示;未知约束反力单独作用下 B 处的竖向位移 Δ_{11} 如图8-7(d)所示,根据原结构在 B 处的位移为零可以得到:

$$\Delta_1=\Delta_{11}+\Delta_{1F}=0$$

设 $X_1=1$ 作用时产生的位移为 δ_{11},根据线性弹性体的条件,位移与未知反力 X_1 成正比,则 X_1 产生的位移为 $\Delta_{11}=\delta_{11}X_1$,代入上式得:

$$\Delta_1=\delta_{11}X_1+\Delta_{1F}=0 \tag{8-1}$$

式(8-1)即是补充方程,它的实质是变形协调方程,称之为力法方程。至此,问题转化为求位移 δ_{11} 和位移 Δ_{1F},可以应用图乘法求解。荷载单独作用下弯矩图 M_F 如图8-7(e)所示;当 $X_1=1$ 单独作用时弯矩图 M_1 如图8-7(f)所示。

δ_{11} 可以通过 $\overline{M}_1$ 图自乘得到:

$$\delta_{11}=\frac{1}{EI}\left(\frac{1}{2}\times l\times l\times\frac{2}{3}\times l\right)=\frac{l^3}{3EI}$$

Δ_{1F} 可以通过 $\overline{M}_1$ 图和 M_F 图图乘得到:

$$\Delta_{1F}=-\frac{1}{EI}\left(\frac{1}{2}\times\frac{1}{2}Fl\times\frac{l}{2}\left(\frac{2}{3}\times l+\frac{1}{3}\times\frac{1}{2}l\right)\right)=-\frac{5Fl^3}{48EI}$$

代入式(8-1)求得:

$$X_1=\frac{5}{16}F(\uparrow)$$

求得的未知反力是正号,表示反力 X_1 的实际方向与假设的 X_1 方向相同。

多余未知力求出后,其余所有反力、内力的计算都是静定结构问题。最后做弯矩图有两

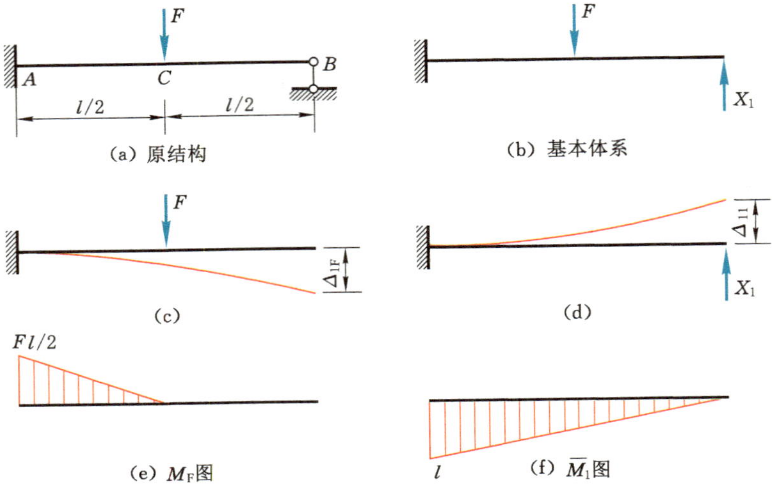

图 8-7　力法的原理

种途径：一是将 $X_1=\frac{5}{16}F$ 及原有的外荷载加载到基本结构上，由平衡条件求原结构的约束反力，作出 M 图；二是利用叠加原理，按式(8-2)求出原结构任一截面的弯矩 M。

$$M=\overline{M}_1X_1+M_F \tag{8-2}$$

由以上分析可知，力法解超静定结构选取基本体系后，就变成了静定结构求内力和位移的问题。因此，静定结构内力和位移计算是求解超静定的基础。

综上所述，这种解除超静定结构的多余约束，而得到静定的基本结构，以多余未知力作为基本未知量，根据基本体系应与原结构变形相同而建立位移条件，首先求出多余未知力，然后由平衡条件计算其余反力、内力的方法，称为力法。

8.2.2　力法的典型方程

如前所述，用力法计算超静定结构是以多余未知力作为基本未知量，并根据相应的位移协调条件求解多余未知力。待多余未知力解得后，即可按静力平衡条件求其反力和内力。下面以三次超静定刚架为例来说明如何建立力法方程。

图 8-8(a)所示刚架为三次超静定，必须去除三个多余约束。假如去掉固定端支座 B，并以相应的多余未知力 X_1、X_2、X_3 等效代替所去除多余约束的作用，得到图 8-8(b)所示的基本体系。在原结构中，由于 B 端为固定端，所以没有水平位移、竖向位移和转角，因此承受荷载 F_1、F_2 和多余未知力 X_1、X_2、X_3 作用的基本体系在 B 点也必须保证同样的位移条件，即：

$$\Delta_1=0$$

$$\Delta_2=0$$

$$\Delta_3=0$$

令 δ_{11}、δ_{21}、δ_{31} 为分别表示当 $X_1=1$ 单独作用时，基本结构上 B 点沿 X_1、X_2、X_3 方向

的位移，如图 8-8(c)所示；δ_{12}、δ_{22}、δ_{32} 分别表示当 $X_2=1$ 单独作用时，基本结构上 B 点沿 X_1、X_2、X_3 方向的位移，如图 8-8(d)所示；δ_{13}、δ_{23}、δ_{33} 分别表示当 $X_3=1$ 单独作用时，基本结构上 B 点沿 X_1、X_2、X_3 方向的位移，如图 8-8(e)所示；Δ_{1F}、Δ_{2F}、Δ_{3F} 分别表示当外荷载 F 单独作用时，基本结构上 B 点沿 X_1、X_2、X_3 方向的位移，如图 8-8(f)所示。根据叠加原理，B 点位移条件可表示为：

$$\Delta_1=0,\delta_{11}X_1+\delta_{12}X_2+\delta_{13}X_3+\Delta_{1F}=0$$
$$\Delta_2=0,\delta_{21}X_1+\delta_{22}X_2+\delta_{23}X_3+\Delta_{2F}=0$$
$$\Delta_3=0,\delta_{31}X_1+\delta_{32}X_2+\delta_{33}X_3+\Delta_{3F}=0$$

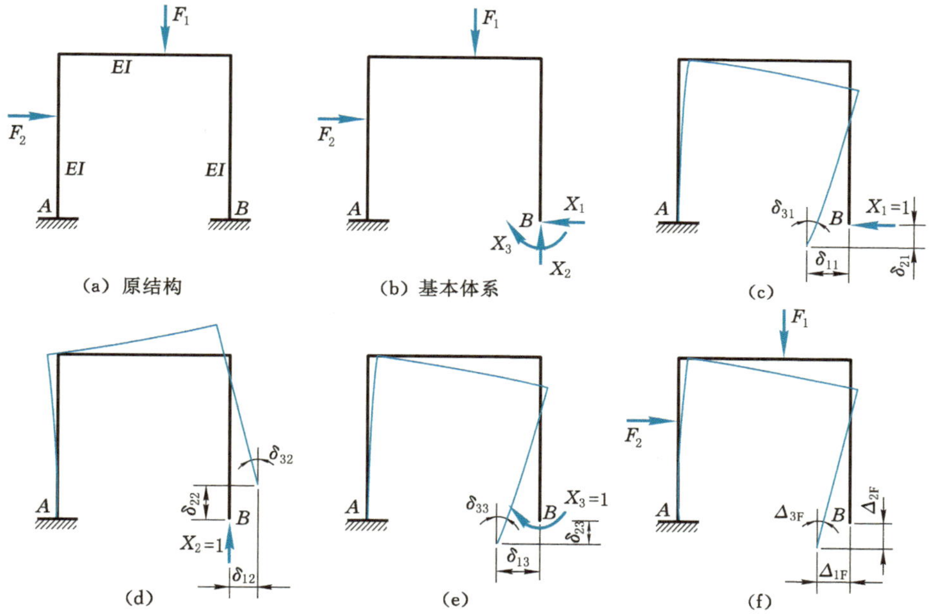

图 8-8　超静定刚架各系数和自由项的意义

力法方程中的系数 δ_{ii}、δ_{ij} 和自由项 Δ_{iF} 都是基本体系上的位移。由于基本体系是静定结构，所以按静定结构计算位移的方法，解出未知量 X_i 后，再按照分析静定结构方法求原结构的约束反力和内力。也可根据叠加原理求原结构的弯矩：

$$M=\overline{M}_1X_1+\overline{M}_2X_2+\overline{M}_3X_3+M_F$$

对于 n 次的超静定而言，共有 n 个多余未知力，而每一个多余未知力对应一个多余约束，进而可以建立一个已知的位移条件，故 n 次超静定可建立几个方程，当已知多余约束处的位移为零时，则力法的典型方程可写为：

$$\delta_{11}X_1+\delta_{12}X_2+\cdots+\delta_{1n}X_n+\Delta_{1F}=0$$
$$\delta_{21}X_1+\delta_{22}X_2+\cdots+\delta_{2n}X_n+\Delta_{2F}=0$$
$$\vdots$$
$$\delta_{n1}X_1+\delta_{n2}X_2+\cdots+\delta_{nn}X_n+\Delta_{nF}=0$$

在上列方程的各系数中，δ_{ii} 在系数阵列的主斜线上，称为主系数，其余的系数 δ_{ij} 称为副系数，Δ_{iF} 则称为自由项。所有系数和自由项，都是基本结构中多余约束处沿某一未知力方向的位移，并规定与所设多余未知力方向一致的为正。所以，主系数总是正值，副系数则可能为正、负或者是零。而且根据位移互等定理，副系数有关系：

$$\delta_{ij}=\delta_{ji}$$

系数和自由项求得后，即可解得各多余未知力，然后再按照分析静定结构的方法求原结构的约束反力和内力。或者根据叠加原理求原结构的弯矩：

$$M=\overline{M}_1X_1+\overline{M}_2X_2+\cdots+\overline{M}_nX_n+M_F$$

8.3 用力法计算超静定结构

本节将通过算例来说明用力法计算超静定结构的过程，需要注意，对于超静定梁、刚架和排架，一般在位移计算时，忽略轴向和剪切变形的影响，只考虑弯曲变形的影响。对于特殊情况，如高层框架结构柱的轴力比较大时，要考虑轴向变形对位移的影响，构件截面尺寸高度大而跨度小时，要考虑剪切变形对位移的影响。

8.3.1 用力法求解超静定梁

例 8-1 图 8-9(a)所示超静定梁，EI 为常数，试用力法求解并作其弯矩图。

解：(1) 选取基本体系。

选择一次超静定梁的基本体系如图 8-9(b)所示，基本未知量为 X_1。

(2) 列力法方程，求系数和自由项：

$$\delta_{11}X_1+\Delta_{1F}=0$$

绘制 $X_1=1$ 单独作用下的 $\overline{M}_1$ 图，如图 8-9(c)所示。

绘制外荷载单独作用下的 M_F 图，如图 8-9(d)所示。主系数 δ_{11} 由 $\overline{M}_1$ 图自乘得出：

$$\delta_{11}=\frac{1}{EI}\left(\frac{1}{2}l\times l\times\frac{2}{3}l\right)=\frac{l^3}{EI}$$

自由项 Δ_{1F} 由 $\overline{M}_1$ 图与 M_F 图互乘得出：

$$\Delta_{1F}=\frac{1}{EI}\times\frac{1}{2}\times l\times Fl\times\frac{2}{3}l=\frac{Fl^3}{3EI}$$

(3) 求解多余未知力、绘内力图。

由力法方程解得多余未知力：

$$X_1=-\frac{F}{3}$$

按叠加法绘弯矩图：$M=\overline{M}_1X_1+M_F$，弯矩图如图 8-9(e)所示。

8.3.2 用力法求解超静定刚架和排架的弯矩图

例 8-2 图 8-10(a)所示刚架为超静定结构，在水平力 F 作用下，试求刚架的弯矩图。

解：(1) 选取基本体系。

取基本体系如图 8-10(b)所示。基本未知量为 X_1、X_2。

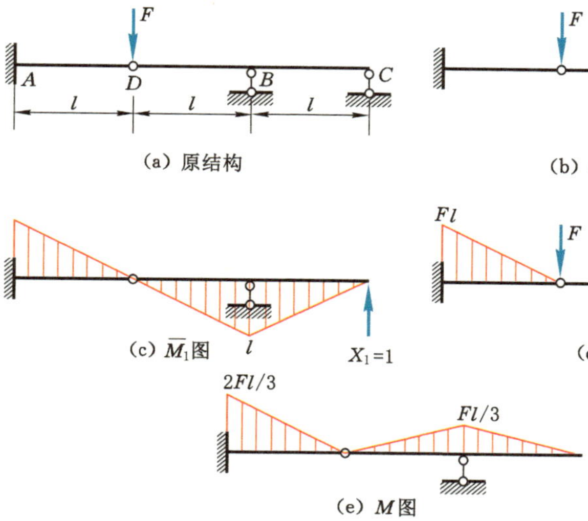

图 8-9 例 8-1 图

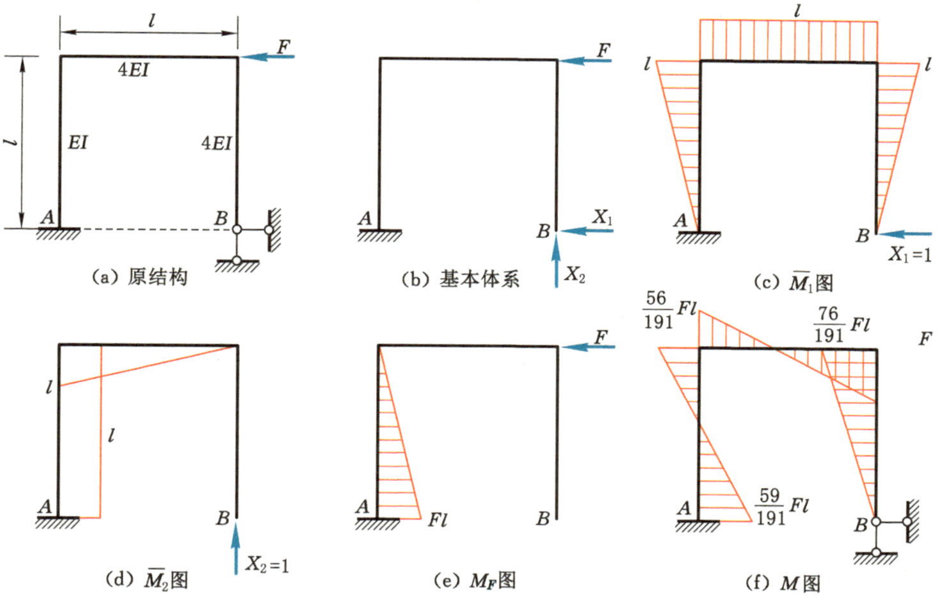

图 8-10 例 8-2 图

(2) 列力法方程,求系数和自由项。

基本结构应满足点 B 既无水平位移又无竖向位移的变形条件,力法方程为:

$$\delta_{11}X_1+\delta_{12}X_2+\Delta_{1F}=0$$
$$\delta_{21}X_1+\delta_{22}X_2+\Delta_{2F}=0$$

为计算系数及自由项,作出 $\overline{M}_1$ 图,$\overline{M}_2$ 图及 M_F 图。分别如图 8-10(c)、图 8-10(d)、图

8-10(e)所示。

$$\delta_{11}=\frac{1}{EI}\times\frac{1}{2}l^2\times\frac{2}{3}l+\frac{1}{4EI}\times l^2\times l+\frac{1}{4EI}\times\frac{1}{2}l^2\times\frac{2}{3}l=\frac{2l^3}{3EI}$$

$$\delta_{12}=\delta_{21}=-\frac{1}{EI}\times\frac{1}{2}l^2\times l-\frac{1}{4EI}\times l^2\times\frac{1}{2}l=-\frac{5l^3}{8EI}$$

$$\delta_{22}=\frac{1}{EI}\times l^2\times l+\frac{1}{4EI}\times\frac{1}{2}l^2\times\frac{2}{3}l=\frac{13l^3}{12EI}$$

$$\Delta_{1F}=-\frac{1}{EI}\times\frac{1}{2}Fl^2\times\frac{1}{3}l=-\frac{Fl^3}{6EI}$$

$$\Delta_{2F}=\frac{1}{EI}\times\frac{1}{2}Fl^2\times l=-\frac{Fl^3}{2EI}$$

(3) 求多余未知外力、画弯矩图。将各系数代入力法方程,解得:

$$X_1=-\frac{76}{191}F,X_2=-\frac{132}{191}F$$

弯矩图由叠加法得到,最后弯矩可按下式计算:

$$M=\overline{M}_1X_1+\overline{M}_2X_2+M_F$$

如图 8-10(f)所示。

例 8-3 图 8-11(a)所示等高单跨排架,已知受水平均布荷载作用。试作出排架的弯矩图。

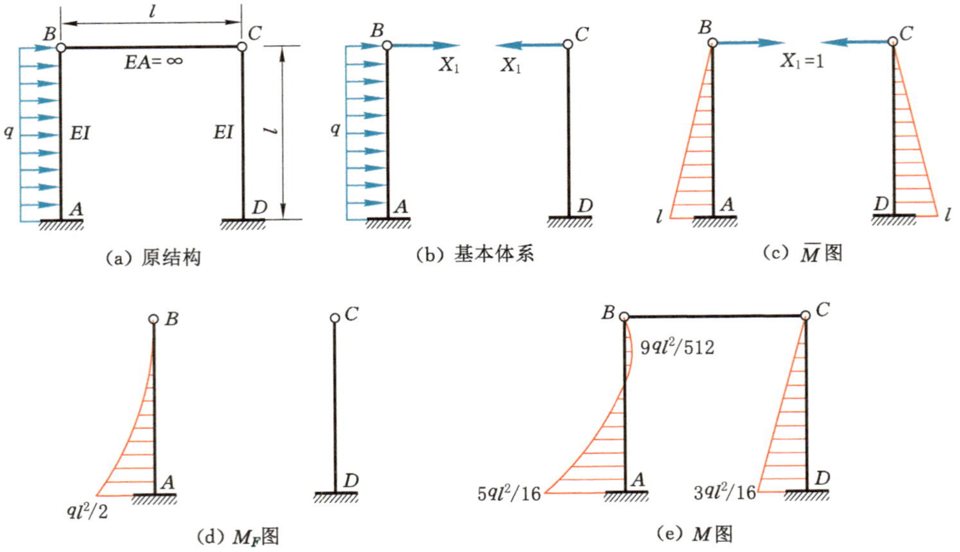

图 8-11 例 8-3 图

解:(1) 取基本体系。

该排架是一次超静定结构,基本体系如图 8-11(b)所示,取 BC 杆的轴力 x_1 为多余未知力。

（2）列力法方程，求系数和自由项。

因 BC 杆的抗压刚度为无穷大，故基本体系应满足柱端处 B、C 两点间的相对位移等于零，即：

$$\delta_{11}X_1+\Delta_{1F}=0$$

为求其系数，分别作出相应的 $\overline{M}_1$ 图和 M_F 如图 8-11(c)、图 8-11(d)所示。按图乘法主系数 δ_{11} 由 $\overline{M}_1$ 图自乘得出：

$$\delta_{11}=\frac{1}{EI}\left(\frac{1}{2}l\times l\times\frac{2}{3}l\right)\times 2=\frac{2l^3}{3EI}$$

自由项 Δ_{1F} 由 $\overline{M}_1$ 图与 M_F 图互乘得出：

$$\Delta_{1F}=\frac{1}{EI}\times\frac{1}{3}\times l\times\frac{1}{2}ql^2\times\frac{3}{4}l=\frac{ql^4}{8EI}$$

（3）求多余未知力、绘弯矩图。

将系数代入方程，解得：

$$X_1=-\frac{3}{16}ql$$

最后弯矩可由叠加法得到：

$$M=\overline{M}_1X_1+M_F$$

弯矩图如图 8-11(e)所示。

8.3.3　超静定桁架和组合结构的计算

在工程中有时采用超静定桁架这一结构形式。超静定桁架的计算，在基本方法上与其他超静定结构相同。但又有其特点，其基本结构的位移是由杆件的轴向变形引起的。典型方程中的主副系数和自由项，可根据单位荷载法公式得出，即：

$$\delta_{ij}=\sum\frac{\overline{F}_{Ni}\overline{F}_{Nj}l}{EA},\Delta_{iF}=\sum\frac{\overline{F}_{Ni}F_{NF}l}{EA}$$

桁架各杆的最后内力可按下式计算：

$$F_N=\overline{F}_{N1}X_1+\overline{F}_{N2}X_2+\cdots+\overline{F}_{Nn}+F_{NF}$$

超静定组合结构中既有链杆又有梁式杆，在计算位移时，对链杆只考虑轴力的影响，而对梁式杆只考虑弯矩的影响，通常可忽略轴力和剪力的影响。

下面，通过一个例题说明超静定桁架和组合结构的计算。

例 8-4　计算图 8-12(a)所示桁架，各杆 EA 为常数。

解：（1）取基本体系。

该桁架是一次超静定结构，基本体系如图 8-12(b)所示，取 CD 杆的轴力 X_1 为多余未知力。

（2）列力法方程，求系数和自由项。

基本结构应该满足杆 CD 某截面处相对位移等于零的变形条件，即：

$$\delta_{11}X_1+\Delta_{1F}=0$$

为求主系数和自由项。分别求出在 $X_1=1$ 作用下各杆的轴力 $\overline{F}_{N1}$，及在荷载 F 作用下

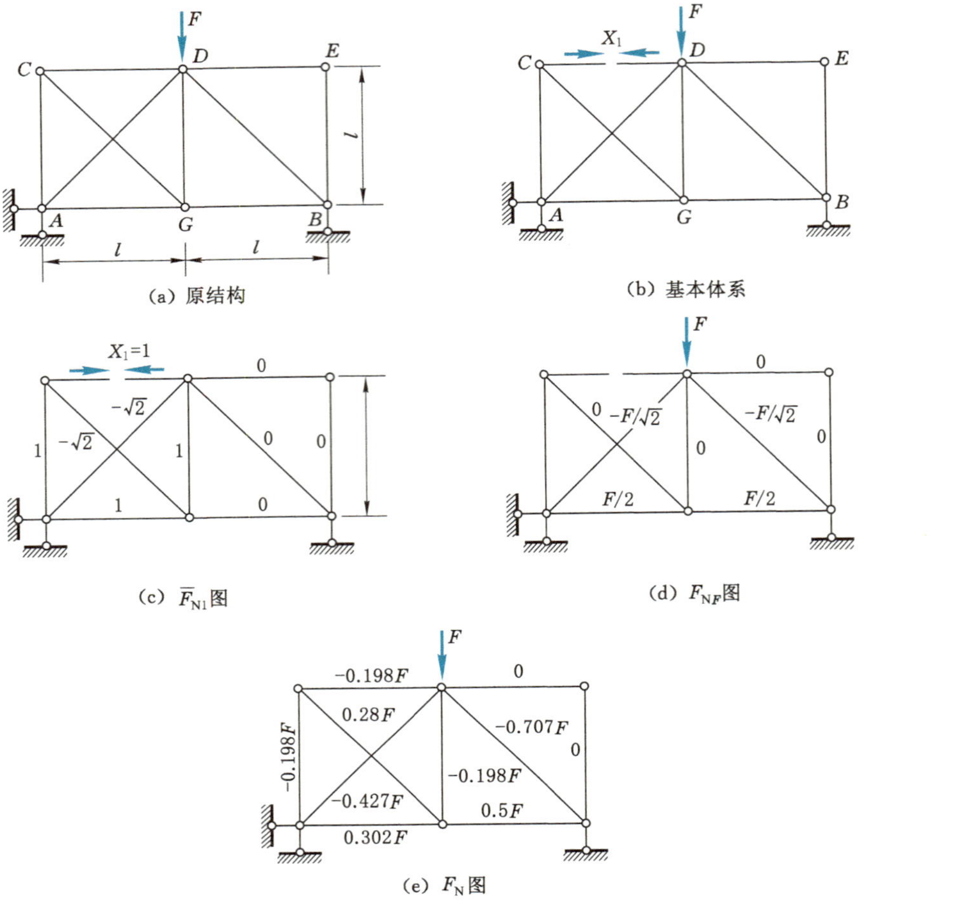

图 8-12　例 8-4 图

各杆的轴力 F_{NF}，如图 8-11(c)、图 8-11(d)所示，按照桁架位移计算公式，有：

$$\delta_{11}=\sum\frac{\overline{F}_{Ni}\overline{F}_{Ni}l}{EA}=4\times\frac{1}{EA}\times(1)^2\times a+2\times\frac{1}{EA}\times(-\sqrt{2})^2\times\sqrt{2}a=\frac{4a(1+\sqrt{2})}{EA}$$

$$\Delta_{1F}=\sum\frac{\overline{F}_{Ni}F_{NF}l}{EA}=\frac{1}{EA}\times(-\sqrt{2})\times\left(-\frac{\sqrt{2}}{2}F\right)\times\sqrt{2}a+\frac{1}{EA}\times1\times\frac{F}{2}\times a=\frac{Fa(1+2\sqrt{2})}{2EA}$$

(3) 求多余未知力

将各项系数代入力法方程，解得：

$$X_1=-\frac{(3-\sqrt{2})}{8}F$$

由叠加法求桁架各杆轴力：

$$F_N=\overline{F}_{N1}X_1+F_{NF}$$

如图 8-12(e)所示。

例 8-5　如图 8-13(a)所示横梁，$I=10\ 000\ \text{cm}^4$，链杆 $A=10\ \text{cm}^2$，$a=2\ \text{m}=100\ \text{kN}$，$E$

为常数，求链杆的轴力并作梁的弯矩图。

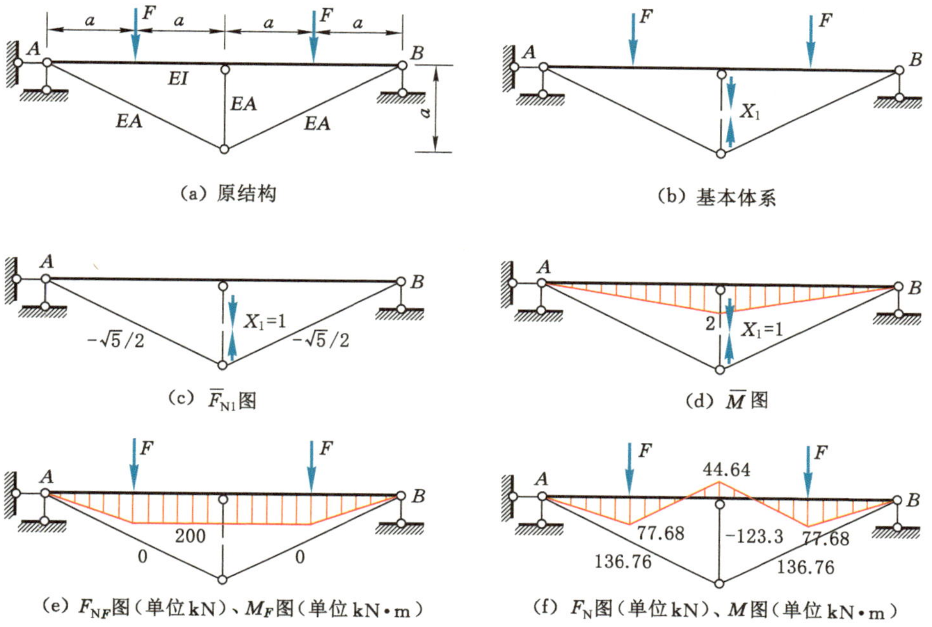

图 8-13　例 8-5 图

解：(1) 确定基本体系，如图 8-13(b)所示。

(2) 列力法方程，根据断面处相对位移为零，即：

$$\delta_{11}X_1 + \Delta_{1F} = 0$$

(3) 求解系数和自由项。

将荷载和 $X_1 = 1$ 分别作用在基本结构上，求出链杆的 $\overline{F}_{N1}$ 和梁的 $\overline{M}_1$ 图以及链杆 F_{NF} 和梁的 M_F 图，如图 8-13(c)、图 8-13(d)、图 8-13(e)所示。

$$\delta_{11} = \int \frac{\overline{M}_1^2}{EI}dx + \sum \frac{\overline{F}_{N1}^2}{EA}l$$

$$= \frac{2}{EI}\left(\frac{1}{2}\times 2\times 4\times\frac{2}{3}\times 2\right) + \frac{1}{EA}\left[\left(-\frac{\sqrt{5}}{2}\right)^2\times 2\sqrt{5}\times 2 + 1^2\times 2\right] = \frac{11.99\times 10^4}{E}$$

$$\Delta_{1F} = \int \frac{\overline{M}_1 M_F}{EI}dx + \sum \frac{\overline{F}_{N1}F_{NF}}{EA}l = \frac{1\ 466.67\times 10^4}{E}$$

(4) 解方程得：

$$X_1 = -122.32\ \text{kN}$$

(5) 内力计算可用叠加原理：

$$M = \overline{M}_1 X_1 + M_F,\ F_N = \overline{F}_{N1}X_1 + F_{NF}$$

内力图如图 8-13(f)所示。

8.4 结构对称性的利用

在工程中常见这样一类结构，它们不仅结构的几何图形是对称的，而且杆件的刚度及支承情况也是对称的，这类结构称之为对称结构。如图 8-14(a)、图 8-14(b)所示的刚架就是两个对称的结构，本节根据对称结构的特点来研究它们的简化计算方法。

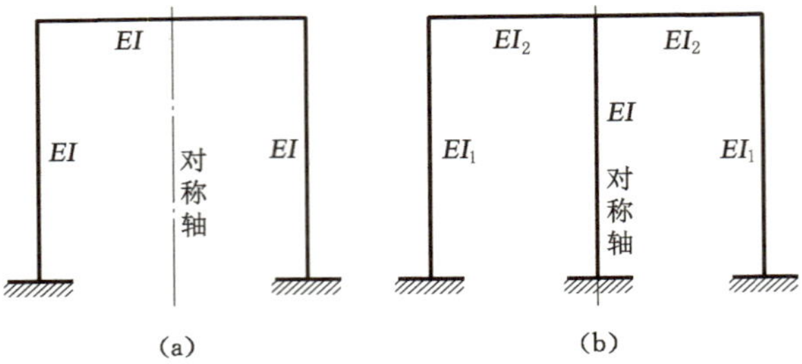

图 8-14 对称结构

8.4.1 选取对称的基本体系

下面讨论图 8-15 所示对称结构，为三次超静定对称刚架。在用力法求解结构内力时，首先是选取基本体系。显然，该刚架的基本体系并非唯一的，现将刚架从 CD 杆的中点截面 O 处切开，即去除刚架对称轴处的多余约束，并代以相应的多余未知力 x_1，x_2，x_3，得到图 8-15(b)所示的基本体系。

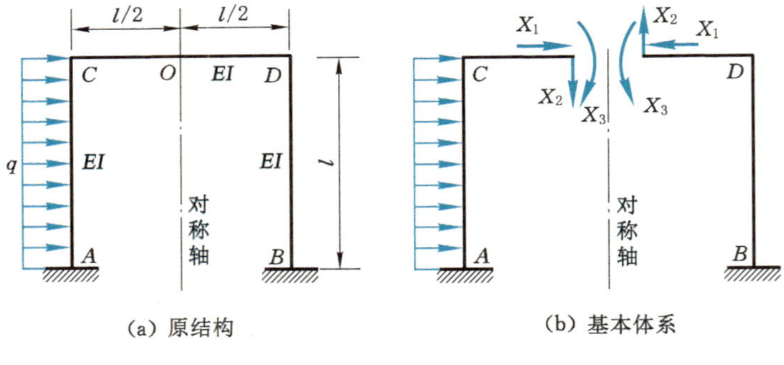

图 8-15 对称结构的基本体系

通过从对称轴处去除多余约束的方式，选取对称的基本体系。下面将讨论图 8-15(b)所示的基本体系的受力和变形特点，并由此得出简化的计算方法。

8.4.2 未知力分组及荷载分组

如图 8-16(a)所示对称结构，将刚架在荷载作用下的内力和变形看作是图 8-16(b)、图 8-16(c)两种情况的叠加。对于图 8-16(b)，若将对称轴左边部分绕对称轴转动 180°，则左右两部分上的荷载彼此重合(作用点相对应，数值相等，方向相同)，则这种荷载称为正对称荷载；反之，若将对称轴左边部分绕对称轴转动 180°，左右两部分上的荷载正好相反（作用点相对应，数值相等，方向相反），如图 8-16(c)所示，这种荷载称为反对称荷载。

同理，也可以将多余未知力分为正对称和反对称两组。例如 X_1、X_3 为正对称未知力，X_2 为反对称未知力，如图 8-16(d)、图 8-16(e)所示。

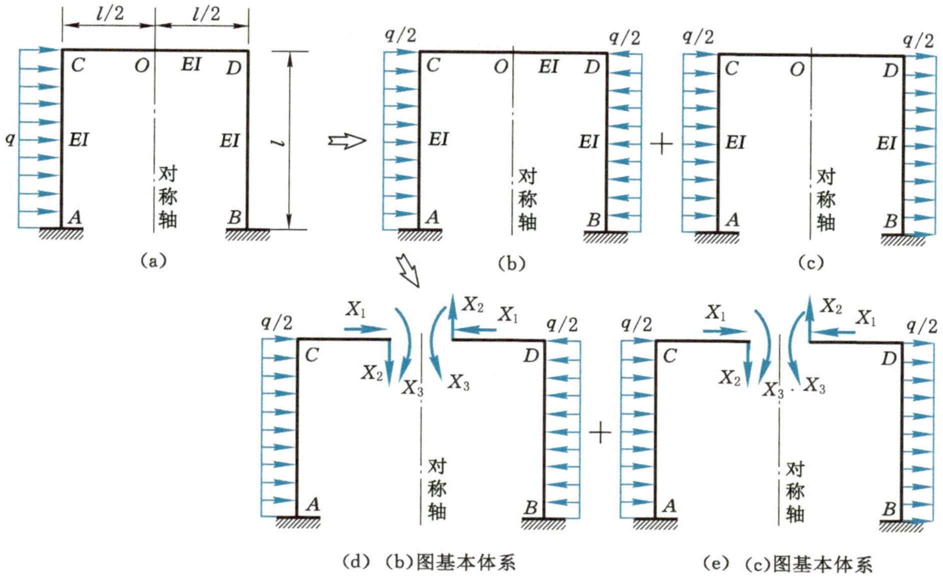

图 8-16　荷载分组

考虑原结构中 CD 杆是连续的，所以在 O 截面处的左右两截面，相对转角为零，竖向和水平向相对位移也为零。据此位移条件可以写出力法方程如下：

$$\Delta_1=0,\delta_{11}X_1+\delta_{12}X_2+\delta_{13}X_3+\Delta_{1F}=0$$
$$\Delta_2=0,\delta_{21}X_1+\delta_{22}X_2+\delta_{23}X_3+\Delta_{2F}=0$$
$$\Delta_3=0,\delta_{31}X_1+\delta_{32}X_2+\delta_{33}X_3+\Delta_{3F}=0$$

下面分析在正对称荷载和反对称荷载作用下对称结构内力和变形有何特点。

首先，在正对称荷载下，基本体系如图 8-16(d)所示，为求出力法方程中各系数，我们需要作出 $\overline{M}$ 图和 M_F 图，如图 8-17 所示。显然：$\overline{M}_2$ 图与其他弯矩图相乘，结果均为零，即 δ_{21}、δ_{23}、δ_{2F} 均为零。所以由力法方程中第二式可知反对称未知力：

$$X_2=0$$

对于对称未知力 X_1 和 X_3，需根据第一式、第三式进行计算。

其次，在反对称荷载下，基本体系如图 8-16(e)所示，作出 $\overline{M}$ 图和 M_F 图，然后利用图乘法可得 δ_{12}、δ_{32}、δ_{1F}、δ_{3F} 均为零。所以由力法方程中第一、三式可知对称未知力：

$$X_1=0、X_3=0$$

对于反对称未知力 X_2，则需根据第二式进行计算。

根据上述分析可知，对称的超静定结构，如果从结构的对称轴处去掉多余约束来选取对称的基本体系，则可使某些副系数为零，从而使力法的计算得到简化。如果荷载是正对称

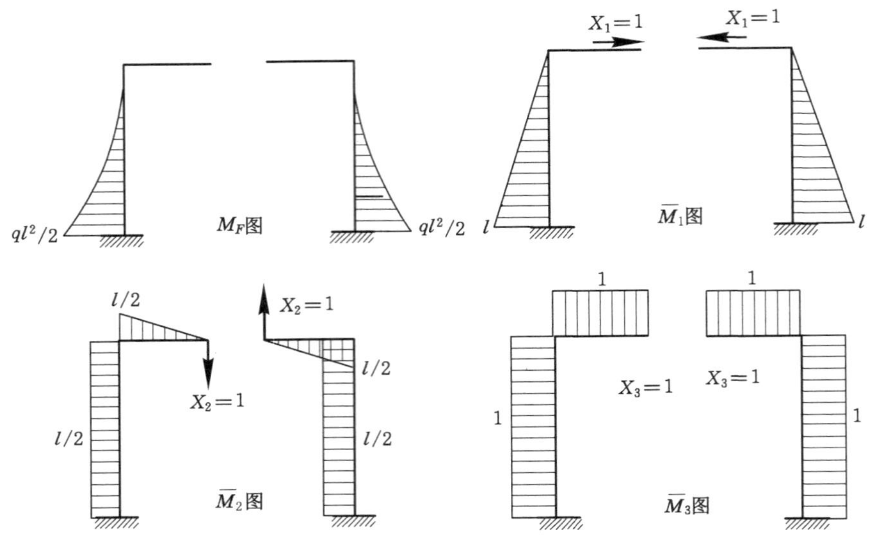

图 8-17　正对称荷载下内力

的，则在对称的基本体系上，反对称的多余未知力为零。这时，作用在对称的基本体系上的荷载和多余未知力都是正对称的，故结构的内力和变形状态都是正对称的，不会产生反对称的内力和位移。如果荷载是反对称的，正对称的多余未知力 X_1、X_3 将等于零，于是，结构中的内力将成反对称分布，变形状态也必然是反对称的。据此，可得如下结论：对称结构在正对称荷载作用下，其内力和位移都是正对称的；在反对称荷载下，其内力和位移都是反对称的。

利用上述结论，可使对称结构的计算得到很大的简化。如在分析对称刚架时，可取半个刚架来进行计算。下面对奇数跨和偶数跨两种对称刚架加以说明。

8.5　温度改变和支座移动时超静定结构的计算

8.5.1　温度改变

静定结构当温度改变时，结构可以产生变形，但不引起内力。而超静定结构当温度改变时会产生内力。这是超静定结构的特性之一。

如图 8-18(a)所示刚架，温度改变如图 8-18 所示。取图 8-18(b)所示为基本体系。基本结构在外因和多余未知力共同作用下，去掉多余联系处的位移与原结构的位移相符。

典型方程为：

$$\delta_{11}X_1+\delta_{12}X_2+\delta_{13}X_3+\Delta_{1t}=0$$
$$\delta_{21}X_1+\delta_{22}X_2+\delta_{23}X_3+\Delta_{2t}=0$$
$$\delta_{31}X_1+\delta_{32}X_2+\delta_{33}X_3+\Delta_{3t}=0$$

式中系数的计算与以前相同，与外因无关。自由项为基本结构由于温度变化引起的位

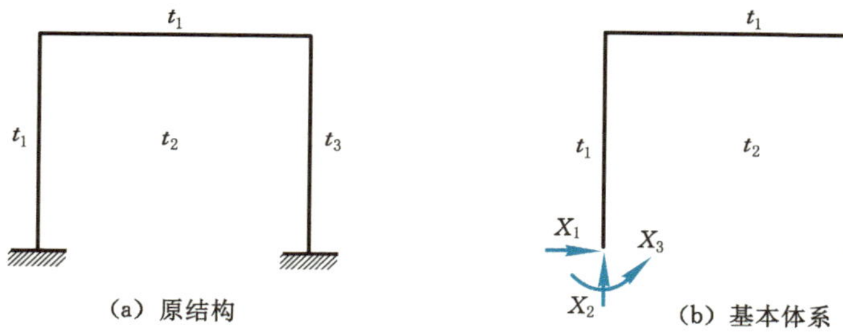

图 8-18　超静定结构温度改变时的计算

移，自由项 Δ_{1t}、Δ_{2t}、Δ_{3t} 分别代表基本结构由于温度改变而在去掉多余约束处沿 X_1、X_2、X_3 方向上所引起的位移，计算式为：

$$\Delta_{it}=\sum \overline{F}_{Ni}\alpha t l+\sum \frac{\alpha \Delta t}{h}\int \overline{M}_i \, ds$$

最后弯矩为 $M=\overline{M}_1X_1+\overline{M}_2X_2+\overline{M}_3X_3$。

例 8-6　已知图 8-19(a)所示刚架外侧温度升高 25 ℃，内侧温度升高 35 ℃，试绘制其弯矩图并计算横梁中点的竖向位移。EI 为常数，截面对称于形心轴，高度 $h=l/10$，材料的线膨胀系数为 α。

解：这是一次超静定刚架，基本体系如图 8-19(b)所示。

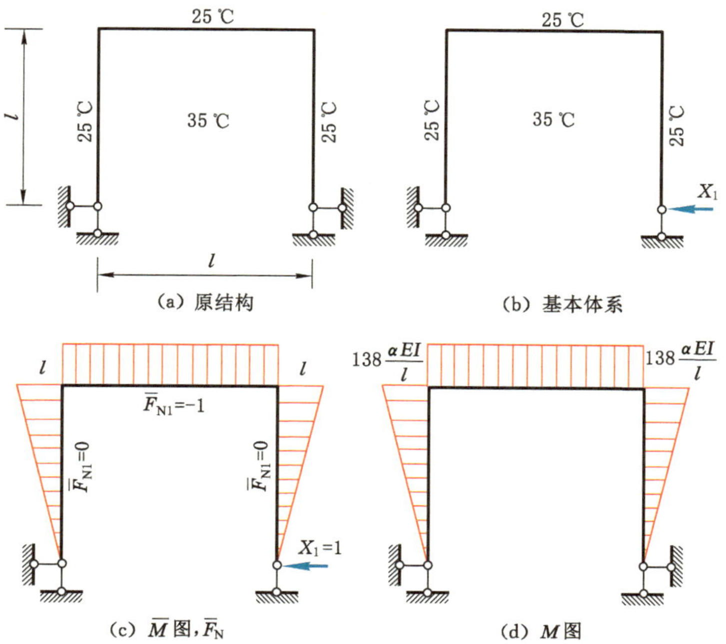

图 8-19　例 8-6 图

典型方程为：

$$\delta_{11}X_1+\Delta_{1t}=0$$

虚拟力状态及内力图如图 8-19(c)所示。

$$\delta_{11}=\sum\int\frac{\overline{M}_1^2\mathrm{d}s}{EI}=\frac{5l^3}{3EI}$$

$$\Delta_{1t}=\sum\overline{F}_{\mathrm{N1}}\alpha tl+\sum\frac{\alpha\Delta t}{h}\int\overline{M}_1\mathrm{d}s=-230\alpha l$$

解典型方程得：

$$X_1=-\frac{\Delta_{1t}}{\delta_{11}}=138\frac{\alpha EI}{l^2}$$

最后弯矩为 $M=\overline{M}_1X_1$，弯矩图如图 8-19(d)所示。

8.5.2 支座移动

与静定结构不同，超静定结构产生支座移动时，结构不仅发生变形，而且产生内力。下面讨论超静定结构发生支座移动时的力法解题思路。

如图 8-20(a)所示刚架，当支座 B 由于某种原因发生图示位移。基本体系如图 8-20(b)所示。

典型方程为：

$$\delta_{11}X_1+\delta_{12}X_2+\delta_{13}X_3+\Delta_{1\Delta}=0$$
$$\delta_{21}X_1+\delta_{22}X_2+\delta_{23}X_3+\Delta_{2\Delta}=-\varphi$$
$$\delta_{31}X_1+\delta_{32}X_2+\delta_{33}X_3+\Delta_{3\Delta}=-a$$

计算支座的影响与计算荷载的影响在基本思路和具体方法上都是一致的，系数的计算同前，唯一区别在于力法方程中自由项的计算。在典型方程中，自由项 $\Delta_{1\Delta}$、$\Delta_{2\Delta}$、$\Delta_{3\Delta}$ 分别代表基本结构由于支座而在去掉多余约束处沿 x_1、x_2、x_3 方向上所引起的位移，计算式为：

$$\Delta_{i\Delta}=-\sum\overline{F}_{R_i}c$$

多余未知力分别等于 1 时的弯矩图如图 8-20(c)、图 8-20(d)、图 8-20(e)所示。

$$\Delta_{1\Delta}=-\left(-\frac{1}{l}b\right)=\frac{b}{l}\Delta_{2\Delta}=-\left(\frac{1}{l}b\right)=-\frac{b}{l}\Delta_{3\Delta}=0$$

解方程求得 X_1、X_2、X_3。

最后求得弯矩为 $M=\overline{M}_1X_1+\overline{M}_2X_2+\overline{M}_3X_3$。

例 8-7 如图 8-21(a)所示两端固定的等截面梁 A 段发生了转角，试分析其内力。

解： 取基本体系如图 8-21(b)。因 $X_3=0$，典型方程为：

$$\delta_{11}X_1+\delta_{12}X_2+\Delta_{1\Delta}=\varphi$$
$$\delta_{21}X_1+\delta_{22}X_2+\Delta_{2\Delta}=0$$

多余未知力分别等于 1 时的弯矩图如图 8-21(c)、图 8-21(d)所示。

$$\delta_{11}=\delta_{22}=\frac{l}{3EI},\delta_{12}=\delta_{21}=-\frac{l}{6EI}$$

$$\Delta_{1\Delta}=0,\Delta_{2\Delta}=0$$

解方程得：

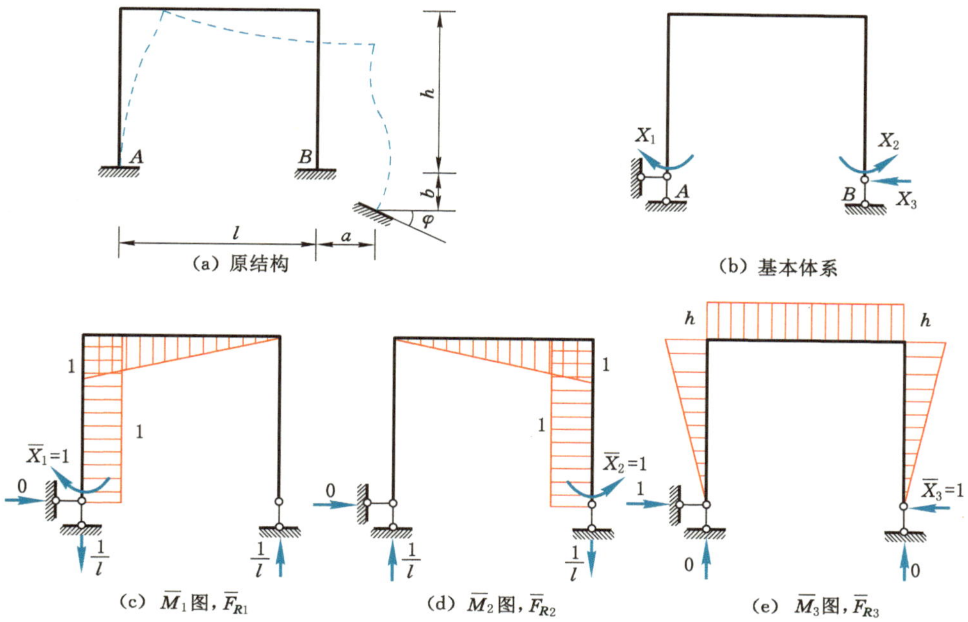

图 8-20　超静定结构支座移动时的计算

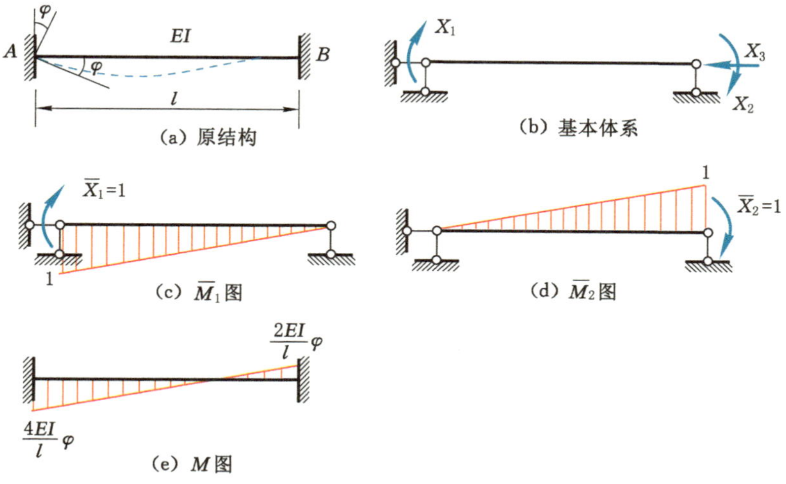

图 8-21　例 8-7 图

$$X_1=\frac{4EI}{l}\varphi, X_2=\frac{2EI}{l}\varphi$$

最后弯矩为：

$$M=\overline{M}_1X_1+\overline{M}_2X_2$$

如图 8-21(e)所示。

8.6 超静定结构的位移计算

前面介绍的变形体的虚功原理，不仅可以用来计算静定结构的位移，同样也可用来计算超静定结构的位移。如图 8-22(a)所示超静定刚架，如求 CB 杆中点 K 的竖向位移 Δ_{Ky}。需要先用力法计算，画出刚架的弯矩 M 图如图 8-22(b)所示。然后在 K 点施加竖向单位荷载，再用力法计算，画出刚架的弯矩 $\overline{M}_K$ 图，如图 8-22(c)所示。下面就可以用图乘法计算 K 点的位移 Δ_{Ky}。

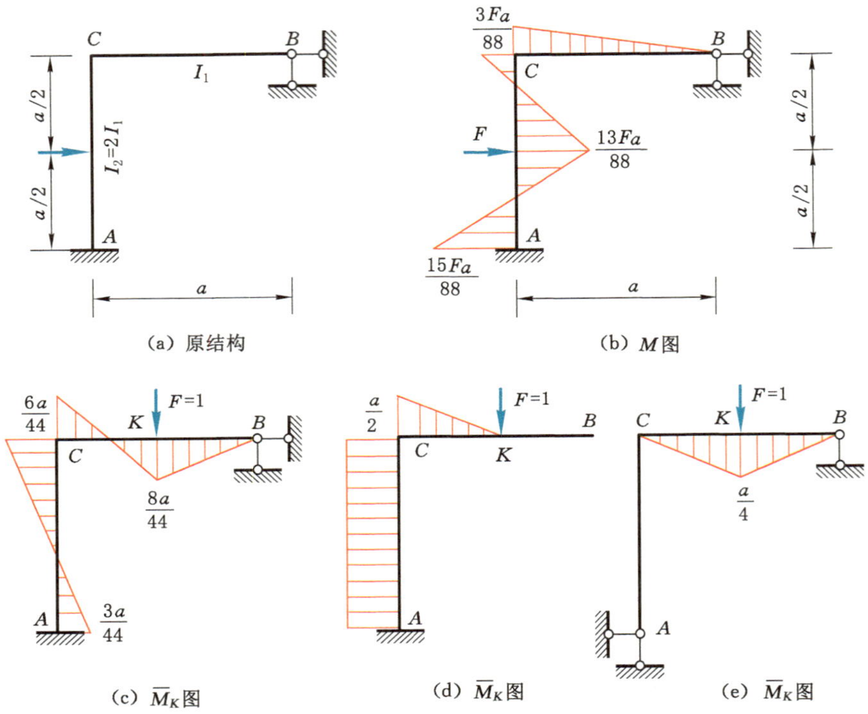

图 8-22 超静定结构的位移计算

上述计算比较麻烦，需要用力法计算两个 2 次超静定结构。

由力法计算超静定结构可知：在荷载及多余未知力共同作用下，基本结构的受力和位移与原结构完全一致，这样，超静定结构的位移计算就可转化为静定结构的位移计算。求超静定结构的位移可以用求基本结构的位移代替。虚拟状态如图 8-22(d)或图 8-22(e)所示。

由图 8-22(d)可得：

$$\Delta_{Ky}=-\frac{3Fa^3}{1\ 408EI_1}$$

由图 8-22(e)可得：

$$\Delta_{Ky}=-\frac{3Fa^3}{1\ 408EI_1}$$

计算超静定结构位移步骤为：

(1) 计算超静定结构,求出实际状态的内力,作出原超静定结构的弯矩图。

(2) 任选一种基本结构作为虚拟力状态,加上单位力求出虚拟力状态的弯矩图。

(3) 按位移计算公式计算所求位移。

本章小结

(1) 力法是以静定结构为基础,将多余未知力作为基本未知量,根据变形条件建立力法方程并求解的方法。

(2) 力法是以多余未知力作为基本未知量,按照超静定结构上解除多余约束的性质和数量来确定基本未知量的。

(3) 解除多余约束后的静定结构称为力法的基本结构。对于同一个超静定结构,可以采用不同的方式解除多余约束。但必须满足解除某些约束后的结构为几何不变且无多余约束的静定结构。虽然选取基本结构的静定结构一般不止一种形式,但是超静定次数必然相等。

(4) 力法方程是一组变形协调方程,其物理意义是基本结构在多余未知力和荷载作用下,多余未知力作用处的位移与原结构相应处的位移相同。充分理解方程中的系数和自由项的意义。

(5) 尽量利用结构的对称性简化计算。对称结构上的任意荷载都可以分解为对称荷载和反对称荷载两组。还可以利用半结构进行简化,选取半结构时,应使该半结构能等效代替原结构半边的受力和变形状态。

(6) 会利用对称性简化计算方法,能运用力法计算超静定结构在支座移动、温度变化时的内力。

(7) 超静定结构的位移与静定结构的位移相比仅仅是增加了约束力的作用,原超静定结构的位移就是任意选定的基本结构在各多余约束力和荷载共同作用下的位移。

思考与练习

8-1　如何得到力法的基本结构？对于给定的超静定结构,它的力法基本结构是唯一的吗？基本未知量的数目是确定的吗？

8-2　力法方程中的主系数、副系数和自由项的物理意义是什么？

8-3　欲使力法计算超静定结构的工作得到简化,应该从哪些方面去考虑？

8-4　题8-4图(a)所示超静定结构的基本体系如题8-4图(b)、题8-4图(c)所示。试问分别用这两种基本体系计算时,其位移条件各是什么？并分别写出其力法典型方程。

8-5　试确定题8-5图所示结构的超静定次数。

8-6　用力法计算题8-6图所示各结构,并作 M 图。

8-7　用力法计算题8-7图所示刚架,作 M 图。

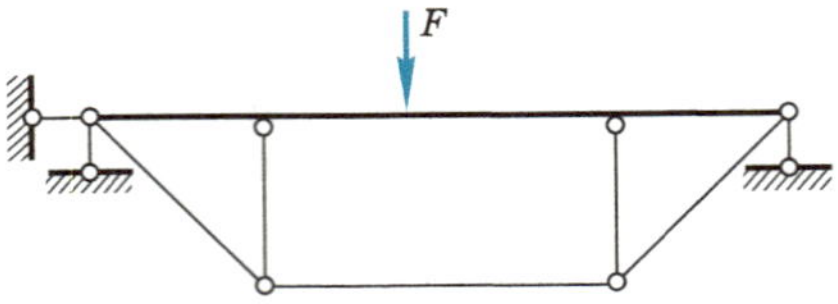

(a) 原结构

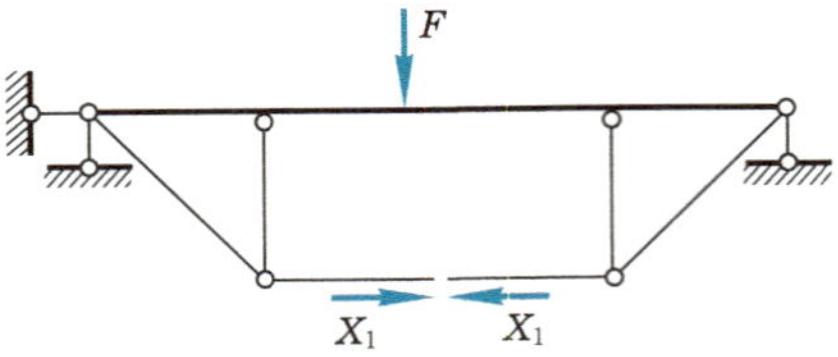

(b)

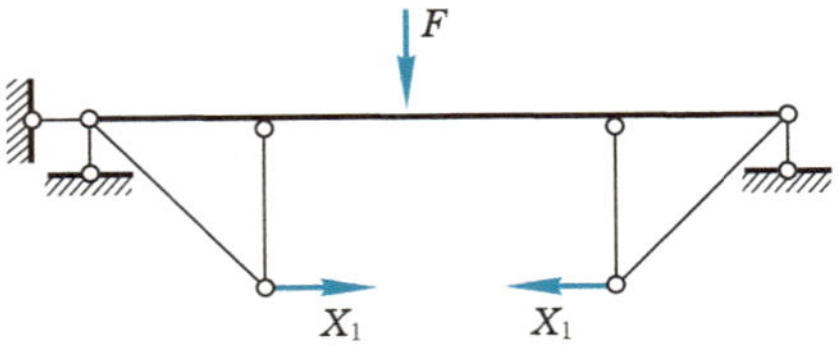

(c)

题 8-4 图

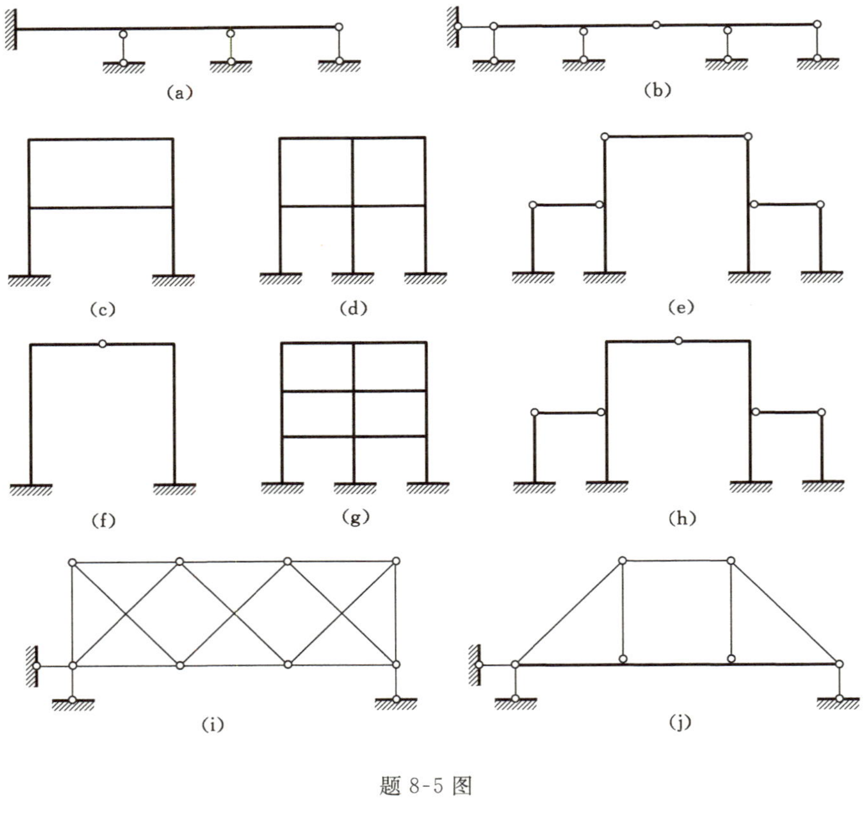

题 8-5 图

8-8　已知题 8-8 图所示桁架中各杆 EA 相同,试求桁架中各杆的轴力。

8-9　应用力法求解题 8-9 图所示结构,画出梁式杆的 M 图,并计算各根链杆的轴力。已知梁的 $EI=2\times10^4$ kN·m、链杆 $EA=5\times10^5$ kN,$F=10$ kN,$l=2$ m。

8-10　题 8-10 图所示一不等高两跨排架,$I_1:I_2=4:3$,试作出该排架的弯矩图。

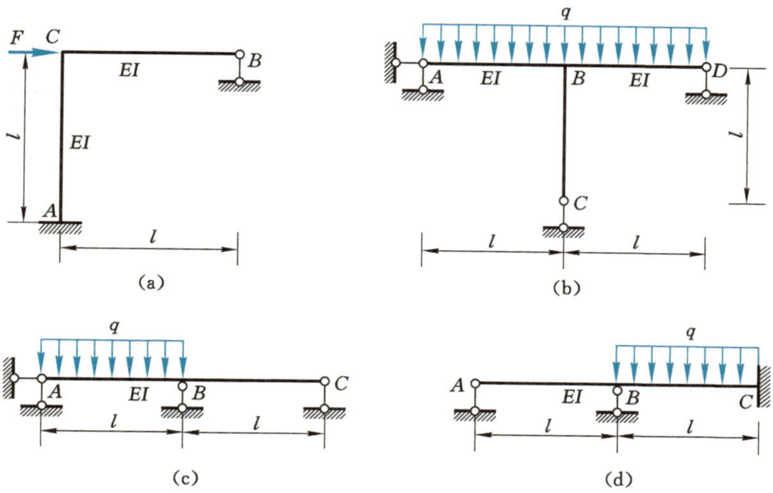

题 8-6 图

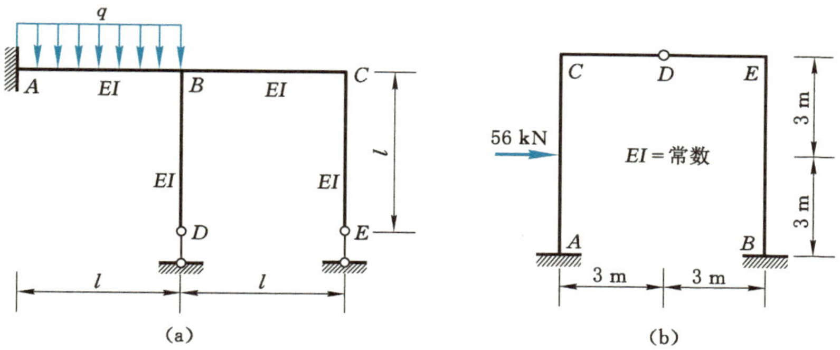

题 8-7 图

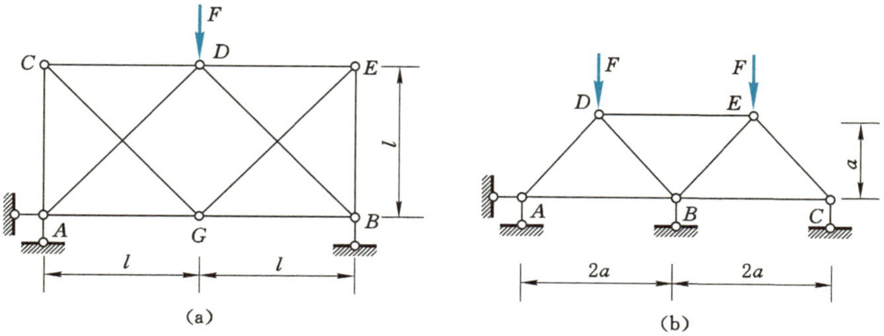

题 8-8 图

8-11　作题 8-11 图所示对称结构的弯矩图，EI 为常数。

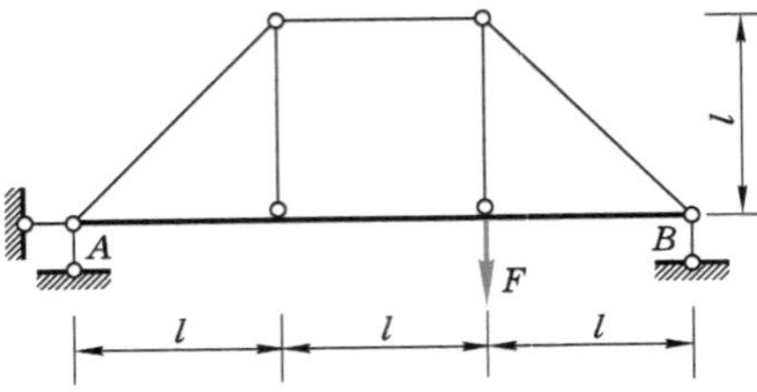

题 8-9 图

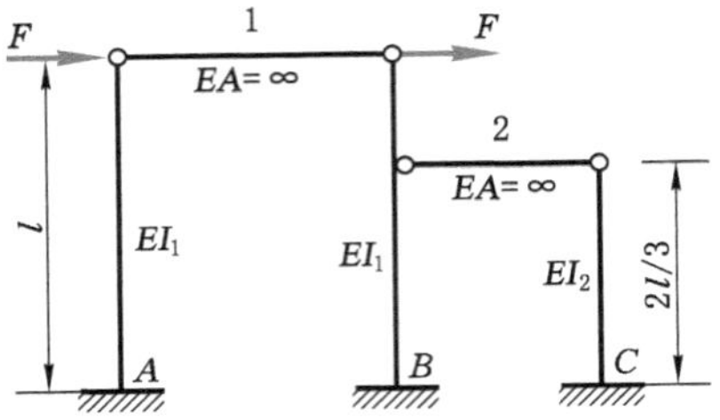

题 8-10 图

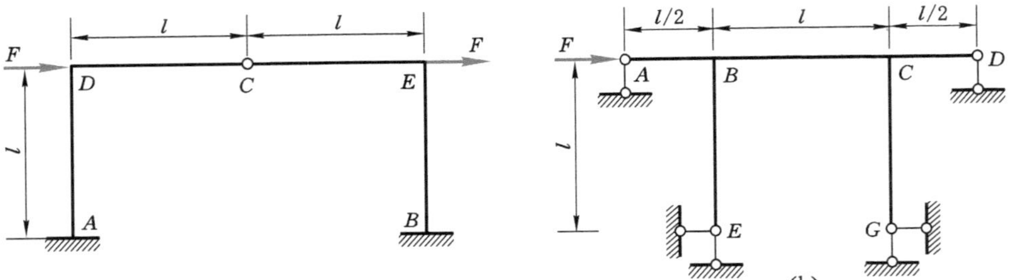

(a) (b)

题 8-11 图

8-12　应用力法求解题 8-12 图所示梁，已知梁的 B 端下沉 c，EI 为常数，画出梁的 M 图。

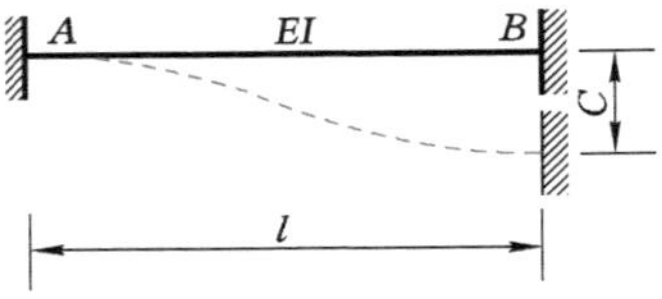

题 8-12 图

参考答案

8-1～8-4　略

8-5　(a) 3；(b) 1；(c) 6；(d) 12；(e) 3；(f) 2；(g) 18；(h) 4；(i) 1；(j) 1

8-6　(a) $M_{BC}=0.375Fl$（下侧受拉），$M_{AB}=0.625\ 5Fl$（左侧受拉）；

(b) $M_{BA}=M_{BD}=0.125ql^2$（上部受拉）；

(c) $M_{BA}=\frac{1}{16}ql^2$（上部受拉）；

(d) $M_{BA}=\frac{1}{28}ql^2$（上部受拉），$M_{CB}=\frac{3}{28}ql^2$（上部受拉）

8-7 (a) $M_{AB}=\frac{3}{28}ql^2$(上部受拉),$M_{CB}=\frac{1}{28}ql^2$(上部受拉);

(b) $M_{AB}=97.5\ \text{kN}\cdot\text{m}$

8-8 (a) $F_{NCD}=0$,$F_{NDE}=0$,$F_{NCA}=0$,$F_{NCF}=0$,$F_{NEF}=0$,$F_{NBE}=0$,

$F_{NAD}=-0.707F$,$F_{NBD}=-0.707F$,$F_{NAF}=0.5F$,$F_{NBF}=0.5F$;

(b) $F_B=1.173P$,$F_{NAB}=0.415P$,$F_{NDE}=0.17P$

8-9 $F_{NCD}=-4.75\ \text{kN}$,$M_E=16.2\ \text{kN}$;

8-10 $F_{N1}=-\frac{7}{29}F$,$F_{N2}=-27/29F$

8-11 (a) $M_{DC}=\frac{3}{8}Fl$ (下部受拉),$M_{EC}=\frac{3}{8}ql^2$(上部受拉);

(b) $M_{BA}=\frac{1}{4}Fl$ (上部受拉),$M_{BC}=\frac{1}{4}Fl$(下部受拉),

$M_{BE}=\frac{1}{2}Fl$ (右侧受拉)

8-12 $M_{AB}=\frac{6EI}{l^2}c$

第9章 位 移 法

【本章要点】

位移法求解超静定结构的基本概念；

等截面杆件的形常数和载常数，位移法方程的物理意义；

位移法的基本未知量和基本体系的确定方法；

位移法方程的建立，系数和自由项的计算；

应用位移法求解荷载作用下的超静定梁和刚架的内力；

对称结构的计算方法；

位移法求解超静定结构在支座移动和温度变化时的计算方法。

【问题导入】

第 8 章介绍了力法的基本原理，用力法计算超静定结构时，是将多余联系的力作为未知量，求出这些未知量后，即可利用静力平衡条件或叠加原理求出结构中各杆件的全部内力。但随着高次超静定结构的出现，如果仍采用力法计算将十分烦琐。位移法也是计算超静定结构基本的、有效的方法，不仅如此，对于静定结构，位移法也是一种计算方法。

力法和位移法在结构力学发展史及解决工程实践中均扮演重要的角色，其思想原理的提出者和发展者也在整个人类科学史上发挥着重要作用。

力法最初由麦克斯韦（著名麦克斯韦方程的提出者）于 1864 年提出，后经莫尔（著名的莫尔-库仑准则提出者）于 1874 年进行修正，然后由穆勒进行了发展。

位移法（转角位移法）的发展最早是由纳维（纳维-斯托克斯方程的提出者）于 1826 年提出了弹性力学中的位移法思想。转角位移法的前身次弯矩法是由曼德拉于 1880 年提出，莫尔于 1892 年对其进行修改并逐渐为人所知。1915 年，威尔逊和曼尼改造了次弯矩法，用它求解刚架内力，并称之为转角位移法。随着转角位移法的进一步发展，后面出现了渐进法（力矩分配法）和矩阵位移法（两者的基本思想均为位移法），为解决更为复杂结构的计算提供了基础。本章详细介绍位移法（转角位移法）的基本思想和计算步骤。

9.1 位移法的基本思路

结构的内力与位移之间具有一定的关系，即确定的内力只与确定的位移相对应。从这点出发，在分析超静定结构时，先设法求出内力，然后计算相应的位移，这便是力法；但也可以反过来，先确定某些位移，再据此推求内力，这便是位移法。由此可以看出，位移法和力法的主要区别在于它们所选取的基本未知量不同。力法是以结构中的多余约束力为基本未知量，利用位移条件可以求出多余未知力。而位移法是取节点位移为基本未知量，利用平衡条件求出节点位移。位移法未知量的个数与超静定次数无关，这就使得对一个超静定结构的力学计算，有时候用位移法要比用力法计算简单得多，尤其用于一些超静定次数较多的刚架。

为了说明位移法的基本思路，我们来分析图 9-1(a)所示刚架的位移。它在均布荷载 q 作用下将发生虚线所示的变形，在刚节点 1 处两杆的杆端均发生相同的转角 Z_1。此外，若略去轴向变形，则可认为两杆长度不变，因而节点 1 没有线位移。如何据此来确定各杆内力呢？对于 1—2 杆，可以把它看成是一根两端固定的梁，除了受到均布荷载 q 作用外，固定支座 1 还发生了转角 Z_1，如图 9-1(b)所示，而这两种情况下的内力都可以由力法算出。同理，1—3 杆则可以看作是一端固定、另一端铰支的梁，而在固定端 1 处发生了转角 Z_1，如图 9-1(c)所示，其内力同样可以用力法算出。可见，在计算此刚架时，如果以节点 1 的角位移 Z_1 为基本未知量，设法先求出 Z_1，则各杆的内力可以随之确定。这就是位移法的思路。

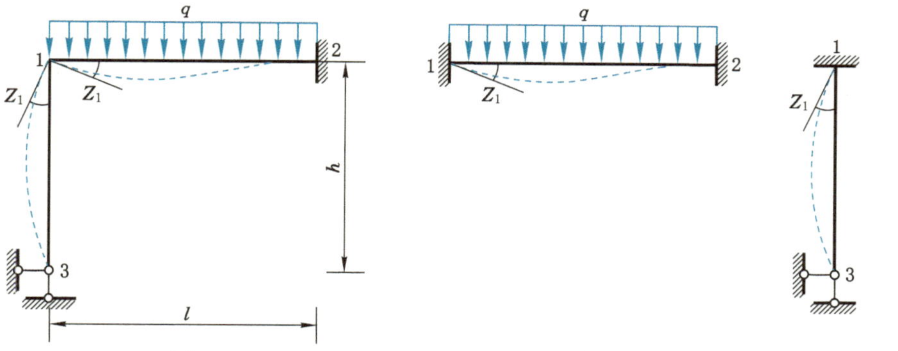

图 9-1　位移法的基本思路

由以上讨论可知，在位移法中需要解决以下问题：

(1) 用力法算出单跨超静定梁在杆端发生各种位移(角位移、线位移)以及荷载等因素作用下的内力。

(2) 确定以哪些位移作为基本未知量。

(3) 如何求出这些位移。

在后面的章节会讨论解决以上问题。

9.2　等截面单跨超静定梁的杆端内力

位移法是用加约束的方法将结构中的各杆件均变成单跨超静定梁。在不计轴向变形的情况下，单跨超静定梁有图 9-2 所示三种形式。它们分别为：两端固定梁，如图 9-2(a)

所示；一端固定一端铰支座梁，如图 9-2(b)所示；一端固定一端定向滑动梁，如图 9-2(c)所示。

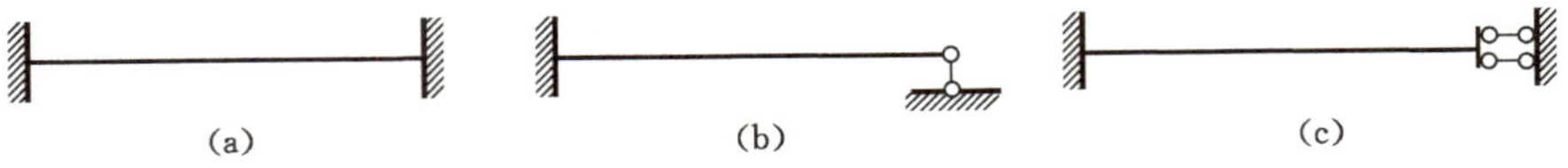

图 9-2　常见单跨超静定梁

上述各单跨超静定梁因荷载作用产生的杆端力，因支座位移产生的杆端力均可用力法求出，在位移法中是已知量。

9.2.1　杆端力与杆端位移的正负规定

9.2.1.1　杆端力的正负规定

M_{AB}、M_{BA}分别表示 AB 杆 A 端和 B 端的弯矩，其正负号规定为：对杆端而言，顺时针转向为正，逆时针转向为负；对节点而言，逆时针转向为正，顺时针转向为负。

F_{SAB}，F_{SBA}分别表示 AB 杆 A 端和 B 端的剪力，其正负号规定为：使所研究的分离体有顺时针转动趋势为正，有逆时针转动趋势为负。如图 9-3 所示。

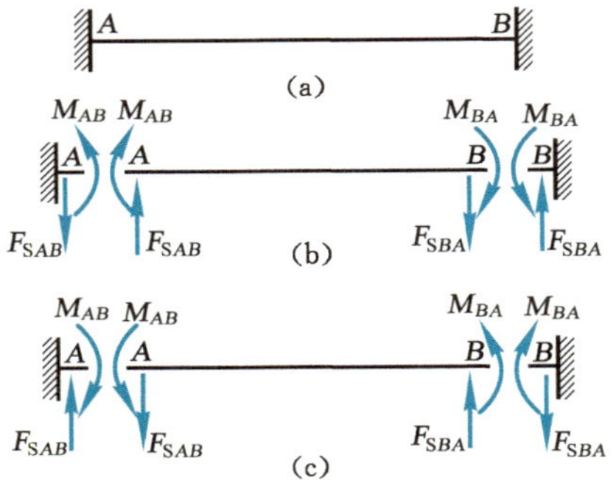

图 9-3　杆端力的正负

9.2.1.2　杆端位移的正负规定

φ_A 表示固定端 A 的角位移，其正负规定为：顺时针方向转动为正，逆时针方向转动为负，如图 9-4(a)、图 9-4(b)所示。

Δ 表示固定端或铰支座的线位移，两杆端连线发生顺时针方向转动时，线位移为正，反之为负，如图 9-4(c)和图 9-4(d)所示。

9.2.2　荷载作用下等截面单跨超静定梁的杆端力

当支座无位移时，荷载作用下等截面单跨超静定梁的杆端弯矩和杆端剪力分别称为固端弯矩和固端剪力。对于给定的等截面单跨超静定梁，它们是只与荷载形式有关的常数，故称为载常数，分别用 M^F 和 F_S^F 表示。

等截面单跨超静定梁的载常数可以用力法求得，为方便利用列于表 9-1 中。

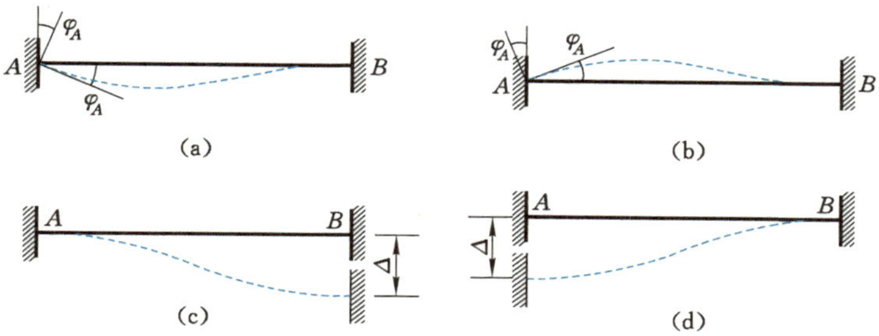

图 9-4 杆端力的正负

表 9-1 等截面单跨超静定梁的固端弯矩和固端剪力(载常数)

序号	简图	弯矩图	固端弯矩		固端剪力	
			M_{AB}^F	M_{BA}^F	F_{SAB}^F	F_{SBA}^F
1	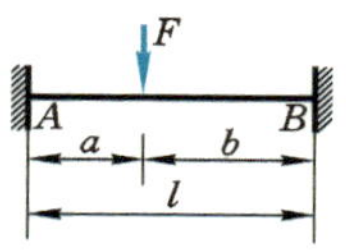	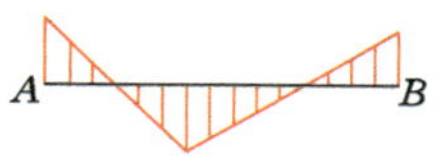	$-\frac{Fab^2}{l^2}$	$\frac{Fa^2b}{l^2}$	$\frac{Fb^2}{l^2}(1+\frac{2a}{l})$	$-\frac{Fa^2}{l^2}(1+\frac{2b}{l})$
			当 $a=b$ 时 $-\frac{Fl}{8}$	$\frac{Fl}{8}$	$\frac{F}{2}$	$-\frac{F}{2}$
2	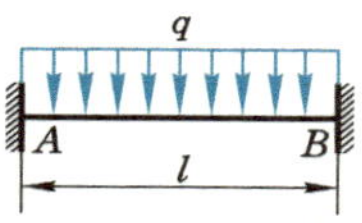	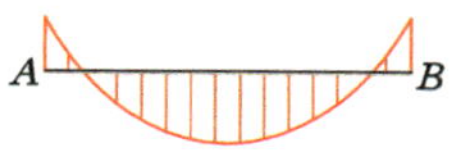	$-\frac{ql^2}{12}$	$\frac{ql^2}{12}$	$\frac{ql^2}{2}$	$-\frac{ql^2}{2}$
3	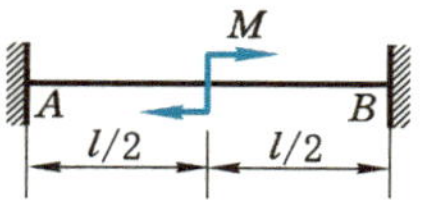	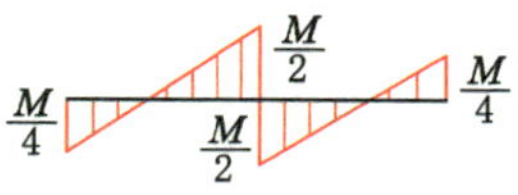	$\frac{M}{4}$	$\frac{M}{4}$	$-\frac{3M}{2l}$	$-\frac{3M}{2l}$
4	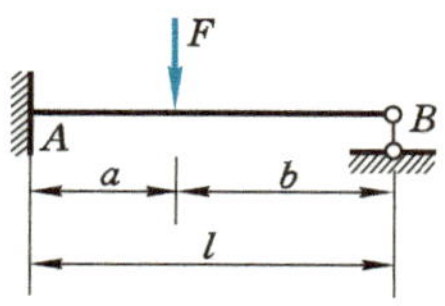	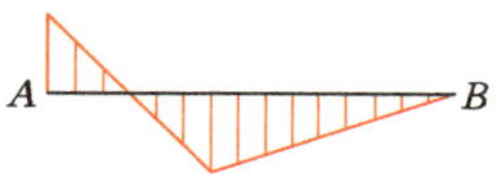	$-\frac{Fab}{2l^2}(l+b)$	0	$\frac{Fb}{2l^3}(3l^2-b^2)$	$-\frac{Fa^2}{2l^3}(2l+b)$
			当 $a=b$ 时 $-\frac{3Fl}{16}$	0	$\frac{11F}{16}$	$-\frac{5F}{16}$
5	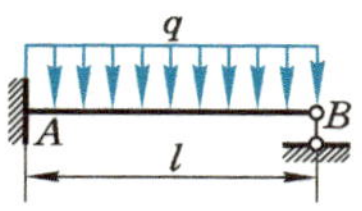	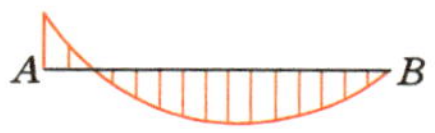	$-\frac{ql^2}{8}$	0	$\frac{5ql}{8}$	$-\frac{3ql}{8}$
6	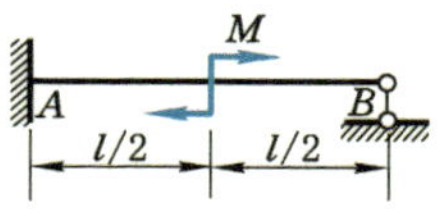	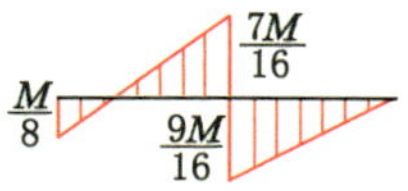	$\frac{M}{8}$	0	$-\frac{9M}{8l}$	$-\frac{9M}{8l}$

表 9-1(续)

序号	简图	弯矩图	固端弯矩		固端剪力	
			M_{AB}^{F}	M_{BA}^{F}	F_{SAB}^{F}	F_{SBA}^{F}
7	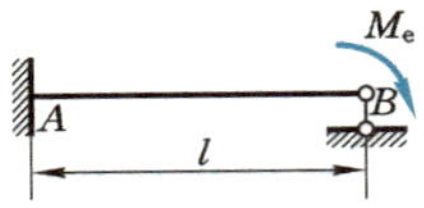	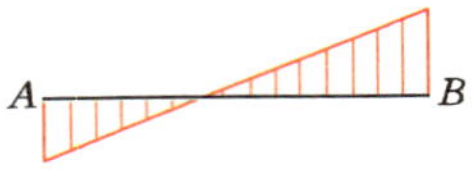	$\frac{M}{2}$	M	$-\frac{3M}{2l}$	$-\frac{3M}{2l}$
8	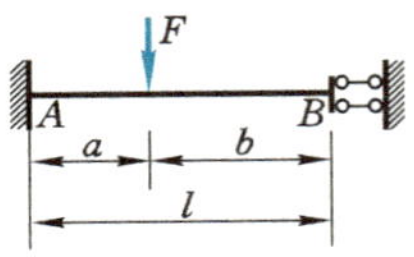	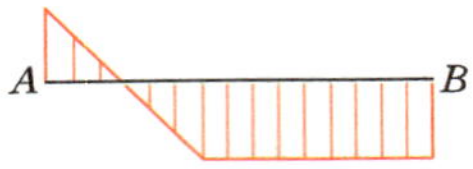	$-\frac{Fa}{2l}(l+b)$ 当 $a=b$ 时 $-\frac{3Fl}{8}$	$-\frac{Fa^2}{2l}$ $-\frac{Fl}{8}$	F	0
9	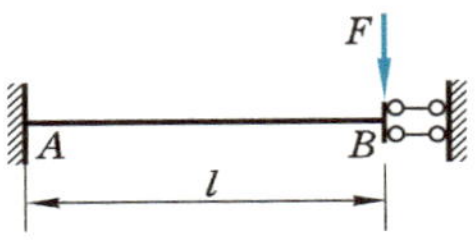	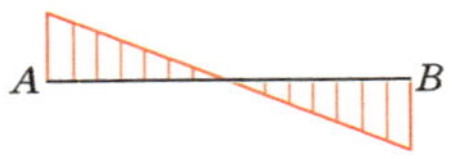	$-\frac{Fl^2}{2}$	$-\frac{Fl^2}{2}$	F	F
10	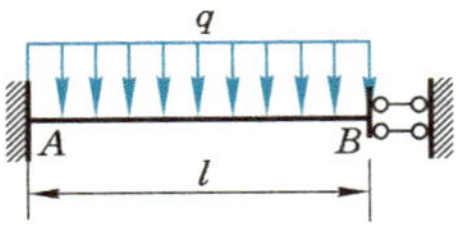	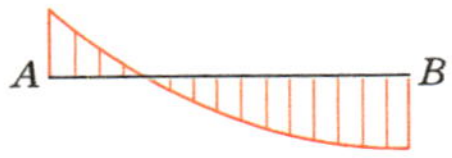	$-\frac{ql^2}{3}$	$-\frac{ql^2}{6}$	ql	0
11	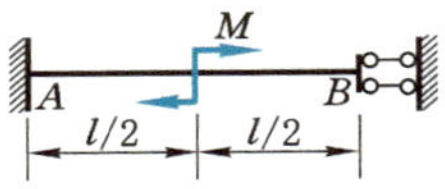	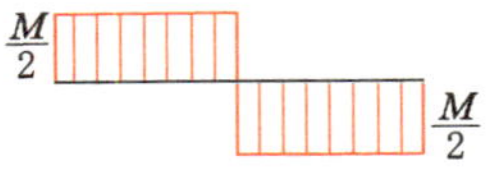	$\frac{M}{2}$	$\frac{M}{2}$	0	0

9.2.3 杆端单位位移引起的单跨超静定梁的杆端内力

杆端单位位移所引起的等截面单跨超静定梁的杆端力称为刚度系数或形常数。形常数只与杆件的长度、截面尺寸及材料的弹性模量有关。

为方便使用,将等截面单跨超静定梁的刚度系数(形常数)列于表 9-2 中。

表 9-2 等截面单跨超静定梁的刚度系数(形常数)

序号	简图	弯矩图	固端弯矩		固端剪力	
			M_{AB}	M_{BA}	F_{SAB}	F_{SBA}
1	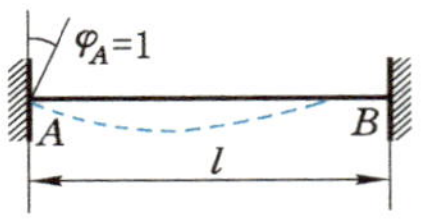		$4i$	$2i$	$-\frac{6i}{l}$	$-\frac{6i}{l}$
2	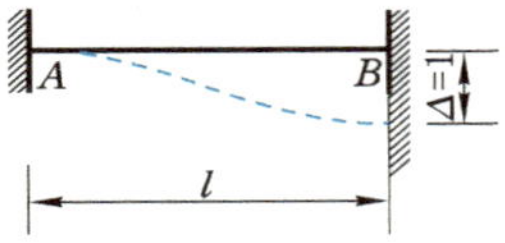		$-\frac{6i}{l}$	$-\frac{6i}{l}$	$\frac{12i}{l^2}$	$\frac{12i}{l^2}$

表 9-2(续)

序号	简图	弯矩图	固端弯矩		固端剪力	
			M_{AB}	M_{BA}	F_{SAB}	F_{SBA}
3	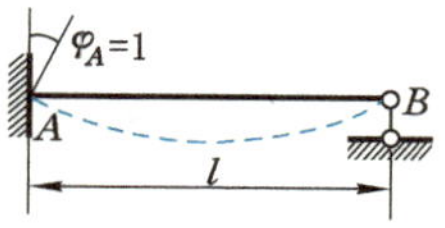	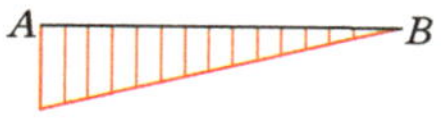	$3i$	0	$-\frac{3i}{l}$	$-\frac{3i}{l}$
4	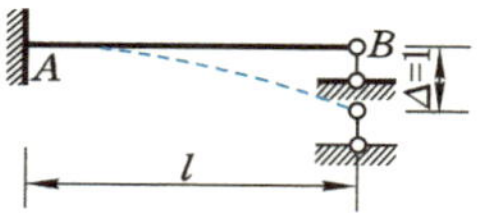		$-\frac{3i}{l}$	0	$\frac{3i}{l^2}$	$\frac{3i}{l^2}$
5	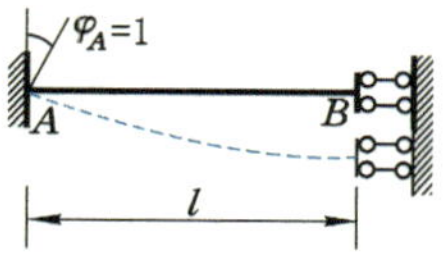		i	$-i$	0	0
6	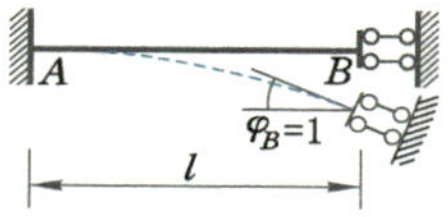		$-i$	i	0	0

在形常数中 $i=\frac{EI}{l}$，称为杆件的线刚度。

9.3 位移法的基本概念

位移法是以节点位移作为基本未知量求解超静定问题的方法。

我们以图 9-5(a)所示刚架来说明位移法的基本概念，设刚架在受到荷载 q 作用后发生图中虚线所示的变形。

当不计轴向变形时，刚节点 1 不发生线位移，只发生角位移 Z_1，且杆 1—2 和 1—3 的 1 端发生相同的转角 Z_1。只要求出转角 Z_1，两个杆的变形和内力就完全确定。用位移法解此题时只有一个未知量 Z_1。具体过程如下：

(1) 在刚节点 1 上加一限制转动(不限制线位移)的约束，称之为附加刚臂，如图 9-5(b)所示。因不计轴向变形，杆 1—3 变为一端固定，一端铰支梁，杆 1—2 变为两端固定梁。原刚架则变成两个单跨超静定梁体系。

(2) 在基本结构图 9-5(b)上施加原结构的外荷载，杆 1—2 发生虚线所示的变形，但杆端 1 面被刚臂制约，不能产生角位移，使得刚臂中出现了反力矩 R_{1F}，并规定以顺时针转动为正，反之为负。R_{1F} 借助载常数表 9-1 求得。

(3) 为使基本结构与原结构一致，需将刚臂(连同刚结 1)转动一角度 Z_1，使得基本结构的节点 1 转角与原结构虚线所示自然变形状态刚节点转角相同。刚臂转动角度 Z_1 所引起的刚臂反力矩用 R_{11} 表示，并规定以顺时针转动为正。

R_{11}可用未知量 Z_1 表示为：

$$R_{11}=r_{11}Z_1$$

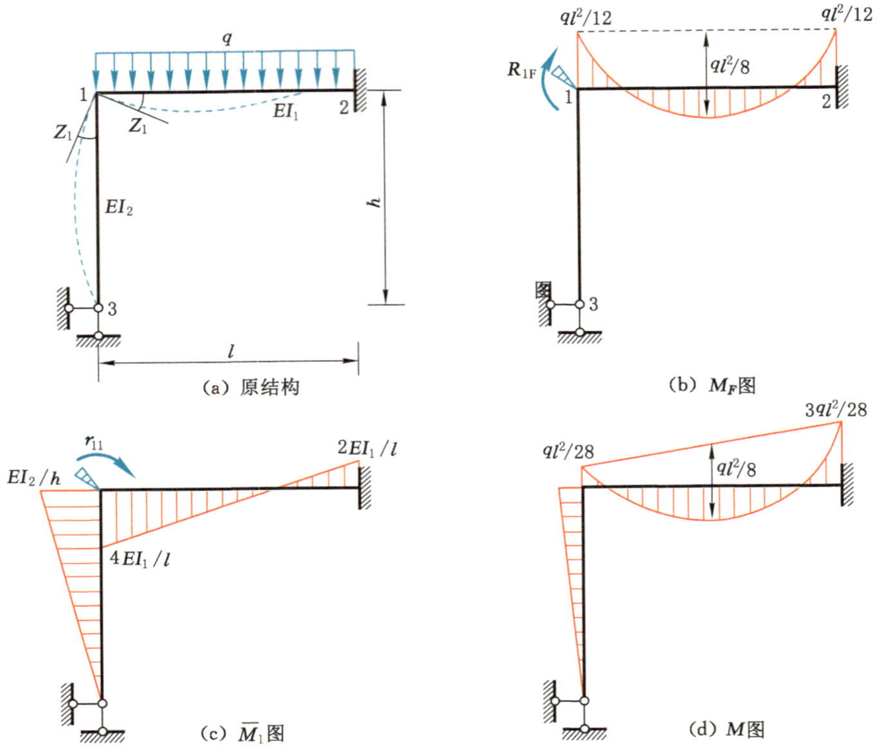

图 9-5　位移法求解刚架

r_{11}为刚臂产生单位转角(即 $Z_1=1$)时，所引起的刚臂反力矩，即刚度系数，如图 9-5(c)所示，r_{11}可以借助形常数表 9-2 求得。

(4) 荷载作用于基本结构，引起刚臂反力矩 R_{1F}；刚节点转角 Z_1 引起刚臂反力矩 R_{11}二者之和为总反力矩 R_1，即：

$$R_1=R_{11}+R_{1F}$$

在基本结构上施加原结构荷载，令基本结构的刚臂转动原结构的节点转角，这使得基本结构和原结构的受力状态及变形状态完全一致。这时，刚臂已失去约束作用，没有刚臂存在刚节点自身也能处于平衡状态。这表明总反力矩：

$$R_1=0$$

即：

$$R_{11}+R_{1F}=0$$

或：

$$r_{11}Z_1+R_{1F}=0 \tag{9-1}$$

式(9-1)中的自由项 R_{1F}及系数 r_{11}可以借助载常数表 9-1 和形常数表 9-2 由刚节点的

平衡条件求出。做法如下：

刚臂(节点 1)正向单位转角 $Z_1=1$，由形常数表 9-2 查得杆 1—2 和 1—3 的弯矩图如图 9-5(c)中所示，称为单位弯矩图，记为 $\overline{M}_1$。

取节点 1 位分离体，其上的刚臂反力矩及杆端弯矩如图 9-6(a) 所示。由平衡方程 $\sum M_1=0$ 得。

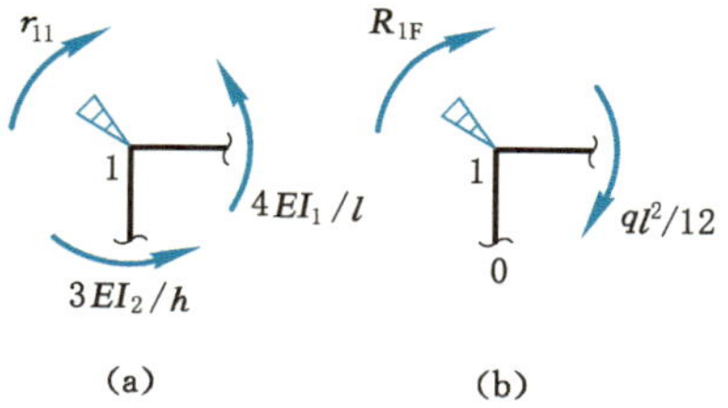

图 9-6　节点 1 分离体

$$r_{11}=4\frac{EI_1}{l}+3\frac{EI_2}{h}$$

为了计算简便起见，设已知 $l=h$，$I_1=I_2=I$ 即：

$$r_{11}=7\frac{EI}{l}=7i$$

将荷载 q 作用在基本结构上，由载常数表 9-1 查得弯矩图如图 9-5(b)所示，称为荷载弯矩图，记为 M_F。

取荷载作用下的节点 1 为分离体，其上的刚臂反力矩及杆端力矩如图 9-6(b) 所示，由平衡条件 $\sum M_1=0$ 得：

$$R_{1F}+\frac{ql^2}{12}=0$$

解得：

$$R_{1F}=-\frac{ql^2}{12}$$

将所求结果带入式(9-1)中，则得：

$$Z_1=-\frac{R_{1F}}{r_{11}}=\frac{ql^2}{84i}$$

求出转角 Z_1 后，则原结构刚架的最后弯矩图可根据叠加原理，求得：

$$M=\overline{M}_1Z_1+M_F$$

所以，1—3 杆 1 截面的弯矩：

$$M_{13}=3i\times\frac{ql^2}{84i}+0=\frac{ql^2}{28}$$

1—2 杆 2 截面的弯矩：

$$M_{12}=2i\times\frac{ql^2}{84i}+\frac{ql^2}{12}=\frac{3ql^2}{28}$$

由节点 1 的平衡条件可知：

$$M_{12}=M_{13}=\frac{ql^2}{28}$$

原刚架的最后弯矩图如图 9-5(d)所示。

9.4 位移法的基本未知量和基本结构

在力法计算中，基本未知数的数目等于超静定次数。位移法的基本未知量是节点位移，其中包括独立节点角位移和线位移。

位移法的基本结构是单跨超静定梁。为此需要在原结构上施加附加刚臂（限制节点角位移）和附加链杆（限制节点线位移）的方法，将原结构变成若干单跨超静定梁。形成基本结构时所需施加的约束（刚臂和链杆）数目，即位移法基本未知量数目。

9.4.1 位移法的基本未知量

位移法的基本未知量的数目等于刚性节点的角位移数和节点线位移数的总和，这里讨论确定未知量数目的方法。

9.4.1.1 节点角位移

确定独立的节点角位移数目比较容易。由于在同一刚节点处的各杆端的转角都相等，即每一个刚节点只有一个独立的角位移。因此，结构有几个刚节点就有几个角位移。至于铰节点或铰支座处各杆端的转角，它们不是独立的，一般不取其为基本未知量。这时在结构的刚节点上需加刚臂，铰节点处不需加刚臂，如图 9-7(a)所示结构，节点 1 和 3 处应加刚臂，基本结构如图 9-7(b)所示。其中杆 A—1、B—1、C—3 均为两端固定梁，杆 1—2、D—2、2—3 则均为一端固定一端铰支梁。

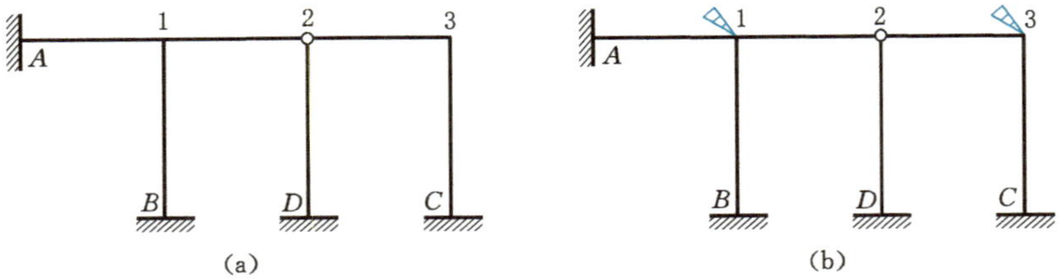

图 9-7 超静定结构节点角位移的确定

9.4.1.2 独立的节点线位移

如图 9-8(a)所示排架结构中，受荷载作用后，忽略轴力产生的轴向变形，横梁的长度不发生变化。在发生微小位移 Z_1 的情况下，各节点没有竖向位移，各柱上端发生相同的位移 Z_1。只需加一个附加水平链杆即可限制各节点的水平线位移，基本结构如图 9-8(b)所示。

一般情况下，为确定独立的节点线位移数目，可采用刚节点铰接化的方法，即将原结构中所有刚节点和固定支座均改为铰节点；从而得到一个相应的铰接体系。若此铰接体系为

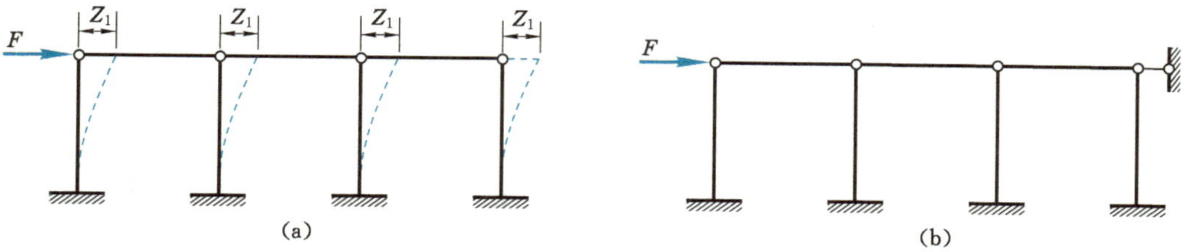

图 9-8 超静定结构节点线位移的确定

几何不变体系，则原结构没有节点线位移，不需加链杆。图 9-7(a)中所示结构即属于此种情况。若为几何可变或瞬变体系，则可以通过添加链杆使其成为几何不变体系，所需添加的最少链杆数目就是原结构独立的节点线位移个数。

为确定图 9-9(a)所示结构的独立节点线位移数目，需将四个刚节点用铰节点代替，到图 9-9(b)中的铰接体系。该体系是几何可变的，需在节点上加两个水平链杆，如图 9-9(c)所示，才能使其成为几何不变体系。这样，该体系的独立线位移数为 2。

图 9-9(a)所示结构的位移法基本结构如图 9-9(d)所示，其位移法基本未知量数目等于 6。

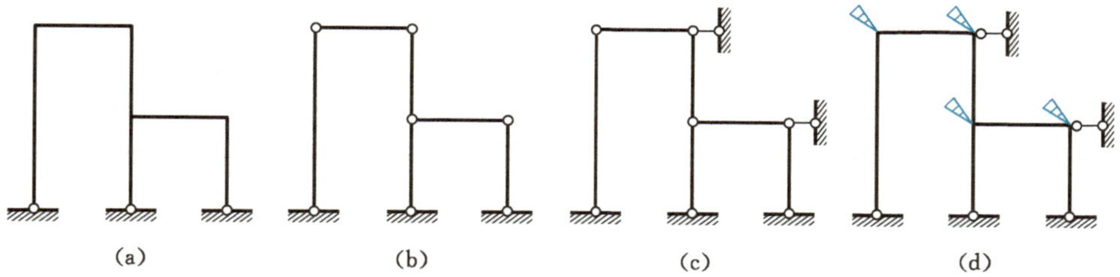

图 9-9 超静定结构基本未知量的确定

9.4.2 位移法的基本结构

上面我们讨论了位移法的基本未知量数目是如何确定的，在此基础上便可讨论位移法的基本结构了。在力法计算中，是将原结构的多余联系解除而得其基本结构。而在位移法计算中，恰恰与上述相反，是在原结构中的刚性节点处暂时加上刚臂，以阻止全部刚性节点产生角位移，同时在节点有线位移处暂时加上链杆，以阻止全部节点产生线位移，这样便形成了位移法的基本结构。由此可见，位移法的基本结构由一系列的单跨超静定梁组成。

图 9-10(a)所示的连续梁，其基本结构如图 9-10(b)所示，在节点 1、2 处分别加上刚臂。

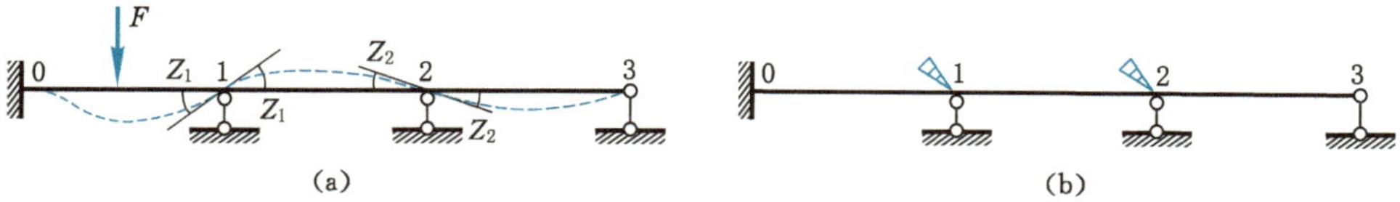

图 9-10 超静定梁的基本结构

图 9-11(a)所示的刚架，其基本结构如图 9-11(c)所示。除在刚性节点处分别加上刚臂外，在节点有线位移处加上链杆。

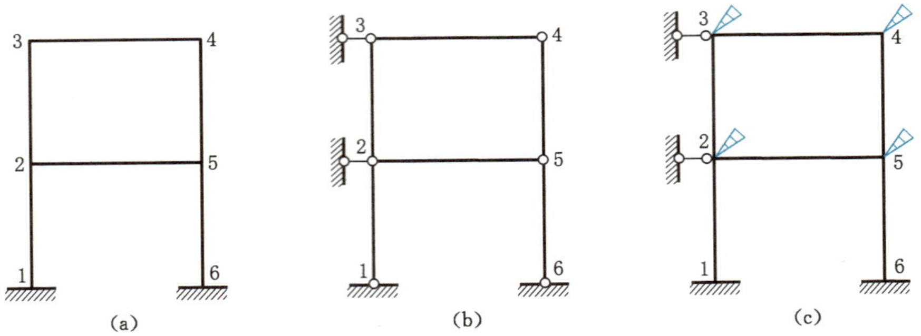

图 9-11　超静定刚架的基本结构

图 9-12(a)所示结构，分析其刚性节点数为 5。确定其线位移数目时，将各刚性节点和固定端均化为铰接，得铰接图如图 9-12(b)所示。则节点线位移数为 2，所以，该结构的未知量数目为 7，相应地加上附加刚臂和链杆，得基本结构如图 9-12(c)所示。

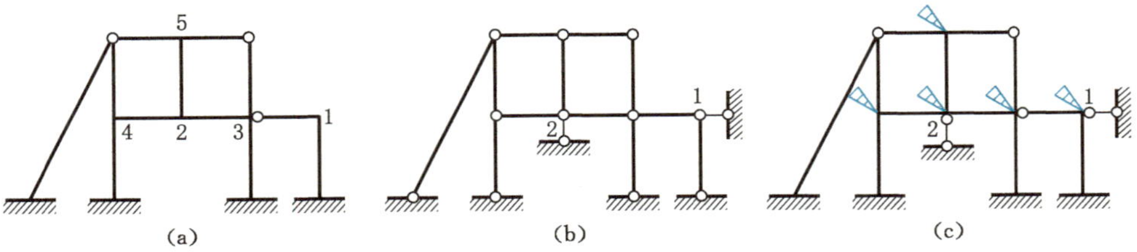

图 9-12　超静定刚架的基本结构

应该指出，在位移法的基本结构中所加的刚臂约束，它只能起着阻止相应节点发生角位移的作用，而并不能阻止相应节点发生线位移。同样，所加的链杆仅能起到阻止节点发生线位移的作用，而并不能阻止相应节点发生角位移，两者是相互独立的。

9.5　位移法典型方程及计算步骤

本节将以图 9-13(a)中所示刚架为例，进一步说明用位移法的计算步骤。

9.5.1　位移法典型方程

图 9-13(a)所示刚架，在荷载作用下，会产生如图 9-13(a)中虚线所示的变形。刚节点 1 的转角为 Z_1，节点 1 和节点 2 的水平线位移为 Z_2。在刚架节点 1 处加一刚臂，在节点 2(或节点 1)处加一水平支承链杆，形成位移法的基本体系如图 9-13(b)所示。

基本未知量为节点 1 的转角 Z_1，以及线位移 Z_2。

为消除基本结构与原结构的差别，令两个附加约束分别发生位移 Z_1、Z_2，这些位移在两

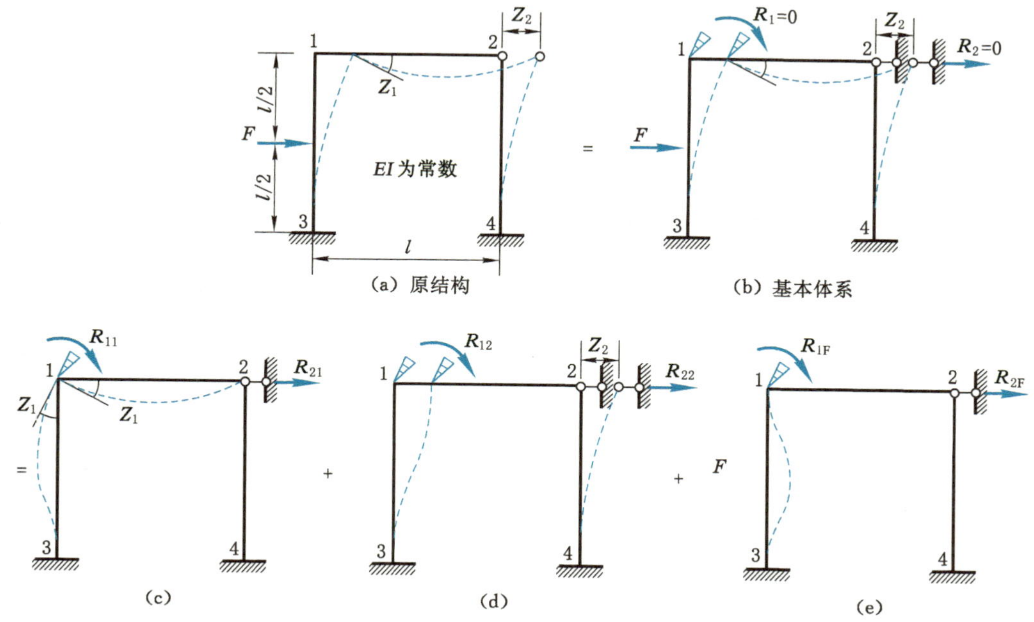

图 9-13　位移法的典型方程

个约束上所引起的反力分别标记如下：

R_{11}、R_{12}——Z_1 引起的在约束 1、2 上的反力，如图 9-13(c)所示。

R_{12}、R_{22}——Z_2 引起的在约束 1、2 上的反力，如图 9-13(d)所示。

将荷载施加在基本结构上，因荷载作用，节点 1 处在刚臂约束上产生约束力矩，节点 2 处在支杆约束上产生约束力，如图 9-13(e)所示。

当这些节点位移等于原结构在荷载作用下的真实节点位移时，基本结构的受力和变形状态就与原结构在荷载作用下的受力和变形状态完全一致，这时，各附加约束均已不起作用。这就是说，基本结构在荷载和节点位移 Z_1、Z_2 的共同作用下，各刚臂的约束力矩和链杆约束的约束力均应为零。

以 R_i 代表由荷载和附加约束位移共同作用，在第 i 个附加约束上所引起的反力，则按上述分析应有：

$$\left.\begin{aligned}R_1=R_{11}+R_{12}+R_{1F}=0\\R_2=R_{21}+R_{22}+R_{2F}=0\end{aligned}\right\}\tag{9-2}$$

其中 R_{ij} 的前角 i 标表示产生力的位置，后角标 j 表示产生力的原因。如 R_{21} 是在发生 Z_1 时，在第二个约束上所引起的反力。

将 R_{ij} 用节点位移 Z_j 的形式表述，有：

$$R_{ij}=r_{ij}Z_j\tag{9-3}$$

式中，r_{ij} 的物理意义是当节点产生单位位移 $Z_j=1$ 时，在约束上引起的反力。

将式(9-3)代入式(9-2)中，得：

$$\left.\begin{aligned} r_{11}Z_1 + r_{12}Z_2 + R_{1F} = 0 \\ r_{21}Z_1 + r_{22}Z_2 + R_{2F} = 0 \end{aligned}\right\} \tag{9-4}$$

式(9-4)是关于位移法基本未知量的代数方程组，称为位移法典型方程。解方程组即可求出基本未知量 Z_1、Z_2。

9.5.2 位移法计算步骤

为了求出典型方程中的系数和自由项，可以借助于表 9-1，绘出基本结构在单位位移 $Z_1=1$、$Z_2=1$ 以及荷载作用下结构的弯矩图，即 $\overline{M}_1$ 图、$\overline{M}_2$ 图和 M_F 图，如图 9-14 所示。

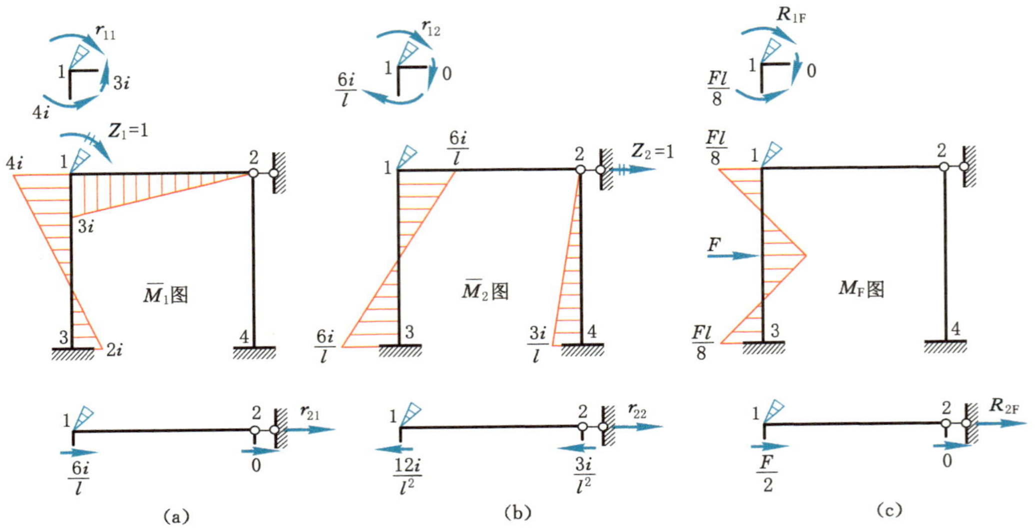

图 9-14　系数和自由项的计算

系数和自由项可以分为两类：一类是刚臂上的反力矩 r_{11}、r_{12}、R_{1F}；另一类是链杆上的反力 r_{21}、r_{22}、R_{2F}。对于刚臂上的反力矩，可分别在图 9-14(a)、图 9-14(b)、图 9-14(c) 中取节点 1 为分离体，由力矩平衡方程 $\sum M_1=0$ 求得：

$$r_{11}=7i, r_{12}=-\frac{6i}{l}, R_{1F}=\frac{Fl}{8}$$

链杆上的反力，可以分别在图 9-14(a)、图 9-14(b)、图 9-14(c) 中可用截面割断两柱顶端，取柱顶端以上横梁部分为分离体，并由表 9-1、表 9-2 查出竖柱 1—3、2—4 的柱端剪力，由投影方程求得 $\sum F_x=0$。

$$r_{21}=-\frac{6i}{l}, r_{22}=\frac{15i}{l^2}, R_{2F}=-\frac{F}{2}$$

将系数和自由项代入式(9-4)有：

$$\left.\begin{aligned} 7iZ_1-\frac{6i}{l}Z_2+\frac{Fl}{8}=0 \\ -\frac{6i}{l}Z_1+\frac{15i}{l^2}Z_2-\frac{F}{2}=0 \end{aligned}\right\}$$

解以上两式可得：

$$Z_1=\frac{9Fl}{552i},Z_2=\frac{22Fl^2}{552i}$$

所得均为正值，说明 Z_1、Z_2 与所设方向相同。

结构最后弯矩图可由叠加法绘制：

$$M=\overline{M}_1Z_1+\overline{M}_2Z_2+M_F$$

最终弯矩图如图 9-15 所示。

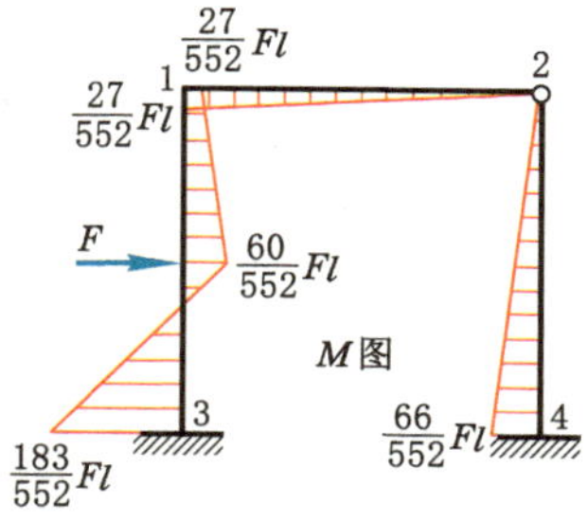

图 9-15　原结构的弯矩图

对于具有 n 个基本未知量的问题，则可以写出 n 个方程：

$$\left.\begin{aligned}r_{11}Z_1+r_{12}Z_2+\cdots+r_{1n}Z_n+R_{1F}=0\\r_{21}Z_1+r_{22}Z_2+\cdots+r_{2n}Z_n+R_{2F}=0\\\vdots\\r_{n1}Z_n+r_{n2}Z_2+\cdots+r_{nn}Z_n+R_{nF}=0\end{aligned}\right\}\tag{9-5}$$

上述方程组就是具有 n 个基本未知量的位移法典型方程，在方程(9-5)中，r_{ii} 称为主系数，$r_{ij}(i\neq j)$ 称为副系数，R_{iF} 称为自由项。r_{ij} 的物理意义是：当第 j 个附加约束发生单位位移 $Z_j=1$ 时，在第 i 个附加约束上产生的反力，即刚度系数。R_{iF} 的物理意义是基本结构在荷载作用下，第 i 个附加约束上产生的反力。

主系数、副系数和自由项具有如下特征：

(1) 主系数和副系数与外荷载无关，为结构常数。自由项随荷载变化而改变。

(2) 主系数 r_{ii} 恒为正值，副系数 r_{ij} 和自由项 R_{iF} 可正可负，也可能等于零。

(3) 由反力互等定理知，副系数满足互等关系 $r_{ij}=r_{ji}$。

可以看出，以上各点与力法典型方程是相似的。

最后，归纳位移法的计算步骤如下：

(1) 确定原结构的基本未知量，即独立的节点角位移和线位移数目，加入附加约束而得到基本结构。

(2) 令各附加约束发生与原结构相同的节点位移，根据基本结构在荷载等外因和各节点位移共同作用下，各附加约束上的反力矩或反力均等于零的条件，建立位移法的典型方程。

(3) 绘出基本结构在各单位节点位移作用下的弯矩图和荷载作用下的弯矩图，由平衡条件求出各系数和自由项。

(4) 解典型方程,求出作为基本未知量的各节点位移。

(5) 按叠加法绘制最终的弯矩图。

9.6 用位移法计算超静定结构

9.6.1 无侧移刚架的计算

如果刚架的各节点(不包括支座)只有角位移而没有线位移,这种刚架叫作无侧移刚架。本节讨论无侧移刚架的计算,连续梁的计算也属于这类问题。

一般说来,用位移法解连续梁和无侧移刚架时,在每个刚节点处有一个节点转角——基本未知量,与此相应,在每个刚节点处又可写出一个力矩平衡方程——基本方程。因此,基本方程的个数与基本未知量的个数恰好相等,因而可解出全部基本未知量。

位移法的基本做法是先拆散,后组装。组装的原则有两个:首先,在节点处各个杆件的变形要协调一致;其次,装配好的节点要满足平衡条件。关于第一个要求,在选定基本未知量时已经考虑到。因为在每个刚节点处只规定了一个节点转角,也就是说,我们规定了刚节点处的各杆杆端转角都彼此相等,这样就保证了节点处的变形连续条件。关于第二个要求,是在建立基本方程时才考虑的。因为基本方程就是根据节点的平衡条件列出的。

例 9-1 如图 9-16(a)所示刚架,q、l、EI 均为已知,绘制刚架的弯矩图。

解:(1) 基本结构。

刚架有一个基本未知量——节点 1 的角位移 Z_1。在节点 1 上附加刚臂得到基本结构,如图 9-16(b)所示。

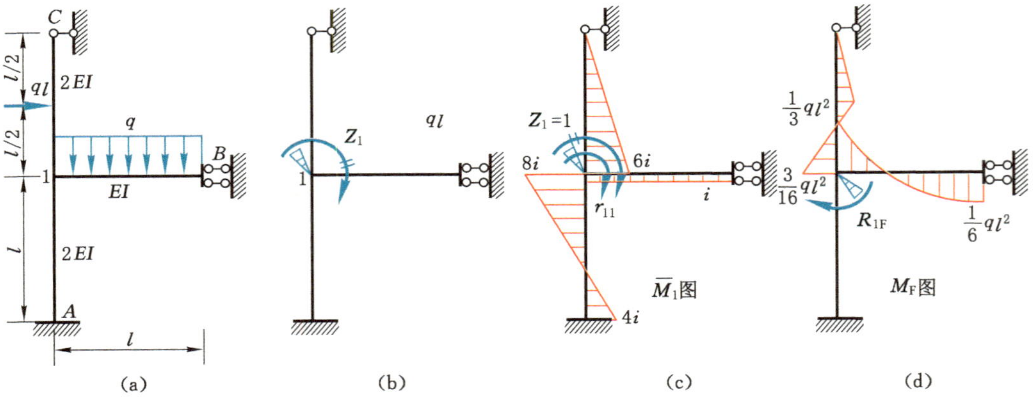

图 9-16 例 9-1 图

(2) 作单位弯矩图 $\overline{M}_1$ 和荷载弯矩图 M_F 求系数和自由项。

查表 9-2,这里因杆 A—1 和 C—1 的刚度为 $2EI$,所以 A—1 杆 1 端的杆端弯矩为 $4i_{1A}=8i$,而 C—1 杆 1 端的杆端弯矩为 $3i_{1C}=6i$,B—1 杆 1 端弯矩为 i 作出图 $\overline{M}_1$,如

图 9-16(c)所示。从该图上可直接求出：

$$r_{11}=8i+6i+i=15i$$

查表 9-1，作 M_F 图，如图 9-16(d)所示。从该图上可直接求出：

$$R_{1F}=-\frac{3}{16}ql^2-\frac{1}{3}ql^2=-\frac{25}{48}ql^2$$

(3) 列典型方程，求未知量。

由位移典型方程：

$$r_{11}Z_1+R_{1F}=0$$

求得：

$$Z_1=-\frac{R_{1F}}{r_{11}}=\frac{25}{48}ql^2\Big/15i=\frac{5ql^2}{144i}$$

(4) 叠加法作弯矩图。

由叠加原理 $M=\overline{M}_1Z_1+M_F$ 可得最后弯矩图，如图 9-17(a)所示。图中各纵标值均应乘公因子 ql^2。B—1 杆上有均布荷载，绘该杆段弯矩图时，应先将两杆端弯矩纵标连成一虚线，以此虚线为基线叠加简支梁在均布荷载下的弯矩图。

为校核 M 图，可截取节点 1 为分离体，画节点各杆端弯矩值，如图 9-17(b)所示。由平衡方程：

$$\sum M_1=\frac{ql^2}{432}(9+120-129)=0$$

判定计算无误。

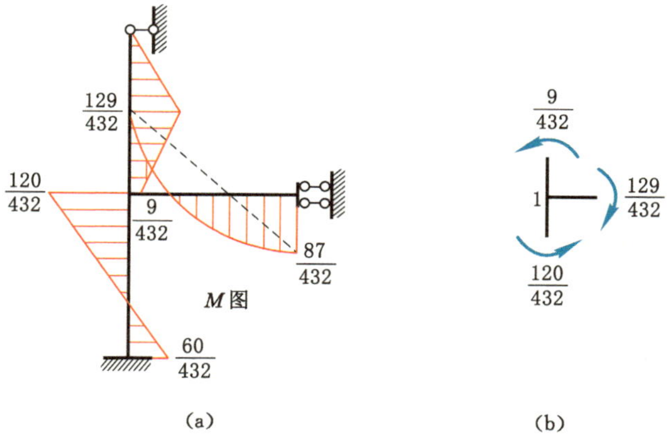

图 9-17 例 9-1 图

例 9-2 计算图 9-18(a)所示刚架，并作弯矩图。

解：(1) 基本结构

结构的 A、B 二节点各有一角位移，没有线位移。基本结构如图 9-18(b)所示，基本未知量为 Z_1 和 Z_2。

从前例中可知，计算杆端力时，线刚度 i 将被消掉，即内力与 i 的绝对值无关，只有节点

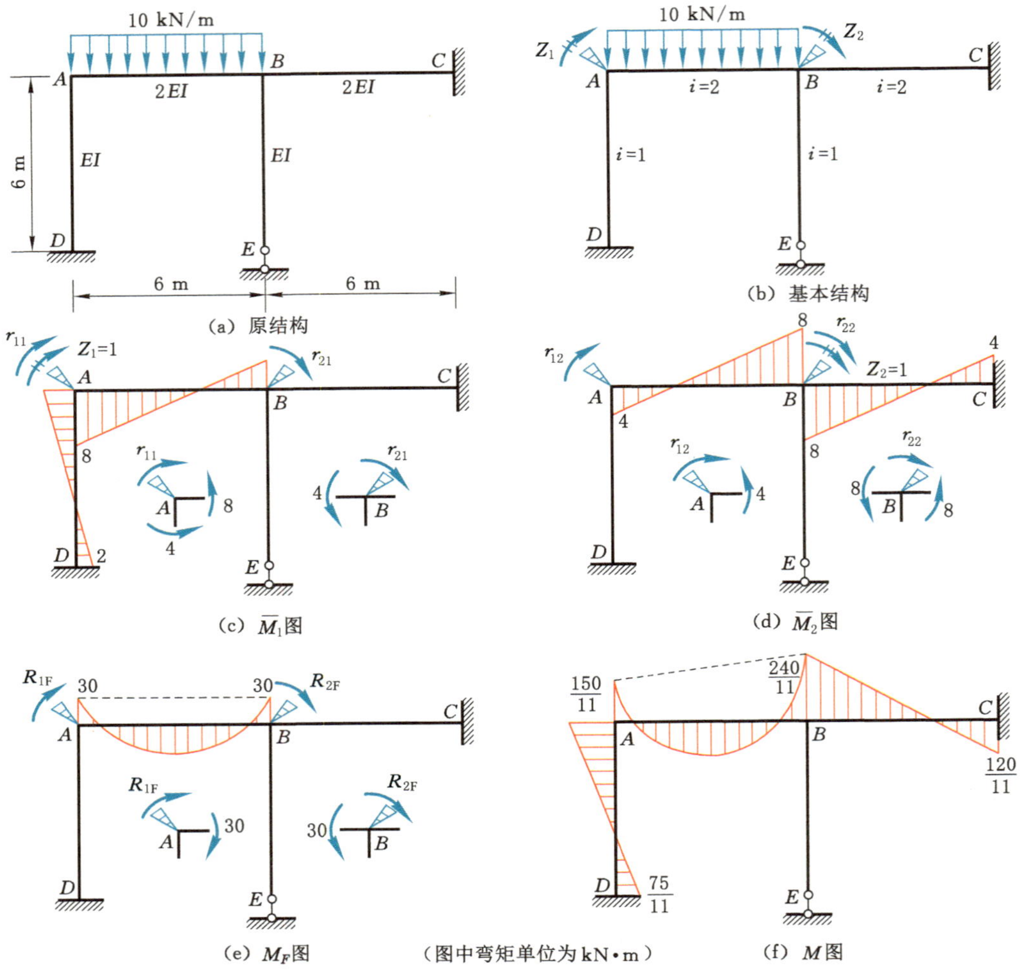

图 9-18 例 9-2 图

位移才与 i 的绝对值有关。所以可以取相对线刚度,使算式简化。基本结构图 9-18(b)中给出了各杆的相对线刚度值。

(2) 作 $\overline{M}_1$ 图,$\overline{M}_2$ 图和 M_F 图。

分别令 $Z_1=1$,$Z_2=1$ 单独作用于基本结构,并作 $\overline{M}_1$ 图、$\overline{M}_2$ 图;作荷载单独作用下的物 M_F 图。分别如图 9-18(c)、图 9-18(d)、图 9-18(e)所示。

(3) 求主、副系数和自由项。

从 $\overline{M}_1$ 图中分别取节点 A、节点 B 为分离体,可求得:

$$r_{11}=4\times2+4\times1=12$$

$$r_{12}=r_{21}=2\times2=4$$

从 $\overline{M}_2$ 图中分别取节点 A、节点 B 为分离体,可求得:

$$r_{22}=4\times2+4\times2=16$$

从 M_F 图中分别取节点 A、节点 B 为分离体，可求得：

$$R_{1F}=-\frac{ql^2}{12}=-30$$

$$R_{2F}=\frac{ql^2}{12}=30$$

(4) 列位移法典型方程，解未知量。

位移法典型方程为：

$$\left.\begin{aligned}12Z_1+4Z_2-30=0\\4Z_1+16Z_2+30=0\end{aligned}\right\}$$

从中解得：

$$Z_1=\frac{75}{22},Z_2=-\frac{30}{11}$$

(5) 用叠加法作弯矩图。

按 $M=\overline{M}_1Z_1+\overline{M}_2Z_2+M_F$ 绘出弯矩图，如图 9-18(f)所示。

9.6.2 有侧移刚架的计算

刚架分为无侧移和有侧移两类。图 9-19 中刚架除有节点转角外，还有节点线位移，它们都是有侧移的刚架。

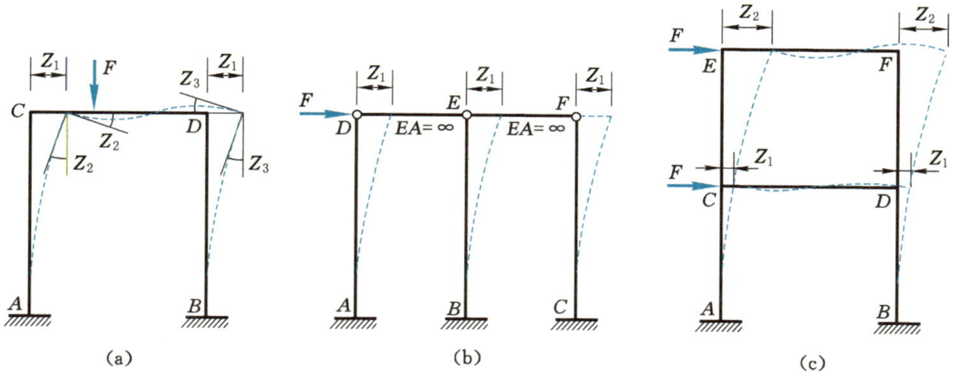

图 9-19 有侧移刚架

用位移法计算有侧移的刚架时，基本思路与无侧移刚架基本相同，但在具体做法上增加了一些新内容：

(1) 在基本未知量中，要包括节点线位移；

(2) 在杆件内力计算中，要考虑线位移的影响；

(3) 在建立基本方程时，要增加与节点线位移对应的平衡方程。

总体来看，用位移法计算有侧移刚架时的基本未知量包括节点转角和独立节点线位移。节点转角的数目等于刚节点的数目。独立节点线位移的数目等于铰接体系的自由度的数目。在选取基本未知量时，由于既保证了刚节点处各杆杆端转角彼此相等，又保证了各杆杆端距离保持不变。因此，在拆了再搭的过程中，能够保证各杆位移的彼此协调，因而能够满足变形连续条件。

基本未知量分为角位移和独立节点线位移两类，与此对应，基本方程也分为两类。下面我们用例题说明此类问题的解题方法。

例 9-3 计算图 9-20(a)所示排架，绘制弯矩图。

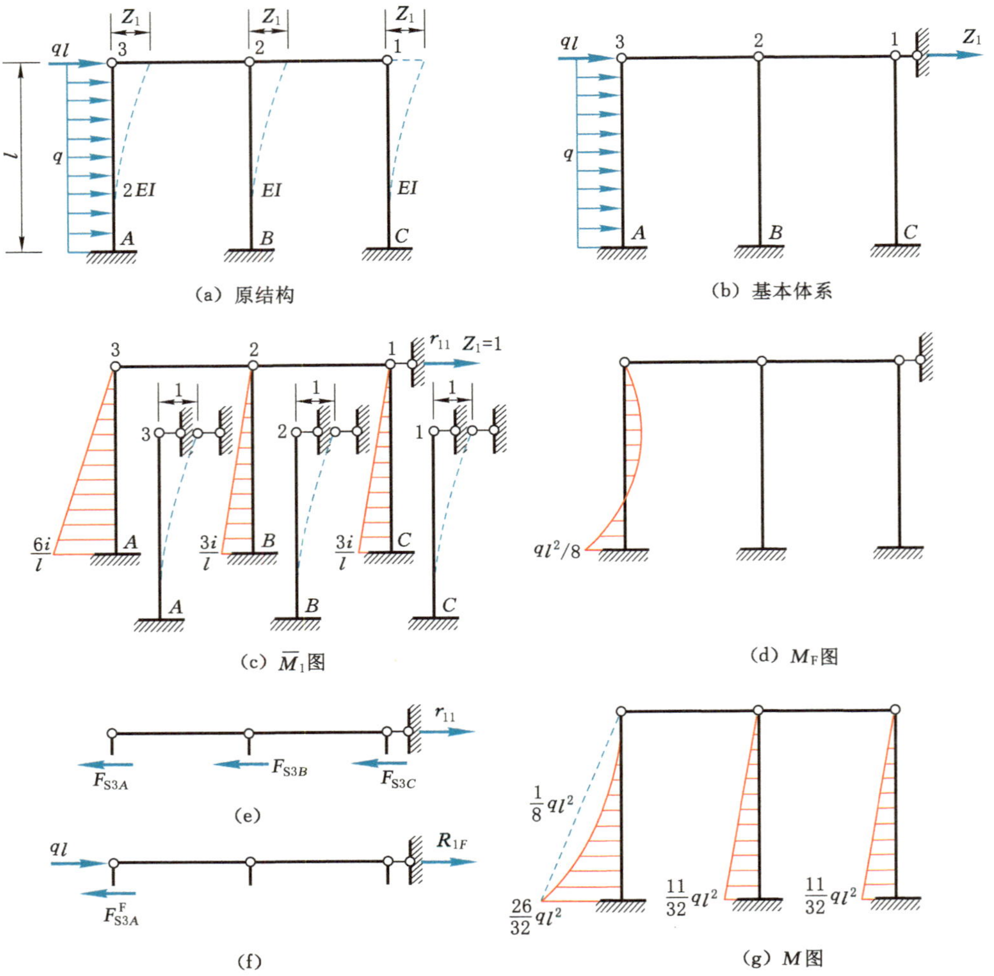

图 9-20 例 9-3 图

解：(1) 基本结构。

当不计排架横梁的轴向变形时，各柱端的水平位移同为 Z_1。取 Z_1 为基本未知量，基本体系如图 9-20(b)所示。

(2) 作单位弯矩图 $\overline{M}_1$，求 r_{11}。

在基本结构中，三个立柱均为一端固定一端铰支梁，参照表 9-2，单位弯矩图示于图 9-20(c)中。其中 A—3 杆 A 端的弯矩：

$$M_{A3}=\frac{3i_{A3}}{l}=\frac{6i}{l}$$

为求附加链杆反力 r_{11}，过柱头引水平截面，将所取分离体示于图 9-20(e)中。受力图上链杆反力和柱头剪力均按正方向画出。写平衡方程：

$$\sum F_x = 0$$

得：

$$r_{11} = F_{S1C} + F_{S2B} + F_{S3A}$$

查表 9-2 得：

$$F_{S3A} = \frac{3i_{3A}}{l^2} = \frac{6i}{l^2}, F_{S2B} = F_{S1C} = \frac{32}{l^2}$$

得：

$$r_{11} = \frac{12i}{l^2}$$

(3) 作 M_F 图，求 R_{1F}。

参照表 9-1，绘制 M_F 图，如图 9-20(d)所示。为求 R_{1F}，取分离体如图 9-20(f)所示。由平衡方程：

$$\sum F_x = 0$$

得：

$$R_{1F} + ql - F_{S3A}^F = 0$$

查表 9-1 得：

$$F_{S3A}^F = -\frac{3}{8}ql$$

解得：

$$R_{1F} = -\frac{11}{8}ql$$

(4) 列位移法经典方程，求未知量。

由位移法经典方程：

$$r_{11}Z_1 + R_{1F} = 0$$

解得：

$$Z_1 = -\frac{R_{1F}}{r_{11}} = \frac{11ql^3}{96i}$$

(5) 叠加法绘制弯矩图。

由叠加原理有：

$$M = \overline{M}_1 Z_1 + M_F$$

最终弯矩图如图 9-20(g)所示。

例 9-4 绘制如图 9-21(a)所示梁的弯矩图。E 为常数。

解：(1) 基本体系。

此结构的基本未知量是节点 B 的角位移 Z_1 和竖向线位移 Z_2，基本体系如图 9-21(b)所示。

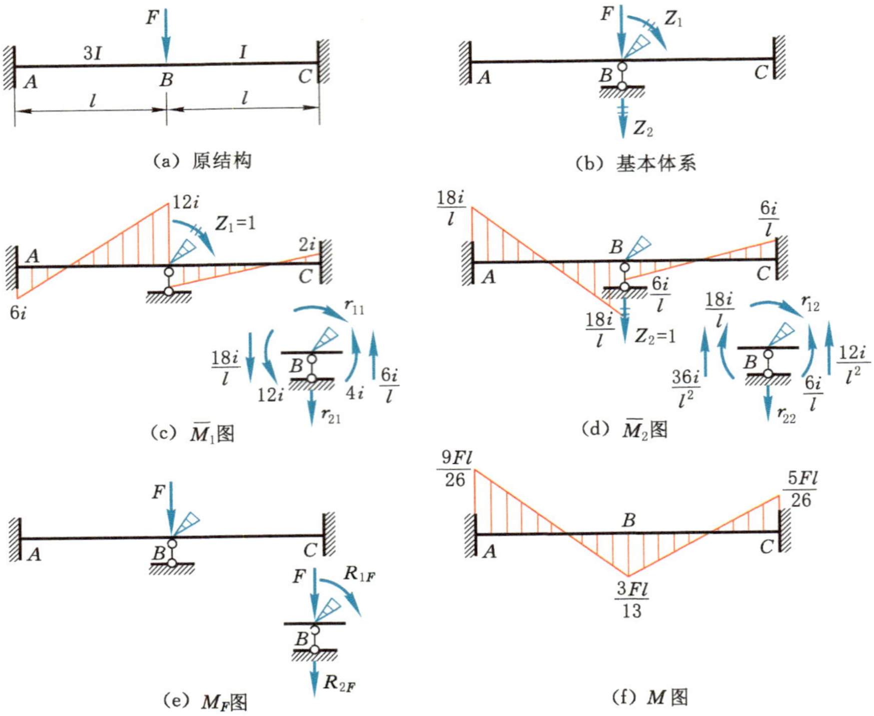

(a) 原结构　(b) 基本体系　(c) $\overline{M}_1$图　(d) $\overline{M}_2$图　(e) M_F图　(f) M图

图 9-21　例 9-4 图

(2) 位移法典型方程。

根据基本结构在荷载和 Z_1、Z_2 共同作用下，附加刚臂上反力矩和附加链杆上反力等于零的条件，建立位移法典型方程如下：

$$\left.\begin{aligned} r_{11}Z_1 + r_{12}Z_2 + R_{1F} &= 0 \\ r_{21}Z_1 + r_{22}Z_2 + R_{2F} &= 0 \end{aligned}\right\}$$

(3) 在基本结构上作单位位移弯矩图、荷载弯矩图，求系数和自由项。

设$\dfrac{EI}{l}=i$，则 $i_{AB}=3i$，$i_{BC}=i$。绘出 $\overline{M}_1$、$\overline{M}_2$ 和 M_F 图，如图 9-21(c)、图 9-21(d)、图 9-21(e)所示，然后取节点 B 处的分离体，利用力矩和竖向投影平衡条件可求出系数和自由项：

$$r_{11}=16i,\ r_{12}=r_{21}=-\frac{12i}{l},\ r_{22}=\frac{48i}{l^2}$$

$$R_{1F}=0,\ R_{2F}=-F$$

代入典型方程：

$$\left.\begin{aligned} 16iZ_1 - \frac{12i}{l}Z_2 &= 0 \\ -\frac{12i}{l}Z_1 + \frac{48i}{l^2}Z_2 - F &= 0 \end{aligned}\right\}$$

解得：

$$Z_1=\frac{Fl}{52i}, Z_2=\frac{Fl^2}{39i}$$

(4) 叠加法绘弯矩图。

由叠加原理 $M=\overline{M}_1Z_1+\overline{M}_2Z_2+M_F$ 可得最后弯矩图，如图 9-21(f)所示。

9.6.3 对称结构的计算

对称的连续梁和刚架在工程中应用很多。作用于对称结构上的任意荷载，可以分为对称荷载和反对称荷载两部分分别计算。在对称荷载作用下，变形是对称的，弯矩图和轴力图是对称的，而剪力图是反对称的。在反对称荷载作用下，变形是反对称的，弯矩图和轴力图是反对称的，而剪力图是对称的。利用这些规则，计算对称连续梁或对称刚架时，我们只需计算这些结构的半边结构。

下面就奇数跨和偶数跨的两种对称刚架进行讨论。

9.6.3.1 奇数跨对称刚架

(1) 对称荷载

如图 9-22(a)所示，在对称轴上的截面 C 没有转角和水平线位移，但有竖向线位移；同时在 C 截面上只有弯矩和轴力，剪力为零。可取半边结构如图 9-22(b)所示，C 端取为定向支座端。

(2) 反对称荷载

如图 9-22(c)所示，在对称轴上的截面 C 处无竖向线位移，有水平线位移和转角，且 C 截面上的轴力和弯矩均等于零，而只有剪力存在。可取半边结构如图 9-22(d)所示，C 端为铰支座。

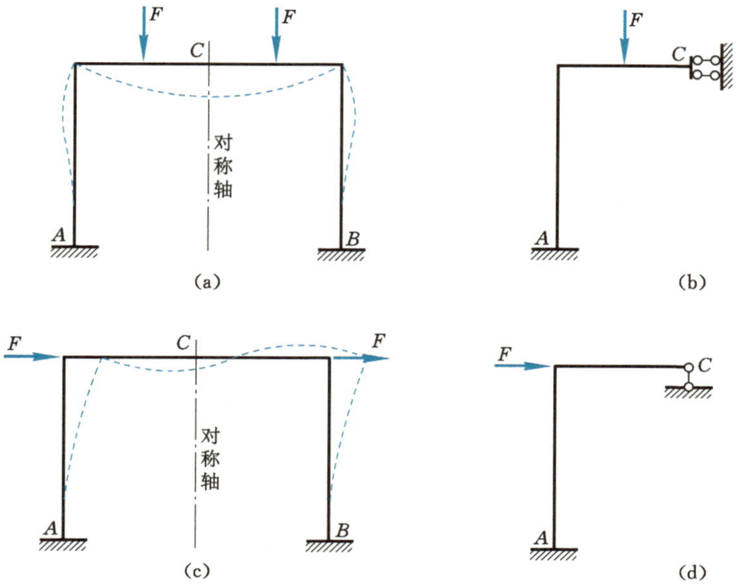

图 9-22 奇数跨对称结构

9.6.3.2 偶数跨对称刚架

(1) 对称荷载

如图 9-23(a)所示，在对称荷载的作用下，因在对称轴上有一根竖杆存在，截面 C 将没有任何位移发生，若在节点 C 左侧邻近处切开，则在该截面上同时存在弯矩、剪力和轴力。因此节点 C 端相当于固定端，其半边结构如图 9-23(b)所示。

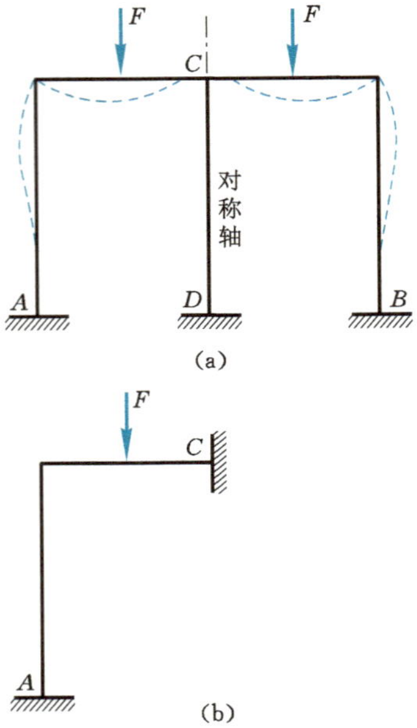

图 9-23 偶数跨对称结构

(2) 反对称荷载

如图 9-24(a)所示，在对称轴上，中间竖杆没有轴力和轴向线位移，但有弯矩和弯曲变形。可将中间杆分成两根杆件，每根杆件的抗弯刚度为原杆的一半，这样问题就变为奇数跨的问题，如图 9-24(b)所示，设将此两杆中间的横梁截开，由于荷载是反对称的，故该截面 C 上只有剪力存在，结构如图 9-24(c)所示。这一对剪力将只使对称轴两侧的两根竖杆产生大小相等而性质相反的轴力，由于原来中间的内力等于这两根竖杆的内力之和，故剪力对原结构的内力和变形都无影响，于是，可将其略去。因此半边结构可按图 9-24(d)选取。

若对称结构具有两个对称轴，则按上述相同的分析方法，可取原结构的 1/4 进行计算。下面用具体的例子来说明。

例 9-5 利用对称性求图 9-25(a)所示闭合刚架的弯矩图。已知 EI 为常数，$q=60$ kN/m。

解：由于结构对称，外荷载也对称，同时结构有两个对称轴 $x—x$ 和 $y—y$，所以，结构的内力和位移均对称于此两轴。分析对称轴上 B、C 两处的位移条件：B 和 C 截面处的转角位移均为零，B 点的竖向线位移不为零，水平线位移为零；C 点的竖向线位移为零，水平线位移不为零。故可将 B 及 C 截面处用定向支座来代替，这样可取原结构的 1/4 简图来进行计算，其计算简图如图 9-25(b)所示。

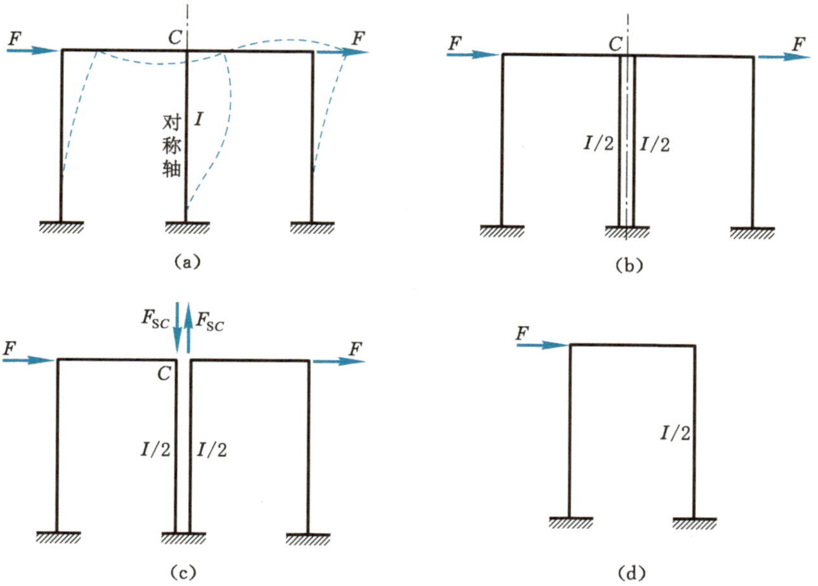

图 9-24　偶数跨对称结构

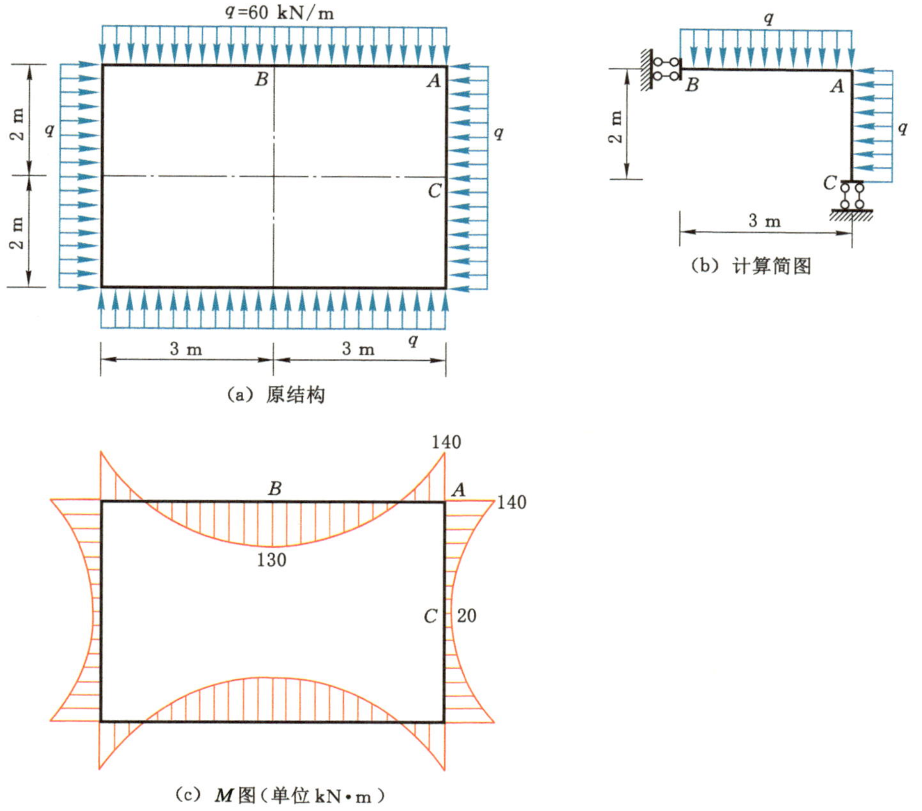

图 9-25　例 9-5 图

具体计算如下。

(1) 基本结构。

取基本体系如图 9-26(a)所示，计算简图只有一个角位移 Z_1。

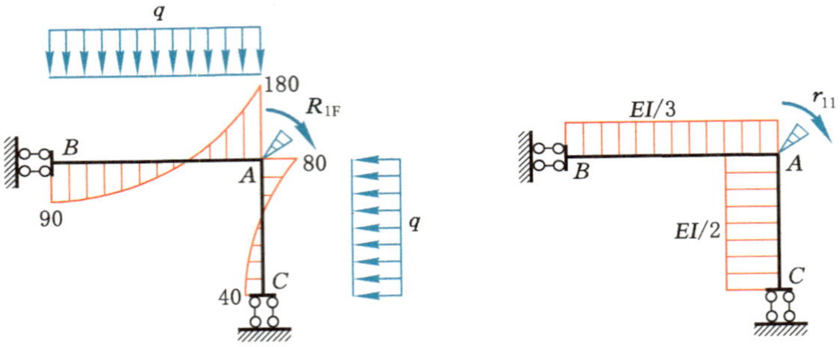

(a) M_F图　　(b) $\overline{M}_1$图

图 9-26　例 9-5 图

(2) 作 M_F 图和 $\overline{M}_1$ 图，如图 9-26(a)、图 9-26(b)所示，求系数和自由项。

查表 9-1 中的载常数，得：

$$M_{AB}=\frac{1}{3}ql^2=180\ \text{kN}\cdot\text{m}$$

$$M_{BA}=\frac{1}{6}ql^2=90\ \text{kN}\cdot\text{m}$$

$$M_{AC}=-\frac{1}{3}ql^2=-80\ \text{kN}\cdot\text{m}$$

$$M_{CA}=-40\ \text{kN}\cdot\text{m}$$

作 M_F 图，见图 9-26(a)，取 A 为分离体，由 $\sum M_A=0$ 得：

$$R_{1F}=180-80=100\ \text{kN}\cdot\text{m}$$

查表 9-2，绘出 $\overline{M}_1$ 图，如图 9-26(b)，从该图上可以直接求出：

$$r_{11}=\frac{EI}{3}+\frac{EI}{2}=\frac{5}{6}EI$$

(3) 列典型方程，求未知量。

由位移法典型方程：

$$r_{11}Z_1+R_{1F}=0$$

求得：

$$Z_1=-\frac{R_{1F}}{r_{11}}=-\frac{100}{\frac{5}{6}EI}=-\frac{120}{EI}$$

(4) 叠加法绘弯矩图。

由叠加原理 $M=\overline{M}_1Z_1+M_F$，求得各杆端弯矩值：

$$M_{AB}=\frac{EI}{3}\left(-\frac{120}{EI}\right)+180=140\ \mathrm{kN\cdot m}$$

$$M_{BA}=-\frac{EI}{3}\left(-\frac{120}{EI}\right)+90=130\ \mathrm{kN\cdot m}$$

$$M_{CA}=-\frac{EI}{2}\left(-\frac{120}{EI}\right)-40=20\ \mathrm{kN\cdot m}$$

绘出最后弯矩图如图 9-25(c)所示。

9.7 支座移动和温度变化时的位移法计算

超静定结构当支座发生移动或温度变化等非荷载因素作用时，一般在结构中会引起内力。用位移法计算时，前面所述的基本原理及解题的方法步骤仍都适用，只不过自由项不再是荷载作用下附加约束的约束力，而是支座发生移动或温度变化等非荷载因素作用下附加约束的约束力。

9.7.1 支座移动时的计算

对于具有几个基本未知量的超静定结构，发生支座移动 c_i，则位移法基本方程式(9-5)可以改写为：

$$\left.\begin{aligned}r_{11}Z_1+r_{12}Z_2+\cdots+r_{1n}Z_n+R_{1c}=0\\r_{21}Z_1+r_{22}Z_2+\cdots+r_{2n}Z_n+R_{2c}=0\\\vdots\qquad\qquad\\r_{n1}Z_n+r_{n2}Z_2+\cdots+r_{nn}Z_n+R_{nc}=0\end{aligned}\right\}\tag{9-6}$$

式中，R_{ic}为基本结构第 i 个附加约束在支座移动 c 作用下的约束反力。

如图 9-27(a)所示的结构，当支座 B 向下发生 Δ 的移动时，用位移法分析计算该结构。

该结构的基本未知量只有一个，刚节点 B 的转角。在节点 B 附加刚臂得基本结构，如图 9-27(b)所示。基本方程为：

$$r_{11}Z_1+R_{1c}=0$$

令 $Z_1=1$，如图 9-27(c)所示。计算结构的弯矩 $\overline{M}_1$，由节点 B 的平衡分析，得系数：

$$r_{11}=4i+3i=7i$$

基本结构支座 B 向下发生 Δ 的移动时，如图 9-27(b)所示计算结构的弯矩 M_e，由节点 B 的平衡分析，得自由项：

$$R_{ic}=-\frac{3i}{l}\Delta$$

将系数和自由项代入基本方程，得：

$$7iZ_1-\frac{3i}{l}\Delta=0$$

解方程得：

$$Z_1=\frac{3}{7l}\Delta$$

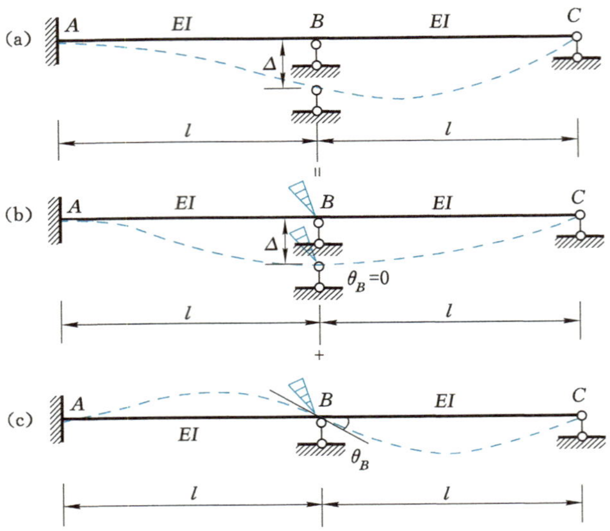

图 9-27　支座移动时的内力计算

结构的最终弯矩为：

$$M=M_e+\overline{M}_1Z_1$$

9.7.2　温度变化时的计算

当温度发生变化时，超静定结构不仅杆件会发生变形，还将引起内力。用位移法计算的基本方程式(9-5)可以改写为：

$$\left.\begin{aligned}r_{11}Z_1+r_{12}Z_2+\cdots+r_{1n}Z_n+R_{1t}&=0\\r_{21}Z_1+r_{22}Z_2+\cdots+r_{2n}Z_n+R_{2t}&=0\\&\vdots\\r_{n1}Z_1+r_{n2}Z_2+\cdots+r_{nn}Z_n+R_{nt}&=0\end{aligned}\right\}\tag{9-7}$$

式中，R_{it}为基本结构第 i 个附加约束在温度变化作用下的约束反力。

温度变化对杆件变形的影响可分为两部分，一部分是杆件轴线处的温度变化 t_0，使杆件发生轴向变形，由此引起附加约束反力为 R'_{it}。另一部分是杆件两侧表面温度变化的温差 Δt，使杆件发生弯曲变形，由此引起附加约束反力为 R''_{it}。两者叠加得：

$$R_{it}=R'_{it}+R''_{it}$$

9.8　超静定结构的特性

与静定结构相比较，超静定结构具有以下特性：

(1) 超静定结构比静定结构具有较大的刚度。所谓结构刚度是指结构抵抗某种变形的能力。如图 9-28(a)、图 9-28(b)所示两种梁，在荷载、截面尺寸、长度、材料均相同情况下，

简支梁的最大挠度 $y_{\max}=\dfrac{0.013ql^4}{EI}$，而两端固定梁的最大挠度 $y_{\max}=\dfrac{0.002\ 6ql^4}{EI}$，仅是前者的$\dfrac{1}{5}$。

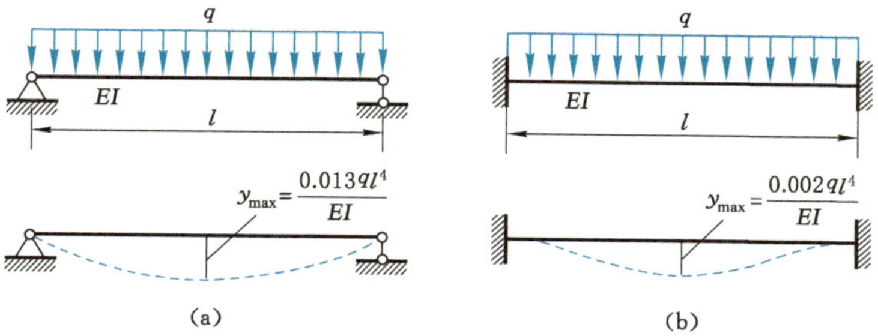

图 9-28 静定梁与超静定梁

(2) 在局部荷载作用下，超静定结构的内力分布比静定结构均匀，分布范围也大。如图 9-29 所示为两种刚架，在相同荷载作用下，图 9-29(a)所示为静定刚架，只有横梁承受弯矩，最大值为$\dfrac{Fa}{4}$；图 9-29(b)所示的超静定结构刚架的各杆都受弯矩作用，最大弯矩值为$\dfrac{Fa}{6}$。

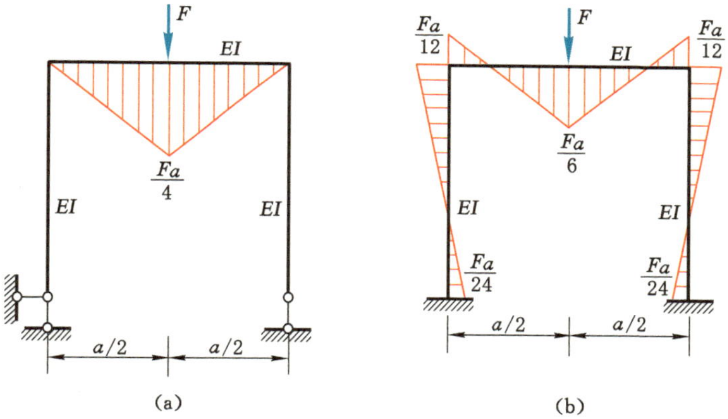

图 9-29 静定刚架与超静定刚架

加载跨的弯矩减小，意味着该跨应力降低，因而选择梁的截面面积可以比静定结构所要求的小，节省材料。

(3) 静定结构的内力只用平衡条件即可确定，其值与结构的材料性质及构件截面尺寸无关。而超静定结构的内力需要同时考虑平衡条件和变形条件才能确定，故超静定结构的内力与结构的材料性质和截面尺寸有关。利用这一特性，也可以通过改变各杆刚度的大小来调整超静定结构的内力分布。

(4) 在静定结构中，除荷载以外的其他因素，如支座移动、温度改变、制造误差等，都不会引起内力。而超静定结构由于有多余约束,使构件的变形不能自由发生,上述因素都会引起结构的内力。

(5) 静定结构的某个约束遭到破坏,就会变成几何可变体系,不能再承受荷载,而当超静定结构的某个多余约束被破坏时,结构仍然为几何不变体系,仍能承受荷载。因而超静定结构具有较强的抵抗破坏的能力。

本章小结

(1) 位移法的基本结构是通过在原结构上施加附加约束的方法而得到的一组超静定梁系。在刚节点和组合节点上加刚臂约束,依据结构的铰接体系为几何不变体系的原则加链杆约束,这是形成基本结构的关键。这些刚节点的角位移和节点线位移就是位移法的基本未知量。

(2) 对于超静定结构,只要能求出其节点位移,就可以确定杆件的杆端力,用位移法求解超静定结构的关键是求出节点位移。

(3) 位移法典型方程的物理意义是:基本结构在荷载和节点位移共同作用下,与原结构的受力和变形状态相同,附加约束无约束作用,即附加约束的约束力全部等于零。位移法典型方程的每个方程表示刚臂约束力矩为零的节点力矩平衡方程或表示链杆约束力为零的投影平衡方程。

(4) 正确地选取基本体系,熟练地计算位移法方程中的主、副系数和自由项,是掌握和运用位移法的关键。必须准确地理解主、副系数和自由项的物理意义,并在此基础上加深理解位移法的基本思路。

(5) 计算过程中,节点位移和附加约束的反力要按规定的正向画出。

(6) 对称结构在对称荷载作用下产生对称的内力、变形和位移。对称结构在反对称荷载作用下产生反对称的内力、变形和位移。

(7) 超静定结构当支座发生移动或温度变化时,用位移法计算,前面所述的基本原理及解题的方法步骤仍都适用,只不过自由项不再是荷载作用下附加约束的约束力,而是支座发生移动或温度变化作用下附加约束的约束力。

思考与练习

9-1　位移法的基本思路是什么? 为什么说位移法是建立在力法的基础之上的?

9-2　在位移法中,杆端力和杆端位移的正负号是如何规定的?

9-3　力法与位移法在原理与步骤上有何异同? 试将两者从基本未知量、基本结构、基本体系、典型方程的意义、每一系数和自由项的含义和求法等方面进行全面比较。

9-4　确定题 9-4 图所示各结构用位移法求解时的基本未知量数目,并取相应的基本结构。

9-5　用位移法计算题 9-5 图所示结构,并作出 M 图。

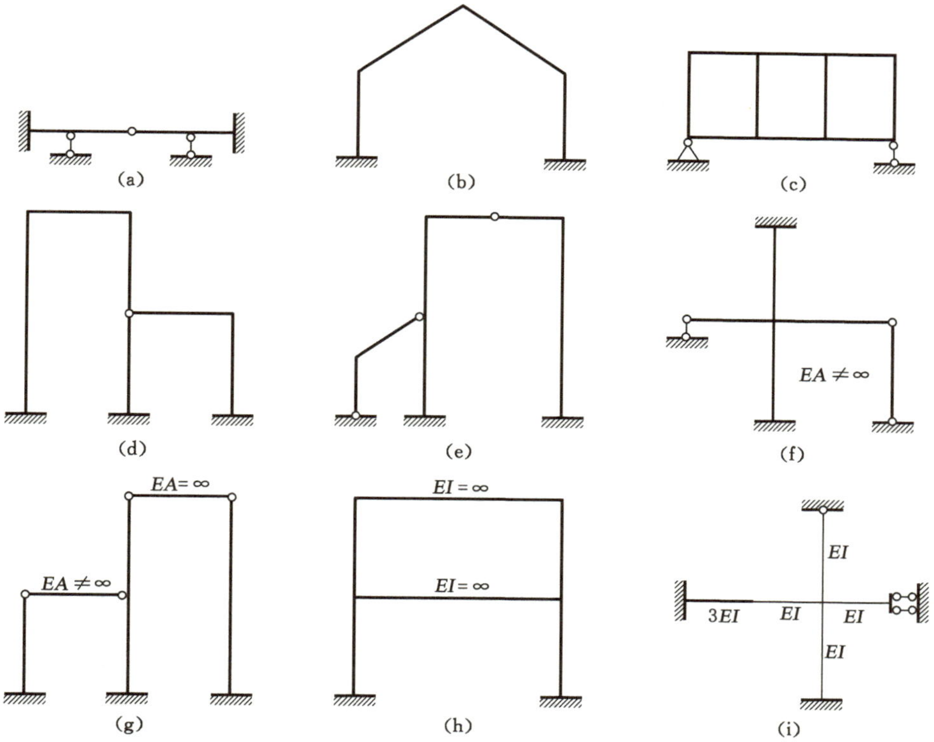

题 9-4 图

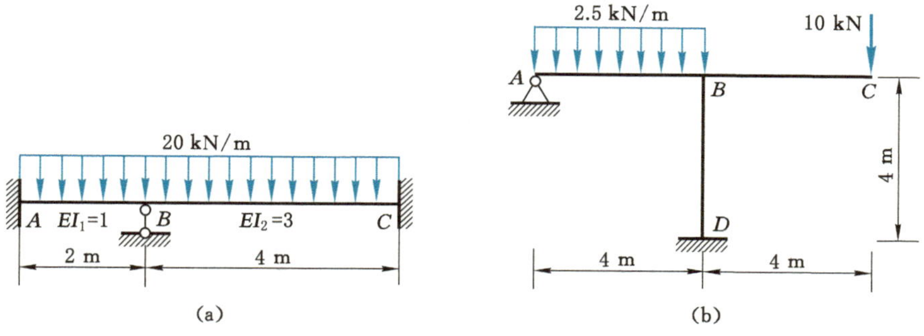

题 9-5 图

9-6　用位移法计算题 9-6 图所示结构，并作出 M、F_S、F_N 图。

9-7　用位移法计算题 9-7 图所示结构，并作出 M、F_S、F_N 图。

9-8　用位移法计算题 9-8 图所示结构，并作出 M 图。

9-9　用位移法计算题 9-9 图所示连续梁，并作出 M 图

9-10　用位移法计算题 9-10 图所示结构，并作出 M 图。

9-11　应用位移法求解题 9-11 图所示刚架，已知刚架的 C 端下沉 $\Delta=0.5$ cm，$EI=3\times10^5$ kN·m，画出刚架的 M 图。

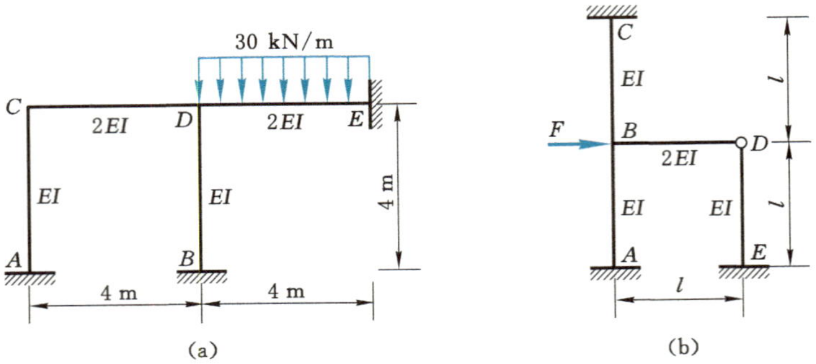

题 9-6 图

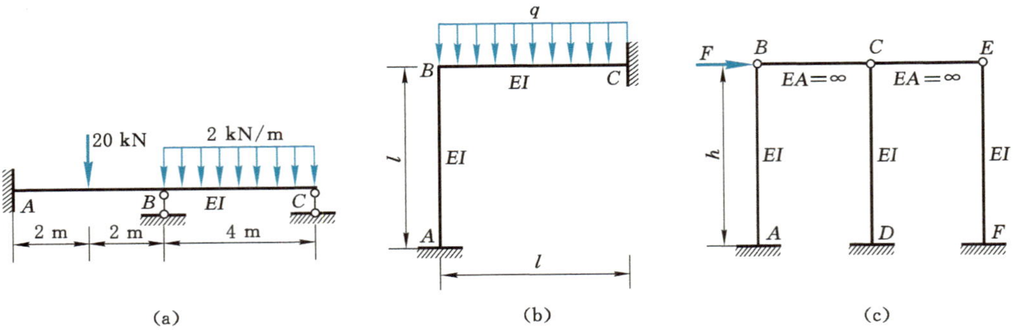

题 9-7 图

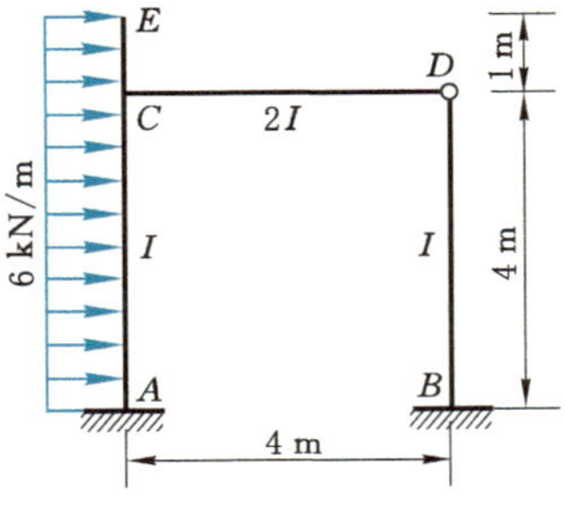

题 9-8 图

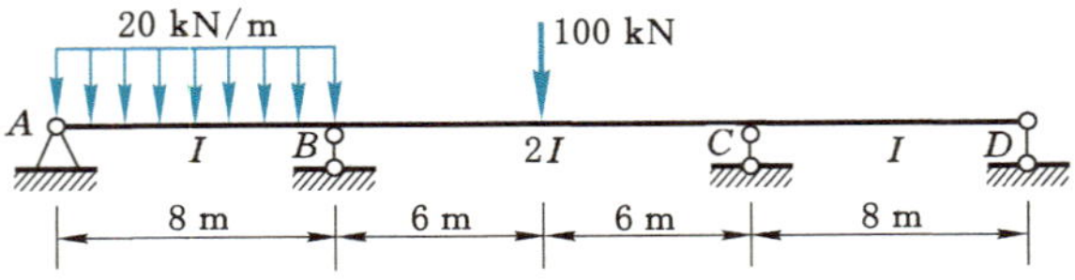

题 9-9 图

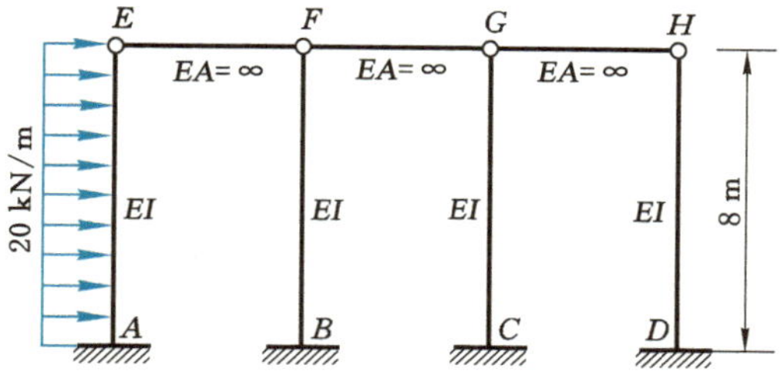

题 9-10 图

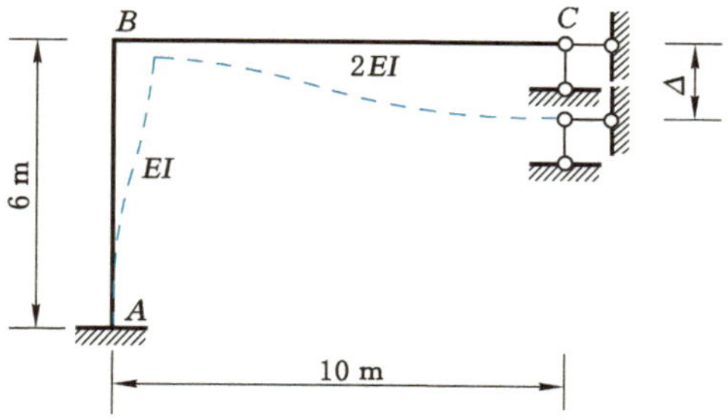

题 9-11 图

参考答案

9-1～9-4 略

9-5 (a) $M_{AB}=\dfrac{44}{3}$ kN·m;(b) $M_{BA}=20$ kN·m

9-6 (a) $M_{ED}=48.6$ kN·m;(b) $M_{AB}=-\dfrac{2}{9}Fl$

9-7 (a) $M_{AB}=16.7$ kN·m(上拉),$M_{BC}=11.6$ kN·m(上拉);

(b) $M_{BA}=\dfrac{ql^2}{24}$(左拉),$F_{SBA}=-\dfrac{ql}{16}$,$F_{NBA}=-\dfrac{7ql}{16}$;

(c) $M_{AB}=M_{DC}=M_{FE}=\dfrac{Fh}{3}$(左拉),$F_{NBC}=-\dfrac{2}{3}F$,$F_{NCE}=-\dfrac{1}{3}F$

9-8 $M_{AC}=-38.5$ kN·m,$M_{CA}=-15.8$ kN·m,$M_{CD}=18.8$ kN·m,$M_{BD}=-18.2$ kN·m

9-9 $M_B=175.2$ kN·m(上拉),$M_C=59.8$ kN·m(上拉)

9-10 $M_{AE}=-280$ kN·m

9-11 $M_{BA}=47.37$ kN·m,$M_{BC}=-47.37$ kN·m

第 10 章　力矩分配法

【本章要点】

转动刚度、传递系数和分配系数的概念；

力矩分配法的基本原理，力矩分配法的求解过程；

力矩分配法计算连续梁和无侧移刚架；

无剪力分配法的原理和计算。

【问题导入】

计算超静定结构，不论是采用力法或位移法，都要建立和计算典型方程，当未知量较多时，解算联立方程的工作是非常繁重的。在结构的计算中，为了避免建立和解算联立方程，我们总是力求选用比较简捷的方法来计算结构的内力。渐近法(力矩分配法)避免了建立和求解联立方程，在结构设计中被广泛应用。该方法最早由克罗斯于 1930 年提出，它是一种渐进的位移法，被用来近似求解超静定连续梁，在计算机发明以后，力矩分配法和其他的渐进分析方法，如力矩迭代法、无剪力分配法等逐渐被淘汰，替而代之的是矩阵位移法。但是经典分析方法巧妙的计算手段仍值得学习和探讨。

本章将介绍其中的力矩分配法和无剪力分配法的基本原理和计算步骤。力矩分配法和无剪力分配法是在位移法的基础上发展起来的，是通过反复运算，逐渐趋于精确解的一种方法，这种方法既可避免解算联立方程，又可遵循一定的步骤进行运算，易于掌握，且可以直接计算出杆端弯矩。

力矩分配法的理论基础是位移法，它的原理、基本假定、基本结构和正负号的规定等都和位移法相同，所不同的仅仅是某些计算技巧上的改进。用力矩分配法计算连续梁和无侧移刚架特别方便。

10.1　力矩分配法的基本概念

10.1.1　转动刚度、传递系数和分配系数的概念

10.1.1.1　转动刚度

如图 10-1 所示，当杆件 AB 的 A 端转动单位转角时，A 端(又称近端)的杆端弯矩称 M_{AB} 为杆端的转动刚度，用 S_{AB} 表示。它表示该杆件抵抗节点转动能力的大小。

结构给定后，各杆件的转动刚度是确定的。其值的大小与杆件的线刚度 $i=EI/l$ 和杆

件另一端（或称远端）的支撑情况有关。

对远端固定的杆件 $S=4i$，如图 10-1(a)所示；

对远端铰支的杆件 $S=3i$，如图 10-1(b)所示；

对远端滑动的杆件 $S=i$，如图 10-1(c)所示；

对远端自由或轴向链杆 $S=0$，如图 10-1(d)、图 10-1(e)所示。

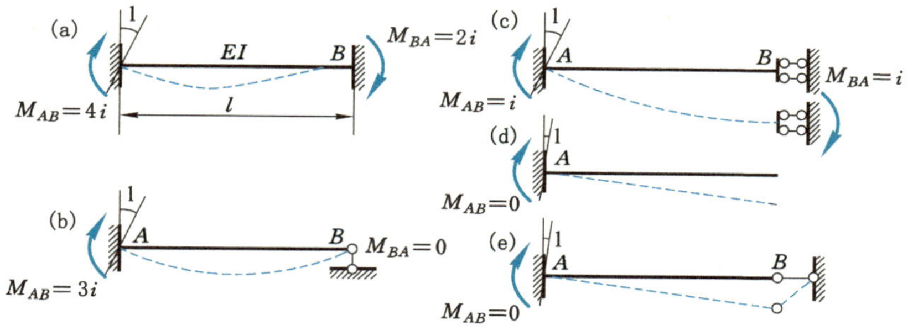

图 10-1　杆件的转动刚度

10.1.1.2　传递系数

当 A 端转动时，B 端也产生一定的弯矩，如同是近端的弯矩按一定的比例传到了远端一样，故将 B 端弯矩与 A 端弯矩之比称为由 A 端向 B 端的传递系数，用 C_{AB} 表示。即：

$$C_{AB}=\frac{M_{BA}}{M_{AB}} \text{ 或 } M_{BA}=C_{AB}M_{AB}$$

对远端固定的杆件 $C=0.5$，对远端铰支的杆件 $C=0$，对远端滑动的杆件 $C=-1$。

10.1.1.3　分配系数

如图 10-2 所示结构，当节点 1 处作用有单位力矩时，分配给 $1i$ 杆（i 为结构中的 2、3、4 等端点）1 端的力矩用 μ_{1i} 表示，μ_{1i} 称为力矩分配系数，等于杆 $1i$ 的转动刚度与交于 1 点的各杆的转动刚度之和的比值，即：

$$\mu_{1i}=\frac{S_{1i}}{\sum_{1} S_{1i}}$$

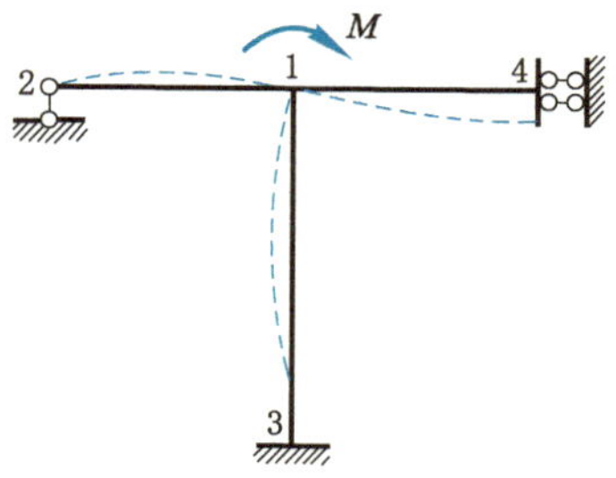

图 10-2　节点上各杆弯矩分配系数

μ_{1i} 是 $1i$ 杆件承受不平衡力矩的能力的体现，力矩分配系数较大（小）的杆件，承受不平衡力矩的较大（小）部分。图 10-2 中分配系数分别为 $\mu_{12}=\frac{3}{8}$、$\mu_{13}=\frac{4}{8}$、$\mu_{14}=\frac{1}{8}$。

10.1.2　力矩分配法的基本原理

下面我们通过一个简单的例子，来说明力矩分配法的基本原理。

在荷载作用下，刚架的变形如图 10-3(a)中虚线所示，称作结构的自然状态。

用力矩分配法求解时，先在刚节点 1 上加限制转动的约束（刚臂），将节点 1 固定，使刚架变成三个单跨梁，如图 10-3(b)所示，称作结构的约束状态。限制转动约束的作用，从变形角度看，是使节点1不发生转动；从受力角度看，是在节点1上施加一约束反力矩 M_1。为使结构与原结构等效，再把约束反力矩 M_1 反方向施加在节点1上，如图10-3(c)所示。这就相当于去掉了约束的作用，称作结构的放松状态。显然，将约束状态和放松状态下的内力叠加，即得到结构在荷载作用自然状态下的内力。

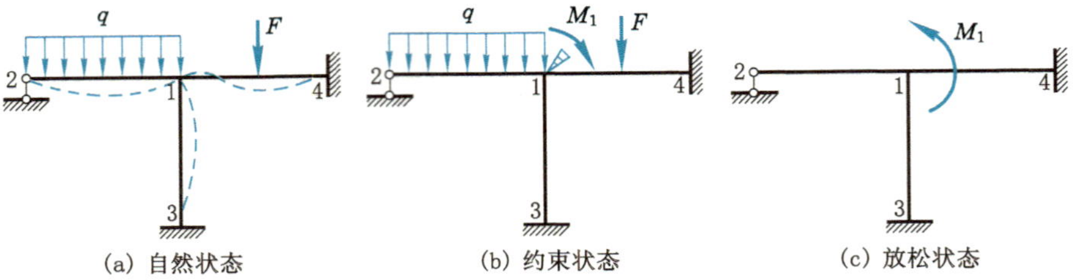

图10-3 力矩分配法的基本原理

首先求约束状态下的杆端弯矩。约束状态下由荷载引起的杆端弯矩称为固端弯矩，用 M_{ij}^F 表示，可由表9-1查得。固端弯矩对杆端而言以顺时针转向为正，对节点而言则以逆时针转向为正。

欲求放松状态下的杆端弯矩，必须解决以下三个问题。

(1) 求约束反力矩 M_1 的值。

约束反力矩 M_1 的值，可由约束状态下节点1的力矩平衡条件求出。由图10-4有：

$$M_1 = M_{12}^F + M_{13}^F + M_{14}^F \tag{10-1}$$

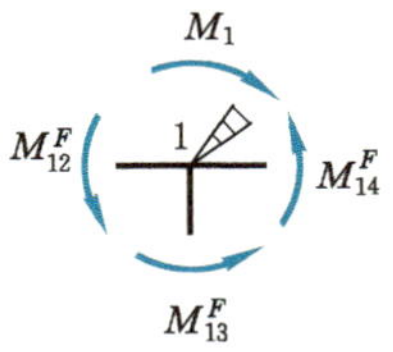

图10-4 节点约束力矩

即，约束反力矩 M_1 等于节点1的各杆固端弯矩的代数和。规定约束反力矩以绕节点顺时针转向为正，反之为负。

由于原结构上并不存在限制节点转动的约束，所以节点上各杆的固端弯矩不能使节点平衡，而能使节点产生转动，且节点转角的大小由固端弯矩的代数和决定，即由节点约束反力矩决定。由此，又称节点约束反力矩为节点不平衡力矩。

(2) 由不平衡力矩求节点上各杆端弯矩。

假设在放松状态下，如图10-3(c)所示，受不平衡力矩 M_1 的作用，节点1的转角为 φ_1，根据位移法中的基本概念，可求得因节点1的角位移 φ_1 所引起的各杆端弯矩为：

$$\left.\begin{aligned} M_{12}' &= 3i\varphi_1 = S_{12}\varphi_1 \\ M_{13}' &= 4i\varphi_1 = S_{13}\varphi_1 \\ M_{14}' &= 4i\varphi_1 = S_{14}\varphi_1 \end{aligned}\right\} \tag{10-2}$$

其中 S_{12}、S_{13}、S_{14} 分别为各杆件的转动刚度。根据节点 1 的平衡条件，如图 10-5 所示，将式(10-2)中各式相加，就可以得到节点不平衡力矩 M_1 和由它所引起的节点转角 φ_1 之间的关系：

$$\begin{aligned}M_1 &= M_{12}' + M_{13}' + M_{14}' \\ &= (S_{12} + S_{13} + S_{14})\varphi_1 = (\sum S)\varphi_1\end{aligned}$$

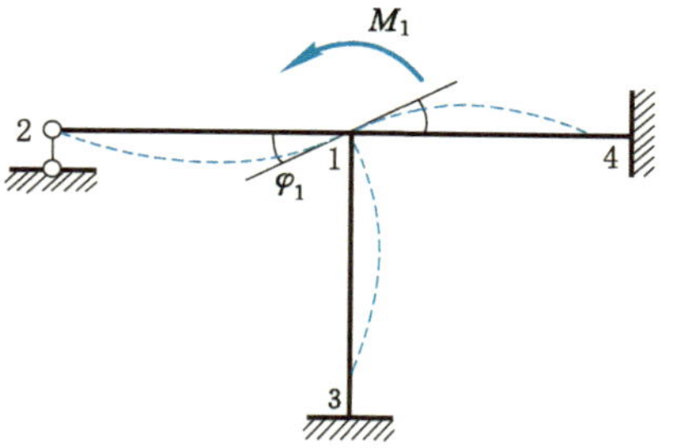

图 10-5　杆端分配弯矩

式中，$\sum S$ 为节点 1 的各杆端转动刚度之和，可见求出节点不平衡力矩，就可以求出节点转角，其值为：

$$\varphi_1 = \frac{M_1}{\sum S} \tag{10-3}$$

将式(10-3)带入到式(10-2)，可以求得节点不平衡力矩作用下 1 节点上各杆的杆端弯矩：

$$\left.\begin{aligned}M_{12}' &= \frac{S_{12}}{\sum S}M_1 \\ M_{13}' &= \frac{S_{13}}{\sum S}M_1 \\ M_{14}' &= \frac{S_{14}}{\sum S}M_1\end{aligned}\right\} \tag{10-4}$$

这一结果表明，因节点转角引起的杆端弯矩与杆件自身的转动刚度成正比，与通过该节点的各杆件转动刚度的总和成反比。节点不平衡力矩 M_1 按分配系数 $\frac{S_{1i}}{\sum S}$ 分配给各杆件的杆端。即：

$$\left.\begin{aligned}\mu_{12} &= \frac{S_{12}}{\sum S} \\ \mu_{13} &= \frac{S_{13}}{\sum S} \\ \mu_{14} &= \frac{S_{14}}{\sum S}\end{aligned}\right\} \tag{10-5}$$

结构给定后，力矩分配系数是确定的。显然，汇交于1节点的各杆端的分配系数之和等于1，即：

$$\sum \mu_{1i} = 1 \tag{10-6}$$

解题时，可用式(10-6)验算分配系数计算是否正确。

由节点不平衡力矩 M_1 所引起的各杆的杆端弯矩 M_{12}'、M_{13}'、M_{14}'，其实就是将 M_1 按分配系数分配给各杆杆端，因此称为分配弯矩。

此处需注意的是，分配弯矩是放松状态下的杆端弯矩，放松状态是将节点不平衡力矩方向加在节点上。因此，按下式：

$$\left.\begin{aligned} M_{12}' &= \mu_{12} M_1 \\ M_{13}' &= \mu_{13} M_1 \\ M_{14}' &= \mu_{14} M_1 \end{aligned}\right\} \tag{10-7}$$

计算分配弯矩时，式中的 M_1 应加负号代入。

(3) 求杆件上节点远端的杆端弯矩、传递系数、传递弯矩。

近端弯矩是指杆件靠节点一端的杆端弯矩，远端弯矩是指杆件远离节点一端的杆端弯矩。例如，杆件1—2的1端的弯矩称近端弯矩，2端的弯矩称为远端弯矩。

根据位移法的基本概念，近端弯矩 M_{ij}' 求出后，远端弯矩 M_{ji}' 可按下式求得，即：

$$M_{ji}'' = C_{ij} M_{ij}' \tag{10-8}$$

式中，C_{ij} 是传递系数。例如，对远端铰接的杆件1—2，其近端弯矩 $M_{12}' = 3i\varphi$，远端弯矩 $M_{21}' = 0$，则传递系数：

$$C_{12} = \frac{M_{21}''}{M_{12}'} = 0$$

又如，对远端固定的杆件1—3，近端弯矩 $M_{13}' = 4i\varphi_1$，远端弯矩 $M_{31}'' = 2i\varphi_1$，则传递系数：

$$C_{13} = \frac{M_{31}''}{M_{13}'} = \frac{1}{2}$$

可以看出，结构给定后，传递系数是确定的，它根据杆件远端的支承情况而定。

在力矩分配法中，近端弯矩即是分配弯矩，远端弯矩即是传递弯矩。后面的讲述中，传递弯矩以 M'' 表示。

(4) 把图10-3(b)和图10-5所示两种情况叠加，就得到图10-3(a)所示情况，因此，原结构在荷载作用下的杆端弯矩利用叠加原理可以求出，如 $M_{12} = M_{12}^F + M'_{12}$。

上面通过具有一个节点角位移的简单结构，介绍了力矩分配法的基本原理。从中可以看出，用力矩分配法求杆端弯矩的步骤如下：

(1) 固定节点，求荷载作用下的杆端弯矩，即固端弯矩。求各杆固端弯矩的代数和，得出节点不平衡力矩。

(2) 求各杆端的分配系数，将节点不平衡力矩加以负号，分别乘以各杆件的分配系数，从而得到分配弯矩。

(3) 将分配弯矩乘以传递系数，得到各杆件远端的传递弯矩。

（4）原结构在荷载作用下的杆端弯矩等于固端弯矩、分配弯矩及传递弯矩的和。

（5）这样经过一次力矩分配得到的计算结果是精确解，实际上，上述过程就是按位移法的计算原理进行的。只不过没有写典型方程，并避开求解节点角位移，而按一定的程序直接求解杆端弯矩。通常，结构有多个节点角位移，这种情况在力矩分配法中如何处理，将在下节中介绍。

例 10-1　用力矩分配法计算图 10-6(a)所示连续梁，求杆端弯矩，绘制 M 图、F_S 图。

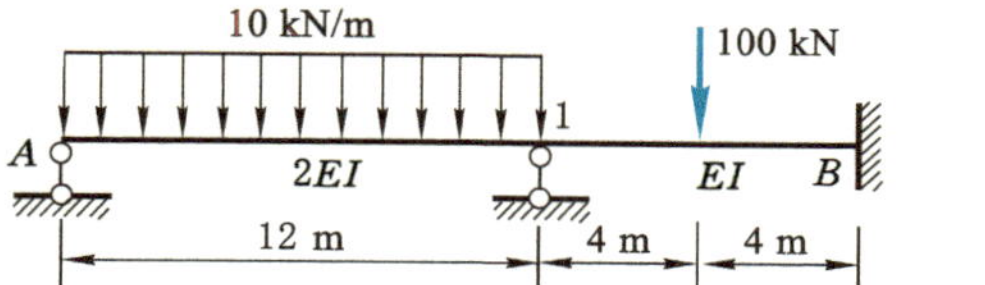

	A	1	1	B
分配系数		0.5	0.5	
固端弯矩	0	+180	-100	+100
分配与传递弯矩	0 ←	-40	-40 →	-20
杆端弯矩	0	+140	+140	+80

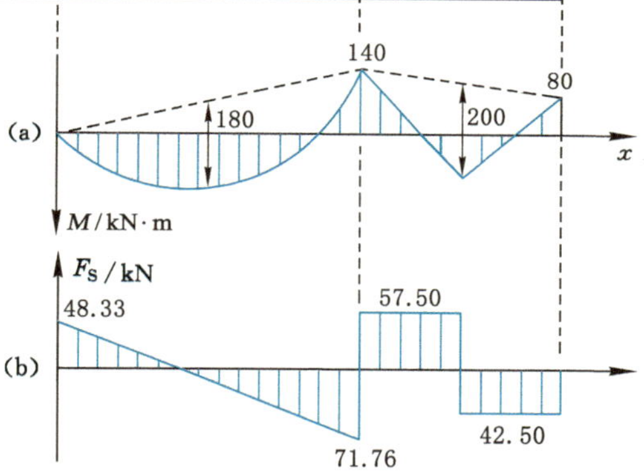

图 10-6　例 10-1 图

解：

（1）求分配系数。将节点 1 固定，杆件 1—A 与 1—B 的转动刚度分别为：

$$S_{1A}=\frac{3\times 2EI}{8}=0.5EI$$

$$S_{1B}=\frac{4\times EI}{8}=0.5EI$$

分配系数：

$$\mu_{1A}=\frac{S_{1A}}{S_{1A}+S_{1B}}=0.5$$

$$\mu_{1B}=\frac{S_{1B}}{S_{1A}+S_{1B}}=0.5$$

由 $\sum\mu_{1i}=\mu_{1A}+\mu_{2B}=0.5+0.5=1$，验算分配系数，计算无误。

将分配系数记入表中第一行节点 1 的两侧。

(2) 求固端弯矩。杆件 1—A 为一端铰支一端固定梁，杆件 1—B 为两端固定梁。按表 9-1 查得固端弯矩：

$$M_{1A}^{F}=\frac{1}{8}ql^{2}=180\ (\text{kN}\cdot\text{m})$$

$$M_{A1}^{F}=0$$

$$M_{1B}^{F}=-\frac{1}{8}Fl=-100\ (\text{kN}\cdot\text{m})$$

$$M_{B1}^{F}=\frac{1}{8}Fl=100\ (\text{kN}\cdot\text{m})$$

将固端弯矩记入表中第二行相应杆端部位。

按节点 1 的平衡条件，计算节点 1 的不平衡力矩：

$$M_{1}=M_{1A}^{F}+M_{1B}^{F}=(180-100)=80\ (\text{kN}\cdot\text{m})$$

(3) 求分配弯矩和传递弯矩。将节点 1 的不平衡力矩 M_1 冠以负号，乘以各杆件的分配系数，得各杆件在 1 端的分配弯矩：

$$M'_{1A}=\mu_{1A}\times(-M_{1})=-40\ (\text{kN}\cdot\text{m})$$

$$M'_{1B}=\mu_{1B}\times(-M_{1})=-40\ (\text{kN}\cdot\text{m})$$

将分配弯矩记入表中第三行相应杆端部位。

将杆件近端的分配弯矩乘以该杆件的传递系数，得该杆件远端的传递弯矩：

$$M''_{A1}=0$$

$$M''_{B1}=\frac{1}{2}M'_{1B}=-20\ (\text{kN}\cdot\text{m})$$

将传递弯矩记入第三行相应杆件远端的部位。

(4) 求最终杆端弯矩。将各杆杆端的固端弯矩与分配弯矩和传递弯矩相加，得最终杆端弯矩：

$$M_{1A}=M_{1A}^{F}+M'_{1A}=(180-40)=140\ (\text{kN}\cdot\text{m})$$

$$M_{A1}=M_{A1}^{F}+M''_{1A}=0$$

$$M_{1B}=M_{1B}^{F}+M'_{1B}=(-100-40)=-140\ (\text{kN}\cdot\text{m})$$

$$M_{B1}=M_{B1}^{F}+M''_{B1}=(100-20)=80\ (\text{kN}\cdot\text{m})$$

将杆端弯矩记入表中第四行。第四行中的每一值都是第二、三行相应值的竖向代数相加。

(5) 绘制弯矩图和剪力图。根据最终杆端弯矩绘制，如图 10-6(b)所示。分别取杆 A—1、B—1 为分离体，可求得其杆端剪力，并绘制弯矩图和剪力图，如图 10-6(c)所示。

例 10-2 计算图 10-7(a)所示无侧移刚架，绘制 M 图。

解：(1) 求分配系数。

为了计算方便，可令 $i_{AB}=i_{AC}=\frac{EI}{4}=1$，则 $i_{AD}=\frac{2EI}{4}=2$。将节点 A 固定，此时各杆件的转动刚度分别为：

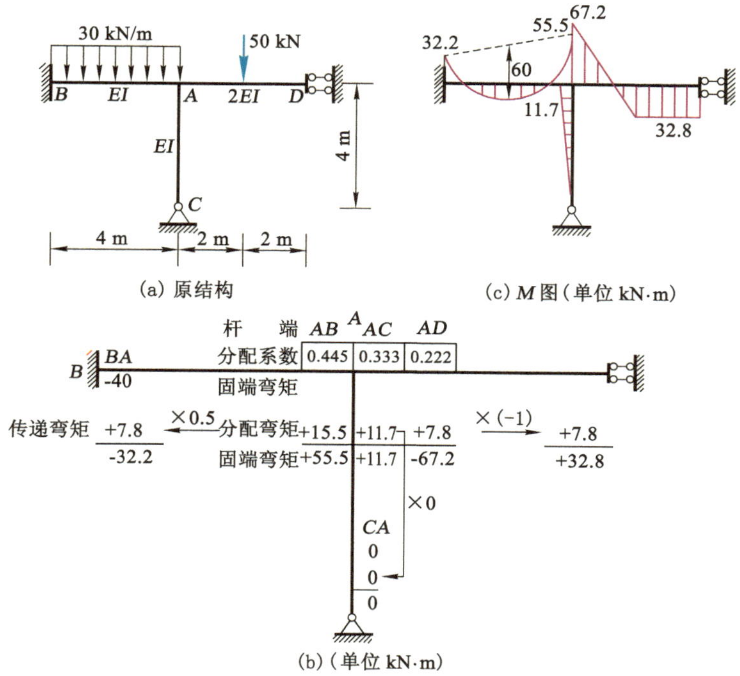

图 10-7　例 10-2 图

$$S_{AB}=4,S_{AC}=3,S_{AD}=2$$

分配系数：

$$\mu_{AB}=\frac{S_{AB}}{S_{AB}+S_{AC}+S_{AD}}=\frac{4}{4+3+2}=\frac{4}{9}=0.444$$

$$\mu_{AC}=\frac{S_{AC}}{S_{AB}+S_{AC}+S_{AD}}=\frac{3}{4+3+2}=\frac{3}{9}=0.333$$

$$\mu_{AD}=\frac{S_{AD}}{S_{AB}+S_{AC}+S_{AD}}=\frac{2}{4+3+2}=\frac{2}{9}=0.222$$

（2）求固端弯矩。

$$M_{BA}^{F}=-\frac{30\times 4^{2}}{12}=-40\ (\text{kN}\cdot\text{m})$$

$$M_{AB}^{F}=\frac{30\times 4^{2}}{12}=40\ (\text{kN}\cdot\text{m})$$

$$M_{AD}^{F}=-\frac{3\times 50\times 4}{8}=-75\ (\text{kN}\cdot\text{m})$$

$$M_{DA}^{F}=-\frac{50\times 4}{8}=-25\ (\text{kN}\cdot\text{m})$$

节点 A 不平衡力矩可由节点 A 的平衡条件求得，即：

$$M_{A}=40-75=-35\ (\text{kN}\cdot\text{m})$$

（3）求分配弯矩和传递弯矩。

分配弯矩分别为：

$$M'_{AB}=\mu_{AB}(-M_A)=0.445\times35=15.6\ (\text{kN}\cdot\text{m})$$

$$M'_{AC}=\mu_{AC}(-M_A)=0.333\times35=11.7\ (\text{kN}\cdot\text{m})$$

$$M'_{AD}=\mu_{AD}(-M_A)=0.222\times35=7.8\ (\text{kN}\cdot\text{m})$$

传递弯矩分别为：

$$M''_{BA}=\frac{1}{2}\times15.5=7.8\ (\text{kN}\cdot\text{m})$$

$$M''_{DA}=(-1)\times7.8=-7.8\ (\text{kN}\cdot\text{m})$$

$$M''_{CA}=0$$

(4) 求最终杆端弯矩。

$$M_{BA}=-40+7.8=-32.2\ (\text{kN}\cdot\text{m})$$

$$M_{AB}=40+15.5=55.5\ (\text{kN}\cdot\text{m})$$

$$M_{AC}=11.7\ (\text{kN}\cdot\text{m})$$

$$M_{AD}=-75+7.8=-67.2\ (\text{kN}\cdot\text{m})$$

$$M_{DA}=(-25)+(-7.8)=-32.8\ (\text{kN}\cdot\text{m})$$

$$M_{CA}=0$$

(5) 绘制弯矩图。

弯矩图如图 10-7(c)所示。

10.2 用力矩分配法计算连续梁和无侧移刚架

上节中的各例题是以只有一个节点转角的结构说明了力矩分配法的基本概念。对这些具有一个节点转角未知量的简单结构，只需进行一次力矩分配便可得到杆端弯矩的精确解。对于具有多个节点转角但无节点线位移(简称无侧移)的结构，只需依次对各节点使用上节所述方法便可求解。

10.2.1 用力矩分配法计算连续梁

如图 10-8 所示的连续梁有三个节点转角未知量。这时，用力矩分配法求解的一般步骤如下。

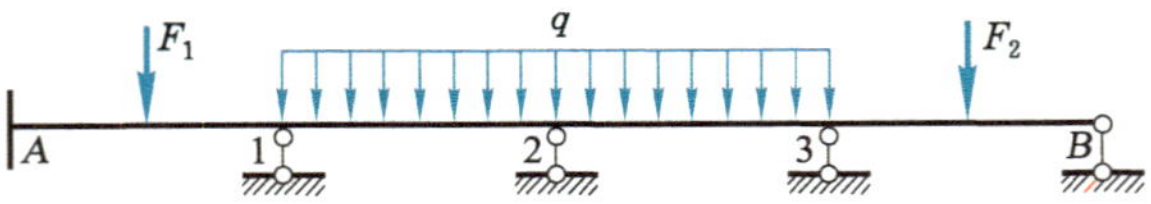

图 10-8　超静定连续梁

(1) 将节点 1、2、3 同时固定，求各杆端分配系数。

(2) 求各杆的固端弯矩和各节点的不平衡力矩 M_1、M_2、M_3。

(3) 先放松第 1 个节点，其他节点保持固定。求节点 1 上各杆端的分配弯矩和对远端的传递弯矩。

(4) 再放松第 2 个节点，其他节点保持固定。求节点 2 上各杆端的分配弯矩。这时需要注意的是，在节点 1 进行力矩分配时，已有传递弯矩 M''_{21}，传到杆件 2—1 的 2 端。此时节点 2 的不平衡力矩已不再是 M_2，而是 $M_2+M''_{21}$，在节点 2 应以 $M_2+M''_{21}$ 为不平衡力矩进行力矩分配和力矩传递。

(5) 最后放松节点 3，其他节点保持固定。求节点 3 上各杆端的分配弯矩。同样，在节点 2 进行力矩分配时，已有传递弯矩 M''_{32} 传到杆件 2—3 的 3 端。因此，在节点 3 应以 $M_3+M''_{32}$ 为不平衡力矩进行力矩分配和传递。

各节点轮流完成一次力矩分配和传递之后，节点 1、2 都不处于平衡状态，这是因为：节点 1 接受了节点 2 进行力矩分配时的传递弯矩；节点 2 接受了节点 3 进行力矩分配时的传递弯矩。1、2 两个节点出现了新的不平衡力矩，需重复步骤(3)～(5)的计算过程，进行第二次循环的力矩分配和传递。如此往复下去，新出现的不平衡力矩随循环次数的增加而减少，当不平衡力矩趋向于零时，求得的最终杆端弯矩也就趋向于精确解。实际上，一般经三四次循环后，所得结果的精度就足以满足工程的要求。

最终杆端弯矩按下式计算：

$$杆端弯矩 = 固端弯矩 + \sum 分配弯矩 + \sum 传递弯矩 \tag{10-9}$$

式中，$\sum$ 分配弯矩和 $\sum$ 传递弯矩分别代表同一杆端在各次循环中所得分配弯矩和传递弯矩的代数和。

例 10-3　用力矩分配法计算图 10-9(a)所示连续梁，并绘制弯矩图。

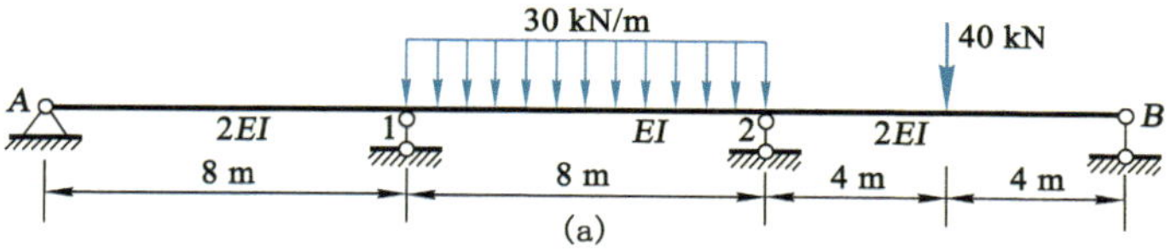

(a)

分配系数			0.6	0.4	0.4	0.6	
固端弯矩			0	-160	+160	-60	
1	放松节点 1	0 ←	+96	+64 →	+32		
	放松节点 2			-26.4 ←	-52.8	-79.2 →	0
2	放松节点 1	0 ←	+15.84	+10.56 →	5.28		
	放松节点 2			-1.06 ←	-2.11	-3.17 →	0
3	放松节点 1	0 ←	+0.64	+0.42 →	+0.21		
	放松节点 2				-0.08	0.13 →	0
杆端弯矩		0	+112.48	-112.48	+142.5	-142.5	0

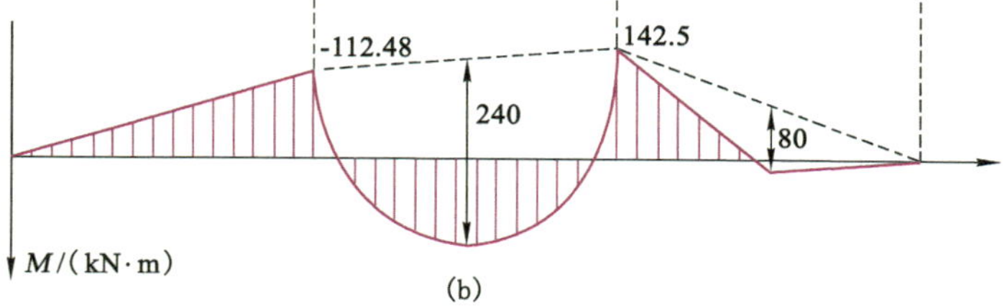

(b)

图 10-9　例 10-3 图

解:(1) 求分配系数。

本题中所示连续梁有两个节点转角而无节点线位移。现将两个刚节点 1、2 都固定起来,计算转动刚度和分配系数。

杆件 1—A、杆件 1—2 的转动刚度分别为:

$$S_{1A}=\frac{3\times 2EI}{l}=6i$$

$$S_{12}=\frac{4\times EI}{l}=4i$$

节点 1 上两杆件的分配系数分别为:

$$\mu_{1A}=\frac{6i}{4i+6i}=0.6$$

$$\mu_{12}=\frac{4i}{4i+6i}=0.4$$

杆件 2—1 和杆件 2—B 的转动刚度分别为

$$S_{21}=\frac{4EI}{l}=4i$$

$$S_{2B}=\frac{3\times 2EI}{l}=6i$$

节点 2 上两杆件的分配系数分别为:

$$\mu_{21}=\frac{4i}{4i+6i}=0.4$$

$$\mu_{2B}=\frac{6i}{4i+6i}=0.6$$

分配系数记入表中第一行。

(2) 求固端弯矩。

$$M_{1A}^{F}=M_{A1}^{F}=0$$

$$M_{12}^{F}=-\frac{1}{12}ql^{2}=-160\ (\text{kN}\cdot\text{m})$$

$$M_{21}^{F}=\frac{1}{12}ql^{2}=160\ (\text{kN}\cdot\text{m})$$

$$M_{2B}^{F}=-\frac{3}{16}Fl=-60\ (\text{kN}\cdot\text{m})$$

$$M_{B2}^{F}=0$$

固端弯矩记入表中第二行。

(3) 第一次分配、传递。

先单独放松节点 1,节点 1 的不平衡力矩为:

$$M_{1}=-160\ (\text{kN}\cdot\text{m})$$

杆端分配弯矩分别为:

$$M'_{1A}=\mu_{1A}(-M_{1})=96\ (\text{kN}\cdot\text{m})$$

$$M'_{12}=\mu_{12}(-M_1)=64\ (\text{kN}\cdot\text{m})$$

传递弯矩分别为：

$$M'_{A1}=0$$

$$M''_{21}=\frac{1}{2}M'_{12}=32\ (\text{kN}\cdot\text{m})$$

将以上结果记入表中第三行。

再单独放松节点 2，将节点 1 重新固定起来。这时，节点 2 接受了传递弯矩，其不平衡力矩为：

$$M_2+M''_{21}=(160-60+32)=132\ (\text{kN}\cdot\text{m})$$

分配弯矩分别为：

$$M'_{21}=\mu_{21}\times(-132)=-52.8\ (\text{kN}\cdot\text{m})$$
$$M'_{2B}=\mu_{2B}\times(-132)=-79.2\ (\text{kN}\cdot\text{m})$$

传递弯矩分别为：

$$M'_{B2}=0$$

$$M''_{12}=\frac{1}{2}M'_{21}=-26.4\ (\text{kN}\cdot\text{m})$$

以上结果记入表中第四行。

(4) 第二次循环。

对各节点进行观察，在第一次循环完成之后，节点 1 已不处于平衡状态，因为它又接受了传递弯矩 $M''_{12}=-26.4\ \text{kN}\cdot\text{m}$，传递弯矩 M''_{12} 成为节点 1 的不平衡弯矩。不过这一不平衡弯矩已较原来的不平衡弯矩小得多了。

再次对节点 1 进行力矩分配和传递，结果记入表中第五行。

第五行中值为 5.28 kN·m 的传递弯矩又成为节点 2 的不平衡力矩。经分配和传递，结果记入表中第六行。

(5) 第三次循环。

第三次循环的计算结果记入表中第七行和第八行。

可以看到，节点 1 的不平衡力矩已极小，−0.04 kN·m，计算可到此结束。

(6) 求杆端弯矩。

杆端弯矩按式(10-9)计算，即将表中各行竖向代数相加为相应杆端弯矩。如杆件 1—2 的 1 端杆端弯矩按式(10-9)计算为：

$$M_{12}=-160+64-26.4+10.56-1.06+0.42=-112.48\ (\text{kN}\cdot\text{m})$$

各杆端弯矩记入表中最后一行。

(7) 绘制弯矩图。

弯矩图如图 10-9(b)所示。

最后说明一点，本题中第一次循环的计算是从节点 1 开始的，也可以从节点 2 开始计算。最好的做法是从不平衡力矩的绝对值最大的节点开始计算，这样能够较快地收敛于精确解。本题正是这样做的，因为两个节点固定后，$|M_1|=160>|M_2|=100$。

例 10-4 用力矩分配法计算图 10-10(a)所示梁的各杆端弯矩，绘制弯矩图，EI 为常数。

解：(1) 简化处理。

右边悬臂部分的内力是静定的，若将其切去，而以相应的弯矩和剪力作为外力施加于节点 E 处，则节点 E 便化为铰支端来处理，如图 10-10(b)所示。

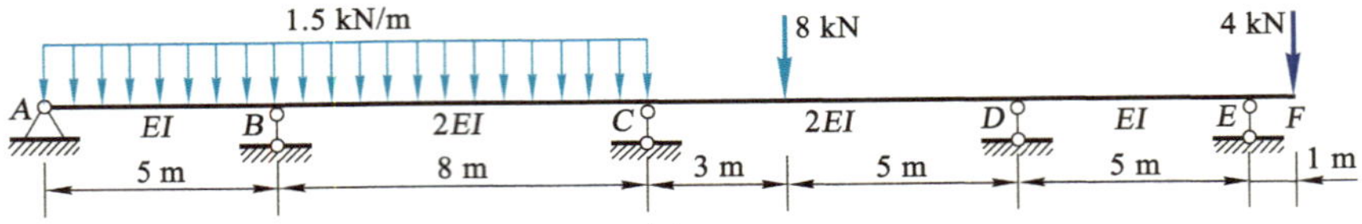

(a)

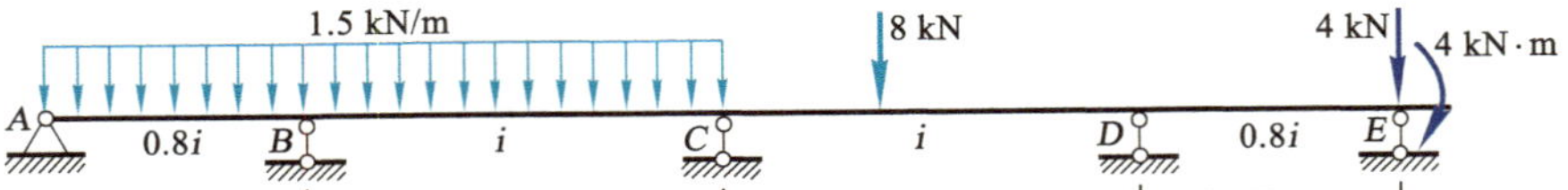

分配系数	0.375	0.625	0.5	0.5	0.625	0.375	
固端弯矩	+4.69	-8	+8	-9.38	+5.62	+2	+4
分配及传递	+1.24	+2.07	+1.03	-2.38	-4.76	-2.86	0
		+0.68	+1.37	+1.36	+0.68		
	-0.25	-0.43	-0.21	-0.21	-0.43	-0.25	
		+0.11	+0.21	+0.21	+0.11		
	-0.04	-0.07	-0.03	-0.03	-0.07	-0.04	
		+0.02	+0.03	+0.03	+0.02		
	-0.01	-0.01			-0.01	-0.01	
杆端弯矩	5.63	-5.63	+10.40	-10.40	+1.16	-1.16	+4

注：表中弯矩单位为kN·m

(b)

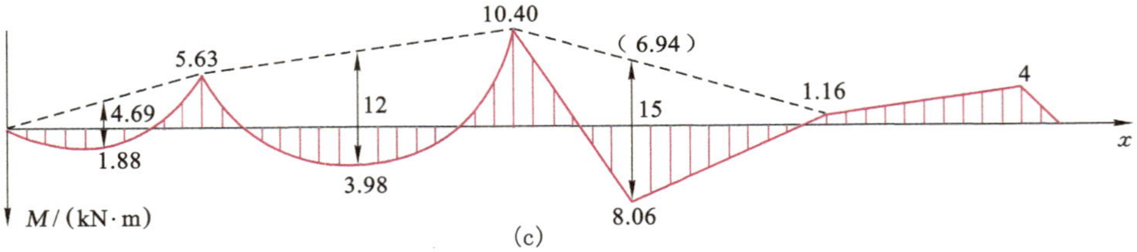

(c)

图 10-10 例 10-4 图

(2) 计算分配系数。

本题中所示连续梁有三个节点转角而无节点线位移。现将三个刚节点 B、C、D 都固定起来，计算转动刚度和分配系数。若设 BC、CD 两杆的线刚度为 $\dfrac{2EI}{8\ \text{m}}=i$，则 AB、DE 两杆的线刚度为 $\dfrac{EI}{5\ \text{m}}=0.8i$。

杆件 BA 和杆件 BC 的转动刚度分别为：

$$S_{BA}=3\times0.8i=2.4i$$

$$S_{BC}=4i$$

节点 B 上两杆端的分配系数分别为：

$$\mu_{BA}=\frac{2.4i}{2.4i+4i}=0.375$$

$$\mu_{BA}=\frac{4i}{2.4i+4i}=0.625$$

杆件 CB 和杆件 CD 的转动刚度分别为：

$$S_{CB}=4i$$

$$S_{CD}=4i$$

节点 C 上两杆端的分配系数分别为：

$$\mu_{CB}=\frac{4i}{4i+4i}=0.5$$

$$\mu_{CD}=\frac{4i}{4i+4i}=0.5$$

杆件 DC 和杆件 DE 的转动刚度分别为：

$$S_{DC}=4i$$

$$S_{DE}=3\times 0.8i=2.4i$$

节点 D 上两杆端的分配系数分别为：

$$\mu_{DC}=\frac{4i}{2.4i+4i}=0.625$$

$$\mu_{DE}=\frac{2.4i}{2.4i+4i}=0.375$$

分配系数记入表中第一行。

(3) 求固端弯矩。

$$M_{AB}^{F}=0$$

$$M_{BA}^{F}=\frac{1}{8}ql^{2}=\frac{1}{8}\times 1.5\times 5^{2}=4.69\ (\text{kN}\cdot\text{m})$$

$$M_{BC}^{F}=-\frac{1}{12}ql^{2}=-\frac{1}{12}\times 1.5\times 8^{2}=-8\ (\text{kN}\cdot\text{m})$$

$$M_{CB}^{F}=\frac{1}{12}ql^{2}=\frac{1}{12}\times 1.5\times 8^{2}=8\ (\text{kN}\cdot\text{m})$$

$$M_{CD}^{F}=-\frac{ab^{2}}{l^{2}}F=-\frac{3\times 5^{2}}{8^{2}}\times 8=-9.38\ (\text{kN}\cdot\text{m})$$

$$M_{DC}^{F}=\frac{a^{2}b}{l^{2}}F=\frac{5\times 3^{2}}{8^{2}}\times 8=5.62\ (\text{kN}\cdot\text{m})$$

DE 杆相当于一端固定一端铰支的梁，在铰支端处承受一集中力及一力偶的荷载。其中集中力 4 kN 将被支座 E 直接承受而不使梁产生弯矩，故可不考虑；而力偶矩 4 kN・m 所产生的固端弯矩为：

$$M_{DE}^{F}=\frac{1}{2}\times 4=2\ (\text{kN}\cdot\text{m})$$

$$M_{ED}^{F}=4\ (\text{kN}\cdot\text{m})$$

固端弯矩记入表中第二行。

(4) 轮流放松各节点进行力矩分配和传递。

为了使计算时收敛较快,分配宜从不平衡力矩数值较大的节点开始,本例先放松节点 D。此外,由于放松节点 D 时节点 C 是固定的,故可同时放松节点 B。由此可知,凡不相邻的各节点每次均可同时放松,这样便可以加快收敛的速度。整个计算详见图 10-10(b)。

(5) 计算杆端最后弯矩,并绘制弯矩图如图 10-10(c)所示。

10.2.2 用力矩分配法计算无侧移刚架

用力矩分配法计算无侧移刚架与计算连续梁的不同之处,只是在力矩分配和传递时,应将柱子考虑在内,所以运算表格比连续梁稍微复杂些。

例 10-5 求图 10-11 所示刚架的弯矩图、剪力图和轴力图,EI 为常数。

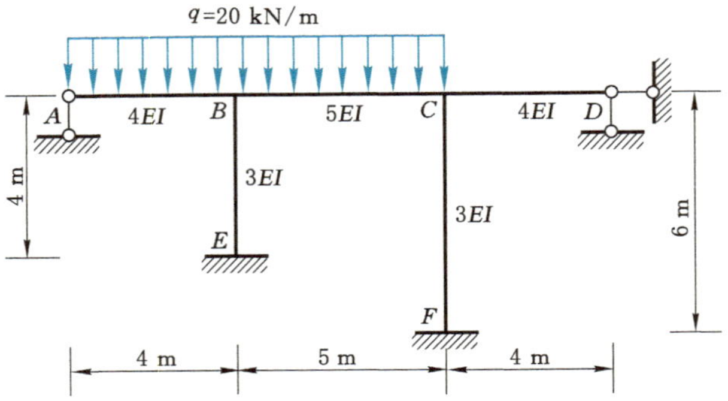

图 10-11 例 10-5 图

解:(1) 转动刚度。

取相对值计算,设 $EI=1$:

$$i_{BA}=\frac{4EI}{4}=1, S_{BA}=3i_{BA}=3$$

$$i_{BC}=\frac{5EI}{5}=1, S_{BC}=S_{CB}=4i_{BC}=4$$

$$i_{CD}=\frac{4EI}{4}=1, S_{CD}=3i_{CD}=3$$

$$i_{BE}=\frac{3EI}{4}=\frac{3}{4}, S_{BE}=4i_{BE}=4\times\frac{3}{4}=3$$

$$i_{CF}=\frac{3EI}{6}=\frac{1}{2}, S_{CF}=4i_{CF}=4\times\frac{1}{2}=2$$

(2) 分配系数。

节点 B:

$$\sum S = S_{BA} + S_{BC} + S_{BE} = 3 + 4 + 3 = 10$$

$$\mu_{BA} = \frac{3}{10} = 0.3, \mu_{BC} = \frac{4}{10} = 0.4, \mu_{BE} = \frac{3}{10} = 0.3$$

节点 C：

$$\sum S = S_{CB} + S_{CD} + S_{CF} = 4 + 3 + 2 = 9$$

$$\mu_{CB} = \frac{4}{9} = 0.444, \mu_{CB} = \frac{3}{9} = 0.333, \mu_{CF} = \frac{2}{9} = 0.222$$

(3) 固端弯矩。

$$M_{BA}^{F} = \frac{1}{8}ql^2 = \frac{1}{8} \times 20 \times 4^2 = 40 \ (\text{kN} \cdot \text{m})$$

$$M_{BC}^{F} = -\frac{1}{12}ql^2 = -\frac{1}{12} \times 20 \times 5^2 = -41.7 \ (\text{kN} \cdot \text{m})$$

$$M_{CB}^{F} = -41.7 \ (\text{kN} \cdot \text{m})$$

(4) 力矩分配、传递。

按 C、B 顺序分配两轮，计算如图 10-12(a)所示。放松节点的次序可以任取，并不影响最后的结果。但为了缩短计算过程，最好先放松约束力矩较大的节点。在本例中，先放松节点 C 较好。

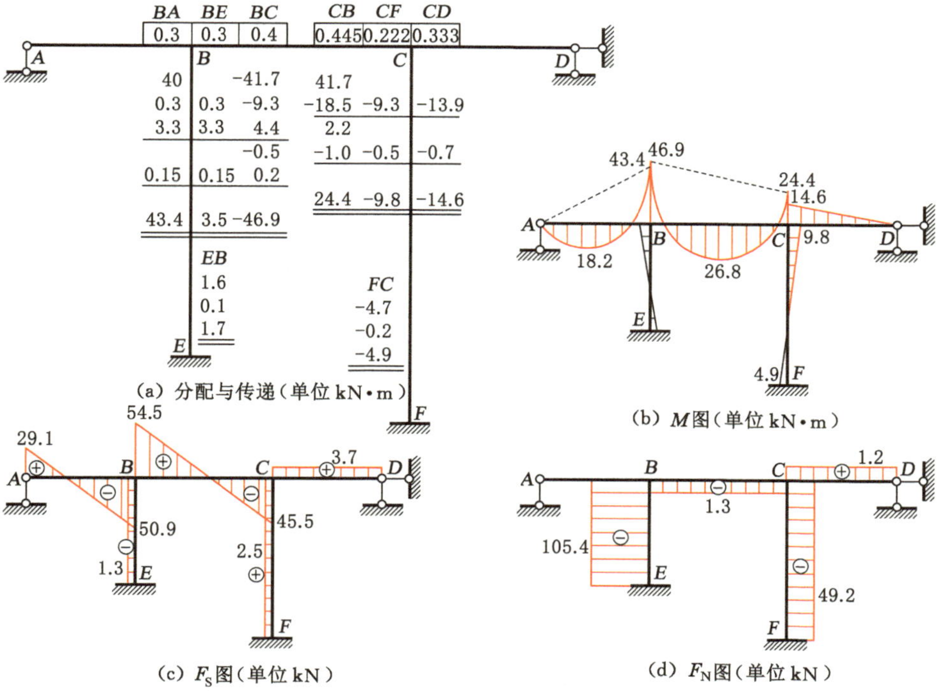

(a) 分配与传递（单位 kN·m）

(b) M图（单位 kN·m）

(c) F_S图（单位 kN）

(d) F_N图（单位 kN）

图 10-12　例 10-5 图

(5) 作弯矩图如图 10-12(b)所示。

(6) 作剪力图。

取各杆段为分离体,用平衡方程求杆端剪力。利用杆端剪力可作每杆的剪力图。剪力图如图 10-12(c)所示。

(7) 作轴力图。

取节点为分离体,已知各杆端对节点的剪力,根据平衡条件求出各杆端对节点的轴力。轴力图如图 10-12(d)所示。

10.3 无剪力分配法

10.3.1 概述

力矩分配法只适用于无侧移刚架或连续梁。因为若刚架的内部节点有侧移 Δ,则力矩分配法中的分配关系和传递关系均不能成立。有一类刚架,其内部节点虽然有线位移 Δ,但 Δ 可以不取作位移法的基本未知量,对这类刚架也可以求得类似于力矩分配法中的分配关系和传递关系,于是可以按照力矩分配法的格式进行计算,此即为无剪力分配法。

适用无剪力分配法的条件:若结构中只存在下列两类杆件,则适用于无剪力分配法。如图 10-13(a)所示。

刚架除两端无相对侧移的杆件外,其余杆件为剪力静定杆(即剪力只取决于外荷载)。

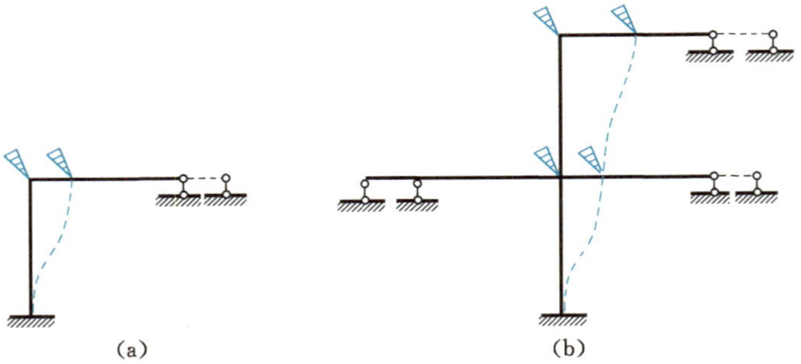

图 10-13 无剪力分配法的适用条件

10.3.2 无剪力分配法简述

如图 10-14(a)所示单跨对称刚架,可将荷载分为正、反对称两组,如图 10-14(b)、图 10-14(c)所示。

荷载正对称时如图 10-14(b)所示,节点只有转角,没有侧移,可用力矩分配法计算。

荷载反对称时如图 10-14(c)所示,节点有转角,还有侧移,要采用无剪力分配法计算。取反对称的半刚架,如图 10-15(a)所示。

横梁 BC:两端无相对侧移的杆件。

竖柱 AB:由于支座 C 无水平反力,其剪力是静定的,为剪力静定杆件。全部水平荷载与柱的下端剪力平衡。

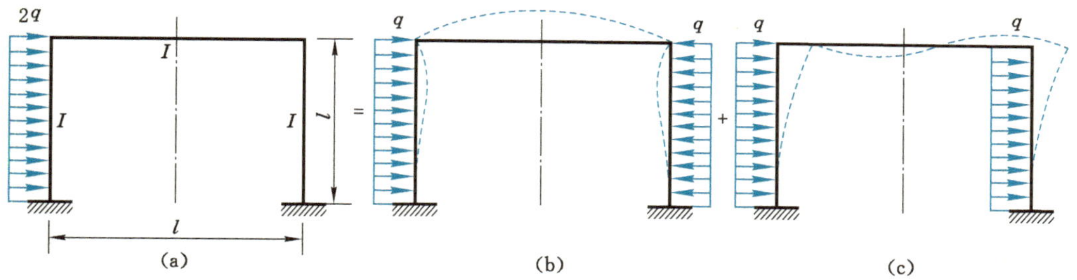

图 10-14　对称结构的分解

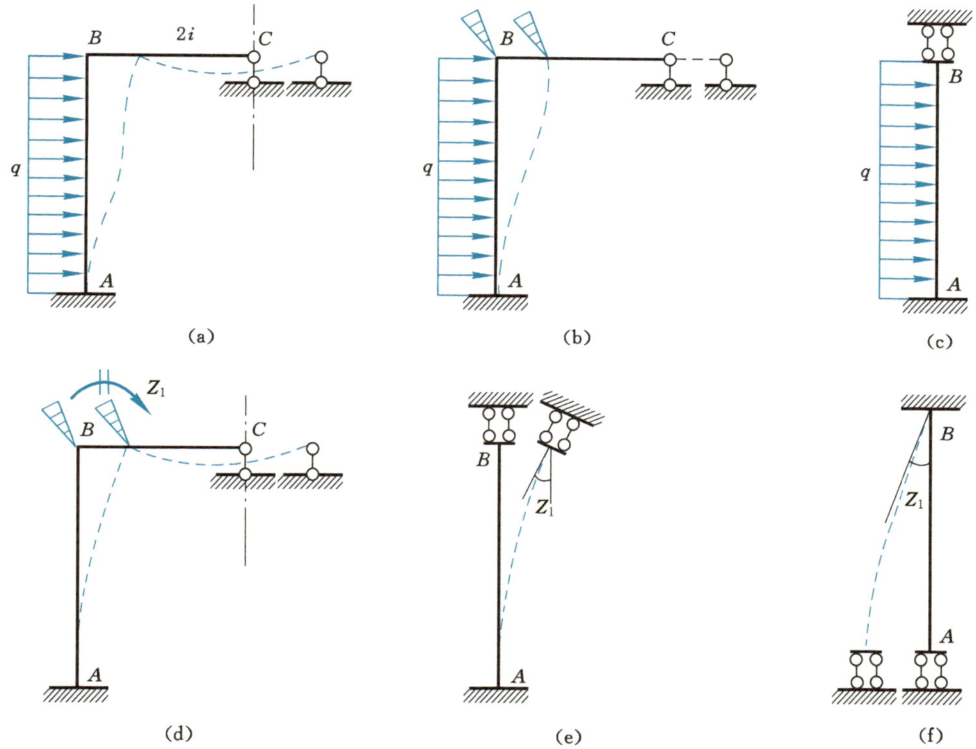

图 10-15　无剪力分配法的计算分析

(1) 固定节点。加刚臂阻止节点 B 转动，不阻止其线位移，如图 10-15(b)所示。柱 AB 上端不能转动，但可自由地水平滑行，相当于下端固定、上端滑动的梁，如图 10-15(c)所示。横梁 BC 因其水平位移并不影响内力，相当于一端固定、另一端铰支的梁。

查表可得荷载作用下的固端弯矩和剪力：

$$M_{AB}^{F}=-\frac{ql^{2}}{3},M_{BA}^{F}=-\frac{ql^{2}}{6}$$

$$F_{SBA}=0,F_{SAB}=ql$$

(2) 放松节点。节点 B 即转动角 Z_1，同时也发生水平位移，如图 10-15(d)所示。当上端转动时柱 AB 的剪力为 0，处于纯弯曲受力状态，如图 10-15(e)所示。与上端固定下端滑动同样角度时的受力和变形状态完全相同，如图 10-15(f)所示。因而，可推知其劲度系数为 $S_{BA}=i_{BA}$，传递系数为 $C_{BA}=1$。

节点 g 的分配系数为：

$$\mu_{BA}=\frac{i}{i+3\times 2i}=\frac{1}{7},\mu_{BC}=\frac{3\times 2i}{i+3\times 2i}=\frac{6}{7}$$

力矩的分配与传递过程如图 10-16 所示。最后将固端弯矩与分配弯矩和传递弯矩叠加，得到杆端最后弯矩，并作弯矩图，如图 10-17 所示。

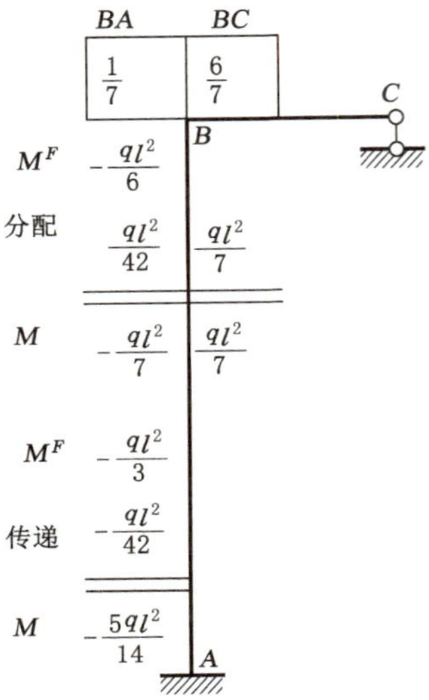

图 10-16 力矩的分配和传递

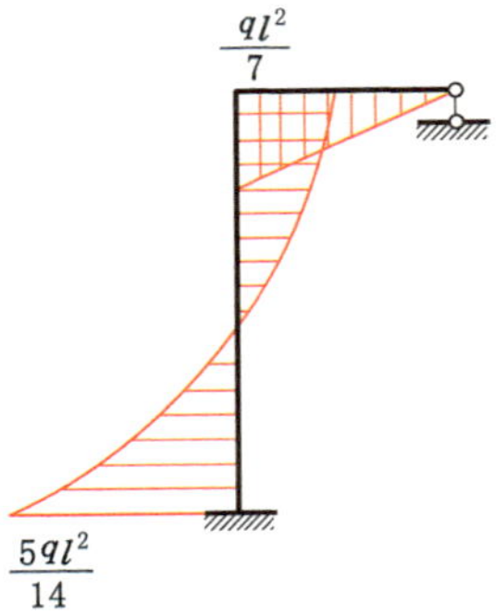

图 10-17 弯矩图

由以上分析可见，固定节点 B 时，柱 AB 的剪力是静定的；放松节点 B 时，剪力静定杆件(柱 AB)剪力为零，弯矩沿 AB 杆全长为常数。就是说，剪力静定杆件是在杆中原有剪力保持不变且不增加新的剪力(零剪力)的条件下进行弯矩分配和传递的，故称为无剪力分配法。

以上方法可以推广到多层刚架的情况。如图 10-18 所示多层刚架。各横梁均为两端无相对线位移的杆件，各竖柱均为剪力静定杆件，其分析方法与单层刚架的分析相同。

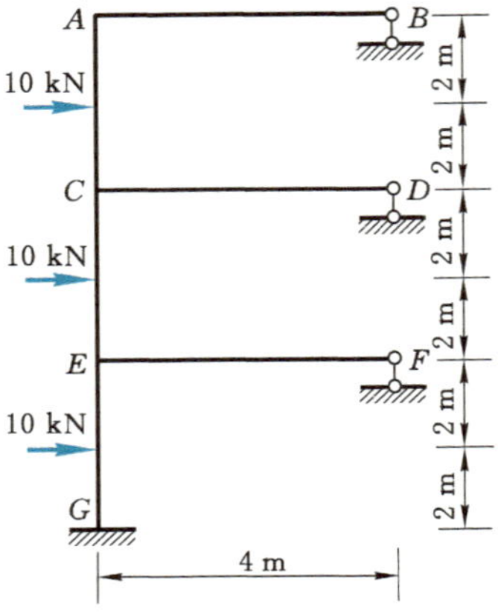

图 10-18 多层刚架

总之，在无剪力分配法中，固定各节点求杆端的固端弯矩时，是将剪力静定杆件(每一层的竖柱)看作上端滑动、下端固定的单跨梁(除承受杆身荷载外，杆顶端还承受上层传来的剪力)。放松各节点求各杆端的分配弯矩和传递弯矩时，对零剪力杆件，可把放松的这端看作固定端，另一端为滑动端。其计算步骤与一般力矩分配法相同。

例 10-6　用无剪力分配法计算图 10-19 所示刚架，并作 M 图。

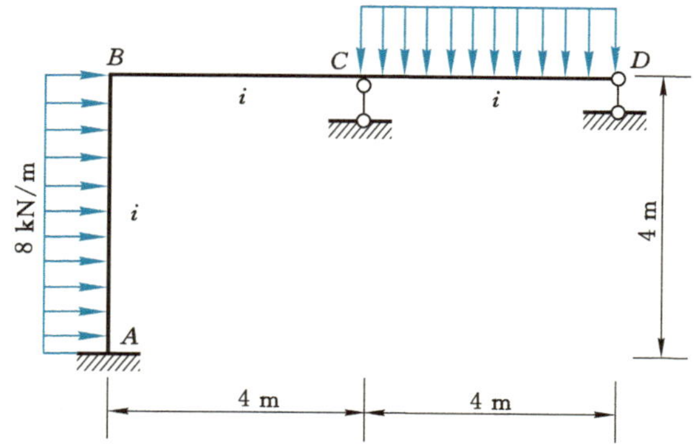

图 10-19　例 10-6 图

解：(1) 求分配系数，$i=\dfrac{EI}{4}$。

节点 B：$S_{BC}=4i$，$S_{BA}=i$，$\mu_{BC}=0.8$，$\mu_{BA}=0.2$

节点 C：$S_{CB}=4i$，$S_{CD}=3i$，$\mu_{CB}=0.571$，$\mu_{CD}=0.429$

(2) 求固端弯矩。

$$M_{BA}^{F}=-48\ \text{kN}\cdot\text{m},M_{AB}^{F}=-96\ \text{kN}\cdot\text{m},M_{CD}^{F}=-20\ \text{kN}\cdot\text{m}$$

(3) 运算格式，如图 10-20 所示。

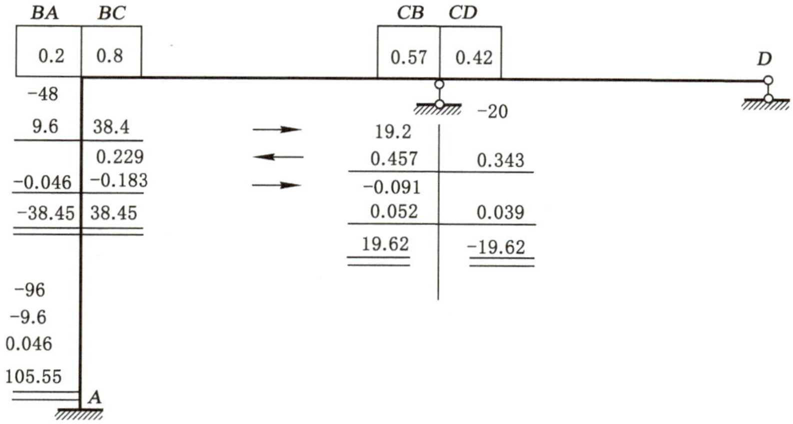

图 10-20　弯矩图(单位：kN·m)

(4) 作弯矩图，如图 10-21 所示。

例 10-7　用无剪力分配法计算图 10-22 所示刚架，并做 M 图。

解：(1) 求分配系数 $i=\dfrac{EI}{4}$。

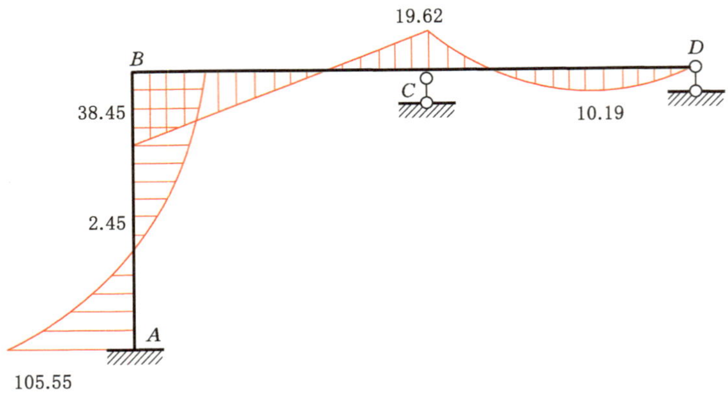

图 10-21　弯矩图(单位:kN·m)

节点 A:$S_{AB}=3i$,$S_{AC}=i$,$\mu_{AB}=0.75$,$\mu_{AC}=0.25$

节点 C:$S_{CA}=i$,$S_{CD}=3i$,$S_{CE}=i$,$\mu_{CA}=0.2$,$\mu_{CD}=0.6$,$\mu_{CE}=0.2$

(2) 求固端弯矩,如图 10-23 所示。

$$\text{柱 } AC: M_{AC}^F=-16\ \text{kN}\cdot\text{m}, M_{CA}^F=-24\ \text{kN}\cdot\text{m}$$

$$\text{柱 } CE: M_{CE}^F=-36\ \text{kN}\cdot\text{m}, M_{EC}^F=-36\ \text{kN}\cdot\text{m}$$

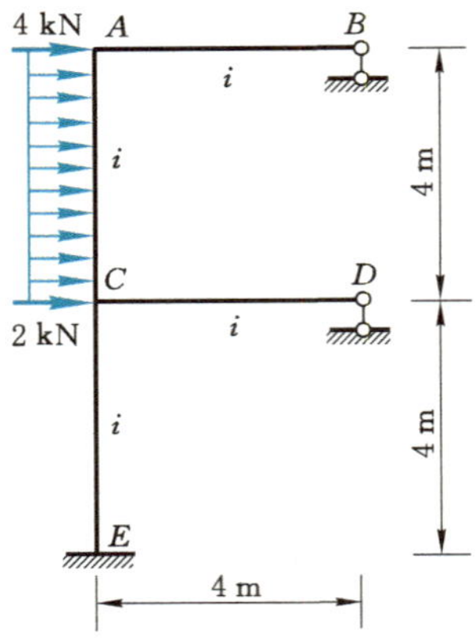

图 10-22　例 10-7 图

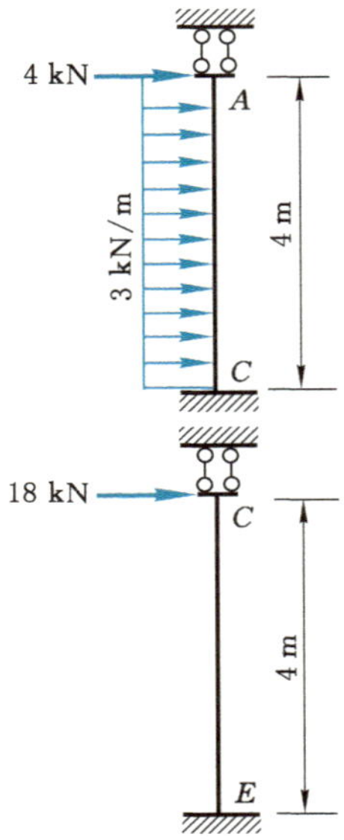

图 10-23　分层竖柱

(3) 运算格式,如图 10-24 所示。

(4) 作弯矩图,如图 10-25 所示。

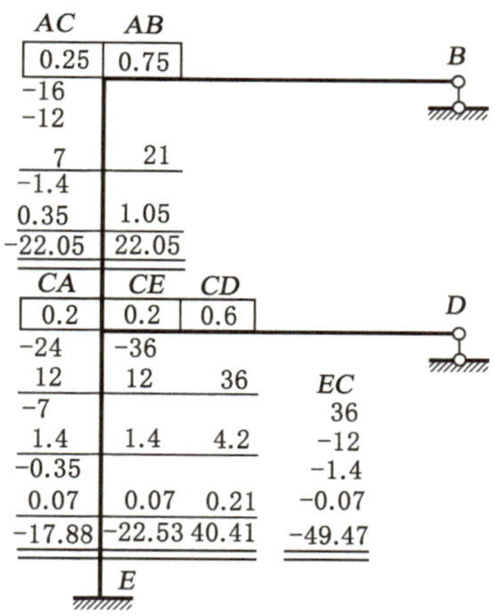

图 10-24　力矩的分配和传递(单位:kN・m)

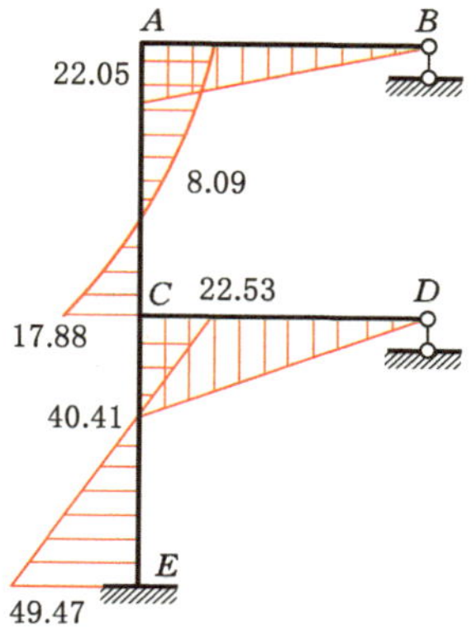

图 10-25　弯矩图(单位:kN・m)

10.4　超静定结构的特性及计算的基本方法

10.4.1　超静定结构的特性

(1) 超静定结构具有多余约束。

从几何组成看,多余约束的存在是超静定结构区别于静定结构的主要特征。由于具有多余约束,相应就有多余约束力,因此超静定结构的反力和内力仅凭静力平衡条件不能唯一确定,只有在考虑变形协调条件后才能得到唯一解答。

(2) 整体性好,防护能力强,多余约束遇到破坏仍可维持几何不变。

静定结构是几何不变体且无多余约束的体系,若撤除任何一个约束,它就成为几何可变的机构,从而失去了承载能力。超静定结构则不然,当通过合理撤除部分或全部多余约束后,它仍然为几何不变体系。与静定结构相比较,超静定结构具有较强的防护能力。

(3) 超静定结构的刚度大,内力和变形分布比较均匀。

在荷载、跨度、刚度、结构类型相同的情况下,超静定结构的最大内力和位移一般小于静定结构的相应数值,一般来说,由于超静定结构各部分的相互支承,它的内力和变形分布都较均匀,这种特性从结构设计角度来说是有利的。

(4) 超静定结构在荷载作用下的反力和内力仅与各杆的相对刚度有关。

静定结构的内力和约束反力只按静力平衡条件即可确定,其值与结构的材料性质和截面尺寸无关。超静定结构的全部约束反力和内力只按静力平衡条件则无法确定,还必须同时考虑变形协调条件,即各部分的变形必须符合原结构的连接条件和支承条件,才能得出正确的答案。因此,超静定结构的内力状态与结构的材料性质和截面尺寸有关。在荷载作用下,超静定结构的内力分布只与各杆刚度的相对比值有关,而与其绝对值无关

(5) 超静定结构在温度变化和支座位移等非荷载因素影响下会产生内力,且内力与各

杆刚度的绝对值有关。

对于静定结构，除荷载外，其他因素如温度变化、支座位移和制作误差等均不引起内力。但是对于超静定结构，由于存在着多余约束，当结构受到这些因素影响发生位移时，都会受到多余约束的限制，因而相应产生内力，而且内力的大小与各杆刚度的绝对值有关。一般来说，各杆刚度绝对值增大，内力也随之增大。

10.4.2 计算超静定结构的基本方法

计算超静定结构的基本方法是力法和位移法，它们通常都需要建立和求解联立方程，其基本未知量的多少是影响计算工作量的主要因素。因此，一般来说，凡是多余约束多而节点位移少的结构，采用位移法要比力法简便，反之则力法优于位移法。

力矩分配法是位移法的变体，它避免了建立和求解联立方程的工作，能直接计算杆端弯矩，适用于手算。在电子计算机被广泛应用的今天，它仍有一定的实用价值。

10.4.3 超静定结构中计算方法的合理选择

关于计算方法的合理选择问题，从手算和机算的角度看，观点并不相同。

下面主要从手算角度，针对不同的结构形式，说明计算方法的合理选用方法。

10.4.3.1 超静定连续梁

对于刚性支座的连续梁，最宜于采用力矩分配法。弹性支座的连续梁，宜采用力法或位移法。

10.4.3.2 超静定刚架

对于无节点线位移的刚架，可采用力矩分配法；无节点角位移的刚架，可采用位移法；超静定次数少而节点位移较多的刚架可采用力法；多层刚架可采用无剪力分配法、力矩分配法。

10.4.3.3 超静定桁架

超静定桁架由于节点位移太多，宜于使用力法。

10.4.3.4 超静定拱

对于两铰拱和无铰拱需用力法计算。

10.4.3.5 对称结构

对称结构受任意荷载作用时，可以把荷载分为对称荷载和反对称荷载两部分。这时，在对称荷载和反对称荷载作用下的结构，可以采用各自适宜的方法进行计算。

10.4.4 超静定结构的变形曲线

在超静定结构的内力和变形分析中，已经更多地接触到结构受力变形后的形状问题。要确定杆件变形曲线的方程很不容易，在复杂情况下考虑结构的整体变形则更困难，但利用已经学过的内容，仍然有可能大致勾画出变形曲线的形状。除应首先正确绘制弯矩图外，还要注意以下几点：

(1) 变形曲线必须满足结构的位移条件，包括支座对杆端的约束或已知的支座位移，保持节点处曲线的连续和变形曲线的光滑。

(2) 变形曲线的凸向应与杆件弯曲的受拉侧保持一致。要注意弯矩图出现反弯点时，变形曲线上应有相应的拐点，其两侧受弯的方向相反。

(3) 弯矩越大，变形曲线相应部分的曲率越大。弯矩为零的杆段，其杆轴仍为直线。

(4) 结构变形时，同一刚节点上各杆端之间的夹角保持不变。各杆变形后原有长度保持不变。

(5) 在难以确定结构变形后的形状和位置时，计算(判断)某些节点的位移，有助于变形曲线的绘制。

本章小结

(1) 力矩分配法是渐近法的一种，适用于连续梁和无侧移刚架的计算。转动刚度、分配系数、分配弯矩、传递系数和传递弯矩都是在无线位移的前提下提出的。

(2) 力矩分配法以位移法为理论基础，将结构的受载状态分解为约束状态(固定节点)和放松状态(放松节点)，分别求约束状态与放松状态下的杆端弯矩。二者叠加即为结构受载状态下的杆端弯矩。

(3) 力矩分配法的关键是如何确定放松状态下的杆端弯矩，为此必须明确以下三点。

① 约束状态相当于在受载结构上施加了不平衡力矩 M。M 可由约束状态下的节点平衡条件求得，放松状态是将不平衡力矩 M 反向加在结构节点上，是原结构受荷载($-M$)的状态。

② 分配弯矩是放松状态下节点近端的杆端弯矩，分配弯矩由($-M$)乘以分配系数求得，分配系数与杆端转动刚度成正比，所以，转动刚度越大，所获得的分配弯矩也越大。

③ 传递弯矩是放松状态下节点远端的杆端弯矩，传递弯矩由分配弯矩乘以传递系数求得。

(4) 节点放松后就处于平衡状态。但是，当结构有多个节点时，在一个节点放松、平衡的同时，相邻节点获得不平衡力矩——传递弯矩，这就破坏了相邻节点的平衡。所以，力矩分配法的计算要逐个节点反复地进行，直到每个节点的不平衡力矩都足够小，精度满足工程的要求时为止。

(5) 无剪力分配法只适用于特殊的有侧移刚架。刚架中除两端无侧移杆件外，其余都是剪力静定杆件。基本运算步骤同力矩分配法一样。

思考与练习

10-1　什么是转动刚度？分配系数和转动刚度有何关系？为什么每一个节点的分配系数之和应等于 1？

10-2　什么是固端弯矩？节点不平衡力矩如何计算？为什么不平衡力矩要变号后才能进行分配？

10-3　什么是传递弯矩？传递系数如何确定？

10-4　力矩分配法的基本运算有哪些步骤？

10-5　为什么力矩分配法不能直接应用于有节点线位移的刚架？

10-6　无剪力分配法的适用条件是什么？

10-7　用力矩分配法计算题10-7图所示连续梁的杆端弯矩，绘制弯矩图。

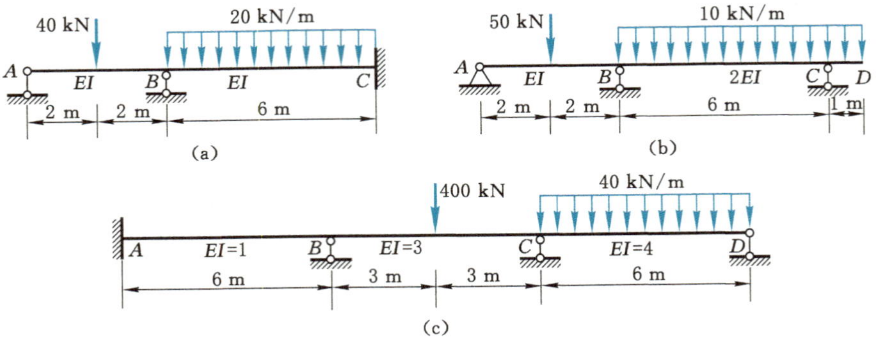

题10-7图

10-8　用力矩分配法计算题10-8图所示连续梁的杆端弯矩，EI 为常数，绘制 M 图、F_S 图。

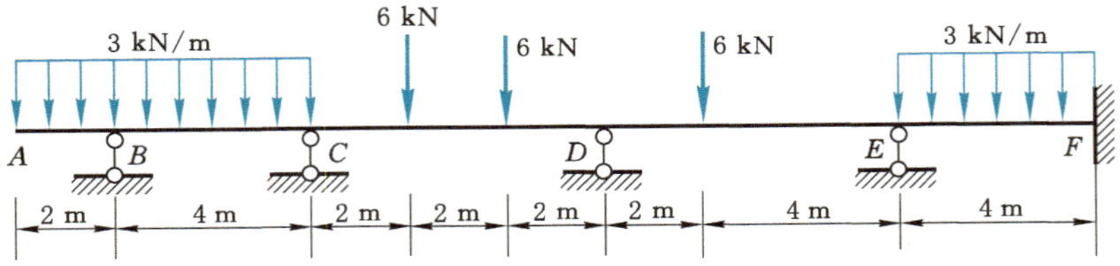

题10-8图

10-9　用力矩分配法计算题10-9图所示刚架的杆端弯矩，绘制 M 图、EI 为常数。

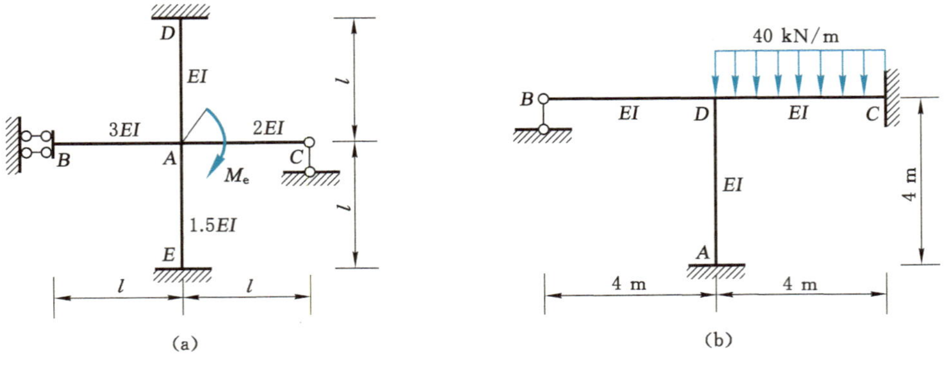

题10-9图

10-10　用力矩分配法计算题 10-10 图所示刚架的杆端弯矩，绘制 M 图。EI 为常数。

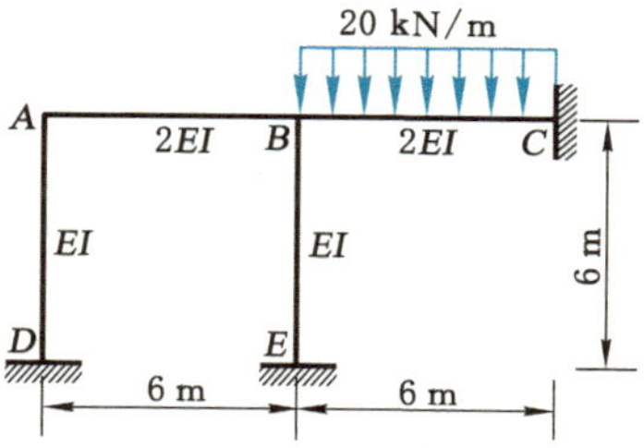

题 10-10 图

10-11　用力矩分配法计算题 10-11 图所示刚架的杆端弯矩，绘制 M 图。

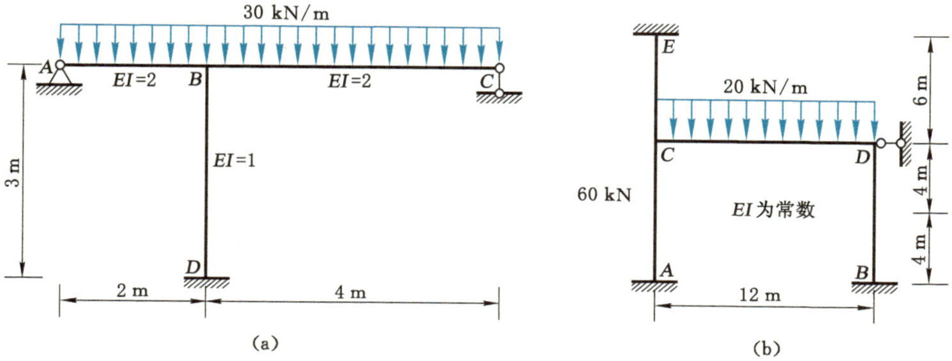

题 10-11 图

10-12　用力矩分配法计算题 10-12 图所示连续梁的杆端弯矩，绘制 M 图，EI 为常数。

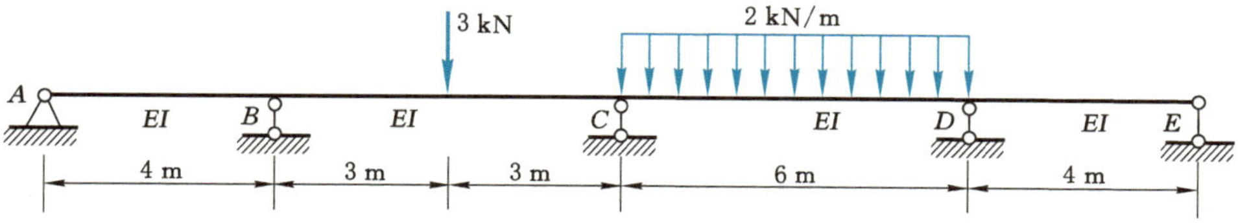

题 10-12 图

10-13　先利用对称性简化计算结构，再用力矩分配法计算题 10-13 图所示结构的杆端弯矩，绘制 M 图。

10-14　对题 10-14 图对称性结构进行简化，再用力矩分配法计算杆端弯矩，并绘制 M 图。

10-15　用无剪力分配法计算题 10-15 图所示结构的杆端弯矩，绘制 M 图。

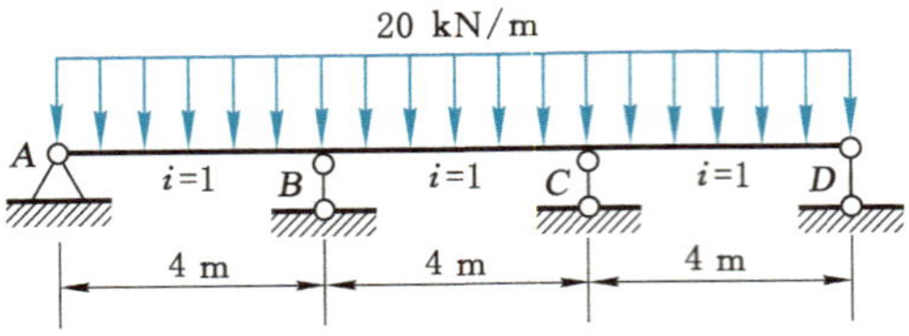

(a)

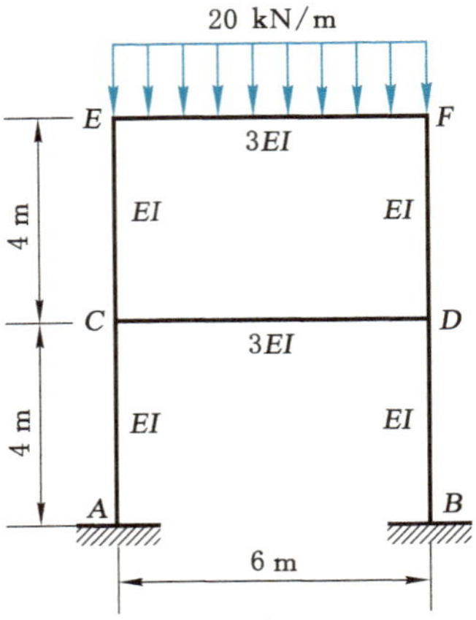

(b)

题 10-13 图

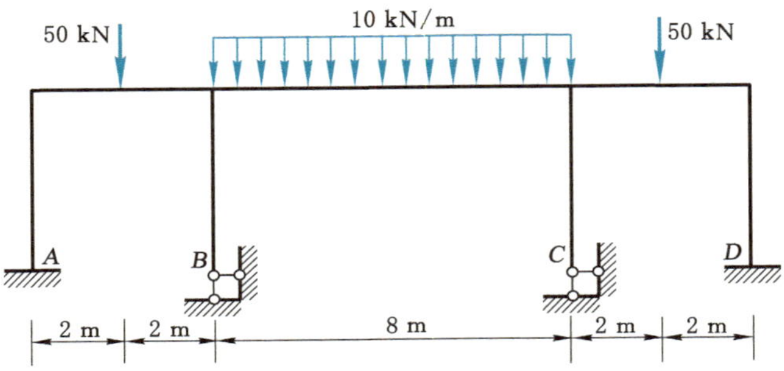

题 10-14 图

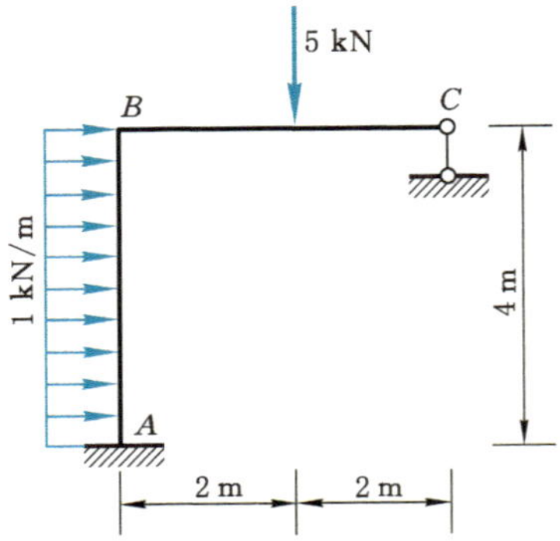

题 10-15 图

参考答案

10-1～10-6　略

10-7　(a) $M_{BA}=45.9$ kN·m;(b) $M_{BA}=39.6$ kN·m;

(c) $M_{AB}=45.5$ kN·m, $M_{CD}=-308$ kN·m

10-8　$M_{CD}=-6.27$ kN·m, $M_{DC}=7.41$ kN·m

10-9　(a) $M_{AB}=\frac{3}{19}M_e$;(b) $M_{DA}=28.4$ kN·m, $M_{DB}=10.7$ kN·m, $M_{DC}=-39.1$ kN·m

10-10　$M_{CB}=72.9$ kN·m

10-11　(a) $M_{BA}=38.2$ kN·m;(b) $M_{CE}=104$ kN·m

10-12　$M_{CD}=-5.1$ kN·m

10-13　(a) $M_{BA}=32\ \text{kN}\cdot\text{m}$;(b) $M_{EC}=28.7\ \text{kN}\cdot\text{m}$

10-14　$M_{BA}=9.52\ \text{kN}\cdot\text{m}$,$M_{CB}=41.54\ \text{kN}\cdot\text{m}$,$M_{CD}=8.84\ \text{kN}\cdot\text{m}$

10-15　$M_{AB}=6.61\ \text{kN}\cdot\text{m}$,$M_{BA}=1.39\ \text{kN}\cdot\text{m}$

第 11 章 矩阵位移法

【本章要点】

矩阵位移法的基本原理及计算步骤；

单元刚度矩阵及刚度方程、结构刚度矩阵及刚度方程；

直接刚度法的原理；

边界条件先处理和非节点荷载的处理方法。

【问题导入】

在计算机技术出现之前，由于人类运算工具的局限性，对于超静定结构的分析往往通过手算，力法、位移法，包括一些实用计算方法如力矩分配法、迭代法、无剪力分配法等应用广泛，然而，随着科学和工业技术的发展，人类建造的结构越来越复杂，手算变得越发艰难。在矩阵数学工具和计算机技术的发展与推动下，结构矩阵位移分析方法于 20 世纪 60 年代左右迅速兴起，有效地解决了复杂超静定结构手算困难的难题。与前面章节介绍过的力法和位移法对应的结构矩阵分析方法分别是矩阵力法(柔度法)和矩阵位移法(刚度法)，其中，矩阵位移法应用最为广泛，主要因其矩阵表达形式较为统一、简洁，易于编程，通用性强。

矩阵位移法，又称杆件系统的有限元法，它有效地提高了复杂工程结构的计算效率。在对复杂工程结构进行分析时，解决“复杂工程问题”成为其中关键，而“创新”则是实现解决问题的有效途径。近年来，我国一些核心技术攻关取得新突破，载人航天、探月探火、深海深地探测、超级计算机、卫星导航、量子信息、核电技术、大飞机制造、人工智能等领域创新成果不断涌现。然而，我国仍存在一些“卡脖子”的技术问题，特别是芯片、发动机、材料、数控机床、工业软件等领域存在严重短板，常常受到他国的制约。新时代的任务和使命需要每一位青年的励志奋斗与守正创新。

11.1 概述

从基本概念、未知量的选取到力学方程的建立，包括处理问题的一些方法手段，矩阵位移法和位移法是基本一致的。矩阵位移法的基本思路为“先散后整”：先将一个完整的结构进行分解成为有限多个杆件单元和节点群，需要注意的是在矩阵位移法中，杆件单元通常是两端固支杆件，以便计算编程，规程化处理；其次，建立刚度方程(又称物理方程)，即建立杆端力和杆端位移之间的关系；然后再通过整体分析，根据节点与杆端间的变形协调条件和静力平衡条件，把这些杆件单元重新集合起来，建立整体结构的刚度方程；最后，通过求解方程，得到原结构的未知位移，最后求出各杆件的内力和变形。因此，矩阵位移法主要分析步骤如下。

(1) 单元分析：要求以矩阵形式表达出单元杆端力和杆端位移之间的关系，以及单元所受的非节点荷载向杆端力的转化，为下一步分析提供素材。

(2) 整体分析：要求根据单元之间的连接方式，利用局部坐标与整体坐标之间的变换关系，建立结构层面上的节点位移与节点荷载之间的联系，形成结构的整体刚度矩阵。

(3) 计算求解：求解方程，得到原结构的未知位移，最后求出原结构各杆件的内力和变形。

11.2　单元分析

单元分析是矩阵位移法求解超静定问题的第一个步骤。对于杆件结构而言，一般以一根杆件或者杆件的一段作为一个单元。划分的单元的始末端一般为刚节点、铰节点、支承点或者截面突变点，统称为节点。这里，我们只考虑等截面直杆形式的单元，并且规定荷载只作用于节点处(即单元上无荷载作用)。所谓单元分析，就是找出单元两端所有杆端力和所有杆端位移之间的线性变换关系，并以矩阵形式表达出来。这种物理性质的方程，通称单元刚度方程，而其变换矩阵则称为单元刚度矩阵。下面就杆系结构中常见的三种受力杆件单元分别进行论述。

11.2.1　桁架单元及单元刚度矩阵

在平面桁架结构中，其各杆件一般只有轴力，杆件变形只有轴向变形，此时取其某一单元，它的杆端力只有轴向力，杆端位移只有轴向位移。图 11-1 所示是一个典型的桁架单元(也称轴力杆件单元)。假设其在整体结构中的单元编号为 e，杆端编码取左端点为 1、右端点为 2。首先，建立单元 e 的局部坐标系$\overline{xoy}$(也称单元坐标系)，以左端点 1 为坐标原点 $\bar{o}$，杆轴线为轴，向右为正，$\bar{x}$ 轴逆时针旋转 90°为 $\bar{y}$ 轴。设在杆端 1 和杆端 2 的杆端轴向力(杆端分力)分别为 $\bar{F}_{N1}^{e}$ 和 $\bar{F}_{N2}^{e}$，相应的杆端轴向位移分别为 $\bar{u}_1^e$ 和 $\bar{u}_2^e$(这里，各量符号上面有一横线，表示是局部坐标系中的量，上标 e 表示它们属于单元 e，以下类似)。需要注意的是，在局部坐标系中，规定杆端轴力 $\bar{F}_{N}^{e}$ 的方向为与坐标轴正方向相同为正，反向为负。与前面位移法中的"轴力"方向规定有所不同，相对应的杆端位移也规定与坐标轴正方向相同为正，如图 11-1(a)所示。桁架单元杆端力列向量为 $\bar{\boldsymbol{F}}^e$，杆端位移向量 $\bar{\boldsymbol{\delta}}^e$ 分别为：

$$\bar{\boldsymbol{F}}^e=[\bar{F}_{N1}^{e}\quad \bar{F}_{N2}^{e}]^{\mathrm{T}},\bar{\boldsymbol{\delta}}^e=[\bar{u}_1^e\quad \bar{u}_2^e]^{\mathrm{T}}$$

这里，我们只限于分析线性变形的杆件体系，故单元杆端力和杆端位移之间服从胡克定律，叠加原理也适用。因此，可先计算仅杆端 1 位移分量为单位位移 $\bar{u}_1^e=1$，且杆端 2 的位移分量均为零时的杆端力，如图 11-1(b)所示；再计算仅杆端 2 位移分量为单位位移 $\bar{u}_2^e=1$，且杆端 1 的位移分量均为零时的杆端力，如图 11-1(c)所示；然后根据叠加原理，即可得到当杆两端同时发生位移 $\bar{u}_1^e$、$\bar{u}_2^e$ 时，对应产生的杆端力 $\bar{F}_{N1}^{e}$ 和 $\bar{F}_{N2}^{e}$，如下式所示。

$$\begin{cases}\bar{F}_{N1}^{e}=\dfrac{EA}{l}(\bar{u}_1^e-\bar{u}_2^e)\\[2ex]\bar{F}_{N2}^{e}=-\dfrac{EA}{l}(\bar{u}_1^e-\bar{u}_2^e)\end{cases}\tag{11-1}$$

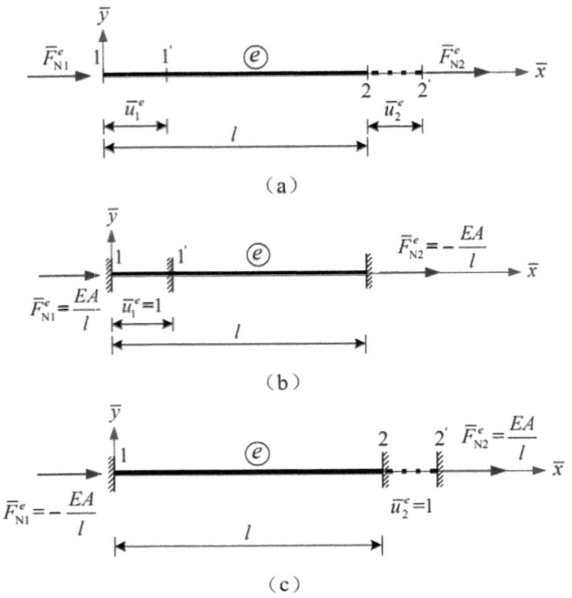

图 11-1　桁架单元分析

上式可写成一个矩阵的形式：

$$\begin{Bmatrix}\bar{F}_{N1}^e\\ \bar{F}_{N2}^e\end{Bmatrix}=\begin{bmatrix}\dfrac{EA}{l} & -\dfrac{EA}{l}\\ -\dfrac{EA}{l} & \dfrac{EA}{l}\end{bmatrix}\begin{Bmatrix}\bar{u}_1^e\\ \bar{u}_2^e\end{Bmatrix} \tag{11-2}$$

或简写为：

$$\bar{\boldsymbol{F}}^e=\bar{\boldsymbol{k}}^e\bar{\boldsymbol{\delta}}^e \tag{11-3}$$

其中，

$$\bar{\boldsymbol{k}}^e=\frac{EA}{l}\begin{bmatrix}1 & -1\\ -1 & 1\end{bmatrix} \tag{11-4}$$

式(11-3)就是桁架杆件的单元刚度方程，它以矩阵形式表达了杆件两端的力向量与位移向量之间的变换关系；式(11-4)则称为桁架杆件局部坐标系中的单元刚度矩阵，它在杆端力向量和位移向量之间起着变换矩阵的作用，$\bar{\boldsymbol{k}}^e$ 中的元素称为刚度系数。值得注意的是，它是一个对称方阵和奇异方阵(关于对称性和奇异性的力学解释详见 11.2.2)。

11.2.2　梁式单元及单元刚度矩阵

对于平面刚架结构，进行力学分析时，有时忽略其杆件的轴向变形，此时杆件单元的两端只有侧位移和转角，这种称为自由梁式单元。与前面类似，先建立单元 e 的局部坐标系，此时，自由梁式单元的 1 端的剪力为 $\bar{F}_{S1}^e$、弯矩为 $\bar{M}_1^e$，对应的杆端侧位移为 $\bar{v}_1^e$、角位移为 $\bar{\varphi}_1^e$，2 端的剪力为 $\bar{F}_{S2}^e$、弯矩为 $\bar{M}_2^e$，对应的杆端侧位移为 $\bar{v}_2^e$、角位移为 $\bar{\varphi}_2^e$。这里，在局部坐标系中，规定杆端剪力 $\bar{F}_S^e$ 和对应的杆端侧位移 $\bar{v}^e$ 与坐标轴正向一致为正，杆端弯矩 $\bar{M}^e$ 和对应的杆端角位移 $\bar{\varphi}^e$ 逆时针方向为正，如图 11-2(a)所示。自由梁单元杆端力列向量为

$\overline{\boldsymbol{F}}^e$，杆端位移列向量 $\overline{\boldsymbol{\delta}}^e$ 分别为：

$$\overline{\boldsymbol{F}}^e=\left[\overline{F}^e_{S1}\quad \overline{M}^e_1\quad \overline{F}^e_{S2}\quad \overline{M}^e_2\right]^{\mathrm{T}},\overline{\boldsymbol{\delta}}^e=\left[\overline{v}^e_1\quad \overline{\varphi}^e_1\quad \overline{v}^e_2\quad \overline{\varphi}^e_2\right]^{\mathrm{T}}$$

同样，首先计算杆端单位位移下产生的杆端力，如图 11-2 所示，然后根据叠加原理，或者位移法中的转角位移方程，令 $i=\dfrac{EI}{l}$，可以得到：

$$\begin{aligned}
\overline{F}^e_{S1}&=\frac{12i}{l^2}\overline{v}^e_1+\frac{6i}{l}\overline{\varphi}^e_1-\frac{12i}{l^2}\overline{v}^e_2+\frac{6i}{l}\overline{\varphi}^e_2\\
\overline{M}^e_1&=\frac{6i}{l}\overline{v}^e_1+4i\overline{\varphi}^e_1-\frac{6i}{l}\overline{v}^e_2+2i\overline{\varphi}^e_2\\
\overline{F}^e_{S2}&=-\frac{12i}{l^2}\overline{v}^e_1-\frac{6i}{l}\overline{\varphi}^e_1+\frac{12i}{l^2}\overline{v}^e_2-\frac{6i}{l}\overline{\varphi}^e_2\\
\overline{M}^e_2&=\frac{6i}{l}\overline{v}^e_1+2i\overline{\varphi}^e_1-\frac{6i}{l}\overline{v}^e_2+4i\overline{\varphi}^e_2
\end{aligned}\tag{11-5}$$

将式(11-5)写成一个矩阵的形式，如下：

$$\begin{Bmatrix}\overline{F}^e_{S1}\\ \overline{M}^e_1\\ \overline{F}^e_{S2}\\ \overline{M}^e_2\end{Bmatrix}=\begin{bmatrix}\frac{12i}{l^2} & \frac{6i}{l} & -\frac{12i}{l^2} & \frac{6i}{l}\\ \frac{6i}{l} & 4i & -\frac{6i}{l} & 2i\\ \frac{12i}{l^2} & -\frac{6i}{l} & \frac{12i}{l^2} & -\frac{6i}{l}\\ \frac{6i}{l} & 2i & -\frac{6i}{l} & 4i\end{bmatrix}\begin{Bmatrix}\overline{v}^e_1\\ \overline{\varphi}^e_1\\ \overline{v}^e_2\\ \overline{\varphi}^e_2\end{Bmatrix}\tag{11-6}$$

或简写为：

$$\overline{\boldsymbol{F}}^e=\overline{\boldsymbol{k}}^e\overline{\boldsymbol{\delta}}^e\tag{11-7}$$

其中，

$$\overline{\boldsymbol{k}}^e=\begin{bmatrix}\frac{12i}{l^2} & \frac{6i}{l} & -\frac{12i}{l^2} & \frac{6i}{l}\\ \frac{6i}{l} & 4i & -\frac{6i}{l} & 2i\\ -\frac{12i}{l^2} & -\frac{6i}{l} & \frac{12i}{l^2} & -\frac{6i}{l}\\ \frac{6i}{l} & 2i & -\frac{6i}{l} & 4i\end{bmatrix}\tag{11-8}$$

式(11-7)为梁式单元(或称为平面弯曲杆件单元)的单元刚度方程，它以矩阵形式表达了杆件两端的力向量与位移向量之间的变换关系；式(11-8)为局部坐标系中的单元刚度矩阵。分析 $\overline{\boldsymbol{k}}^e$，其性质如下：

(1) $\overline{\boldsymbol{k}}^e$ 中的元素，即刚度系数，具有一定的物理力学意义。如，第 m 行第 n 列元素 $\overline{k}^e_{mn}$ ($m=1,2,3,4,n=1,2,3,4$)表示第 n 个杆端位移分量为 1 而其他杆端位移分量均为零时，所引起的 m 个杆端力分量。例如，第 2 行第 2 列的元素为 $4i$，表示第 2 个杆端位移 $\overline{\varphi}^e_1=1$，且其他杆端位移分量全为 0 时，引起的第 2 个杆端力矩的值 $\overline{M}^e_1$。

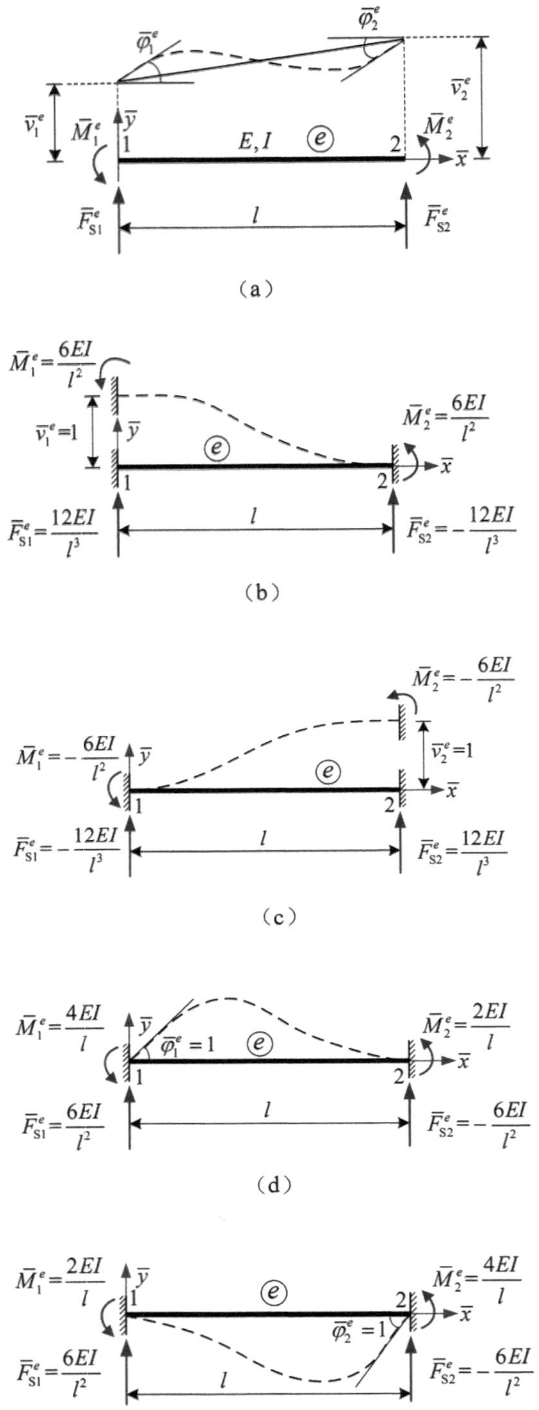

图 11-2　一般梁式单元分析

(2) $\bar{k}^e_{mn}=\bar{k}^e_{nm}$(也可根据反力互等定理得到),可见,$\bar{\boldsymbol{k}}^e$ 是一个对称矩阵。

(3) 不难看出,$\bar{\boldsymbol{k}}^e$ 的行列式值等于零,因而 $\bar{\boldsymbol{k}}^e$ 是一个奇异矩阵,不存在逆矩阵。这意味着,如果已知杆端位移向量 $\bar{\boldsymbol{\delta}}^e$,由方程(11-7)可以直接求得对应的杆端力向量 $\bar{\boldsymbol{F}}^e$。但问题是不可逆的,即如果给定力向量 $\bar{\boldsymbol{F}}^e$,却不能由方程(11-7)作出杆端位移向量 $\bar{\boldsymbol{\delta}}^e$ 的唯一解。这是因为,对于无支承约束的自由杆件,在已知杆端力的作用下,除去弹性变形外,在自身平面内还存在刚体位移,而后者单凭静力平衡条件是无法确定的。

显然,式(11-4)定义的桁架杆件单元刚度矩阵同样具有上述三点性质。

对于连续梁结构,通常也不计梁的轴力和轴向变形,因此可以取梁的一跨作为一个杆件单元,这种杆件单元的两端只有角位移,没有线位移,称为连续梁单元,如图 11-3 所示。设局部坐标系中连续梁单元的 1、2 端的杆端力分别为 $\bar{M}^e_1$ 和 $\bar{M}^e_2$,对应的杆端角位移分别为 $\bar{\varphi}^e_1$ 和 $\bar{\varphi}^e_2$,单元杆端力列向量为 $\bar{\boldsymbol{F}}^e$、杆端位移列向量 $\bar{\boldsymbol{\delta}}^e$ 分别为:

$$\bar{\boldsymbol{F}}^e=\begin{bmatrix}\bar{M}^e_1 & \bar{M}^e_2\end{bmatrix}^{\mathrm{T}},\bar{\boldsymbol{\delta}}^e=\begin{bmatrix}\bar{\varphi}^e_1 & \bar{\varphi}^e_2\end{bmatrix}^{\mathrm{T}}$$

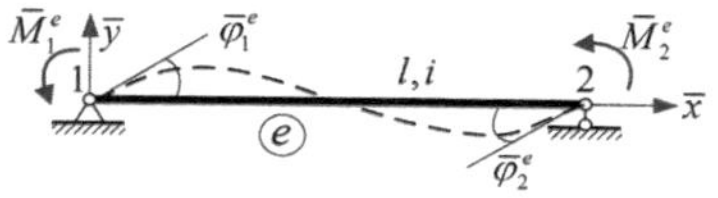

图 11-3　连续梁单元分析

对于连续梁结构杆件单元,其单元刚度方程相当于式(11-6)中删去与杆端剪力对应的行及杆端在 $\bar{y}$ 方向上的位移对应的列 $\bar{v}^e_1$、$\bar{v}^e_2$,从而得到下式:

$$\begin{Bmatrix}M^e_1\\M^e_2\end{Bmatrix}=\begin{bmatrix}4i & 2i\\2i & 4i\end{bmatrix}\begin{Bmatrix}\theta^e_1\\\theta^e_2\end{Bmatrix}\tag{11-9}$$

或简写为:

$$\bar{\boldsymbol{F}}^e=\bar{\boldsymbol{k}}^e\bar{\boldsymbol{\delta}}^e$$

其中,刚度矩阵:

$$\bar{\boldsymbol{k}}^e=\begin{bmatrix}4i & 2i\\2i & 4i\end{bmatrix}\tag{11-10}$$

可以看出,式(11-10)是非奇异矩阵。原因是图 11-3 的梁单元不再是自由单元,而是受有完整支承约束的简支梁,即梁单元不会产生刚体位移。根据式(11-10),可以任意制定角位移求出杆端弯矩,也可以制定任意杆端弯矩,求出角位移,且解均是唯一。

11.2.3　一般平面杆件单元及刚度矩阵

前面,在用位移法计算平面刚架结构时,一般不忽略刚架的轴向变形,因此每个杆件的端部有六个杆端力和六个杆端位移,这种不受约束的单元称为一般单元或自由单元,如图 11-4 所示,在局部坐标系 e 中,它们分别如式(11-11)所示。这里规定,$\bar{F}^e_{\mathrm{n}}$、$\bar{u}^e$ 均与局部坐标轴正向一致为正,其余规定与前面章节一致。

$$\bar{\boldsymbol{F}}^e=\begin{bmatrix}\bar{F}^e_{\mathrm{N1}} & \bar{F}^e_{\mathrm{S1}} & \bar{M}^e_1 & \bar{F}^e_{\mathrm{N2}} & \bar{F}^e_{\mathrm{S2}} & \bar{M}^e_2\end{bmatrix}^{\mathrm{T}}$$

$$\bar{\boldsymbol{\delta}}^e=\begin{bmatrix}\bar{u}^e_1 & \bar{v}^e_1 & \bar{\varphi}^e_1 & \bar{u}^e_2 & \bar{v}^e_2 & \bar{\varphi}^e_2\end{bmatrix}^{\mathrm{T}}\tag{11-11}$$

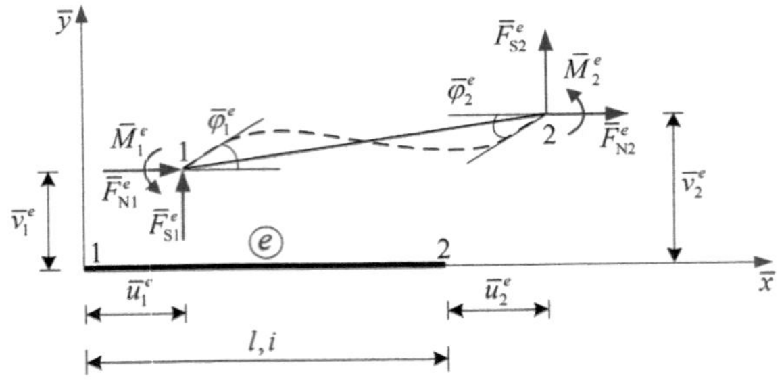

图 11-4　一般杆件单元分析

结合桁架单元及梁式杆件单元的单元刚度方程的分析方法，依据小变形线弹性理论，结合转角位移方程，令 $i=\frac{EI}{l}$，可以得到：

$$\begin{cases}\bar{F}_{N1}^e=\frac{EA}{l}\bar{u}_1^e-\frac{EA}{l}\bar{u}_2^e\\ \bar{F}_{S1}^e=\frac{12i}{l^2}\bar{v}_1^e+\frac{6i}{l}\bar{\varphi}_1^e-\frac{12i}{l^2}\bar{v}_2^e+\frac{6i}{l}\bar{\varphi}_2^e\\ \bar{M}_1^e=\frac{6i}{l}\bar{v}_1^e+4i\bar{\varphi}_1^e-\frac{6i}{l}\bar{v}_2^e+2i\bar{\varphi}_2^e\\ \bar{F}_{N2}^e=-\frac{EA}{l}\bar{u}_1^e+\frac{EA}{l}\bar{u}_2^e\\ \bar{F}_{S2}^e=-\frac{12i}{l^2}\bar{v}_1^e-\frac{6i}{l}\bar{\varphi}_1^e+\frac{12i}{l^2}\bar{v}_2^e-\frac{6i}{l}\bar{\varphi}_2^e\\ \bar{M}_2^e=\frac{6i}{l}\bar{v}_1^e+2i\bar{\varphi}_1^e-\frac{6i}{l}\bar{v}_2^e+4i\bar{\varphi}_2^e\end{cases}\tag{11-12}$$

式(11-12)写成一个矩阵的形式，如下：

$$\begin{Bmatrix}\bar{F}_{N1}^e\\ \bar{F}_{S1}^e\\ \bar{M}_1^e\\ \bar{F}_{N2}^e\\ \bar{F}_{S2}^e\\ \bar{M}_2^e\end{Bmatrix}=\begin{bmatrix}\frac{EA}{l} & 0 & 0 & -\frac{EA}{l} & 0 & 0\\ 0 & \frac{12i}{l^2} & \frac{6i}{l} & 0 & -\frac{12i}{l^2} & \frac{6i}{l}\\ 0 & \frac{6i}{l} & 4i & 0 & -\frac{6i}{l} & 2i\\ -\frac{EA}{l} & 0 & 0 & \frac{EA}{l} & 0 & 0\\ 0 & -\frac{12i}{l^2} & -\frac{6i}{l} & 0 & \frac{12i}{l^2} & -\frac{6i}{l}\\ 0 & \frac{6i}{l} & 2i & 0 & -\frac{6i}{l} & 4i\end{bmatrix}\begin{Bmatrix}\bar{u}_1^e\\ \bar{v}_1^e\\ \bar{\varphi}_1^e\\ \bar{u}_2^e\\ \bar{v}_2^e\\ \bar{\varphi}_2^e\end{Bmatrix}\tag{[11-13(a)]}$$

或简写为：

$$\bar{\boldsymbol{F}}^e=\bar{\boldsymbol{k}}^e\bar{\boldsymbol{\delta}}^e\tag{[11-13(b)]}$$

其中，

$$\bar{\boldsymbol{k}}^e=\begin{bmatrix} \frac{EA}{l} & 0 & 0 & -\frac{EA}{l} & 0 & 0 \\ 0 & \frac{12i}{l^2} & \frac{6i}{l} & 0 & -\frac{12i}{l^2} & \frac{6i}{l} \\ 0 & \frac{6i}{l} & 4i & 0 & -\frac{6i}{l} & 2i \\ -\frac{EA}{l} & 0 & 0 & \frac{EA}{l} & 0 & 0 \\ 0 & -\frac{12i}{l^2} & -\frac{6i}{l} & 0 & \frac{12i}{l^2} & -\frac{6i}{l} \\ 0 & \frac{6i}{l} & 2i & 0 & -\frac{6i}{l} & 4i \end{bmatrix} \tag{11-14}$$

式(11-3)为一般杆件单元的单元刚度方程，它以矩阵形式表达了杆件两端的力向量与位移向量之间的变换关系；式(11-14)$\bar{\boldsymbol{k}}^e$ 为局部坐标系中的单元刚度矩阵。不难看出，一般杆件单元的刚度矩阵也是对称和奇异的，且桁架单元刚度矩阵和梁式单元刚度矩阵均可由式(11-14)去掉相应的杆端力及杆端位移对应的元素项得到。

11.3　整体分析

矩阵位移法第二个主要步骤为整体分析，在结构整体分析时，需按照节点的平衡条件和位移连续条件对单元进行组合。在单元分析过程中，一般以局部坐标系为参考书写刚度方程和刚度矩阵(局部坐标系的轴一般沿杆件轴线方向)，然而在大多数平面杆件结构中，杆件的轴向是不同的，因此，在局部坐标系下的杆端力和杆端位移的方向也不同，这对整体分析带来很大不便。因此，必须建立一个统一坐标系，这个坐标系一般称为整体坐标系或结构坐标系，在进行整体分析之前我们需将结构中所有杆件在局部坐标系下的杆端力、杆端位移及刚度矩阵转换为整体坐标系下的杆端力、杆端位移和刚度矩阵。

11.3.1　杆端力坐标变换

如图 11-5 所示，对于任一杆件单元 e，沿杆建立局部坐标系$\overline{xoy}$，同时建立结构整体坐标系 xoy，设其左端 1 的杆端力向量在局部坐标系中的分量分别为杆端轴力 $\bar{F}_{N1}^e$、杆端剪力 $\bar{F}_{S1}^e$、杆端弯矩 $\bar{M}_1^e$，在整体坐标系中分别用 F_{x1}^e、F_{y1}^e 和 M_1^e 来表示；右端 2 的杆端力向量在局部坐标系中的分量分别为杆端轴力 $\bar{F}_{N2}^e$、杆端剪力 $\bar{F}_{S2}^e$、杆端弯矩 $\bar{M}_2^e$，在整体坐标系中分别用 F_{x2}^e、F_{y2}^e 和 M_2^e 来表示。杆件单元 e 在局部坐标系中的杆端力向量 $\bar{\boldsymbol{F}}^e$ 和在整体坐标系中的杆端力向量 $\boldsymbol{F}^e$ 分别为：

$$\bar{\boldsymbol{F}}^e=\begin{bmatrix}\bar{F}_{N1}^e & \bar{F}_{S1}^e & \bar{M}_1^e & \bar{F}_{N2}^e & \bar{F}_{S2}^e & \bar{M}_2^e\end{bmatrix}^{\mathrm{T}}$$

$$\boldsymbol{F}^e=\begin{bmatrix}F_{x1}^e & F_{y1}^e & M_1^e & F_{x2}^e & F_{y2}^e & M_2^e\end{bmatrix}^{\mathrm{T}} \tag{11-15}$$

其中，杆端力 F_{x1}^e、F_{y1}^e、F_{x2}^e、F_{y2}^e 与整体坐标系指向一致为正；$\bar{M}_1^e$、$\bar{M}_2^e$ 逆时针为正；α 以整体坐标系 x 轴沿逆时针旋转得到 $\bar{x}$ 为正。

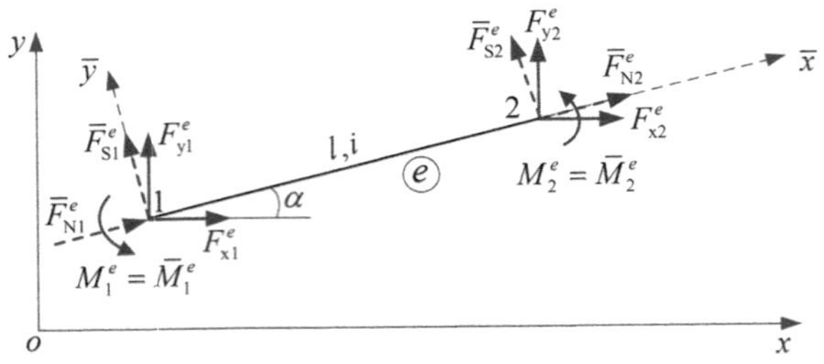

图 11-5　杆件单元杆端力坐标变换

在两个坐标系中，杆端弯矩作用的效果均是一样的，即弯矩力偶垂直于两个坐标平面，因此它们不受坐标系的影响，所以：

$$\begin{cases}\bar{M}^e_1 = M^e_1 \\ \bar{M}^e_2 = M^e_2\end{cases} \tag{11-16}$$

杆端轴力和杆端剪力 $\bar{F}^e_{N1}$、$\bar{F}^e_{S1}$、$\bar{F}^e_{N2}$ 和 $\bar{F}^e_{S2}$ 将随坐标系的变换而分解和组合成沿整体坐标系 x 和 y 方向的分力 F^e_{x1}、F^e_{y1}、F^e_{x2} 和 F^e_{y2}。根据力的投影定理及几何关系，局部坐标系中的杆端力和整体坐标系中的分力之间的变换关系为：

$$\begin{cases}\bar{F}^e_{N1} = F^e_{x1}\cos\alpha + F^e_{y1}\sin\alpha \\ \bar{F}^e_{S1} = -F^e_{x1}\sin\alpha + F^e_{y1}\cos\alpha \\ \bar{F}^e_{N2} = F^e_{x2}\cos\alpha + F^e_{y2}\sin\alpha \\ \bar{F}^e_{S2} = -F^e_{x2}\sin\alpha + F^e_{y2}\cos\alpha\end{cases} \tag{11-17}$$

将式(11-16)和式(11-17)合并成一个矩阵，即：

$$\begin{bmatrix}\bar{F}^e_{N1} \\ \bar{F}^e_{S1} \\ \bar{M}^e_1 \\ \bar{F}^e_{N2} \\ \bar{F}^e_{S2} \\ \bar{M}^e_2\end{bmatrix} = \begin{bmatrix}\cos\alpha & \sin\alpha & 0 & 0 & 0 & 0 \\ -\sin\alpha & \cos\alpha & 0 & 0 & 0 & 0 \\ 0 & 0 & 1 & 0 & 0 & 0 \\ 0 & 0 & 0 & \cos\alpha & \sin\alpha & 0 \\ 0 & 0 & 0 & -\sin\alpha & \cos\alpha & 0 \\ 0 & 0 & 0 & 0 & 0 & 1\end{bmatrix}\begin{bmatrix}F^e_{x1} \\ F^e_{y1} \\ M^e_1 \\ F^e_{x2} \\ F^e_{y2} \\ M^e_2\end{bmatrix} \tag{11-18}$$

或简写为：

$$\bar{\boldsymbol{F}}^e = \boldsymbol{T}\boldsymbol{F}^e \tag{11-19}$$

其中，$\boldsymbol{T}$ 为：

$$\boldsymbol{T} = \begin{bmatrix}\cos\alpha & \sin\alpha & 0 & 0 & 0 & 0 \\ -\sin\alpha & \cos\alpha & 0 & 0 & 0 & 0 \\ 0 & 0 & 1 & 0 & 0 & 0 \\ 0 & 0 & 0 & \cos\alpha & \sin\alpha & 0 \\ 0 & 0 & 0 & -\sin\alpha & \cos\alpha & 0 \\ 0 & 0 & 0 & 0 & 0 & 1\end{bmatrix} = \begin{bmatrix}c & s & 0 & 0 & 0 & 0 \\ -s & c & 0 & 0 & 0 & 0 \\ 0 & 0 & 1 & 0 & 0 & 0 \\ 0 & 0 & 0 & c & s & 0 \\ 0 & 0 & 0 & -s & c & 0 \\ 0 & 0 & 0 & 0 & 0 & 1\end{bmatrix} \tag{11-20}$$

其中，c 为 $\cos\alpha$，s 为 $\sin\alpha$，$\boldsymbol{T}$ 为单元坐标转换矩阵，是一个正交矩阵，由正交矩阵的特性可知，$\boldsymbol{T}$ 的逆矩阵等于 $\boldsymbol{T}$ 的转置矩阵，即：

$$\boldsymbol{T}^{-1}=\boldsymbol{T}^{\mathrm{T}} \tag{11-21}$$

11.3.2　杆端位移坐标变换

如图 11-6 所示，在局部坐标系中，设其左端 1 的杆端位移向量分别为 $\bar{u}_1^e$、$\bar{v}_1^e$ 和 $\bar{\varphi}_1^e$，右端 2 的杆端位移向量在局部坐标系中的分量分别为 $\bar{u}_2^e$、$\bar{v}_2^e$ 和 $\bar{\varphi}_2^e$。在整体坐标系中，左端 1 对应的杆端位移向量为 u_1^e、v_1^e 和 φ_1^e，右端 2 的杆端位移向量为 u_2^e、v_2^e 和 φ_2^e。杆件单元 e 在局部坐标系中的杆端位移向量 $\bar{\boldsymbol{\delta}}^e$ 和在整体坐标系中的杆端位移向量 $\boldsymbol{\delta}^e$ 分别为：

$$\begin{aligned}\bar{\boldsymbol{\delta}}^e&=\begin{bmatrix}\bar{u}_1^e & \bar{v}_1^e & \bar{\varphi}_1^e & \bar{u}_2^e & \bar{v}_2^e & \bar{\varphi}_2^e\end{bmatrix}^{\mathrm{T}}\\ \boldsymbol{\delta}^e&=\begin{bmatrix}u_1^e & v_1^e & \varphi_1^e & u_2^e & v_2^e & \varphi_2^e\end{bmatrix}^{\mathrm{T}}\end{aligned} \tag{11-22}$$

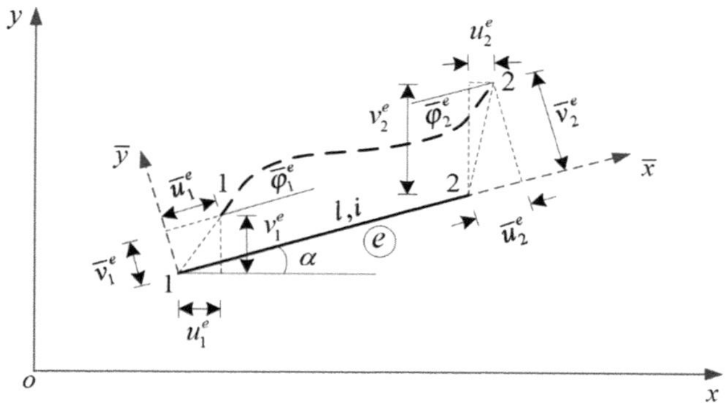

图 11-6　杆件单元杆端位移坐标变换

其中，杆端线位移与整体坐标系指向一致为正，杆端角位移逆时针为正。

在两个坐标系中，杆端角位移不受坐标系的影响，所以：

$$\begin{cases}\bar{\varphi}_1^e=\varphi_1^e\\ \bar{\varphi}_2^e=\varphi_2^e\end{cases} \tag{11-23}$$

根据几何关系，可以计算出局部坐标系中杆端线位移与整体坐标系中的杆端线位移之间的关系，如下：

$$\begin{cases}\bar{u}_1^e=u_1^e\cos\alpha+v_1^e\sin\alpha\\ \bar{v}_1^e=-u_1^e\sin\alpha+v_1^e\cos\alpha\\ \bar{u}_2^e=u_2^e\cos\alpha+v_2^e\sin\alpha\\ \bar{v}_2^e=-u_2^e\sin\alpha+v_2^e\cos\alpha\end{cases} \tag{11-24}$$

将式(11-23)和式(11-24)合并成一个矩阵，不难发现：

$$\bar{\boldsymbol{\delta}}^e=\boldsymbol{T}\boldsymbol{\delta}^e \tag{11-25}$$

其中，$\boldsymbol{T}$ 为坐标转换矩阵，同式(11-20)。

11.3.3 单元刚度矩阵坐标变换

前面我们讨论了杆端力和杆端位移的有局部坐标系向整体坐标系的转换，这里再来讨论单元刚度矩阵的坐标变换。对于任意结构杆件单元 e，其在局部坐标系下有：

$$\bar{\boldsymbol{F}}^e=\bar{\boldsymbol{k}}^e\bar{\boldsymbol{\delta}}^e$$

将式(11-19)和式(11-25)代入上式得：

$$\boldsymbol{T}\boldsymbol{F}^e=\bar{\boldsymbol{k}}^e\boldsymbol{T}\bar{\boldsymbol{\delta}}^e \tag{11-26}$$

式(11-26)左边同时乘以 $\boldsymbol{T}^{-1}$，得：

$$\boldsymbol{T}^{-1}\boldsymbol{T}\boldsymbol{F}^e=\boldsymbol{T}^{-1}\bar{\boldsymbol{k}}^e\boldsymbol{T}\bar{\boldsymbol{\delta}}^e \tag{11-27}$$

式中，$\boldsymbol{F}^e$、$\bar{\boldsymbol{\delta}}^e$ 分别表示杆件单元在整体坐标系中的杆端力向量和杆端位移向量，由 $\boldsymbol{T}$ 的正交性，可得：

$$\boldsymbol{F}^e=\boldsymbol{T}^{\mathrm{T}}\bar{\boldsymbol{k}}^e\boldsymbol{T}\bar{\boldsymbol{\delta}}^e \tag{11-28}$$

或写为：

$$\boldsymbol{F}^e=\boldsymbol{k}^e\boldsymbol{\delta}^e \tag{11-29}$$

其中，

$$\boldsymbol{k}^e=\boldsymbol{T}^{\mathrm{T}}\bar{\boldsymbol{k}}^e\boldsymbol{T} \tag{11-30}$$

$\boldsymbol{k}^e$ 为杆件单元 e 在整体坐标中的单元刚度矩阵，其仍具有对称性和奇异性。式(11-28)就是杆件单元 e 在整体坐标系中的单元刚度矩阵方程。

$$\boldsymbol{k}^e=\begin{bmatrix}
\left(\frac{EA}{l}c^2+\frac{12i}{l^2}s^2\right) & \left(\frac{EA}{l}-\frac{12i}{l^2}\right)cs & -\frac{6i}{l}s & \left(-\frac{EA}{l}c^2-\frac{12i}{l^2}s^2\right) & \left(-\frac{EA}{l}+\frac{12i}{l^2}\right)cs & -\frac{6i}{l}s \\
\left(\frac{EA}{l}-\frac{12i}{l^2}\right)cs & \left(\frac{EA}{l}s^2+\frac{12i}{l^2}c^2\right) & \frac{6i}{l}c & \left(-\frac{EA}{l}+\frac{12i}{l^2}\right)cs & \left(-\frac{EA}{l}s^2-\frac{12i}{l^2}c^2\right) & \frac{6i}{l}c \\
-\frac{6i}{l}s & \frac{6i}{l}c & 4i & \frac{6i}{l}s & -\frac{6i}{l}c & 2i \\
\left(-\frac{EA}{l}c^2-\frac{12i}{l^2}s^2\right) & \left(-\frac{EA}{l}+\frac{12i}{l^2}\right)cs & \frac{6i}{l}s & \left(\frac{EA}{l}c^2+\frac{12i}{l^2}s^2\right) & \left(\frac{EA}{l}-\frac{12i}{l^2}\right)cs & \frac{6i}{l}s \\
\left(-\frac{EA}{l}+\frac{12i}{l^2}\right)cs & \left(-\frac{EA}{l}s^2-\frac{12i}{l^2}c^2\right) & -\frac{6i}{l}c & \left(\frac{EA}{l}-\frac{12i}{l^2}\right)cs & \left(\frac{EA}{l}s^2+\frac{12i}{l^2}c^2\right) & -\frac{6i}{l}c \\
-\frac{6i}{l}s & \frac{6i}{l}c & 2i & \frac{6i}{l}s & -\frac{6i}{l}c & 4i
\end{bmatrix} \tag{11-31}$$

将式(11-14)$\bar{\boldsymbol{k}}^e$，式(11-20)$\boldsymbol{T}$ 及其转置矩阵 $\boldsymbol{T}^{\mathrm{T}}$ 带入式(11-30)，可得 $\boldsymbol{k}^e$ 的具体表达形式，见式(11-31)，其中 $i=\dfrac{EI}{l}$，c 为 $\cos\alpha$，s 为 $\sin\alpha$。

对于特殊杆件单元，其坐标转换矩阵 $\boldsymbol{T}$ 均可由式(11-20)进行修改得到，同样，其在整体坐标下的单元刚度矩阵 $\boldsymbol{k}^e$ 均可由式(11-31)进行修改得到。

如对于桁架杆件单元，将式(11-20)中去掉第 3、6 行、列，便得到其坐标转换矩阵：

$$T = \begin{bmatrix} c & s & 0 & 0 \\ -s & c & 0 & 0 \\ 0 & 0 & c & s \\ 0 & 0 & -s & c \end{bmatrix} \tag{11-32(a)}$$

通过计算，或者去掉式(11-31)中的与第 3、6 行列，同时去掉与 EI 相关的项，即可得到整体坐标系中的桁架单元刚度矩阵：

$$k^e = \frac{EA}{l}\begin{bmatrix} c^2 & cs & -c^2 & -cs \\ cs & s^2 & -cs & -s^2 \\ -c^2 & -cs & c^2 & cs \\ -cs & -s^2 & cs & s^2 \end{bmatrix} \tag{11-32(b)}$$

对于自由梁式单元，可以通过去掉式(11-31)中与 EA 有关的项，得到其在整体坐标系中的单元刚度矩阵：

$$k^e = \begin{bmatrix} \frac{12i}{l^2}s^2 & -\frac{12i}{l^2}cs & -\frac{6i}{l}s & -\frac{12i}{l^2}s^2 & \frac{12i}{l^2}cs & -\frac{6i}{l}s \\ -\frac{12i}{l^2}cs & \frac{12i}{l^2}c^2 & \frac{6i}{l}c & \frac{12i}{l^2}cs & -\frac{12i}{l^2}c^2 & \frac{6i}{l}c \\ -\frac{6i}{l}s & \frac{6i}{l}c & 4i & \frac{6i}{l}s & -\frac{6i}{l}c & 2i \\ -\frac{12i}{l^2}s^2 & \frac{12i}{l^2}cs & \frac{6i}{l}s & \frac{12i}{l^2}s^2 & -\frac{12i}{l^2}cs & \frac{6i}{l}s \\ \frac{12i}{l^2}cs & -\frac{12i}{l^2}c^2 & -\frac{6i}{l}c & -\frac{12i}{l^2}cs & \frac{12i}{l^2}c^2 & -\frac{6i}{l}c \\ -\frac{6i}{l}s & \frac{6i}{l}c & 2i & \frac{6i}{l}s & -\frac{6i}{l}c & 4i \end{bmatrix} \tag{11-33}$$

对于连续梁单元，因局部坐标和整体坐标系一致，因此不需进行坐标变换。

11.3.4　结构刚度矩阵及刚度方程

矩阵位移法是以节点位移为基本未知量，要求得这些未知量，必须对结构进行整体分析，根据变形协调条件和静力平衡条件建立结构整体刚度矩阵，形成全体节点荷载和节点位移之间的对应关系，即整体刚度方程。为此，在单元分析的基础上需进一步进行整体分析。下面以二次超静定三跨连续梁为例，说明整体分析的步骤。

图 11-7(a)为三跨连续梁，在节点承受弯矩荷载 M_1、M_2、M_3、M_4 作用，对其进行整体分析，具体过程如下：

图 11-7(a)为中的连续梁为三跨，共有三个结构单元，为连续梁单元。给予其编号分别为①、②和③；每个杆端的局部编号从左向右分别为 1、2(对于每个单元均是)；A、B、C 和 D 4 个节点的节点位移分别为 Δ_A、Δ_B、Δ_C 和 Δ_D 且均为角位移，如图 11-7(b)所示。节点荷载与节点位移一一对应，均以逆时针为正。节点荷载向量 $\boldsymbol{F}$ 和 $\boldsymbol{\Delta}$ 位移向量分别为：

$$\boldsymbol{F} = [M_1 \quad M_2 \quad M_3 \quad M_4]^{\mathrm{T}}$$

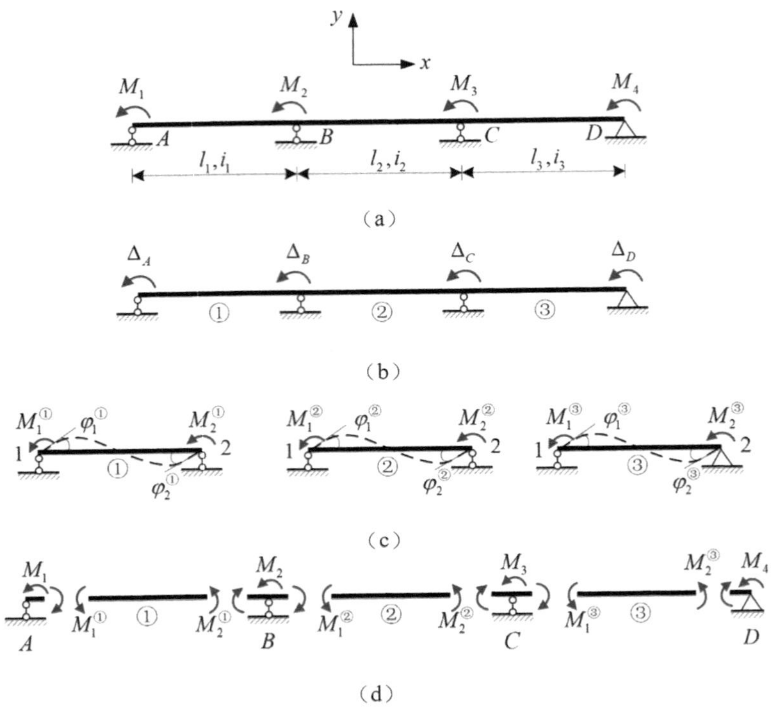

图 11-7　整体分析示例

$$\boldsymbol{\Delta}=[\Delta_A \quad \Delta_B \quad \Delta_C \quad \Delta_D]^{\mathrm{T}} \tag{11-34}$$

在本例中，结构的整体坐标系和杆件的局部坐标系一致，即不需要进行坐标变换，因此，这里各单元的杆端力和杆端位移直接用整体坐标系中的书写方式，如图 11-7(c)和图 11-7(d)所示。每个杆端力和杆端位移的代号均应附加上下两个角标：下角标表示杆件的始端或终端，上角标表示杆件的单元序号。如，$M_1^{①}$ 表示杆件单元①中 1 端(左端)的杆端弯矩，$\varphi_1^{①}$ 表示杆件单元①中 1 端(左端)的杆端角位移。根据式(11-9)，在整体坐标系中的各单元方程矩阵如下。

单元①：
$$\begin{Bmatrix} M_1^{①} \\ M_2^{①} \end{Bmatrix}=\begin{bmatrix} 4i_1 & 2i_1 \\ 2i_1 & 4i_1 \end{bmatrix}\begin{Bmatrix} \varphi_1^{①} \\ \varphi_2^{①} \end{Bmatrix}$$

单元②：
$$\begin{Bmatrix} M_1^{②} \\ M_2^{②} \end{Bmatrix}=\begin{bmatrix} 4i_2 & 2i_2 \\ 2i_2 & 4i_2 \end{bmatrix}\begin{Bmatrix} \varphi_1^{②} \\ \varphi_2^{②} \end{Bmatrix}$$

单元③：
$$\begin{Bmatrix} M_1^{③} \\ M_2^{③} \end{Bmatrix}=\begin{bmatrix} 4i_3 & 2i_3 \\ 2i_3 & 4i_3 \end{bmatrix}\begin{Bmatrix} \varphi_1^{③} \\ \varphi_2^{③} \end{Bmatrix}$$

根据连续变形条件，各杆件单元的杆端位移和节点位移之间需满足：

$$\varphi_1^{①}=\Delta_A \qquad \varphi_2^{①}=\Delta_B$$
$$\varphi_1^{②}=\Delta_B \qquad \varphi_2^{②}=\Delta_C$$
$$\varphi_1^{③}=\Delta_C \qquad \varphi_2^{③}=\Delta_D$$

根据图 11-7(d)，由节点平衡，可得节点荷载和单元杆端力之间的关系如下：

$$M_1 = M_1^{①}$$

$$M_2 = M_2^{①} + M_1^{②}$$

$$M_3 = M_2^{②} + M_1^{③}$$

$$M_4 = M_2^{③}$$

首先用节点位移替换整体单元刚度矩阵中的杆端位移，得到有节点位移表示的单元杆端力的表达式，然后再将其代入上式，即可得到节点位移和节点荷载的关系式：

$M_1 = M_1^{①} = \Delta_A 4i_1 + \Delta_B 2i_1$

$M_2 = M_2^{①} + M_1^{②} = \Delta_A 2i_1 + \Delta_B 4i_1 + \Delta_B 4i_2 + \Delta_C 2i_2 = \Delta_A 2i_1 + \Delta_B(4i_1 + 4i_2) + \Delta_C 2i_2$

$M_3 = M_2^{②} + M_1^{③} = \Delta_B 2i_2 + \Delta_C 4i_2 + \Delta_C 4i_3 + \Delta_D 2i_3 = \Delta_B 2i_2 + \Delta_C(4i_2 + 4i_3) + \Delta_D 2i_3$

$M_4 = M_2^{③} = \Delta_C 2i_3 + \Delta_D 4i_3$

将上式写成矩阵的形式：

$$\begin{bmatrix} 4i_1 & 2i_1 & 0 & 0 \\ 2i_1 & 4i_1 + 4i_2 & 2i_2 & 0 \\ 0 & 2i_2 & 4i_2 + 4i_3 & 2i_3 \\ 0 & 0 & 2i_3 & 4i_3 \end{bmatrix} \begin{bmatrix} \Delta_A \\ \Delta_B \\ \Delta_C \\ \Delta_D \end{bmatrix} = \begin{bmatrix} M_1 \\ M_2 \\ M_3 \\ M_4 \end{bmatrix} \tag{11-35}$$

式(11-35)为即为图 11-7 中连续梁结构的结构刚度方程(整体刚度方程)。令，

$$\boldsymbol{K} = \begin{bmatrix} 4i_1 & 2i_1 & 0 & 0 \\ 2i_1 & 4i_1 + 4i_2 & 2i_2 & 0 \\ 0 & 2i_2 & 4i_2 + 4i_3 & 2i_3 \\ 0 & 0 & 2i_3 & 4i_3 \end{bmatrix} \tag{11-36}$$

式(11-36)为结构刚度矩阵(整体刚度矩阵)。

式(11-35)可简写为：

$$\boldsymbol{K\Delta} = \boldsymbol{F} \tag{11-37}$$

式中，$\boldsymbol{K}$ 为结构刚度矩阵，$\boldsymbol{\Delta}$ 为节点位移向量，$\boldsymbol{F}$ 为节点荷载向量。通过式(11-37)，可以求出节点位移未知量，然后根据上面的步骤反推逆运算可得相应的杆端位移和杆端力，从而进一步得到结构的内力。

11.4　直接刚度法

通过上节的推理过程不难发现，矩阵位移法的最重要的一步是建立整体的结构刚度方程，它是通过物理方程(单元分析)、变形协调和静力平衡(整体分析)三方面结合推导得出的。在操作上，整体分析的关键在于集成结构刚度矩阵，这里介绍一种简单快捷的整体刚度矩阵装配方法，称为“直接刚度法”。

首先，分析整体刚度矩阵的组成规律，仍以 11.3 中的三跨连续梁为例。观察其结构刚度矩阵式(11-36)，不难发现其为典型的带状稀疏矩阵，不为 0 的元素主要集中在对角线及

其两侧紧邻的位置，对于这样的稀疏矩阵，计算机处理是十分方便的。事实上，对于其他复杂的结构，其结构刚度矩阵虽然没有式(11-36)那样整齐，但仍具备条带稀疏的特性。将结构刚度矩阵 $\boldsymbol{K}$，式(11-36)写成下面的形式：

$$\boldsymbol{K}=\begin{bmatrix}4i_1 & 2i_1 & 0 & 0\\ 2i_1 & 4i_1 & 0 & 0\\ 0 & 0 & 0 & 0\\ 0 & 0 & 0 & 0\end{bmatrix}+\begin{bmatrix}0 & 0 & 0 & 0\\ 0 & 4i_2 & 2i_2 & 0\\ 0 & 2i_2 & 4i_2 & 0\\ 0 & 0 & 0 & 0\end{bmatrix}+\begin{bmatrix}0 & 0 & 0 & 0\\ 0 & 0 & 0 & 0\\ 0 & 0 & 4i_3 & 2i_3\\ 0 & 0 & 2i_3 & 4i_3\end{bmatrix} \qquad [11\text{-}38(a)]$$

进一步考虑到，由于节点位移向量 $\boldsymbol{\Delta}$ 与节点荷载向量 $\boldsymbol{F}$ 都是 4×1 阶向量，因而联系两者的结构刚度矩阵 $\boldsymbol{K}$ 必然是 4×4 阶，共有 12 个可供选用的“位置”。对照图 11-7(d)，考察单元①、②和③的各自杆端 1 和 2 的杆端力对节点 A、B、C 和 D 的节点荷载 M_1、M_2、M_3、M_4 的贡献，不难发现结构刚度矩阵的元素组成规律。

主对角线元素为：

$$\left.\begin{aligned}&k_{11}=4i_1\\&k_{44}=4i_3\\&k_{jj}=4i_{j-1}+4i_j\quad(j=2,3)\end{aligned}\right\} \qquad [11\text{-}38(b)]$$

次对角线的元素则为：

$$k_{j-1,j}=k_{j,j-1}=2i_{j-1}\quad(j=2,3,4) \qquad [11\text{-}38(c)]$$

下面展示如何更迅速地集结成结构刚度矩阵的方法和过程。仍以上面的三跨连续梁为例。

首先，对结构的节点位移分量进行编码，如图 11-7 所示，对于其节点位移分量 Δ_A、Δ_B、Δ_C 和 Δ_D 的编码分别为 1、2、3 和 4，它们是结构整体的节点位移编码，称为总码。总码的编排顺序对计算没有影响，不过一般情况下，按照一定的顺序编辑，方便处理。如对于单元①，先编排 1 端，再编排 2 端，每个端部的节点位移按照轴向线位移、横向线位移和转角位移的顺序进行编排。

其次，按照单元杆端位移分量的顺序列出对应的节点位移分量的总码列向量，称为“单元定位列向量”，用 $\boldsymbol{\lambda}^e$ 来表示。如图 11-7 中单元①的杆端位移分别为 $\varphi_1^{①}$ 和 $\varphi_2^{①}$，对应的节点位移总码为 1 和 2，因此，单元①的单元定位列项量为：

$$\boldsymbol{\lambda}^{①}=[1\quad 2]^{\mathrm{T}}$$

同理，可以得到单元②、③的定位列向量为：

$$\boldsymbol{\lambda}^{②}=[2\quad 3]^{\mathrm{T}},\boldsymbol{\lambda}^{③}=[3\quad 4]^{\mathrm{T}}$$

然后将单元定位列向量的总码对应标记在每个单元的单元刚度矩阵的右侧和上侧。

单元①：

$$\begin{matrix} & \begin{matrix}1 & \quad 2\end{matrix} & \\ \boldsymbol{k}^{①}= & \begin{bmatrix}4i_1 & 2i_1\\ 2i_1 & 4i_1\end{bmatrix} & \begin{matrix}1\\2\end{matrix}\end{matrix}$$

单元②：

$$
\begin{matrix} & \begin{matrix} 2 & \quad 3 \end{matrix} & \\ k^{②} = & \begin{bmatrix} 4i_2 & 2i_2 \\ 2i_2 & 4i_2 \end{bmatrix} & \begin{matrix} 2 \\ 3 \end{matrix} \end{matrix}
$$

单元③：

$$
\begin{matrix} & \begin{matrix} 3 & \quad 4 \end{matrix} & \\ k^{③} = & \begin{bmatrix} 4i_3 & 2i_3 \\ 2i_3 & 4i_3 \end{bmatrix} & \begin{matrix} 3 \\ 4 \end{matrix} \end{matrix}
$$

每个单元刚度矩阵的右边的总码数字代表了该矩阵中对应位置上的元素在结构刚度矩阵中的行数，上边的总码数字代表了该矩阵中对应位置上的元素在结构刚度矩阵中的列数。例如：$\boldsymbol{k}^{①}$ 中的第一行第一列位置上的元素 $k_{11}^{①}=4i_1$ 在结构刚度矩阵中的位置为第一行第一列；$\boldsymbol{k}^{②}$ 中的第一行第二列位置上的元素 $k_{12}^{②}=2i_2$ 在结构刚度矩阵中的位置为第 2 行，第 3 列。通过上述方法得到的结构刚度矩阵与式(11-36)一致。

下面总体阐述直接刚度法建立结构刚度方程的步骤：

(1) 将结构划分成若干单元并编号，选取各单元局部坐标系和结构整体坐标系。

(2) 在整体坐标系下，按节点顺序将各节点位移分量依次编码(总码)，建立节点位移列向量 $\boldsymbol{\Delta}$ 及相应的节点荷载列向量 $\boldsymbol{F}$。

(3) 计算整体坐标系下的各单元刚度矩阵 $\boldsymbol{k}^e$，按变形连续条件写出各单元定位向量，并将总码标在单元刚度矩阵的右方和上方。

(4) 按照单元刚度矩阵右方和上方的总码将各元素“对号入座”送到结构刚度矩阵中(总码“0”对应的元素不计入)，并将不同单元处于同一位置的元素求和，即得结构刚度矩阵 $\boldsymbol{K}$。

(5) 按照式(11-37)写出结构刚度矩阵方程。

11.5　边界条件的先处理

在集结成结构刚度矩阵前，对于边界节点位移已知为零的情况，在进行编码时，我们可以用“0”来编码，并将单元刚度矩阵中与编码为“0”的相关元素均不集结到结构刚度矩阵中去，这种处理方法叫“先处理法”。用这种方法形成的结构刚度矩阵占用计算机的储存空间小，便于提高计算效率。与“先处理法”对应的为“后处理法”，即不编写“0”码，形成结构刚度矩阵后，再考虑边界条件，其编写程序较为规整，信息存储量相对较大。这里着重讲“先处理法”。

图 11-8 为三跨连续梁，右端为固定端支座，节点弯矩荷载为 M_1、M_2 和 M_3，集结其结构刚度矩阵。

根据直接刚度法，单元①、②、③的单元定位列项量分别为：

$$
\boldsymbol{\lambda}^{①}=[1\quad 2]^{\mathrm{T}}、\boldsymbol{\lambda}^{②}=[2\quad 3]^{\mathrm{T}}、\boldsymbol{\lambda}^{③}=[3\quad 0]^{\mathrm{T}}
$$

因而结构刚度矩阵为：

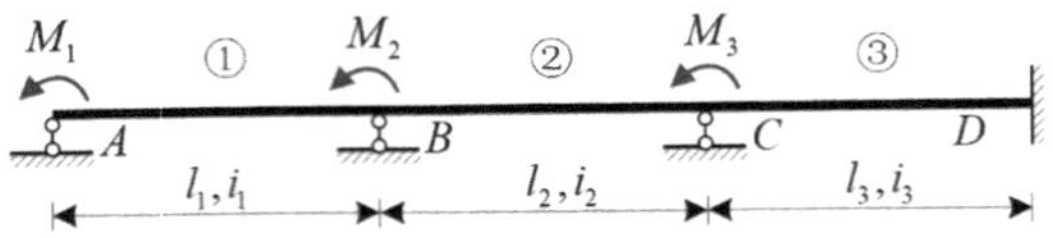

图 11-8　先处理法示例

$$\begin{bmatrix} 4i_1 & 2i_1 & 0 \\ 2i_1 & 4i_1+4i_2 & 2i_2 \\ 0 & 2i_2 & 4i_2+4i_3 \end{bmatrix}$$

11.6　非节点荷载的处理

当结构受到非节点荷载作用时，应先按静力等效原则将它移置到邻近的节点上，使之变成仅有节点荷载作用的结构，然后才能进行矩阵位移法分析。这里可采用与"位移法"和"渐进法"中相同的做法。如图 11-9(a)所示，在非节点处受到均布力和集中力的作用，将其在节点进行等效处理，具体做法如下：

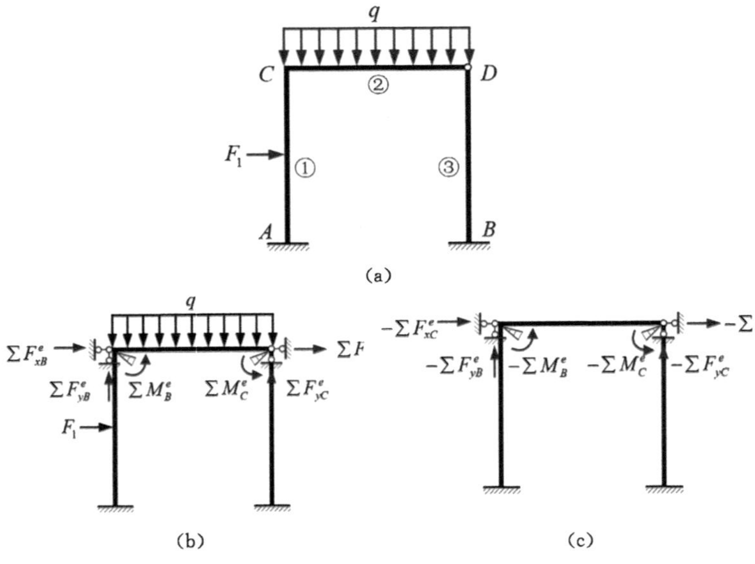

图 11-9　非节点荷载等效处理示例

首先在各节点施加附加约束(附加链杆和附加刚臂)，将节点固定，如图 11-9(b)所示。此时，每个单元成为两端固定的杆件单元，在原非节点荷载的作用下，附加约束处会附加约束力，由节点的平衡可知，附加约束的约束反力等于汇交于同一节点各杆杆端固端力的代数和。两端固定杆件单元在常见荷载下的固端力可通过表 11-1 查得。其次，去掉附加约束，将附加约束力取反号施加到原结构节点处，如图 11-9(c)所示。显然，图 11-9(a)所示刚架的内力和变形等于图 11-9(b)和图 11-9(c)两种情况的叠加。

由于在附加约束下，图 11-9(b)中所有节点的位移为 0，因此，图 11-9(c)中各节点位移就等于图 11-9(a)对应节点的位移。因此，图 11-9(c)中节点荷载引起的节点位移与原结构中非节点荷载引起的节点位移是相同的，故称为原非节点荷载的等效荷载。有了等效节点荷载，便可按前面讲述的方法，建立结构刚度方程，并求出各单元的内力，再将其与图 11-9(b)中的内力进行叠加，即可得到原结构在非节点荷载作用下内力。

表 11-1　单元固端力(局部坐标系)

	荷载简图	符号	始端 1	末端 2
1	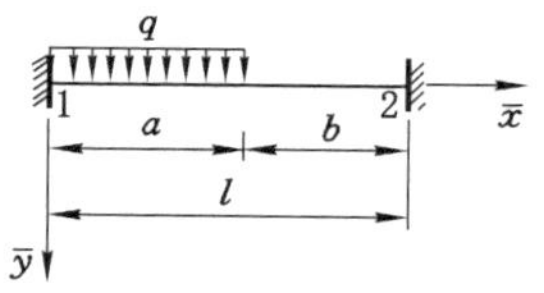	$\overline{F}_{xP}$ $\overline{F}_{yP}$ $\overline{M}_P$	0 $-qa\left(1-\frac{a^2}{l^2}+\frac{a^3}{2l^3}\right)$ $-\frac{qa^2}{12}\left(6-8\frac{a}{l}+3\frac{a^2}{l^2}\right)$	0 $-q\frac{a^3}{l^2}\left(1-\frac{a}{2l}\right)$ $\frac{qa^3}{12l}\left(4-3\frac{a}{l}\right)$
2	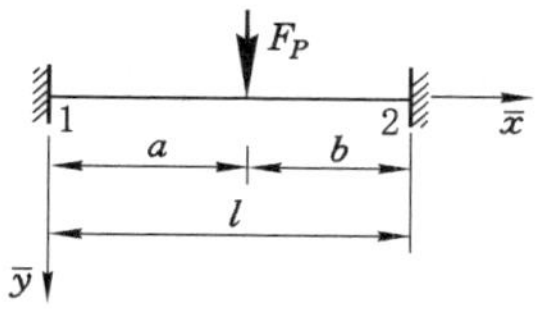	$\overline{F}_{xP}$ $\overline{F}_{yP}$ $\overline{M}_P$	0 $-F_P\frac{b^2}{l^2}\left(1+2\frac{a}{l}\right)$ $-F_P\frac{ab^2}{l^2}$	0 $-F_P\frac{a^2}{l^2}\left(1+2\frac{b}{l}\right)$ $F_P\frac{a^2b}{l^2}$
3	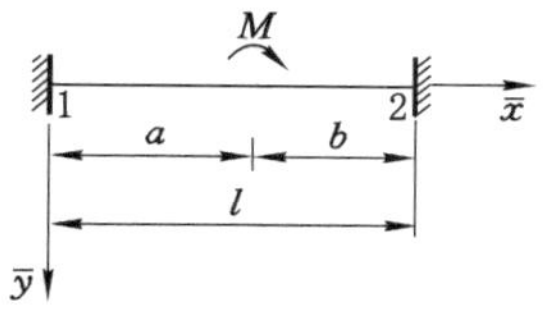	$\overline{F}_{xP}$ $\overline{F}_{yP}$ $\overline{M}_P$	0 $\frac{6Mab}{l^3}$ $M\frac{b}{l}\left(2-3\frac{b}{l}\right)$	0 $-\frac{6Mab}{l^3}$ $M\frac{a}{l}\left(2-3\frac{a}{l}\right)$
4	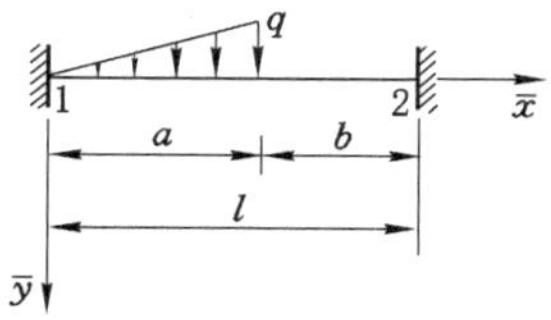	$\overline{F}_{xP}$ $\overline{F}_{yP}$ $\overline{M}_P$	0 $-q\frac{a}{4}\left(2-3\frac{a^2}{l^2}+1.6\frac{a^3}{l^3}\right)$ $-q\frac{a^2}{6}\left(2-3\frac{a}{l}+1.2\frac{a^2}{l^2}\right)$	0 $-\frac{q}{4}\frac{a^3}{l^2}\left(3-1.6\frac{a}{l}\right)$ $\frac{qa^3}{4l}\left(1-0.8\frac{a}{l}\right)$
5	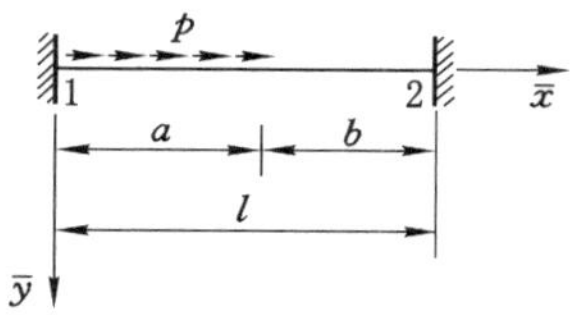	$\overline{F}_{xP}$ $\overline{F}_{yP}$ $\overline{M}_P$	$-pa\left(-1.5\frac{a}{l}\right)$ 0 0	$-0.5p\frac{a^2}{l}$ 0 0
6	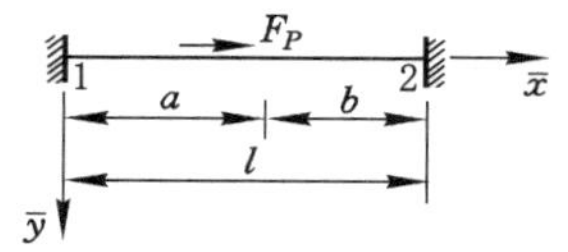	$\overline{F}_{xP}$ $\overline{F}_{yP}$ $\overline{M}_P$	$-F_P\frac{b}{l}$ 0 0	$-F_P\frac{a}{l}$ 0 0

表 11-1(续)

	荷载简图	符号	始端 1	末端 2
7	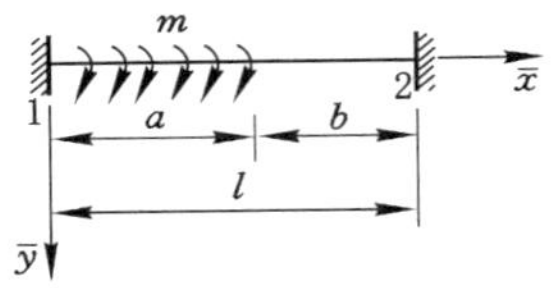	$\bar{F}_{xP}$ $\bar{F}_{yP}$ $\bar{M}_{P}$	0 $-m\frac{a^2}{l^2}\left(\frac{a}{l}+3\frac{b}{l}\right)$ $-m\frac{b^2}{l^2}a$	0 $-m\frac{a^2}{l^2}\left(\frac{a}{l}+2\frac{b}{l}\right)$ $m\frac{a^2}{l^2}b$
8	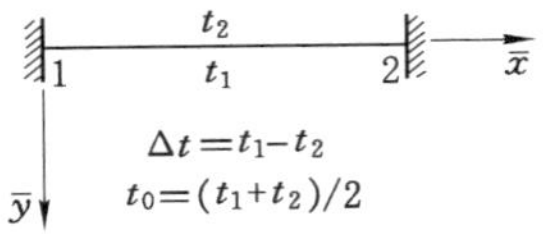	$\bar{F}_{xP}$ $\bar{F}_{yP}$ $\bar{M}_{P}$	$EA\alpha t_0$ 0 $-\frac{EI\alpha\Delta t}{h}$	$-EA\alpha t_0$ 0 $\frac{EI\alpha\Delta t}{h}$
9	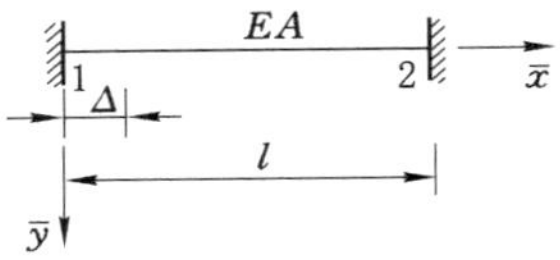	$\bar{F}_{xP}$ $\bar{F}_{yP}$ $\bar{M}_{P}$	$\frac{EA\Delta}{l}$ 0 0	$-\frac{EA\Delta}{l}$ 0 0
10	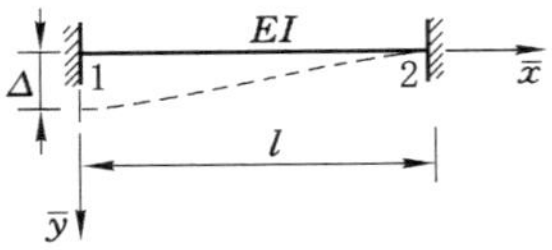	$\bar{F}_{xP}$ $\bar{F}_{yP}$ $\bar{M}_{P}$	0 $\frac{12EI\Delta}{l^3}$ $\frac{6EI\Delta}{l^2}$	0 $-\frac{12EI\Delta}{l^3}$ $\frac{6EI\Delta}{l^2}$
11	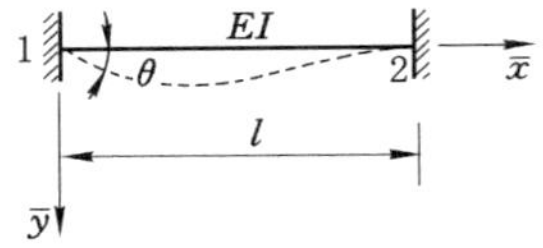	$\bar{F}_{xP}$ $\bar{F}_{yP}$ $\bar{M}_{P}$	0 $\frac{6EI\theta}{l^2}$ $\frac{4EI\theta}{l}$	0 $-\frac{6EI\theta}{l^2}$ $\frac{2EI\theta}{l}$

下面说明求等效节点荷载的计算步骤。

(1) 在节点加入附加约束,由表 11-1 查出单元 e 在局部坐标系下的固端力为 $\bar{\boldsymbol{F}}^{Fe}$:

$$\bar{\boldsymbol{F}}^{Fe}=[\bar{\boldsymbol{F}}_1^{Fe}\quad \bar{\boldsymbol{F}}_2^{Fe}]^{\mathrm{T}}=[\bar{F}_{\mathrm{N1}}^{e}\quad \bar{F}_{\mathrm{S1}}^{e}\quad \bar{M}_1^{e}\quad \bar{F}_{\mathrm{N2}}^{e}\quad \bar{F}_{\mathrm{S2}}^{e}\quad \bar{M}_2^{e}]^{\mathrm{T}} \tag{11-39}$$

(2) 求单元 e 在整体坐标系下的固端力 $\boldsymbol{F}^{Fe}$:

$$\boldsymbol{F}^{Fe}=\boldsymbol{T}^{\mathrm{T}}[\boldsymbol{F}_1^{Fe}\quad \boldsymbol{F}_2^{Fe}]^{\mathrm{T}}=[F_{x1}^{e}\quad F_{y1}^{e}\quad M_1^{e}\quad F_{x2}^{e}\quad F_{y1}^{e}\quad M_2^{e}]^{\mathrm{T}} \tag{11-40}$$

(3) 求结构等效节点荷载 $\boldsymbol{F}_E$。将各单元整体坐标系下的固端力反号 $\boldsymbol{F}^{Fe}$,然后按单元定位向量 $\boldsymbol{\lambda}$ 中的总码,在结构等效节点荷载列向量中定位并叠加即得 $\boldsymbol{F}_E$。

如果结构除非节点荷外,还有直接作用的节点荷载,则整个结构的综合节点荷载为等效节点荷载与直接节点荷载之和。若以 $\boldsymbol{F}$ 表示结构综合节点荷载列向量,以 $\boldsymbol{F}_D$ 表示结构直接节点荷载列向量,$\boldsymbol{F}_E$ 为结构的等效节点荷载列向量,可得 $\boldsymbol{F}$ 的计算式为:

$$\boldsymbol{F}=\boldsymbol{F}_D+\boldsymbol{F}_E \tag{11-41}$$

例 11-1　试求图 11-10 中所示刚架在给定荷载作用下的等效节点荷载 $\boldsymbol{F}_E$。

解：结构坐标系和各单元局部坐标系如图 11-10 所示。节点位移分量编码(总码)在图 11-10 中用虚线示出，对照总码可直接写出各单元定位向量。各单元基本数据和单元定位向量列于表 11-2。

表 11-2　各单元基本数据和单元定位向量

单元	局部坐标系 1→2	长度 l/m	$\cos\alpha$	$\sin\alpha$	单元定位向量
①	$C\to D$	4	1	0	$[1\ \ 2\ \ 3\ \ 4\ \ 5\ \ 6]^{T}$
②	$A\to C$	4	0	1	$[0\ \ 0\ \ 0\ \ 1\ \ 2\ \ 3]^{T}$
③	$B\to D$	4	0	1	$[0\ \ 0\ \ 0\ \ 4\ \ 5\ \ 6]^{T}$

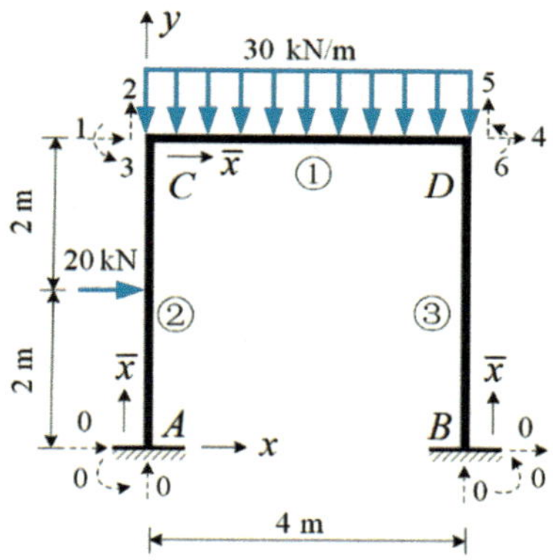

图 11-10　例 11-1 图

(1) 求各单元局部坐标系中的固端力 $\overline{\boldsymbol{F}}^{Fe}$，由表 11-1 查得。

单元①：

$$\overline{F}_{N1}^{①}=0,\overline{F}_{S1}^{①}=60\ \text{kN},\overline{M}_{1}^{①}=40\ \text{kN}\cdot\text{m}$$

$$\overline{F}_{N2}^{①}=0,\overline{F}_{S2}^{①}=60\ \text{kN},\overline{M}_{2}^{①}=-40\ \text{kN}\cdot\text{m}$$

即：

$$\overline{\boldsymbol{F}}^{F①}=[0\quad 60\quad 40\quad 0\quad 60\quad -40]^{T} \tag{11-42(a)}$$

单元②：

$$\overline{F}_{N1}^{②}=0,\overline{F}_{S1}^{②}=10\ \text{kN},\overline{M}_{1}^{②}=10\ \text{kN}\cdot\text{m}$$

$$\overline{F}_{N2}^{②}=0,\overline{F}_{S2}^{②}=10\ \text{kN},\overline{M}_{2}^{②}=-10\ \text{kN}\cdot\text{m}$$

即：

$$\overline{\boldsymbol{F}}^{F②}=[0\quad 10\quad 10\quad 0\quad 10\quad -10]^{T} \tag{11-42(b)}$$

单元③：无非节点荷载作用。

即：

$$\bar{\boldsymbol{F}}^{F③}=0 \tag{[11-42(c)]}$$

(2) 求各单元在整体坐标系中的固端力 $\boldsymbol{F}^{Fe}$。

单元①：将 $\alpha_1=0°$代入式(11-20)，求出 $\boldsymbol{T}^{\mathrm{T}}$，再与式[11-42(a)]一起代入式(11-40)得：

$$\boldsymbol{F}^{F①}=[0\quad 60\quad 40\quad 0\quad 60\quad -40]^{\mathrm{T}} \tag{[11-42(d)]}$$

单元②：将 $\alpha_2=90°$代入式(11-20)，求出 $\boldsymbol{T}^{\mathrm{T}}$，再与式[11-42(b)]一起代入式(11-40)得：

$$\boldsymbol{F}^{F②}=[-10\quad 0\quad 10\quad -10\quad 0\quad -10]^{\mathrm{T}} \tag{[11-42(e)]}$$

单元③：$\bar{\boldsymbol{F}}^{F③}=0$，因此：

$$\boldsymbol{F}^{F③}=[0\quad 0\quad 0\quad 0\quad 0\quad 0] \tag{[11-42(f)]}$$

(3) 求等效节点荷载 $\boldsymbol{F}_E$。

将各单元整体坐标系下的固端力反号 $\boldsymbol{F}_{Fe}$，按单元定位向量的总码在 $\boldsymbol{F}_E$ 中定位并叠加可得：

$$\boldsymbol{F}_E=\begin{bmatrix}0+10\\-60+0\\-40+10\\0+0\\-60+0\\40+0\end{bmatrix}=\begin{bmatrix}10\text{ kN}\\-60\text{ kN}\\-30\text{ kN}\cdot\text{m}\\0\\-60\text{ kN}\\40\text{ kN}\cdot\text{m}\end{bmatrix}$$

11.7 矩阵位移法应用举例

通过以上单元分析和整体分析，建立了结构刚度矩阵方程，通过对方程求解，即可得到未知节点的位移，下面简单说明如何求解各杆的内力。

有非节点荷载作用下的各杆件最后杆端力由两部分组成：综合节点荷载(综合节点荷载指经过非节点荷载处理之后的最终等效节点荷载)作用下的杆端力和非节点荷载作用下固端力，即：

$$\bar{\boldsymbol{F}}_z^e=\bar{\boldsymbol{F}}^e+\bar{\boldsymbol{F}}^{Fe} \tag{11-43}$$

上式中，$\bar{\boldsymbol{F}}_z^e$ 为局部坐标系下表示的最后杆端力，$\bar{\boldsymbol{F}}^e$ 为综合节点荷载引起的杆端力，$\bar{\boldsymbol{F}}^{Fe}$ 为非节点荷载引起的固端力。

11.7.1 综合节点荷载引起的杆端力 $\bar{\boldsymbol{F}}^e$ 的计算

将式(11-29)代入式(11-19)或将式(11-25)代入式[11-13(b)]可得 $\bar{\boldsymbol{F}}^e$ 的计算式：

$$\bar{\boldsymbol{F}}^e=\boldsymbol{T}\boldsymbol{F}^e=\boldsymbol{T}\boldsymbol{k}^e\boldsymbol{\delta}^e \tag{11-44}$$

$$\bar{\boldsymbol{F}}^e=\bar{\boldsymbol{k}}^e\bar{\boldsymbol{\delta}}^e=\bar{\boldsymbol{k}}^e\boldsymbol{T}^e \tag{11-45}$$

式中，$\boldsymbol{\delta}^e$ 为各单元整体坐标系下的杆端位移，根据变形连续条件，对照结构刚度方程求出的节点位移 $\boldsymbol{\Delta}$ 确定。

11.7.2 非节点荷载引起的固端力 $\bar{\boldsymbol{F}}^{Fe}$

对于有非节点荷载作用的单元，$\bar{\boldsymbol{F}}^{Fe}$ 由表 9-1 查出；无非节点荷载作用的单元，$\bar{\boldsymbol{F}}^{Fe}$ 为零。

综上，矩阵位移法的计算步骤如下：

(1) 对各单元和节点位移分量进行编号，选定结构整体坐标系和单元局部坐标系。

(2) 根据单元类型，按式(11-31)(一般单元)、式(11-32)(桁架单元)、式(11-33)(自由梁单元)、式(11-10)(连续梁单元)计算整体坐标系中各单元刚度矩阵；列出单元定位向量，标在单元刚度矩阵的右方和上方。

(3) 将各单元刚度矩阵的元素"对号入座"集成结构刚度矩阵 $\boldsymbol{K}$。

(4) 按式(11-40)计算单元固端力、求出等效节点荷载 $\boldsymbol{F}_{\mathrm{E}}$，按式(11-41)计算综合节点荷载。

(5) 建立节点位移列向量 $\boldsymbol{\Delta}$ 和节点荷载列向量 $\boldsymbol{F}$。

(6) 求解结构刚度方程 $\boldsymbol{K\Delta}=\boldsymbol{F}$，求出节点位移 $\boldsymbol{\Delta}$。

(7) 确定单元杆端位移列向量 $\boldsymbol{\delta}^e$，按式(11-44)或式(11-45)计算综合节点荷载杆端力 $\bar{\boldsymbol{F}}^e$，按式(11-43)计算各单元最后杆端力 $\bar{\boldsymbol{F}}_z^e$。

(8) 根据最后杆端力 $\bar{\boldsymbol{F}}_z^e$ 和单元上的非节点荷载绘出内力图。

例 11-2 用直接刚度法建立如图 11-11 所示桁架的结构刚度矩阵，同时求解各杆的内力，各杆的 EA 相同。

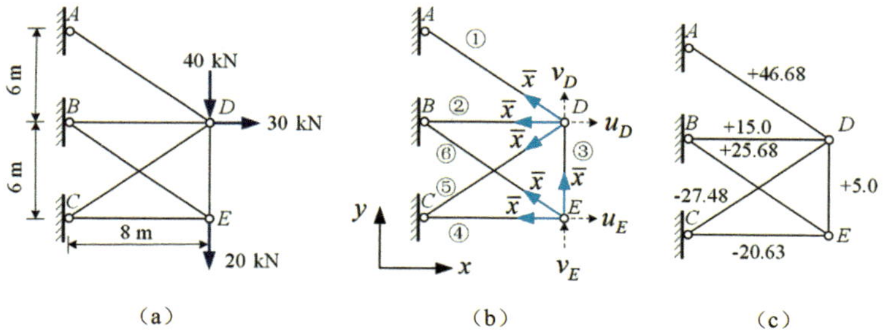

图 11-11 例 11-2 图

解：(1) 对单元进行编号，并选定整体坐标系和单元局部坐标系，如图 11-11(b)所示。各单元基本数据列于表 11-3 中。

(2) 建立节点位移列向量和节点荷载列向量。A、B、C 均为固定铰支座，它们的位移分量为零(总码为 0)；节点 D 有水平位移 u_D、竖向位移 v_D，节点 E 有水平位移 u_E、竖向位移 v_E，依次用 Δ_1、Δ_2、Δ_3、Δ_4 表示，总码为 1、2、3、4。

节点位移列向量为：

$$\boldsymbol{\Delta}=[\Delta_1 \quad \Delta_2 \quad \Delta_3 \quad \Delta_4]^{\mathrm{T}}=[u_D \quad v_D \quad u_E \quad v_E]^{\mathrm{T}}$$

相应的节点荷载列向量为：

$$\boldsymbol{F}=[F_1 \quad F_2 \quad F_3 \quad F_4]^{\mathrm{T}}=[30 \quad -40 \quad 0 \quad -20]^{\mathrm{T}}$$

表 11-3　各单元基本数据和单元定位向量

单元	局部坐标系(1→2)	长度 l/m	$\cos\alpha$	$\sin\alpha$	单元定位向量
①	$D\to A$	10	−0.8	0.6	$[1\ \ 2\ \ 0\ \ 0]^T$
②	$D\to B$	8	−1	0	$[1\ \ 2\ \ 0\ \ 0]^T$
③	$E\to D$	6	0	1	$[3\ \ 4\ \ 1\ \ 2]^T$
④	$E\to C$	8	−1	0	$[3\ \ 4\ \ 0\ \ 0]^T$
⑤	$D\to C$	10	−0.8	−0.6	$[1\ \ 2\ \ 0\ \ 0]^T$
⑥	$E\to B$	10	−0.8	0.6	$[3\ \ 4\ \ 0\ \ 0]^T$

(3) 将表 11-3 各参数代入式(11-32)，可得整体坐标系下各单元刚度矩阵；对照图 11-11(b)可列出各单元定位向量，如表 11-3 所示；再将总码标在单元刚度矩阵的右方和上方可得：

单元①和单元⑥：

$$\boldsymbol{k}^{①}=\boldsymbol{k}^{⑥}=EA/10\begin{bmatrix}0.64 & -0.48 & -0.64 & 0.48\\ -0.48 & 0.36 & 0.48 & -0.36\\ -0.64 & 0.48 & 0.64 & -0.48\\ 0.48 & -0.36 & -0.48 & 0.36\end{bmatrix}$$

$$\begin{matrix} & (3) & (4) & (0) & (0) & & \\ & 1 & 2 & 0 & 0 & & \\ =EA/3\ 000 & 192 & -144 & -192 & 144 & 1 & (3)\\ & -144 & 108 & 144 & -108 & 2 & (4)\\ & -192 & 144 & 192 & -144 & 3 & (0)\\ & 144 & -108 & -144 & 108 & 4 & (0)\end{matrix}$$

式中，单元刚度矩阵右方和上方，不加括号的数字是单元①的定位向量总码，加括号的是单元⑥的定位向量总码。

单元②和单元④：

$$\boldsymbol{k}^{②}=\boldsymbol{k}^{④}=EA/8\begin{bmatrix}1 & 0 & -1 & 0\\ 0 & 0 & 0 & 0\\ -1 & 0 & 1 & 0\\ 0 & 0 & 0 & 0\end{bmatrix}$$

$$\begin{matrix} & (3) & (4) & (0) & (0) & & \\ & 1 & 2 & 0 & 0 & & \\ =EA/3\ 000 & 375 & 0 & -375 & 0 & 1 & (3)\\ & 0 & 0 & 0 & 0 & 2 & (4)\\ & -375 & 0 & 375 & 0 & 3 & (0)\\ & 0 & 0 & 0 & 0 & 4 & (0)\end{matrix}$$

式中，单元刚度矩阵右方和上方，不加括号的数字是单元②的定位向量总码，加括号的是单元④的定位向量总码。

单元③：

$$\boldsymbol{k}^{③}=EA/6\begin{bmatrix}0&0&0&0\\0&1&0&-1\\0&0&0&0\\0&-1&0&1\end{bmatrix}$$

$$\begin{matrix}\quad\ 3\quad&\quad 4\quad&\quad 1\quad&\quad 2\quad\end{matrix}$$

$$=EA/3\,000\begin{bmatrix}0&0&0&0\\0&500&0&-500\\0&0&0&0\\0&-500&0&500\end{bmatrix}\begin{matrix}3\\4\\1\\2\end{matrix}$$

单元⑤：

$$\boldsymbol{k}^{⑤}=EA/10\begin{bmatrix}0.64&0.48&-0.64&-0.48\\0.48&0.36&-0.48&-0.36\\-0.64&-0.48&0.64&0.48\\-0.48&-0.36&0.48&0.36\end{bmatrix}$$

$$\begin{matrix}\quad 1\quad&\quad 2\quad&\quad 0\quad&\quad 0\quad\end{matrix}$$

$$=EA/3\,000\begin{bmatrix}192&144&-192&-144\\144&108&-144&-108\\-192&-144&192&144\\-144&-108&144&108\end{bmatrix}\begin{matrix}1\\2\\0\\0\end{matrix}$$

(4) 集成结构刚度矩阵。将各单元刚度矩阵的元素，按总码“对号入座”，置于结构刚度矩阵。并将处于同一位置的元素求和，可得结构刚度矩阵：

$$\boldsymbol{K}=EA/3\,000\begin{bmatrix}759&0&0&0\\0&716&0&-500\\0&0&567&-144\\0&-500&-144&608\end{bmatrix}$$

(5) 按式(11-27)的形式，可得结构刚度方程为：

$$EA/3\,000\begin{bmatrix}759&0&0&0\\0&716&0&-500\\0&0&567&-144\\0&-500&-144&608\end{bmatrix}\begin{bmatrix}u_D\\v_D\\u_E\\v_E\end{bmatrix}=\begin{bmatrix}30\\-40\\0\\-20\end{bmatrix}$$

(6) 解方程，求得未知节点位移为：

$$\boldsymbol{\Delta}=[u_D\quad v_D\quad u_E\quad v_E]^{\mathrm{T}}=EA/3\,000[0.04\quad -0.206\quad -0.055\quad -0.216]^{\mathrm{T}}$$

(7) 求各单元的内力。

桁架只有节点荷载，各杆 $\overline{\boldsymbol{F}}^{Fe}$ 为零，故 $\overline{\boldsymbol{F}}_z^e=\overline{\boldsymbol{F}}^e$。各单元整体坐标系下杆端位移 $\boldsymbol{\delta}^e$ 由变

形连续条件确定。

单元①(DA 杆):由表 11-3 中 $\cos\alpha_1=-0.8$,$\sin\alpha_1=0.6$ 代入式(11-32),可求出坐标转换矩阵 $\boldsymbol{T}$,由变形连续条件 $\boldsymbol{\delta}^{①}=[u_D\quad v_D\quad 0\quad 0]^{\mathrm{T}}$,将 $\boldsymbol{T}$、$\boldsymbol{\delta}^{①}$、$\boldsymbol{k}^{①}$ 代入式(11-44)得:

$$\overline{\boldsymbol{F}}_z^{①}=\begin{bmatrix}-0.8&0.6&0&0\\-0.6&-0.8&0&0\\0&0&-0.8&-0.6\\0&0&-0.6&-0.8\end{bmatrix}\times EA/3\ 000\begin{bmatrix}192&-144&-192&144\\-144&108&144&-108\\-192&144&192&-144\\144&-108&-144&108\end{bmatrix}\times$$

$$3\ 000/EA\begin{bmatrix}0.04\\-0.206\\0\\0\end{bmatrix}=[-46.68\quad 0\quad 46.08\quad 0]^{\mathrm{T}}\ \mathrm{kN}$$

单元②(DB 杆):由表 11-3 中 $\cos\alpha_2=-1$,$\sin\alpha_2=0$ 代入式(11-32),可求出坐标转换矩阵 $\boldsymbol{T}$,由变形连续条件 $\boldsymbol{\delta}^{②}=[u_D\quad v_D\quad 0\quad 0]^{\mathrm{T}}$,将 $\boldsymbol{T}$、$\boldsymbol{\delta}^{②}$、$\boldsymbol{k}^{②}$ 代入式(11-44)得:

$$\overline{\boldsymbol{F}}_z^{②}=\begin{bmatrix}-1&0&0&0\\0&-1&0&0\\0&0&-1&0\\0&0&0&-1\end{bmatrix}\times EA/3\ 000\begin{bmatrix}375&0&-375&0\\0&0&0&0\\-375&0&375&0\\0&0&0&0\end{bmatrix}\times 3\ 000/EA\begin{bmatrix}0.04\\-0.206\\0\\0\end{bmatrix}$$

$$=[-15\quad 0\quad 15\quad 0]^{\mathrm{T}}\ \mathrm{kN}$$

单元③(ED 杆):由表 11-3 中 $\cos\alpha_3=0$,$\sin\alpha_3=-1$,代入式(11-32),可求出坐标转换矩阵 $\boldsymbol{T}$,由变形连续条件 $\boldsymbol{\delta}^{③}=[u_E\quad v_E\quad u_D\quad v_D]^{\mathrm{T}}$,将 $\boldsymbol{T}$、$\boldsymbol{\delta}^{③}$、$\boldsymbol{k}^{③}$ 代入式(11-44)得:

$$\overline{\boldsymbol{F}}_z^{③}=\begin{bmatrix}0&-1&0&0\\1&0&0&0\\0&0&0&-1\\0&0&1&0\end{bmatrix}\times EA/3\ 000\begin{bmatrix}0&0&0&0\\0&500&0&-500\\0&0&0&0\\0&-500&0&500\end{bmatrix}\times 3\ 000/EA\begin{bmatrix}0.055\\-0.206\\0.04\\-0.206\end{bmatrix}$$

$$=[-5\quad 0\quad 5\quad 0]^{\mathrm{T}}\ \mathrm{kN}$$

单元④(EC 杆):由表 11-3 中 $\cos\alpha_4=-1$,$\sin\alpha_4=0$,代入式(11-32),可求出坐标转换矩阵 $\boldsymbol{T}$,由变形连续条件 $\boldsymbol{\delta}^{④}=[u_E\quad v_E\quad 0\quad 0]^{\mathrm{T}}$,将 $\boldsymbol{T}$、$\boldsymbol{\delta}^{④}$、$\boldsymbol{k}^{④}$ 代入式(11-44)得:

$$\overline{\boldsymbol{F}}_z^{④}=\begin{bmatrix}-1&0&0&0\\0&-1&0&0\\0&0&-1&0\\0&0&0&-1\end{bmatrix}\times EA/3\ 000\begin{bmatrix}375&0&-375&0\\0&0&0&0\\-375&0&375&0\\0&0&0&0\end{bmatrix}\times 3\ 000/EA\begin{bmatrix}0.055\\-0.206\\0\\0\end{bmatrix}$$

$$=[20.625\quad 0\quad -20.625\quad 0]^{\mathrm{T}}\ \mathrm{kN}$$

单元⑤(DC 杆):由表 11-3 中 $\cos\alpha_5=-0.8$,$\sin\alpha_5=-0.6$,代入式(11-32),可求出坐标转换矩阵 $\boldsymbol{T}$,由变形连续条件 $\boldsymbol{\delta}^{⑤}=[u_D\quad v_D\quad 0\quad 0]^{\mathrm{T}}$,将 $\boldsymbol{T}$、$\boldsymbol{\delta}^{⑤}$、$\boldsymbol{k}^{⑤}$ 代入式(11-44)得:

$$\overline{\boldsymbol{F}}_z^{⑤}=\begin{bmatrix}0.8&-0.6&0&0\\0.6&-0.8&0&0\\0&0&-0.8&-0.6\\0&0&0.6&-0.8\end{bmatrix}\times EA/3\ 000\begin{bmatrix}192&144&-192&-144\\144&108&-144&-108\\-192&-144&192&144\\-144&-108&144&108\end{bmatrix}\times$$

$$3\,000/EA\begin{bmatrix}0.004\\-0.206\\0\\0\end{bmatrix}=[27.48\quad 0\quad -27.48\quad 0]^{\mathrm{T}}\ \mathrm{kN}$$

单元⑥(DC 杆)：由表 11-3 中 $\cos\alpha_6=-0.8$，$\sin\alpha_6=0.6$，代入式(11-32)，可求出坐标转换矩阵 $\boldsymbol{T}$，由变形连续条件 $\boldsymbol{\delta}^{⑥}=[u_D\quad v_D\quad 0\quad 0]^{\mathrm{T}}$，将 $\boldsymbol{T}$、$\boldsymbol{\delta}^{⑥}$、$\boldsymbol{k}^{⑥}$ 代入式(11-44)得：

$$\overline{\boldsymbol{F}}_z^{⑥}=\begin{bmatrix}0.8&-0.6&0&0\\0.6&-0.8&0&0\\0&0&-0.8&-0.6\\0&0&-0.6&-0.8\end{bmatrix}\times EA/3\,000\begin{bmatrix}192&-144&-192&144\\-144&108&144&-108\\-192&144&192&-144\\144&-108&-144&108\end{bmatrix}\times$$

$$3\,000/EA\begin{bmatrix}-0.055\\-0.206\\0\\0\end{bmatrix}=[25.68\quad 0\quad 25.68\quad 0]^{\mathrm{T}}\ \mathrm{kN}$$

各杆件的轴力如图 11-11(c)所示。

例 11-3　图 11-12(a)为一等截面三跨连续梁，各跨跨长 $l=4$ m，抗弯刚度系数 $i=EI/l$ 均为相同的已知常量。试用矩阵位移法求出中间支承节点的角位移和各杆的杆端弯矩。

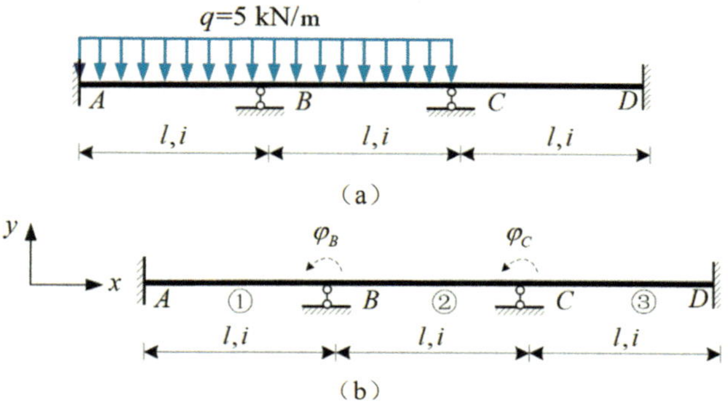

图 11-12　例 11-3 图

解：(1) 对单元进行编号，并选定整体坐标系和单元局部坐标系，如图 11-12(b)所示。这里的整体坐标系和局部坐标系一致，因此不需要进行坐标变换。各单元基本数据列于表 11-4 中。

(2) 建立节点位移列向量和节点荷载列向量。A、D 均为固定端支座，它们的位移分量为零(总码为 0)；节点 B 和节点 C 均只有角位移 φ_D 和 φ_C，依次用 Δ_1、Δ_2 来表示，总码为 1、2。

节点位移列向量为：

$$\boldsymbol{\Delta}=[\Delta_1\quad \Delta_2]^{\mathrm{T}}=[\varphi_D\quad \varphi_C]^{\mathrm{T}}$$

表 11-4 各单元基本数据和单元定位向量

单元	局部坐标系(1→2)	长度 l/m	$\cos\alpha$	$\sin\alpha$	单元定位向量
①	$A\to B$	4	1	0	$[0\quad 1]^T$
②	$B\to C$	4	1	0	$[1\quad 2]^T$
③	$C\to D$	4	1	0	$[2\quad 0]^T$

本例中，节点上没有荷载，但有非节点荷载，因此最终的节点荷载列向量为等效节点荷载列向量：

$$\boldsymbol{F}=\boldsymbol{F}_E$$

(1) 下面先计算等效节点荷载列向量 $\boldsymbol{F}_E$。由表 9-1 查得。

单元①：

$$\overline{M}_1^{①}=-\frac{ql^2}{12}=-\frac{20}{3}\text{ kN}\cdot\text{m};\overline{M}_2^{①}=\frac{ql^2}{12}=\frac{20}{3}\text{ kN}\cdot\text{m}$$

即：

$$\overline{\boldsymbol{F}}^{F①}=\left[-\frac{20}{3}\quad\frac{20}{3}\right]^T \tag{11-46(a)}$$

单元②：

$$\overline{M}_1^{②}=-\frac{ql^2}{12}=-\frac{20}{3}\text{ kN}\cdot\text{m};\overline{M}_2^{②}=\frac{ql^2}{12}=\frac{20}{3}\text{ kN}\cdot\text{m}$$

即：

$$\overline{\boldsymbol{F}}^{F②}=\left[-\frac{20}{3}\quad\frac{20}{3}\right]^T \tag{11-46(b)}$$

单元③：无非节点荷载作用。

即：

$$\overline{\boldsymbol{F}}^{F③}=0 \tag{11-46(c)}$$

将各单元整体坐标系下的固端力 $\boldsymbol{F}^{Fe}$ 反号，按单元定位向量的总码在 $\boldsymbol{F}_E$ 中定位并叠加可得：

$$\boldsymbol{F}=\boldsymbol{F}_E=\begin{bmatrix}-\frac{20}{3}+\frac{20}{3}\\-\frac{20}{3}+0\end{bmatrix}=\begin{bmatrix}0\\-\frac{20}{3}\end{bmatrix}$$

(2) 列出各单元的整体刚度矩阵，并将总码标在单元刚度矩阵的右方和上方可得：

单元①：

$$\begin{array}{c}\quad\quad\ \ 0\quad\ \ 1\\ \boldsymbol{k}^{①}=\begin{bmatrix}4i & 2i\\2i & 4i\end{bmatrix}\begin{array}{c}0\\1\end{array}\end{array}$$

单元②：

$$\boldsymbol{k}^{②}=\begin{array}{c}\begin{matrix}1 & 2\end{matrix}\\ \begin{bmatrix}4i & 2i\\ 2i & 4i\end{bmatrix}\end{array}\begin{matrix}\\1\\2\end{matrix}$$

单元③：

$$\boldsymbol{k}^{③}=\begin{array}{c}\begin{matrix}2 & 0\end{matrix}\\ \begin{bmatrix}4i & 2i\\ 2i & 4i\end{bmatrix}\end{array}\begin{matrix}\\2\\0\end{matrix}$$

(3) 集成结构刚度矩阵。将各单元刚度矩阵的元素，按总码“对号入座”，置于结构刚度矩阵。并将处于同一位置的元素求和，可得结构刚度矩阵：

$$\boldsymbol{K}=\begin{bmatrix}4i+4i & 2i\\ 2i & 4i+4i\end{bmatrix}=\begin{bmatrix}8i & 2i\\ 2i & 8i\end{bmatrix}$$

(4) 按式(11-27)的形式，可得结构刚度方程为：

$$\begin{bmatrix}8i & 2i\\ 2i & 8i\end{bmatrix}\begin{bmatrix}\Delta_1\\ \Delta 2\end{bmatrix}=\begin{bmatrix}0\\ -\dfrac{20}{3}\end{bmatrix}$$

(5) 解方程，求得未知节点位移为：

$$\boldsymbol{\Delta}=[\varphi_B\quad \varphi_C]^{\mathrm{T}}=\begin{bmatrix}\dfrac{0.222}{l} & -\dfrac{0.889}{i}\end{bmatrix}^{\mathrm{T}}$$

(6) 求各杆件单元的杆端弯矩。

根据式(11-43)可知，各单元的杆端弯矩 $\overline{\boldsymbol{M}}_z^e$ 由两部分组成，一部分是综合节点荷载作用下的杆端弯矩 $\overline{\boldsymbol{M}}^e$，一部分是非节点荷载作用下的杆端弯矩 $\overline{\boldsymbol{M}}^{Fe}$。

即：

$$\overline{\boldsymbol{M}}_z^e=\overline{\boldsymbol{M}}^e+\overline{\boldsymbol{M}}^{Fe}$$

单元①：

由表 11-1 查得，$\overline{\boldsymbol{M}}^{F①}=[-\dfrac{20}{3}\quad \dfrac{20}{3}]^{\mathrm{T}}$，

由变形连续条件得：$\boldsymbol{\delta}^{①}=[\varphi_A\quad \varphi_B]^{\mathrm{T}}=[0\quad \dfrac{0.222}{i}]^{\mathrm{T}}$，由于本例中整体坐标系和局部坐标系一致，因此，$\boldsymbol{\delta}^{①}=\bar{\boldsymbol{\delta}}^{①}$，$\boldsymbol{k}^{①}=\bar{\boldsymbol{k}}^{①}$，因此由式(11-45)可得，单元①的杆端弯矩表达式如下：

$$\begin{bmatrix}M_1^{①}\\ M_2^{①}\end{bmatrix}=\begin{bmatrix}4i & 2i\\ 2i & 4i\end{bmatrix}\begin{bmatrix}0\\ \dfrac{0.222}{i}\end{bmatrix}+\begin{bmatrix}-\dfrac{20}{3}\\ \dfrac{20}{3}\end{bmatrix}=\begin{bmatrix}-6.22\\ 7.56\end{bmatrix}$$

单元②：

由表 11-1 查得，$\overline{\boldsymbol{M}}^{F②}=[-\dfrac{20}{3}\quad \dfrac{20}{3}]^{\mathrm{T}}$，由变形连续条件得：$\boldsymbol{\delta}^{②}=[\varphi_B\quad \varphi_C]^{\mathrm{T}}=[\dfrac{0.222}{i}\quad -\dfrac{0.889}{i}]^{\mathrm{T}}$，由于本例中整体坐标系和局部坐标系一致，因此 $\boldsymbol{\delta}^{②}=\bar{\boldsymbol{\delta}}^{②}$，$\boldsymbol{k}^{②}=\bar{\boldsymbol{k}}^{②}$，因

此由式(11-45)可得，单元②的杆端弯矩表达式如下：

$$\begin{bmatrix} M_1^{②} \\ M_2^{②} \end{bmatrix} = \begin{bmatrix} 4i & 2i \\ 2i & 4i \end{bmatrix} \begin{bmatrix} \dfrac{0.222}{i} \\ -\dfrac{0.889}{i} \end{bmatrix} + \begin{bmatrix} -\dfrac{20}{3} \\ \dfrac{20}{3} \end{bmatrix} = \begin{bmatrix} -7.56 \\ 3.56 \end{bmatrix}$$

单元③：

由表 11-1 查得，$\overline{\boldsymbol{M}}^{F②} = [0 \quad 0]^T$，由变形连续条件得：$\boldsymbol{\delta}^{③} = [\varphi_C \quad \varphi_D]^T = \left[-\dfrac{0.899}{i} \quad 0\right]^T$，由于本例中整体坐标系和局部坐标系一致，因此 $\boldsymbol{\delta}^{③} = \overline{\boldsymbol{\delta}}^{③}$，$\boldsymbol{k}^{③} = \overline{\boldsymbol{k}}^{③}$，因此由式(11-45)可得，单元③的杆端弯矩表达式如下：

$$\begin{bmatrix} M_1^{③} \\ M_2^{③} \end{bmatrix} = \begin{bmatrix} 4i & 2i \\ 2i & 4i \end{bmatrix} \begin{bmatrix} -\dfrac{0.889}{i} \\ 0 \end{bmatrix} + \begin{bmatrix} 0 \\ 0 \end{bmatrix} = \begin{bmatrix} -3.56 \\ -1.78 \end{bmatrix}$$

例 11-4 试求图 11-13(a)所示刚架的内力(考虑轴向变形)。已知各杆材料及面积相同，$E=200$ GPa，$A=0.01$ m^2，$I=32\times10^{-5}$ m^4。

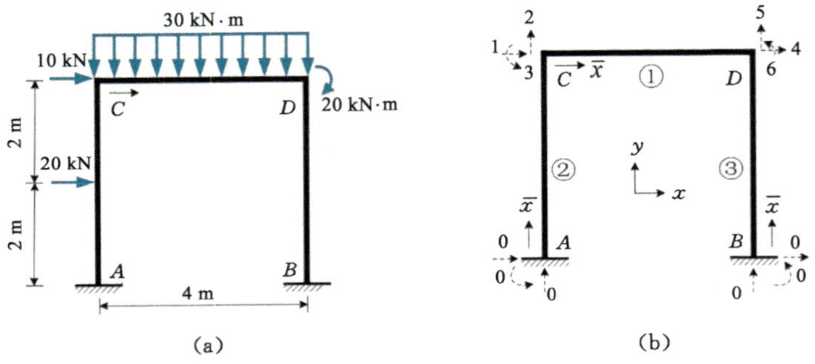

图 11-13 例 11-4 图

解：(1) 刚架划分为 3 个单元，对每个单元进行编号，并选定整体坐标系和单元局部坐标系，如图 11-13(b)所示。

(2) 建立节点位移列向量和节点荷载列向量。A、B 均为固定端支座，它们的位移分量为零(总码为 0)；未知节点位移为 C 节点的水平位移 u_C、竖向位移 v_C、转角 φ_C，D 节点的水平位移 u_D、竖向位移 v_D、转角 φ_D，总码为 1、2、3、4、5、6，如图 11-13(b)所示。

节点位移列向量为：

$$\boldsymbol{\Delta} = [\Delta_1 \quad \Delta_2 \quad \Delta_3 \quad \Delta_4 \quad \Delta_5 \quad \Delta_6]^T = [u_C \quad v_C \quad \varphi_C \quad u_D \quad v_D \quad \varphi_D]^T$$

相应的节点荷载列向量为：

$$\boldsymbol{F} = [F_1 \quad F_2 \quad F_3 \quad F_4 \quad F_5 \quad F_6]^T = [10 \quad 0 \quad 0 \quad 0 \quad 0 \quad -20]$$

各单元基本数据和单元定位向量见表 11-2。

(3) 整体坐标系与各单元局部坐标系的夹角见表 11-2，各单元 E、I、A、l 值均相同，按式(11-31)可计算整体坐标系下各单元刚度矩阵，在其右方和上方标出单元定位向量码。结果如下：

单元①：

$$
\begin{array}{c}
\begin{matrix} \quad 1 & \quad 2 & \quad 3 & \quad 4 & \quad 5 & \quad 6 \end{matrix} \\
\boldsymbol{k}^{①}=10^3\times\begin{bmatrix}
500 & 0 & 0 & -500 & 0 & 0 \\
0 & 12 & 24 & 0 & -12 & 24 \\
0 & 24 & 64 & 0 & -24 & 32 \\
-500 & 0 & 0 & 500 & 0 & 0 \\
0 & -12 & -24 & 0 & 12 & -24 \\
0 & 24 & 32 & 0 & -24 & 64
\end{bmatrix}\begin{matrix}1\\2\\3\\4\\5\\6\end{matrix}
\end{array}
$$

单元②和单元③：

$$
\begin{array}{c}
\begin{matrix} (0) & (0) & (0) & (4) & (5) & (6) \\ 0 & 0 & 0 & 1 & 2 & 3 \end{matrix} \\
\boldsymbol{k}^{②}=\boldsymbol{k}^{③}=10^3\times\begin{bmatrix}
12 & 0 & -24 & -12 & 0 & -24 \\
0 & 500 & 0 & 0 & -500 & 0 \\
-24 & 0 & 64 & 24 & 0 & 32 \\
-12 & 0 & 24 & 12 & 0 & 24 \\
0 & -500 & 0 & 0 & 500 & 0 \\
-24 & 0 & 32 & 0 & -24 & 64
\end{bmatrix}\begin{matrix}1 & (0)\\2 & (0)\\3 & (0)\\4 & (4)\\5 & (5)\\6 & (6)\end{matrix}
\end{array}
$$

式中，单元刚度矩阵右方和上方，不加括号的数字是单元②的定位向量总码，加括号的是单元③的定位向量总码。

(4) 集成结构刚度矩阵。将各单元刚度矩阵的元素，按总码“对号入座”，置于结构刚度矩阵。并将处于同一位置的元素求和，可得结构刚度矩阵：

$$
\boldsymbol{K}=10^3\times\begin{bmatrix}
512 & 0 & 24 & -500 & 0 & 0 \\
0 & 512 & 24 & 0 & -12 & 24 \\
24 & 24 & 128 & 0 & -24 & 32 \\
-500 & 0 & 0 & 512 & 0 & 24 \\
0 & -12 & -24 & 0 & 512 & -24 \\
0 & 24 & 32 & 24 & -34 & 128
\end{bmatrix}
$$

(5) 求节点荷载列向量。

本例非节点荷载及单元均与例 11-1 相同。由例 11-1 已求得等效节点荷载 $\boldsymbol{F}_E$ 为：

$$\boldsymbol{F}_E=[10 \quad -60 \quad -30 \quad 0 \quad -60 \quad 40]^{\mathrm{T}}$$

节点还有直接作用的荷载 $\boldsymbol{F}_D$ 为：

$$\boldsymbol{F}_D=[10 \quad 0 \quad 0 \quad 0 \quad 0 \quad -20]^{\mathrm{T}}$$

因此，综合节点荷载 $\boldsymbol{F}$ 为：

$$\boldsymbol{F}=\boldsymbol{F}_E+\boldsymbol{F}_D=[20 \quad -60 \quad -30 \quad 0 \quad -60 \quad -20]^{\mathrm{T}}$$

(6) 按式(11-27)的形式,可得结构刚度方程为:

$$10^3\times\begin{bmatrix}512 & 0 & 24 & -500 & 0 & 0\\ 0 & 512 & 24 & 0 & -12 & 24\\ 24 & 24 & 128 & 0 & -24 & 32\\ -500 & 0 & 0 & 512 & 0 & 24\\ 0 & -12 & -24 & 0 & 512 & -24\\ 0 & 24 & 32 & 24 & -34 & 128\end{bmatrix}\begin{bmatrix}u_C\\ v_C\\ \varphi_C\\ u_D\\ v_D\\ \varphi_D\end{bmatrix}=\begin{bmatrix}20\\ -60\\ -30\\ 0\\ -60\\ 20\end{bmatrix}$$

(7) 解方程,求得未知节点位移为:

$$\boldsymbol{\Delta}=[u_C\quad v_C\quad \varphi_C\quad u_D\quad v_D\quad \varphi_D]^{\mathrm{T}}$$
$$=10^{-6}\times[1\,314.0\quad -98.7\quad -496.8\quad 1\,282.0\quad -141.3\quad 32.1]^{\mathrm{T}}$$

(8) 求各单元最后的杆端力。

单元①(*CD* 杆):由表 11-2 中 $\cos\alpha_1=1,\sin\alpha_1=0$,代入式(11-32),可求出坐标转换矩阵 $\boldsymbol{T}$,由变形连续条件得

$$\boldsymbol{\delta}^{①}=[u_C\quad v_C\quad \varphi_C\quad u_D\quad v_D\quad \varphi_D]^{\mathrm{T}}$$

将 $\boldsymbol{T}$、$\boldsymbol{\delta}^{①}$、$\boldsymbol{k}^{①}$ 代入式(11-44),计算综合节点荷载引起的杆端力 $\overline{\boldsymbol{F}}^{①}$。

由表 11-1 查得非节点荷载引起的杆端内力为:

$$\overline{\boldsymbol{F}}^{\mathrm{F}①}=[0\quad 60\quad 40\quad 0\quad 60\quad -40]^{\mathrm{T}}$$

根据式(11-43)可得单元①最后的杆端内力为 $\overline{\boldsymbol{F}}_z=\overline{\boldsymbol{F}}^{\mathrm{F}①}+\overline{\boldsymbol{F}}^{①}$,如下:

$$\overline{\boldsymbol{F}}_z^{①}=\begin{bmatrix}0\\ 60\\ 40\\ 0\\ 60\\ -40\end{bmatrix}+\boldsymbol{T}\times10^3\begin{bmatrix}500 & 0 & 0 & -500 & 0 & 0\\ 0 & 12 & 24 & 0 & -12 & 24\\ 0 & 24 & 64 & 0 & -24 & 32\\ -500 & 0 & 0 & 500 & 0 & 0\\ 0 & -12 & -24 & 0 & 12 & -24\\ 0 & 24 & 32 & 0 & -24 & 64\end{bmatrix}\times10^{-6}\begin{bmatrix}1\,314.0\\ -98.7\\ -496.8\\ 1\,282.0\\ -141.3\\ 32.1\end{bmatrix}$$

$$=\begin{bmatrix}0\\ 60\\ 40\\ 0\\ 60\\ -40\end{bmatrix}+\begin{bmatrix}1 & 0 & 0 & & & \\ 0 & 1 & 0 & & \mathbf{0} & \\ 0 & 0 & 1 & & & \\ & & & 1 & 0 & 0\\ & \mathbf{0} & & 0 & 1 & 0\\ & & & 0 & 0 & 1\end{bmatrix}\begin{bmatrix}16\\ -10.6\\ -29.7\\ -16\\ 10.6\\ -12.8\end{bmatrix}=\begin{bmatrix}16\ \mathrm{kN}\\ 49.4\ \mathrm{kN}\\ 10.3\ \mathrm{kN\cdot m}\\ -16\ \mathrm{kN}\\ 70.6\ \mathrm{kN}\\ -52.8\ \mathrm{kN\cdot m}\end{bmatrix}$$

单元②(*AC* 杆):由表 11-2 中 $\cos\alpha_2=0,\sin\alpha_2=1$,代入式(11-32),可求出坐标转换矩阵 $\boldsymbol{T}$,由变形连续条件得:

$$\boldsymbol{\delta}^{②}=[0\quad 0\quad 0\quad u_C\quad v_C\quad \varphi_C]^{\mathrm{T}}$$

将 $\boldsymbol{T}$、$\boldsymbol{\delta}^{②}$、$\boldsymbol{k}^{②}$ 代入式(11-44),计算综合节点荷载引起的杆端力 $\overline{\boldsymbol{F}}^{②}$。

由表 11-1 查得非节点荷载引起的杆端内力为：

$$\overline{\boldsymbol{F}}^{F②}=[0\quad 10\quad 10\quad 0\quad 10\quad -10]^{T}$$

根据式(11-43)可得单元②最后的杆端内力为 $\overline{\boldsymbol{F}}_z=\overline{\boldsymbol{F}}^{F②}+\overline{\boldsymbol{F}}^{②}$，如下：

$$\overline{\boldsymbol{F}}_z^{①}=\begin{bmatrix}0\\10\\10\\0\\10\\-10\end{bmatrix}+\boldsymbol{T}\times10^{3}\begin{bmatrix}12&0&-24&-12&0&-24\\0&500&0&0&-500&0\\-24&0&64&24&0&32\\-12&0&24&12&0&24\\0&-500&0&0&500&0\\-24&0&32&24&0&64\end{bmatrix}\times10^{-6}\begin{bmatrix}0.0\\0.0\\0.0\\1\ 314.0\\-98.7\\-496.8\end{bmatrix}$$

$$=\begin{bmatrix}0\\10\\10\\0\\10\\-10\end{bmatrix}+\begin{bmatrix}0&1&0&&&\\-1&0&0&&\boldsymbol{0}&\\0&0&1&&&\\&&&1&0&0\\&\boldsymbol{0}&&-1&0&0\\&&&0&0&1\end{bmatrix}\begin{bmatrix}-3.8\\49.4\\15.6\\3.8\\-49.4\\-0.3\end{bmatrix}=\begin{bmatrix}49.4\text{ kN}\\13.8\text{ kN}\\25.6\text{ kN}\cdot\text{m}\\-49.4\text{ kN}\\6.2\text{ kN}\\-10.3\text{ kN}\cdot\text{m}\end{bmatrix}$$

单元③(BD 杆)：由表 11-2 中 $\cos\alpha_3=0$，$\sin\alpha_3=1$，代入式(11-32)，可求出坐标转换矩阵 $\boldsymbol{T}$，由变形连续条件：

$$\boldsymbol{\delta}^{③}=[0\quad 0\quad 0\quad u_D\quad v_D\quad \varphi_D]^{T}$$

将 $\boldsymbol{T}$、$\boldsymbol{\delta}^{③}$、$\boldsymbol{k}^{③}$ 代入式(11-44)计算综合节点荷载引起的杆端力 $\overline{\boldsymbol{F}}^{③}$。

由于单元③上没有非节点荷载作用，其非节点荷载引起的杆端内力 $\overline{\boldsymbol{F}}^{F③}$ 为零，因此，根据式(11-43)可得单元③最后的杆端内力为 $\overline{\boldsymbol{F}}_z=\overline{\boldsymbol{F}}^{③}$，如下：

$$\overline{\boldsymbol{F}}_z^{③}=\begin{bmatrix}0\\0\\0\\0\\10\\-10\end{bmatrix}+\boldsymbol{T}\times10^{3}\begin{bmatrix}12&0&-24&-12&0&-24\\0&500&0&0&-500&0\\-24&0&64&24&0&32\\-12&0&24&12&0&24\\0&-500&0&0&500&0\\-24&0&32&24&0&64\end{bmatrix}\times10^{-6}\begin{bmatrix}0.0\\0.0\\0.0\\1\ 282.0\\-141.3\\32.1\end{bmatrix}$$

$$=\begin{bmatrix}0\\0\\0\\0\\0\\0\end{bmatrix}+\begin{bmatrix}0&1&0&&&\\-1&0&0&&\boldsymbol{0}&\\0&0&1&&&\\&&&1&0&0\\&\boldsymbol{0}&&-1&0&0\\&&&0&0&1\end{bmatrix}\begin{bmatrix}-16.2\\70.7\\31.8\\16.2\\-70.7\\32.8\end{bmatrix}=\begin{bmatrix}70.7\text{ kN}\\16.2\text{ kN}\\31.8\text{ kN}\cdot\text{m}\\-70.7\text{ kN}\\-16.2\text{ kN}\\32.8\text{ kN}\cdot\text{m}\end{bmatrix}$$

根据杆端内力及各单元上的荷载作用，采用叠加原理，可绘制出弯矩图、剪力图和轴力图，如图 11-14 所示。

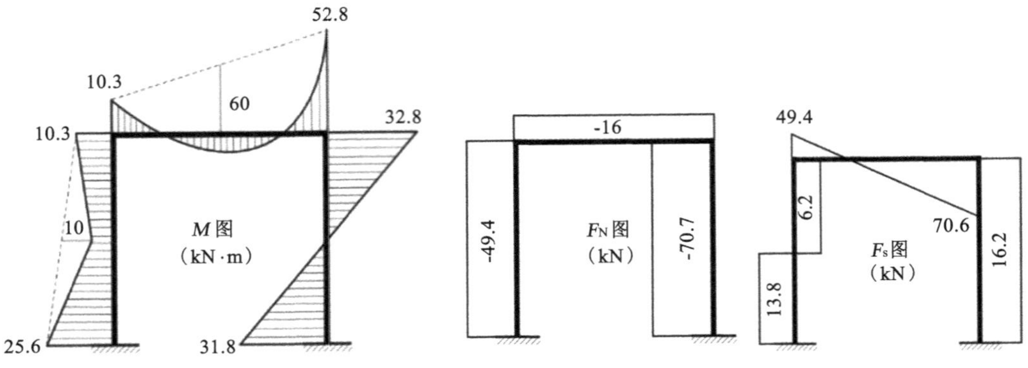

(a) 弯矩图 (b) 轴力图 (c) 剪力图

图 11-14 刚架受力图

本章小结

矩阵位移法的理论基础是位移法，矩阵位移法解决问题的基本流程包括单元分析、整体分析、荷载分析、方程求解、杆端内力计算等环节，需要掌握好每一步的计算方法和步骤。

(1) 单元分析：单元分析是矩阵位移法的基础。这一部分学习除要熟悉各种杆单元的刚度矩阵外，还需要掌握单元刚度矩阵从局部坐标系到整体坐标系的变换。经过坐标变换后的单元刚度矩阵是随后进行的整体分析所必需的基本元件。

(2) 整体分析：整体分析是矩阵位移法的核心内容，其目的在于用各单元刚度矩阵集成结构的整体刚度矩阵。整体分析的关键是建立单元节点局部和整体编码间的匹配关系，并以此为依据“组装”整体刚度矩阵。

(3) 为了获得结构刚度方程的荷载向量，荷载分析是必不可少的。这一部分要注意非节点荷载的处理方法，形成等效节点荷载。

(4) 杆端内力计算：杆端内力包括非节点荷载引起的杆端内力和综合节点引起的杆端内力。

思考与练习

11-1 请简要说明矩阵位移法与位移法和力矩分配法之间的区别和联系。

11-2 矩阵位移法的基本思路和步骤是什么？

11-3 单元刚度矩阵和整体刚度矩阵中各元素的物理意义是什么？

11-4 为何进行坐标变换？如何进行坐标变换？

11-5 非节点荷载如何处理？为什么要进行处理？

11-6 试求题 11-6 图中连续梁的结构刚度矩阵。

11-7 试求题 11-7 图中刚架的结构刚度矩阵。已知各杆材料和截面相同，其中 $E=2.1\times10^4\ \text{kN/cm}^2$，$I=6\ 400\ \text{cm}^4$，$A=20\ \text{cm}^2$。

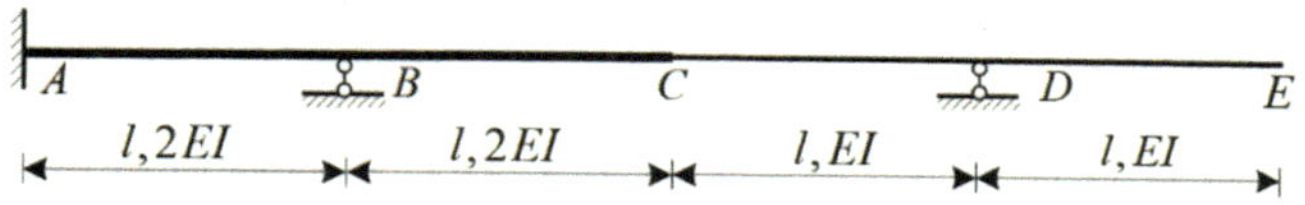

题 11-6 图

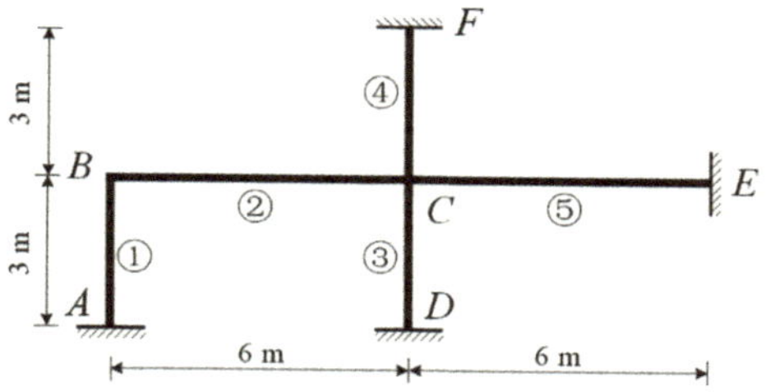

题 11-7 图

11-8　试用矩阵位移法计算题 11-8 图中连续梁的杆端内力，画出弯矩图。

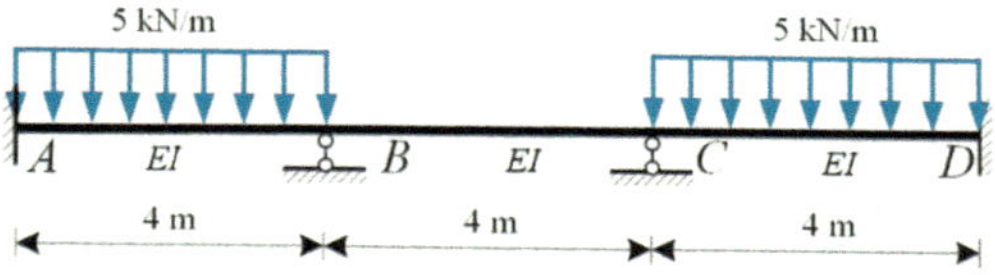

题 11-8 图

11-9　试用矩阵位移法计算题 11-9 图中桁架各杆的轴力。已知 EA 为常数。

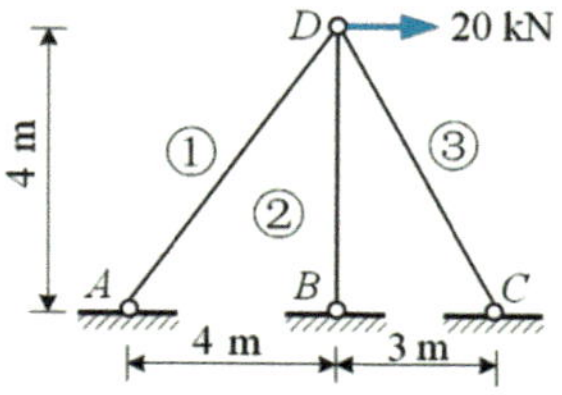

题 11-9 图

11-10　试用矩阵位移法计算题 11-10 图中桁架各杆的轴力。已知 EA 为常数。

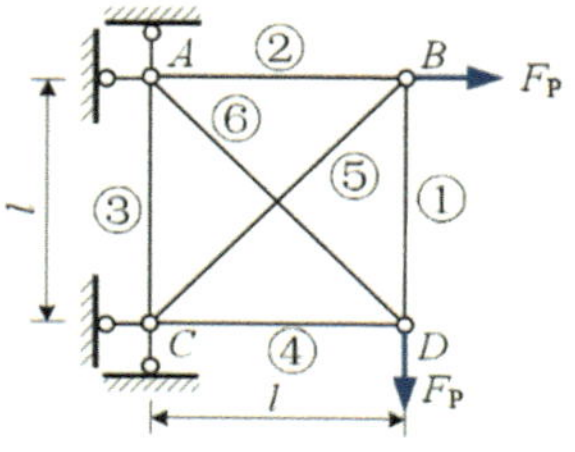

题 11-10 图

11-11 试用矩阵位移法求题 11-11 图中刚架的杆端弯矩，忽略轴向变形。各杆材料与截面尺寸相同，已知 $EI=125\times10^4\ \mathrm{kN\cdot m^2}$。

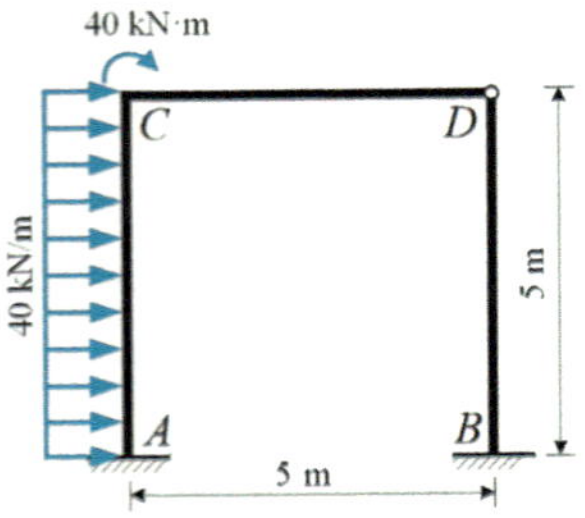

题 11-11 图

11-12 试用矩阵位移法计算题 11-12 图中刚架的各杆杆端弯矩，并作出 M 图（不考虑轴向变形）。EI 为常数。

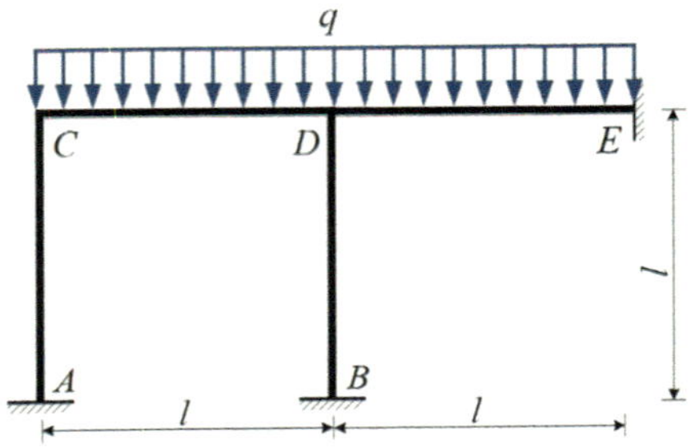

题 11-12 图

参考答案

11-1～11-5 略

11-6 $$\boldsymbol{K}=\frac{EI}{l}\begin{bmatrix} 16 & -\frac{12}{l} & 4 & 0 & 0 & 0 \\ -\frac{12}{l} & \frac{36}{l^2} & -\frac{6}{l} & \frac{6}{l} & 0 & 0 \\ 4 & -\frac{6}{l} & 12 & 2 & 0 & 0 \\ 0 & \frac{6}{l} & 2 & 8 & -\frac{6}{l} & 2 \\ 0 & 0 & 0 & -\frac{6}{l} & \frac{12}{l} & -\frac{6}{l} \\ 0 & 0 & 0 & 2 & -\frac{6}{l} & 4 \end{bmatrix}$$

11-7　$$\boldsymbol{K}=\begin{bmatrix} 75\,973 & 0 & 8\,960 & -70\,000 & 0 & 0 \\ 0 & 140\,747 & 2\,240 & 0 & -747 & 2\,240 \\ 8\,960 & 2\,240 & 26\,880 & 0 & -2\,240 & 4\,480 \\ -70\,000 & 0 & 0 & 151\,946 & 0 & 0 \\ 0 & -747 & -2\,240 & 0 & 281\,494 & 0 \\ 0 & 2\,240 & 4\,480 & 0 & 0 & 53\,760 \end{bmatrix}$$

11-8　$M_{AB}=8.89\ \text{kN}\cdot\text{m}, M_{BA}=-2.22\ \text{kN}\cdot\text{m}, M_{BC}=2.22\ \text{kN}\cdot\text{m}$,
$M_{CB}=-2.22\ \text{kN}\cdot\text{m}, M_{CD}=2.22\ \text{kN}\cdot\text{m}, M_{DC}=-8.89\ \text{kN}\cdot\text{m}$

11-9　$F_{\text{N}}^{①}=15.85\ \text{kN}, F_{\text{N}}^{②}=0.509\ \text{kN}, F_{\text{N}}^{③}=-14.65\ \text{kN}$

11-10　按照单元顺序

$\boldsymbol{F}_{\text{N}}^{e}=(0.327F_P \quad 1.327F_P \quad 0 \quad -0.673F_P \quad -0.462F_P \quad 0.952F_P)$

11-11　$M_{AC}=32.82\ \text{kN}\cdot\text{m}, M_{CA}=-6.31\ \text{kN}\cdot\text{m}, M_{CD}=-33.70\ \text{kN}\cdot\text{m}$
$M_{DC}=0\ \text{kN}\cdot\text{m}, M_{BD}=23.47\ \text{kN}\cdot\text{m}, M_{DB}=0\ \text{kN}\cdot\text{m}$

11-12　$M_{CD}=\dfrac{3}{80}ql^2, M_{DC}=-\dfrac{1}{10}ql^2, M_{DE}=\dfrac{11}{120}ql^2$,

$M_{ED}=-\dfrac{19}{240}ql^2, M_{DB}=\dfrac{1}{120}ql^2, M_{BD}=\dfrac{1}{240}ql^2$

第 12 章　结构动力学基础

【本章要点】

结构振动的基本概念和自由度；

单自由度结构的自由振动，在简谐荷载和任意荷载作用下的受迫振动；

多自由度结构的自由振动，在简谐荷载的受迫振动；

计算频率的近似法。

【问题导入】

2008 年 5 月 12 日 14 时 28 分 04 秒，我国四川省汶川县发生里氏 8.0 级地震，史称“5·12 汶川大地震”，汶川大地震是中华人民共和国成立以来破坏性最强、波及范围最广、灾害损失最重、救灾难度最大的一次地震。经中华人民共和国国务院批准，自 2009 年起，每年 5 月 12 日为全国防灾减灾日。

地震对结构造成的破坏本质上是动力荷载(振动)对结构产生的影响。在动力荷载的作用下，结构的内力、变形、位移等会产生哪些响应？与结构在静力荷载作用下响应是否相同？如何分析结构在动力荷载作用下的响应特征？本章将简单介绍结构动力学的相关问题和方法，为后续复杂的结构工程动力学学习和研究奠定基础。

12.1　概述

前面章节讨论的均是结构在静力荷载作用下的计算，下面我们介绍动力荷载对结构的影响。静力荷载是指施力过程比较缓慢，不会对结构产生显著的加速度(不需要考虑惯性力)，在计算时可以忽略惯性力影响的荷载。静力荷载作用下的结构处于平衡状态，荷载的三要素(大小、方向和作用点)及由静力荷载引起的结构的内力、位移等量值不会随时间发生变化。动荷载是其三要素(大小、方向和作用点)随时间变化的荷载，在动力荷载作用下的结构将发生振动并产生加速度(需要考虑惯性力)，结构的内力、位移等量值会随时间发生变化。因而其计算与静力荷载作用下有所不同，二者的主要差别就在于是否考虑惯性力的影响。

实际工程中，除了结构自重及一些永久荷载外，绝大多数荷载都是随时间变化的，这些荷载或多或少地具有一定的动力作用。对于静力荷载作用，为了简化计算，可看作静力荷载。而对结构产生的影响与静力荷载相比相差甚远的荷载，例如建筑上的飓风荷载、高速通过桥梁的列车、地震对建筑物的激振等，惯性力的影响不可忽略，应按动力荷载考虑。

动力荷载按其随时间变化的规律，主要可分为三大类：

(1) 周期荷载。这是指随时间按一定规律变化的周期性荷载，如按正弦(或余弦)规律改变大小则称为简谐周期荷载(图 12-1)。例如具有旋转部件的机器在等速运转时其偏心质量产生的离心力对结构的影响。

(2) 冲击、突加荷载。冲击荷载是指在很短的时间内骤然增大或减小的荷载。例如爆炸对建筑物的冲击以及落锤、打桩机工作时产生的冲击等都是冲击荷载的例子。突加荷载是指在一瞬间施加并停留在结构上的荷载，例如往粮仓卸落的粮袋就是作用于粮仓地板的突加荷载。

(3) 随机荷载。凡是无法表达为确定的时间函数的荷载称为随机荷载。这种荷载的变化极不规则，在任一时刻的数值无法预测，其变化规律不能用确定的函数关系来表达，只能用概率的方法寻求其统计规律。例如脉动风压(图 12-2)和地震作用(图 12-3)均属于随机荷载。

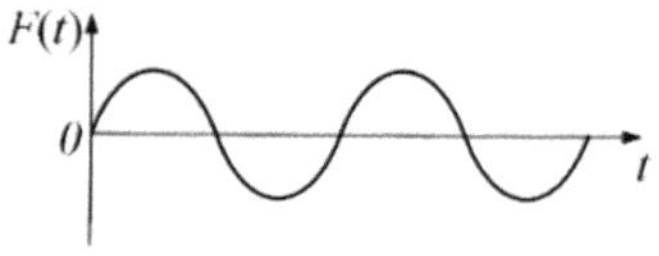

图 12-1 周期荷载

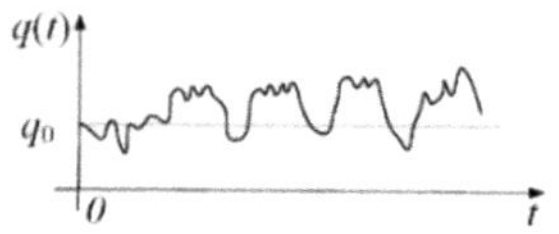

图 12-2 脉动风压

图 12-3 地震作用

如果结构受到外部因素扰动发生振动，而在以后的振动过程中不再受外部激振力作用，这种振动就称为自由振动；若在振动过程中还不断受到外部激振力作用，则称为受迫振动。结构动力计算的最终目的在于确定动力荷载作用下结构的内力、位移等量值随时间而变化的规律，从而找出其最大值以作为设计或检算的依据。因此，研究振动就成为动力计算的一项根本任务。

结构的动力反应不仅与动力荷载的变化规律有关，而且与结构本身的动力特性密切相关。例如，用锤击打木梁和钢梁，它们的振动频率、周期就不同。结构的自振频率、振型和阻尼等是反映结构本身动力特性的指标，需要通过研究结构的自由振动来得到。因此，结构动力计算，需要分析结构的自由振动和受迫振动两种情况，前者计算结构本身的动力特性，后者进一步计算结构的动力反应。本章将首先讨论结构的自由振动，然后讨论结构的受迫振动。

12.2　结构振动的自由度

由牛顿第二定律，可知惯性力大小等于质量与加速度的乘积，方向与加速度的方向相反。在动力计算中，为了考虑惯性力的影响，就需要确定结构的质量在运动中的位置。把结构在振动过程中确定其全部质量位置所需要的独立参变数的数目，称为该结构振动的自由度。严格来讲，工程中的结构，其质量是连续分布的，都是无限自由度体系。但是在实际计算中如果这样考虑，不仅增加计算难度，而且为求解增添了困难。为简化计算，通常略去次要因素，将分布质量集中为有限个质点，这就将无限自由度体系转化为有限自由度的问题。

如图 12-4(a)所示简支梁在跨中安装一台质量较大的机器 W,如果梁的自重较小而可略去,并把机器简化为一个集中质点,则得到图 12-4(b)所示的计算简图。如果不考虑质点 m 的转动和梁轴向的伸缩,则确定质点 m 的位置只要用一个参数 y。确定结构在弹性变形过程中全部质点的位置所需的独立参数的数目,称为该结构振动的自由度。因此,图 12-4(a)所示的梁在振动中只具有一个自由度。具有一个自由度的结构称为单自由度结构,自由度大于 1 的结构则称为多自由度结构。结构振动的自由度的数目,在结构动力学中具有很重要的意义。

将实际结构简化为有限个自由度体系的方法主要有集中质量法、广义坐标法和有限元法,其中较常用的是集中质量法。该方法是把体系中的分布质量在一些适当的位置集中起来,化为若干个质点。其中,质量集中的位置一般选择在集中后质点振动位移较大的地方。对均质等截面直杆,可先将杆件划分为若干段,再将各段质量集中到两端,一般集中质量的数目越多,所得结果越精确,但计算量也越大。如图 12-5(a)所示刚架,可将梁和柱的轴向变形略去不计,将质量分别集中在各自杆件的两端(即节点处)成为 2 个质点,若只考虑结构在水平力作用下的横向振动时,可简化为图 12-5(b)所示两个自由度体系。又如图 12-6(a)所示简支梁,分布质量集度为 $\overline{m}$。当计算需要将梁简化为一个、两个自由度体系时,集中质量方案则如图 12-6(b)、图 12-6(c)所示;当计算需要考虑连续分布质量时,可将其看作无穷多个大小为 $\overline{m}dx$ 的集中质量[图 12-6(d)],此时梁是无限自由度体系。

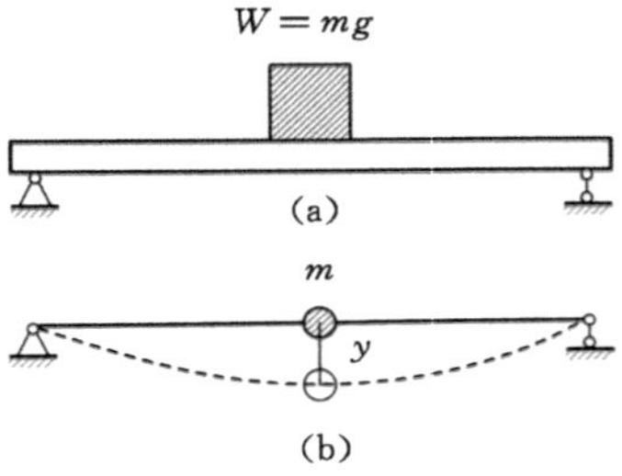

图 12-4 单自由度简支梁及计算简图

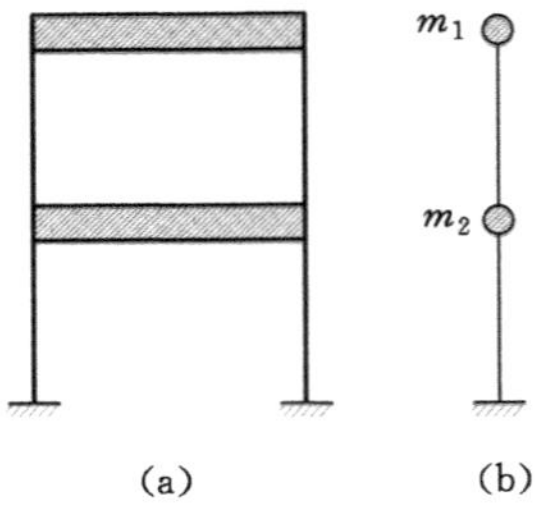

图 12-5 2 自由度刚架及计算简图

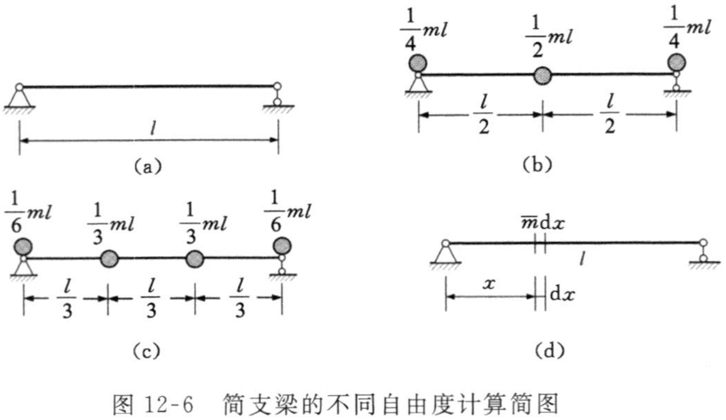

图 12-6 简支梁的不同自由度计算简图

在确定结构振动的自由度时,有几点需要注意:① 体系振动的自由度与集中质量的个数(质点数)并不相等,它应根据确定质点位置所需要的独立参变数的数目判定。例如图

12-7(a)所示结构有三个质点，在绝对刚性的杆件上振动时，只要一个独立的参数(转角 α)便能确定各质点的位置，因此自由度为 1。又如图 12-7(b)所示简支梁，其上附有三个集中质量，如果梁自身的质量可以忽略不计，在不考虑梁的轴向变形和质点的转动，则其自由度为 3，因为虽然梁的变形曲线有很多种形式，但其上三个质点的位置却只需由挠度 y_1、y_2、y_3 就可确定。② 体系自由度数与精度有关。如图 12-6 中，简化为两个自由度比一个自由度时，计算量要大，不过得到的结果精度也更高。③ 体系的自由度与结构是静定或超静定无关。

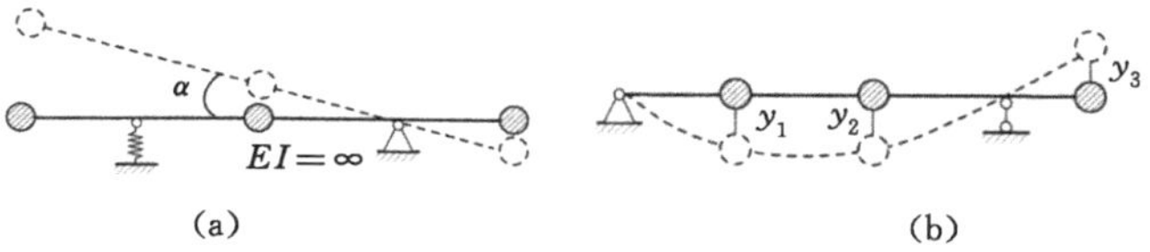

图 12-7　结构自由度简化示例

12.3　单自由度结构的自由振动

实际的动力问题很多可简化为单自由度体系进行近似计算，另外，单自由度体系的动力分析是多自由度体系动力分析的基础，因此单自由度体系在结构动力计算中占有重要的地位。单自由度体系在振动过程中按是否受外部干扰力作用，分为自由振动和受迫振动。本节将主要讨论单自由度体系的自由振动，确定频率、周期、阻尼比。

12.3.1　不考虑阻尼的自由振动

12.3.1.1　自由振动微分方程的建立

图 12-8(a)所示的两端固定约束的超静定梁，由于是对称结构，可以简化为图 12-8(b)所示的悬臂梁在自由端有一集中质量 m 的情况，梁本身的质量与 m 相比可以忽略不计，该体系只有一个自由度。当未受外界干扰时，在质点 m 重力的作用下梁将处于图 12-8(b)图中间虚线的位置，该位置为静力平衡的位置。当质点 m 在外界干扰的情况下，将离开静力平衡位置，干扰消失后，由于悬臂梁的弹性作用，质量 m 将在竖直方向上产生自由振动，在任一时刻 t，质点 m 的竖向位移为 $y(t)$，这里规定位移 y 和质点所受的力均以向下为正。当不考虑阻尼时，原体系可采用 12-8(c)图所示的弹簧模型来表示。若用 k 和 δ 分别表示弹簧的刚度系数和柔度系数，则有：

$$k=1/\delta$$

欲得到不考虑阻尼的自由振动的位移及其他各种物理量随时间变化的规律，需建立不考虑阻尼的自由振动的运动微分方程，然后对其求解。建立体系的运动微分方程可以根据达朗贝尔原理，将动力问题转化为静力问题(即动静法)，具体有两种方法：一种是从力系平衡角度列动力平衡方程，称为刚度法；另一种是将惯性力当作静力荷载，从位移协调的角度列位移方程。以下分别说明。

(1) 刚度法

质点 m 在振动的任一时刻位移为 y，取该质点为隔离体，如图 12-8(d)所示，此时作用在质点上的力有两个，分别是：

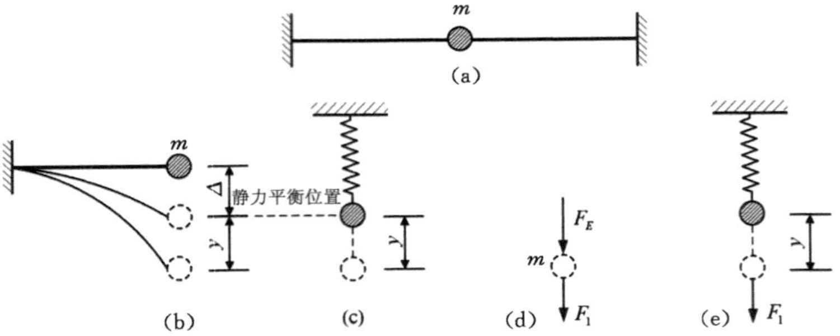

图 12-8　两端固定约束超静定梁的振动模型

① 弹簧弹力 $F_E = -ky$。负号表示弹簧弹力的方向恒与位移 y 的方向相反。

② 惯性力 $F_I = -m\ddot{y}$。方向总是与加速度 $\ddot{y} = \dfrac{d^2y}{dt^2}$ 的方向相反。

根据达朗贝尔原理，质点在惯性力 F_I，与弹簧的恢复力 F_E 作用下将维持动力平衡，故质点 m 的平衡方程为：

$$F_I = F_E$$

将 F_I 和 F_E 的具体表达式代入即得：

$$m\ddot{y} + ky = 0 \tag{12-1}$$

(2) 柔度法

把惯性力 $F_I = -m\ddot{y}$ 看作是一个静力荷载作用在体系的质点上，如图 12-8(e)所示，质点 m 产生的位移 y 可以表示为：

$$y = F_I\delta = -m\ddot{y}\delta$$

即：

$$m\ddot{y} + ky = 0$$

可以看出柔度法与刚度法的建立的振动的微分方程是相同的。

12.3.1.2　自由振动微分方程的解

若令 $\omega = \sqrt{\dfrac{k}{m}}$，则式(12-1)可改写为：

$$\ddot{y} + \omega^2 y = 0 \qquad [12\text{-}2(a)]$$

该式是自由振动的微分方程，其通解为：

$$y(t) = C_1\cos\omega t + C_2\sin\omega t \qquad [12\text{-}2(b)]$$

其中系数 C_1 和 C_2 为积分常数，可由初始条件确定。设在初始时刻 $t=0$ 时，质点 m 的初始位移为 y_0，初始速度为 v_0，则有：

$$y(0) = y_0, v(0) = \dot{y}(0) = v_0 \qquad [12\text{-}2(c)]$$

由式[12-2(b)]和式[12-2(c)]可得积分常数 C_1 和 C_2 为：

$$C_1 = y_0, C_2 = \frac{v_0}{\omega}$$

于是可得到自由振动微分方程的解为：

$$y = y_0 \cos \omega t + \frac{v_0}{\omega} \sin \omega t \tag{12-3}$$

由式(12-3)可以看出，自由振动时质点的位移主要由两部分组成：一部分是由初始位移 y_0 引起的，以 y_0 为振幅按余弦规律振动，如图 12-9(a)所示；另一部分是由初始速度 v_0 引起的，以$\frac{v_0}{\omega}$为振幅按照正弦规律振动，如图 12-9(b)所示。两部分振动之间的相位差为$\frac{\pi}{2}$。

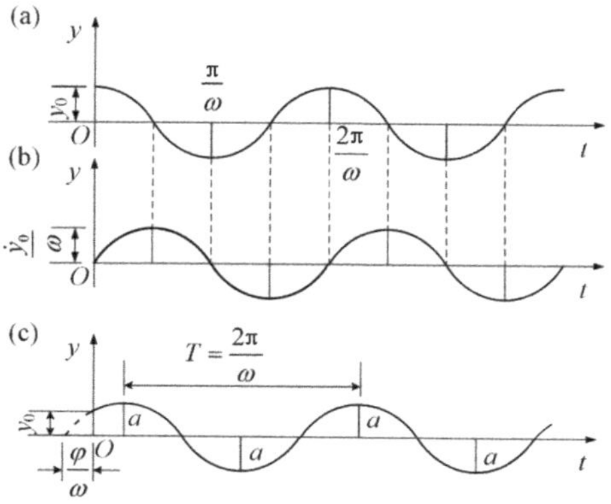

图 12-9　自由振动质点的位移规律

利用三角函数公式，式(12-3)可改写为：

$$y(t) = A \sin(\omega t + \varphi) \tag{12-4}$$

式中 $A = \sqrt{y_0^2 + \left(\frac{v_0}{\omega}\right)^2}$，称为振幅，$\varphi = \tan^{-1}\frac{y_0 \omega}{v_0}$，称为初始相位角。通过式(12-4)可以看出无阻尼自由振动如图 12-9(c)所示，是一种周期性的简谐振动。对式(12-4)位移 $y(t)$ 二次求导可得加速度 $a(t)$为：

$$a(t) = -A\omega^2 \sin(\omega t + \varphi)$$

由此可知惯性力为：

$$F_I(t) = -ma(t) = mA\omega^2 \sin(\omega t + \varphi) = ky(t)$$

综上所述，可以看出在无阻尼自由振动中，位移 $y(t)$、加速度 $a(t)$和惯性力 $F_1(t)$都是按照正弦规律变化，并且是统一相位角的同步调运动，即它们同时达到最大值(即幅值)，体系在任意瞬时的位移等于惯性力产生的静力位移。

12.3.1.3　自由振动的周期和频率

式(12-4)中位移 $y(t)$满足周期运动的条件：

$$y(t + T) = y(t)$$

因此 T 称为自由振动的自振周期，常用单位是 s，质点 m 完成一个周期的简谐运动所需的时间为：

$$T = \frac{2\pi}{\omega} \tag{12-5}$$

自振周期的倒数称为工程频率，用 f 表示，即：

$$f=\frac{1}{T}=\frac{\omega}{2\pi} \tag{12-6}$$

它表示单位时间内振动的次数，常用单位是 Hz 或 s^{-1}。

由式(12-6)可得圆频率 ω（习惯称为频率）为：

$$\omega=2\pi f=\frac{2\pi}{T} \tag{12-7}$$

由前面的假设 $\omega=\sqrt{\frac{k}{m}}$，可得：

$$\omega=\sqrt{\frac{k}{m}}=\sqrt{\frac{1}{m\delta}}=\sqrt{\frac{g}{W\delta}}=\sqrt{\frac{g}{\Delta_{st}}} \tag{12-8}$$

式中 $W=mg$ 为质点的重力，Δ_{st} 为质点 W 作用下沿质点运动方向产生的静位移。

自振周期和自振频率是结构动力特性的重要参数，通过上面的分析可以看出它们有一些重要的性质：

(1) T 和 ω 仅取决于体系本身的质量和刚度，是体系本身所固有的属性，与外界的干扰因素无关，因此可以通过研究体系的自由振动来获得。

(2) 随着体系刚度的增大或者质量的减小，频率 ω 在增大而周期在减小。根据这个规律，在结构设计时利用这一特点控制自振频率（或周期），可以达到减振的目的。

例 12-1 图 12-10 所示三种支承情况的梁，跨度均为 l，且 EI 均相等，在中点有一集中质量 m。当不考虑梁的自重时，试比较这三种梁的自振频率。

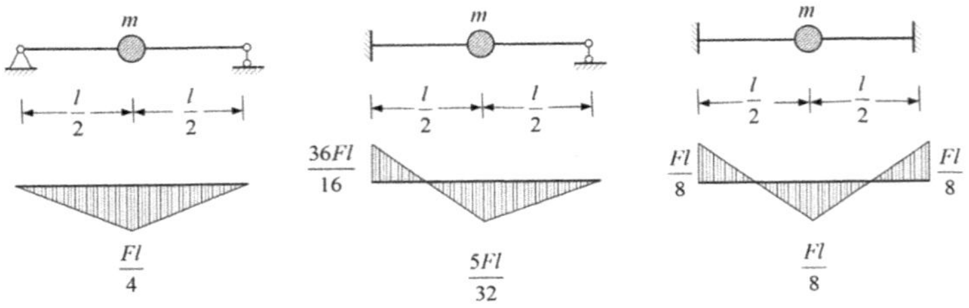

图 12-10 例 12-1 图

解：由式(12-6)可知，在计算单自由度结构的自振频率时，先求出该结构在质量 $F=mg$ 作用下的静力位移。根据以前学过的位移计算的方法，可求出这三种情况相应的静力位移分别为：

$$\Delta_1=\frac{Fl^3}{48EI},\Delta_2=\frac{7Fl^3}{768EI},\Delta_3=\frac{Fl^3}{192EI}$$

代入式(12-6)即可求得三种梁的自振频率分别为：

$$\omega_1=\sqrt{\frac{48EI}{ml^3}},\omega_2=\sqrt{\frac{768EI}{7ml^3}},\omega_3=\sqrt{\frac{192EI}{ml^3}}$$

由此可得：

$$\omega_1:\omega_2:\omega_3=1:1.51:2$$

通过计算结果可以看出：随着结构刚度的加大，其自振频率也相应增高。

12.3.2　考虑阻尼的自由振动

以上讨论的是体系在没有阻力时的自由振动，其振动将按照简谐振动的形式一直进行。但是实际结构的振动总是存在着各种阻力，不断地耗散体系的能量，最终使运动趋于停止，这种物理现象称为阻尼作用。振动中的阻尼作用有多种来源，例如振动过程中材料之间的内摩擦力、结构与支承物之间的摩擦力、周围介质的阻力等。阻力按照产生的源头可分为两种：一种是外部介质的阻力，例如空气和液体的阻力、支承的摩擦等；另一种则来源于物体内部的作用，例如结构组成材料分子之间的摩擦和黏性力等，这些力统称为阻尼力。

由于准确估计阻尼的作用比较困难，对此，人们提出过许多不同的力学模型，通常是采用福格第假定，即近似认为振动中物体所受的阻尼力与其振动速度成正比，即

$$F_D = -cv$$

式中，c 为阻尼系数，负号表示阻尼力 F_D 的方向恒与速度 v 的方向相反。当考虑阻尼力时，质点 m 上所受的力如图 12-11 所示，考虑其动力平衡，有：

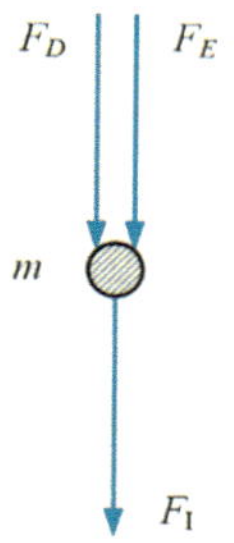

图 12-11　考虑阻尼的自由振动受力图

$$F_I + F_D + F_E = 0$$

将前面 F_I 和 F_E 的表达式代入，即可得：

$$ma + cv + ky = 0 \tag{12-9}$$

这里仍然令：

$$\omega^2 = \frac{k}{m}$$

再令：

$$2\delta = \frac{c}{m} \tag{12-10}$$

则有：

$$a + 2\delta v + \omega^2 y = 0 \tag{12-11}$$

该式是一个二阶线性常系数齐次微分方程，设其解的形式为：

$$y = Ce^{rt}$$

代入式(12-11)，可得确定 r 的特征方程：

$$r^2 + 2\delta r + \omega^2 = 0$$

该方程的两个根为：

$$r_{1,2} = -\delta \pm \sqrt{\delta^2 - \omega^2}$$

根据阻尼大小的不同有以下三种情况。

(1) $\delta < \omega$，即小阻尼情况

此时特征根 r_1、r_2 是两个复数，式(12-11)的通解为：

$$\begin{aligned} y &= \mathrm{e}^{-\delta t}\left(B_1 \cos\sqrt{\omega^2 - \delta^2}\, t + B_0 \sin\sqrt{\omega^2 - \delta^2}\, t\right) \\ &= \mathrm{e}^{-\delta t}\left(B_1 \cos \omega' t + B_2 \sin \omega' t\right) \end{aligned} \tag{12-12}$$

其中：

$$\omega' = \sqrt{\omega^2 - \delta^2} \tag{12-13}$$

ω'称为有阻尼自振频率。常数 B_1、B_2 可由初始条件确定：将 $t=0$ 时，$y(0)=y_0$ 和 $\dot{y}(0)=v_0=\dot{y}(0)$代入式(12-12)可得：

$$B_1=y_0, B_2=\frac{v_0+\delta y_0}{\omega'}$$

故有：

$$y=e^{-\delta t}\left(y_0\cos\omega' t+\frac{v_0+\delta y_0}{\omega'}\sin\omega' t\right) \tag{12-14}$$

上式也可改写：

$$y=Ae^{-\delta t}\sin(\omega' t+\varphi') \tag{12-15}$$

其中：

$$A=\sqrt{y_0^2+\left(\frac{v_0+\delta y_0}{\omega'}\right)^2} \tag{12-16}$$

$$\tan\varphi'=\frac{\omega' y_0}{v_0+\delta y_0} \tag{12-17}$$

式(12-15)的位移-时间曲线如图 12-12 所示，即为衰减的正弦曲线，从曲线可以看出其振幅按 $e^{-\delta t}$ 的规律减小。

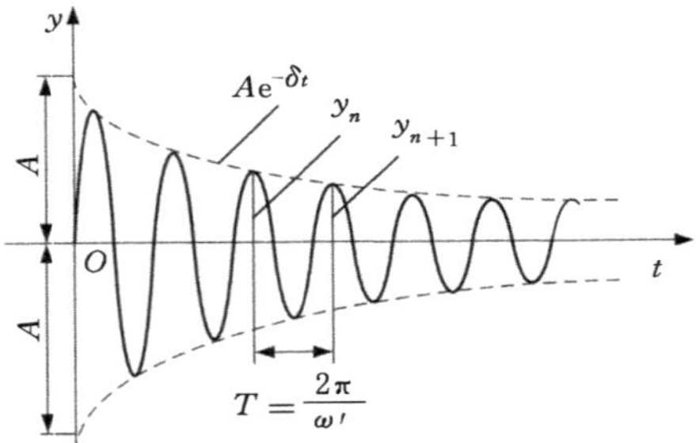

图 12-12　小阻尼自由振动位移—时间曲线

在工程中还经常采用阻尼比：

$$\xi=\frac{\delta}{\omega} \tag{12-18}$$

作为阻尼的基本参数。将式(12-18)代入式(12-13)可得：

$$\omega'=\omega\sqrt{1-\xi^2} \tag{12-19}$$

可见 ω'随阻尼的增大而减小。在一般建筑结构中 ξ 是一个很小的数(约 0.02～0.15)，因此有阻尼自振频率 ω'与无阻尼自振频率 ω 很接近，可做近似处理：

$$\omega'\approx\omega \tag{12-20}$$

若在某一时刻 t_n 振幅为 y_n，经过一个周期 T 后的振幅为 y_{n+1}，则有：

$$\frac{y_n}{y_{n+1}}=\frac{be^{-\delta t_n}}{be^{-\delta(t_n+T)}}=e^{\delta T}=e^{\xi\omega T}$$

上式两边取对数可以得到：

$$\ln\frac{y_n}{y_{n+1}}=\xi\omega T=\xi\omega\frac{2\pi}{\omega'}\approx 2\pi\xi \tag{12-21}$$

式(12-21)称为振幅的对数减缩。同理,当经过 j 个周期后,有:

$$\ln\frac{y_n}{y_{n+1}}=2\pi j\xi \tag{12-22}$$

若由实验测出 y_n 和 y_{n+1},则可由式(12-22)求出阻尼比 ξ:

$$\xi\approx\frac{1}{2\pi j}\ln\frac{y_n}{y_{n+1}}$$

(2) $\delta>\omega$,即大阻尼情况

此时特征根 r_1、r_2 为两个负实数,式(12-11)的通解为:

$$y=\mathrm{e}^{-\delta t}(C_1\cos h\sqrt{\delta^2-\omega^2}\,t+C_2\sin h\sqrt{\delta^2-\omega^2}\,t)$$

上式不含简谐因子,是非周期函数,因此不会产生振动,结构受初始扰动偏离平衡位置后,在大阻尼的干扰下将缓慢地恢复到平衡位置($y=y_0$)。

(3) $\delta=\omega$,临界阻尼的情况

此时特征根是一对重根,$r_{1,2}=-\delta$,式(12-11)的通解为:

$$y=\mathrm{e}^{-\delta t}(C_1+C_2t)$$

这也是非周期函数,故也不产生振动。这是由振动过渡到非振动状态之间的临界状态,此临界状态的阻尼比 $\xi=1$,该状态 c 值称为临界阻尼系数,用 c_{cr} 表示。在式(12-10)中令 $\delta=\omega$ 可得:

$$c_{cr}=2m\omega \tag{12-23}$$

由式(12-10)、式(12-18)、式(12-23)可得:

$$\xi=\frac{c}{c_{cr}}$$

上式表明阻尼比 ξ 即为阻尼系数 c 与临界阻尼系数 c_{cr} 之比。

12.4　单自由度结构在简谐荷载作用下的受迫振动

前面讨论了单自由度体系的自由振动,给出了结构固有动力特性 ω、T、ξ 的计算式,下面进一步讨论单自由度体系的受迫振动,给出结构的动力反应。受迫振动是结构不断受到外部干扰力 $F(t)$ 作用下的振动。首先讨论无阻尼受迫振动,然后讨论有阻尼的受迫振动。

12.4.1　不考虑阻尼的受迫振动

如图 12-13 所示的单自由度体系的振动模型,在有干扰力作用下,质点的质量为 m,质点所受的惯性力为 $F_1(t)=ma$,恢复力为 $F_E(t)=-ky$,干扰力为 $F(t)$。取质点为隔离体,列动力平衡方程:

$$ma+ky=F(t) \tag{12-24}$$

或写成:

$$a+\omega^2y=\frac{F(t)}{m} \tag{12-25}$$

式中 $\omega=\sqrt{\dfrac{k}{m}}$,式(12-25)即为单自由体系强迫振动的微分方程。

简谐荷载是一种常见的动力荷载,可以用正弦函数来表示:

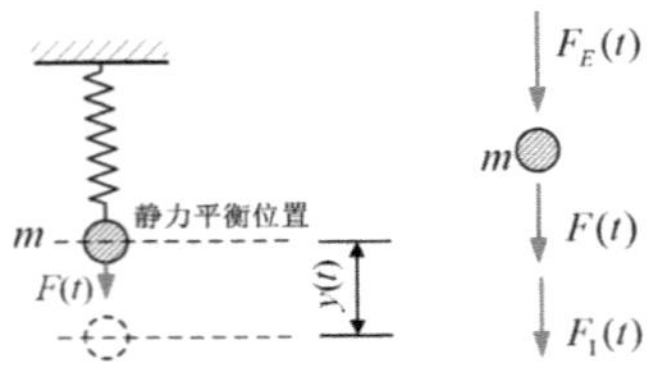

图 12-13 单自由度体系的振动模型

$$F(t) = F\sin\theta t \tag{12-26}$$

其中,θ 是简谐荷载的圆频率,F 是荷载的最大值,称为幅值。将式(12-26)代入式(12-25),即可得到简谐荷载下的单自由度的运动微分方程:

$$a + \omega^2 y = \frac{F}{m}\sin\theta t \tag{12-27}$$

式(12-27)的特解为:

$$y(t) = B\sin\theta t \tag{12-28}$$

式中,B 为简谐荷载作用下受迫振动质点位移的最大值,称为动力位移的振幅。将式(12-28)代入式(12-27),两边消去 $\sin\theta t$ 可得:

$$B = \frac{F}{m(\omega^2 - \theta^2)} \tag{12-29}$$

因此可得特解为:

$$y(t) = \frac{F}{m(\omega^2 - \theta^2)}\sin\theta t \tag{12-30}$$

将齐次解(12-4)和上式合并,即可得到(12-25)的通解:

$$y(t) = A\sin(\omega t + \varphi) + \frac{F}{m(\omega^2 - \theta^2)}\sin\theta t \tag{12-31}$$

由此可以看出,振动由两部分组成:第一部分按自振频率 ω 振动,第二部分按干扰力频率 θ 振动。由于实际振动过程中存在阻尼力(本节见后续介绍),因此第一部分按自振频率振动的第一部分将会逐渐消失,最后只剩按干扰力振动的第二部分。我们把刚开始阶段两部分都存在的阶段称为“过渡阶段”,把由干扰力引起的振动(第二部分)称为“平稳阶段”,也称为纯强迫振动。由于过渡阶段持续时间较短,因此在实际问题中平稳阶段的振动最为重要。

下面讨论平稳阶段的振动(纯强迫振动)的性质。将式(12-30)改写为

$$y(t) = \frac{F}{m(\omega^2 - \theta^2)}\sin\theta t = \frac{1}{1 - \frac{\theta^2}{\omega^2}} \cdot \frac{F}{m\omega^2}\sin\theta t = \mu y_{st}\sin\theta t \tag{12-32}$$

式中,y_{st} 为将动力荷载幅值 F 作为静荷载作用于体系时所引起的静位移,μ 为动力位移的幅值与静位移之比,也称为位移动力系数,它是描述强迫振动的重要参数。y_{st} 和 μ 具体的表达式为:

$$y_{st} = F\delta = \frac{F}{k} = \frac{F}{m\omega^2} \tag{12-33}$$

$$\mu = \frac{B}{y_{st}} = \frac{1}{1-\frac{\theta^2}{\omega^2}} \tag{12-34}$$

由此可以看出，动力系数 μ 是频率比值 $\frac{\theta}{\omega}$ 的函数，函数图形如图 12-14 所示，该图是以 $\frac{\theta}{\omega}$ 为横坐标，以 $|\mu|$ 为纵坐标（当 $\frac{\theta}{\omega}>1$ 时，μ 为负值）。通过曲线可以得出如下特性：

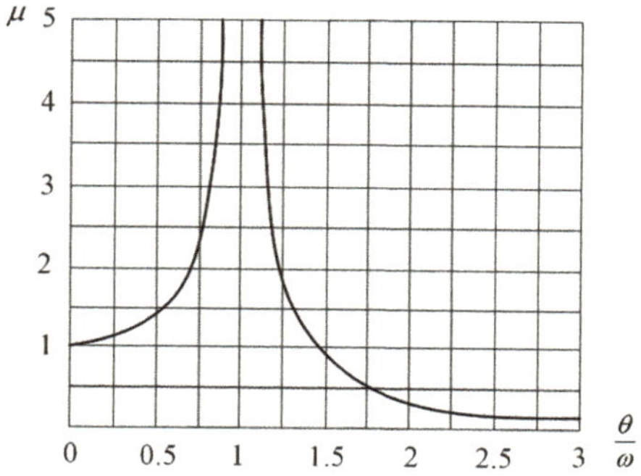

图 12-14　不考虑阻尼的受迫振动动力系数与频率比值的函数图形

(1) 当 $\frac{\theta}{\omega}\to 0$ 时，动力系数 $\mu\to 1$。这时，简谐荷载的频率相对于结构自振的频率很小时，可以当作静力荷载来处理。

(2) 当 $0<\frac{\theta}{\omega}<1$ 时，动力系数 $\mu>1$，μ 随 $\frac{\theta}{\omega}$ 的增大而增大。

(3) 当 $\frac{\theta}{\omega}\to 1$ 时，$|\mu|\to\infty$。即当荷载频率 θ 接近于结构的自振频率 ω 时，振幅会无限增大，该现象称为共振。但实际上由于存在阻尼力的影响，振幅不可能趋近于无穷大，但它仍将远大于静位移。需要说明的是，共振现象的形成是一个过程，振幅是由小逐渐增大的，并不是一开始就很大，在简谐振动试验中可以看到共振形成的过程。

(4) 当 $\frac{\theta}{\omega}>1$ 时，μ 为负值，$|\mu|$ 将随 $\frac{\theta}{\omega}$ 的增大而减小。

这里需要指出，单自由度体系当动力荷载作用于质点 m 上，即动力荷载与惯性力作用点相同时，体系各处的动位移以及动内力按同一规律变化，具有相同的动力系数 μ。否则，动力系数 μ 就会不同。

12.4.2　考虑阻尼的受迫振动

有阻尼的强迫振动比无阻尼的强迫振动多了阻尼力 $F_D=-cv$，还要共有的惯性力为 $F_1(t)=-ma$，恢复力为 $F_E(t)=-ky$，干扰力为$F(t)$，如图 12-15 所示。根据达朗贝尔原理，可得有阻尼受迫振动的微分方程为：

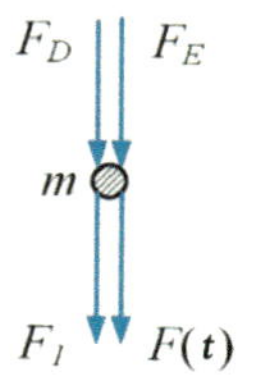

图 12-15　考虑阻尼的受迫振动受力图

$$ma+cv+ky=F(t)$$

当干扰力为简谐荷载时 $F(t)=F\sin\theta t$，即该式可改写为：

$$a+2\xi\omega v+\omega^2 y=\frac{1}{m}F\sin\theta t \tag{12-35}$$

该微分方程的解由两部分组成，一部分为相应齐次方程的通解，另一部分则是与激振力 $F(t)$ 相适应的非齐次方程的特解。

式(12-35)方程的特解为：

$$y=A\sin\theta t+B\cos\theta t \tag{12-36}$$

代入式(12-35)可得：

$$\left.\begin{aligned}A&=\frac{F}{m}\frac{\omega^2-\theta^2}{(\omega^2-\theta^2)^2+4\xi^2\omega^2\theta^2}\\B&=\frac{F}{m}\frac{-2\xi\omega\theta}{(\omega^2-\theta^2)^2+4\xi^2\omega^2\theta^2}\end{aligned}\right\} \tag{12-37}$$

然后，再叠加方程的齐次解，可得方程的全解为：

$$y(t)=\{C_1\cos\omega_r t+C_2\sin\omega_r t\}+\{A\sin\theta t+B\cos\theta t\} \tag{12-38}$$

式中，常数 C_1 和 C_2 由初始条件决定。

式(12-38)的右边分为两部分(大括号标出)，表明体系的振动是由两个不同频率(ω_r 和 θ)的振动组成。由于阻尼的作用，频率 ω_r 的第一部分含有因子 $e^{-\xi\omega t}$，因此将随着时间的增长逐渐衰减直至最后消失对应有阻尼的自由振动。频率 θ 的第二部分由于受简谐荷载的周期作用而不衰减，该部分振动称为平稳振动，也称纯强迫振动，在实际问题中最为重要，下面讨论平稳振动。由式(12-37)和式(12-38)可得动力位移的表达式：

$$y(t)=y_p\sin(\theta t-\alpha) \tag{12-39(a)}$$

式中：

$$y_p=\sqrt{A^2+B^2}=\frac{y_{st}}{\sqrt{\left(1-\frac{\theta^2}{\omega^2}\right)^2+4\xi^2\frac{\theta^2}{\omega^2}}}$$

$$\alpha=\arctan\left(-\frac{B}{A}\right)=\arctan\frac{2\xi\left(\frac{\theta}{\omega}\right)}{1-\left(\frac{\theta}{\omega}\right)^2} \tag{12-39(b)}$$

这里，y_p 表示振幅，y_{st} 表示荷载最大值 F 作用下的静力位移，$y_{st}=F/m\omega^2$，由此可得动力系数表达式为：

$$\mu=\frac{y_p}{y_{st}}=\frac{1}{\sqrt{\left(1-\frac{\theta^2}{\omega^2}\right)^2+4\xi^2\frac{\theta^2}{\omega^2}}} \tag{12-40}$$

式(12-40)表明动力系数 μ 不仅与频率比 $\frac{\theta}{\omega}$ 有关，还与阻尼比 ξ 有关。图 12-16 给出了不同 ξ 时 μ 和 $\frac{\theta}{\omega}$ 之间的关系曲线。由图 12-16 可得出简谐荷载作用下有阻尼稳态振动的特点：

(1) 当 $\xi=0$ 时，μ-$\frac{\theta}{\omega}$ 曲线与无阻尼时的曲线(图 12-15)相同；随着 $\xi(0\leqslant\xi\leqslant1)$ 的增大，

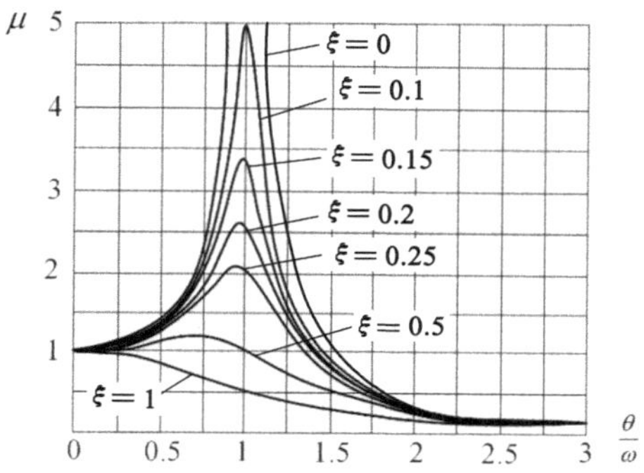

图 12-16　考虑阻尼的受迫振动动力系数与频率比值的函数图形

图 12-16 中的 $\mu-\frac{\theta}{\omega}$ 曲线越来越平缓，表明 μ 随 ξ 的增大而迅速减小。特别是当 $\frac{\theta}{\omega}\approx 1$ 时，μ 值下降最为显著。

(2) 在 $\frac{\theta}{\omega}=1$ 时，体系将发生共振，由式(12-40)可求得此时动力系数为：

$$\mu=\frac{1}{2\xi} \tag{12-41}$$

实际上，有阻尼时 μ 的最大值并不发生在 $\frac{\theta}{\omega}=1$ 处，利用求极值的方法可知它发生在 $\frac{\theta}{\omega}=\sqrt{1-2\xi^2}$ 处，此时由式(12-40)求得 $\mu_{\max}=\frac{1}{2\xi\sqrt{1-\xi^2}}$。由于实际工程中 ξ 值很小，故可以近似地将 $\mu=\frac{1}{2\xi}$ 计算的值作为最大值，并称此时的振动为共振。

(3) 由式[12-39(a)]知，有阻尼时位 $y(t)$ 比动力荷载 $F(t)$ 滞后一个相位角 α，这是有阻尼与无阻尼强迫振动的一个重要区别。α 可由式[12-39(b)]求得。

① 当 $\frac{\theta}{\omega}\to 0$ 时，$\alpha\to 0$，说明 $y(t)$ 与 $F(t)$ 趋于同向。此时惯性力和阻尼力均不明显，动力荷载主要由恢复力平衡，体系的动力反应与静力作用时情况接近。

② 当 $\frac{\theta}{\omega}\to\infty$ 时，$\alpha\to\pi$，说明 $y(t)$ 与 $F(t)$ 趋于反向。由式(12-40)知，此时从 $\mu\to 0$，体系的动位移趋向于零，即近似于不动或只作振幅很微小的颤动，动力荷载主要由惯性力平衡。

③ 当 $\frac{\theta}{\omega}\to 1$ 时，$\alpha\to\frac{\pi}{2}$，此时将 $\alpha=\frac{\pi}{2}$ 代入式[12-39(a)]可得：

$$y(t)=y_p\sin(\theta t-\alpha)=-y_p\cos\theta t=-\mu y_{st}\cos\theta t$$

与其相应的阻尼力为：

$$F_R=-cv=-c\mu y_{st}\theta\sin\theta t \tag{12-42}$$

当系统发生共振时，$\mu=\frac{1}{2\xi}$，$\theta=\omega$，$c=2\xi m\omega$，则式(12-42)可改写为：

$$F_R=-m\omega^2 y_{st}\sin\theta t=-ky_{st}\sin\theta t=-F\sin\theta t$$

由此可以看出，在共振时动力荷载与阻尼平衡，因此在频率比 $0.75<\theta/\omega<1.25$ 的共振区内，阻尼对体系的动力反应将起主要作用。

例 12-2 质量 $G=35\ \text{kN}$ 的发电机置于简支梁的中点上（图 12-17），并知梁的惯性矩 $I=8.8\times10^{-5}\ \text{m}^4$，$E=210\ \text{GPa}$，发电机转动时其离心力的竖直分力为 $F\sin\theta t$，且 $F=10\ \text{kN}$。若不考虑阻尼，试求当发电机转速 $n=500\ \text{r/min}$ 时，梁的最大弯矩和挠度（梁的自重可略去不计）。

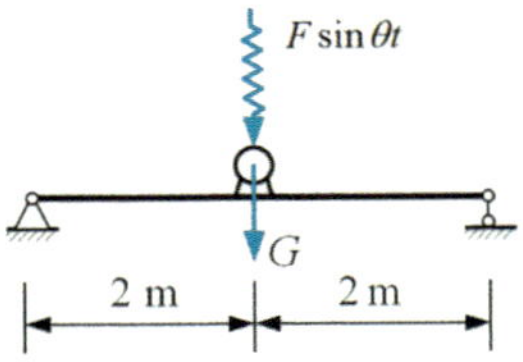

图 12-17　例 12-2 图

解：在发电机的质量作用下，梁中点的最大静力位移为：

$$\Delta=\frac{Gl^3}{48EI}=\frac{35\times10^3\ \text{N}\times(4\ \text{m})^3}{48\times210\times10^9\ \text{N/m}^2\times8.8\times10^{-5}\ \text{m}^4}=2.53\times10^{-3}\ \text{m}$$

则自振频率为：

$$\omega=\sqrt{\frac{g}{\Delta_{\text{st}}}}=\sqrt{\frac{9.81\ \text{m/s}^2}{2.53\times10^{-3}\ \text{m}}}=62.3\ \text{s}^{-1}$$

激振力的频率为：

$$\theta=\frac{2\pi n}{60}=\frac{2\times3.14\times500}{60\ \text{s}}=52.3\ \text{s}^{-1}$$

根据式（12-33）可求得动力系数为：

$$\mu=\frac{1}{1-\dfrac{\theta^2}{\omega^2}}=\frac{1}{1-\left(\dfrac{52.3\ \text{s}^{-1}}{62.3\ \text{s}^{-1}}\right)^2}=3.4$$

故知由此激振力影响所产生的内力和位移等于静力影响的 3.4 倍。据此求得梁中点的最大弯矩为：

$$M_{\max}=M^G+\mu M^F_{st}=\frac{35\ \text{kN}\times4\ \text{m}}{4}+\frac{3.4\times10\ \text{kN}\times4\ \text{m}}{4}=69\ \text{kN}\cdot\text{m}$$

梁中点最大挠度为：

$$\begin{aligned}y_{\max}&=\Delta_{st}+\mu y^F_{st}=\frac{Gl^3}{48EI}+\mu\frac{Fl^3}{48EI}\\&=\frac{(35+3.4\times10)\times10^3\ \text{N}\times(4\ \text{m})^3}{48\times210\times10^9\ \text{N/m}^2\times8.8\times10^{-5}\ \text{m}^4}\\&=4.98\times10^{-3}\ \text{m}=4.98\ \text{mm}\end{aligned}$$

以上的分析都是激振力 $F(t)$ 直接作用在质点 m 上的情形。在实际问题中，也可能有激振力 $F(t)$ 不直接作用在质点上。例如图 12-18(a)所示简支梁，质点 m 在点 1 处，而激振力 $F(t)$ 则作用在点 2 处。建立质点 m 的振动方程时，用柔度法较简便，现讨论如下。

设单位力作用在点 1 时使点 1 产生的位移为 δ_{11}；单位力作用在点 2 时使点 1 产生的位

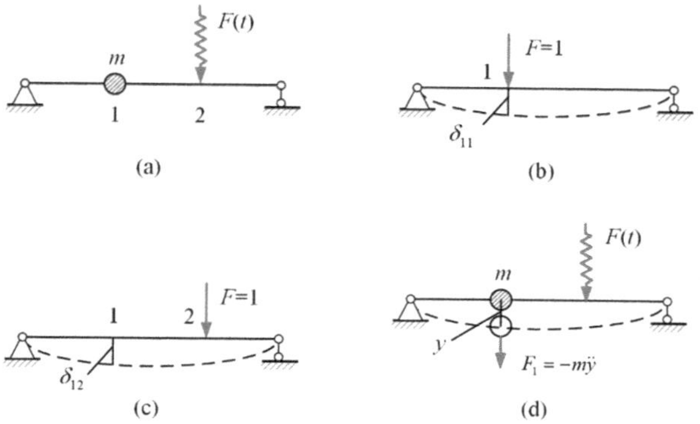

图 12-18　激振力不直接作用在质点上的简支梁

移为 δ_{12} 如图 12-18(b)、图 12-18(c)所示。若在任一时刻质点 m 处的位移为 y，则作用在质点 m 上的惯性力为 $F_1=-m\ddot{y}$，在惯性力 F_1 和激振力 $F(t)$ 共同作用下，如图 12-18(d)所示，质点 m 处的位移将为：

$$y=\delta_{11}F_1+\delta_{12}F(t)=\delta_{11}(-m\ddot{y})+\delta_{12}F(t)$$

即：

$$m\ddot{y}+k_{11}y=\frac{\delta_{12}}{\delta_{11}}F(t) \tag{12-43}$$

这就是质点 m 的振动微分方程。由此可见，对于这种情况，本节前面导出的各个计算公式都是适用的，只不过须将公式中的 $F(t)$ 用 $\frac{\delta_{12}}{\delta_{11}}F(t)$ 来代替。

12.5　单自由度结构在一般动力荷载作用下的受迫振动

前面介绍了单自由度结构在简谐荷载作用下的受迫振动，然而结构有时还受到其他形式动力荷载的受迫作用，如建筑结构受到爆炸冲击时，其受到的动力荷载快速增加，又快速消失，一般称为冲击荷载；大跨度悬索桥在设计时要考虑随机风动力荷载和地震荷载随机荷载的影响。

为了得到结构在一般激振力 $F(t)$ 作用下受迫振动的动力响应计算公式，可借助微积分的思想，利用瞬时冲量的动力反应进行推导。

首先讨论瞬时冲量作用下的单自由度结构的振动问题。由理论力学可知，所谓瞬时冲量，就是荷载在极短的时间 $\Delta t\to 0$ 内给予物体的冲量，表示力的一种瞬时作用效果。如图 12-19(a)所示，设 t 时刻荷载的大小为 $F(t)$，作用的时间为 Δt，则其瞬时冲量以 $I_{\text{ins}}=F\Delta t$ 来计算，即图中阴影线所表示的面积。下面讨论 $t=0$ 的初始时刻和 $t=\tau$ 非初始时刻的瞬时冲量对结构后期产生的振动影响，进而推导一般激振力 $F(t)$ 作用下结构的受迫振动响应。

(1) 不考虑阻尼

设某一单自由度体系处于静止状态，即体系质点的初始位移和初始速度均为零(初动量

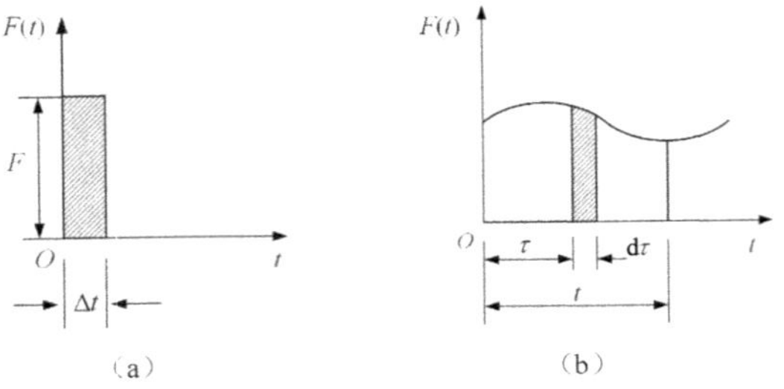

图 12-19　力的一种瞬时作用效果示意图

为零)，在 $t=0$ 时，有一瞬时冲量 I_{isn} 作用于单自由度体系的质点上，则质点 m 将获得某一初始速度 $\dot{y}$，原体系的自由振动可看作初始位移 $y_0=0$，初始速度为 $\dot{y}_0$ 的自由振动。根据动量定理，在极短时间内，质点 m 的动量变化等于冲量，即：

$$I_{isn}=m\dot{y}_0-0$$

因此，

$$\dot{y}_0=\frac{I_{isn}}{m}$$

将 $y_0=0$ 和 $\dot{y}_0=\dfrac{I_{isn}}{m}$ 代入不考虑阻尼时单自由度体系自由振动下质点的动位移表达式(12-3)，可得到质点 m 在任意时刻($t\geqslant 0$)的位移表达式为：

$$y=\frac{I_{isn}}{m\omega}\sin\omega t \tag{12-44}$$

若瞬时冲量不是在 $t=0$ 施加，而是在 $t=\tau$ 时加于质点，则其位移方程($t\geqslant\tau$)为：

$$y=\frac{I_{isn}}{m\omega}\sin\omega(t-\tau) \tag{12-45}$$

对于图 12-19(b)所示一般形式的激振力 $F(t)$($t\in[0,+\infty)$)，可以认为它是一系列微小瞬时冲量 $I_{isn(\tau)}=F(\tau)d\tau$ 连续作用的结果。此时，任意 τ 外部荷载冲量所产生的任意 t 时刻($t\geqslant\tau$)的动位移方程为：

$$y(t)=\frac{I_{isn\tau}}{m\omega}\sin\omega(t-\tau)=\frac{F(\tau)d\tau}{m\omega}\sin\omega(t-\tau) \tag{12-46}$$

利用叠加原理，进一步便得到激振力 $F(t)$ 作用下，质点 m 在任意时刻 t 时的位移方程为：

$$y(t)=\int_0^t\frac{I_{isn\tau}}{m\omega}\sin\omega(t-\tau)=\frac{1}{m\omega}\int_0^t F(\tau)\sin\omega(t-\tau)d\tau \tag{12-47}$$

式(12-47)就是初始静止状态的单自由度体系，在任意动力荷载 $F(t)$ 作用下的质点动位移表达式。如果初始位移 y_0 和初始速度 $\dot{y}_0$ 均不为零时，则其动位移表达式如下：

$$y(t)=y_0\cos\omega t+\frac{\dot{y}_0}{\omega}\sin\omega t+\frac{1}{m\omega}\int_0^t F(\tau)\sin\omega(t-\tau)d\tau \tag{12-48}$$

(2) 考虑阻尼

当考虑阻尼作用时，结合式(12-14)，便得到瞬时冲量 I_{isn} 在 $t=0$ 时刻作用于质点 m 时的位移方程为：

$$y = e^{-\xi\omega t}\left(\frac{\dot{y}_0}{\omega'}\sin\omega' t\right) = \frac{1}{m\omega'}e^{-\xi\omega t}\sin\omega' t \tag{12-49}$$

若瞬时冲量在 $t=\tau$ 时加于质点上，则其位移方程应为：

$$y(t) = \frac{1}{m\omega'}e^{-\xi\omega(t-\tau)}\sin\omega'(t-\tau) \quad (t > \tau) \tag{12-50}$$

对于图 12-19(b)所示一般形式的激振力 $F(t)$，可以认为它是一系列微小冲量 $F(\tau)\mathrm{d}\tau$ 连续作用的结果，因此应有：

$$y(t) = \frac{1}{m\omega'}\int_0^t F(\tau)e^{-\xi\omega(t-\tau)}\sin\omega'(t-\tau)\mathrm{d}\tau \tag{12-51}$$

这就是考虑阻尼情况下，初始静止状态的单自由度体系在任意动力荷载 $F(t)$ 作用下的质点位移公式。如果初始位移 y_0 和初始速度 $\dot{y}$ 均不为零时，则其动位移表达式如下：

$$\begin{aligned} y(t) = {} & e^{-\xi\omega t}\left(y_0\cos\omega' t + \frac{\dot{y} + \xi\omega y_0}{\omega'}\sin\omega' t\right) + \\ & \frac{1}{m\omega'}\int_0^t F(\tau)e^{-\xi\omega(t-\tau)}\sin\omega'(t-\tau)\mathrm{d}\tau \end{aligned} \tag{12-52}$$

式(12-47)及式(12-48)又称为杜哈梅(Duhamel)积分。

对于已知的激振力，只需带入式(12-47)、式(12-48)、式(12-51)或式(12-52)并进行积分运算，即可得到各情况下单自由度结构的受迫振动动位移相应方程。下面简单介绍两种特殊荷载作用下的情况。

① 突加荷载

突加荷载是指突然施加于结构上并保持常量继续作用的荷载，以加载那一瞬间作为时间的起点，其变化规律如图 12-20(a)所示。当不考虑阻尼作用时，设结构在加载前处于静止状态，则可将施加在质点上的突加荷载 $F(\tau)$ 代入式(12-47)进行积分求得：

$$\begin{aligned} y &= \frac{1}{m\omega}\int_0^t F\sin\omega(t-\tau)\mathrm{d}\tau \\ &= \frac{F}{m\omega^2}(1-\cos\omega t) = y_{st}(1-\cos\omega t) \end{aligned} \tag{12-53}$$

式(12-53)中，$y_{st} = \dfrac{F}{m\omega^2} = F\delta$，表示单自由度结构在常量荷载 F 作用下所产生的静位移。由式(12-53)可知，$y_{max} = 2y_{st}$，即在突加荷载作用下，最大动力位移为静力位移的 2 倍。图 12-20(b)给出了式(12-53)所示的振动曲线，此时质点在静力平衡位置附近作简谐振动。

当考虑阻尼作用且结构在加载前处于静止状态时，则在突加荷载作用下，单自由度结构产生的动位移响应表达式为：

$$\begin{aligned} y &= \frac{F}{m\omega^2}\left[1 - e^{-\xi\omega t}\left(\cos\omega' t + \frac{\xi\omega}{\omega'}\sin\omega' t\right)\right] \\ &= y_{st}\left[1 - e^{-\xi\omega t}\left(\cos\omega' t + \frac{\xi\omega}{\omega'}\sin\omega' t\right)\right] \end{aligned} \tag{12-54}$$

将式(12-54)对 t 求一阶导数，并令其等于零。即可求得产生位移极值的各时刻。当 $t = \dfrac{\pi}{\omega'}$ 时，最大动力位移 y_{max} 为：

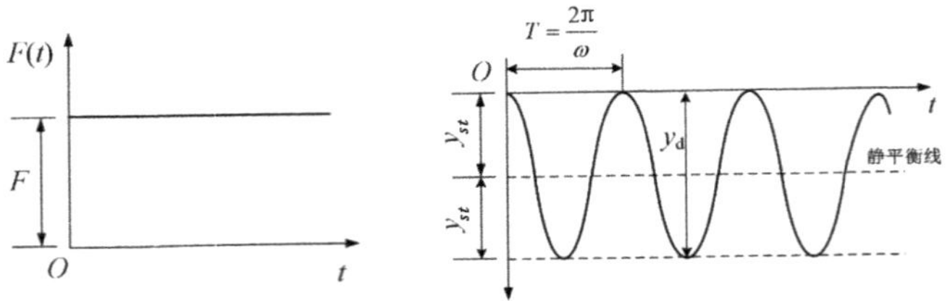

（a）　　　　　　　　（b）

图 12-20　突加荷载下单自由度结构的受迫振动动位移变化规律

$$y_{max} = y_{st}(1 + e^{-\frac{\xi\omega\pi}{\omega'}}) \tag{12-55}$$

由此可得动力系数为：

$$\mu = 1 + e^{-\frac{\xi\omega\pi}{\omega'}} \tag{12-56}$$

② 短期荷载

短期荷载是指在短时间内停留于结构上的荷载，即当 $t=0$ 时，荷载突然加于结构上，但到 $t=t_1$ 时，荷载又突然消失，如图 12-21 所示。对于这种情况可做如下分析：当 $t=0$ 时有上面所述的突加荷载加入，并一直作用于结构上；到 $t=t_0$ 时，又有一个大小相等但方向相反的突加荷载加入，以抵消原有荷载的作用。这样，便可利用上述突加荷载作用下的计算公式按叠加法来求解。由于这种荷载作用时间较短，最大位移一般发生在振动衰减还很少的开始一段短时间内，因此通常可以不考虑阻尼影响，于是由式(12-47)可得：

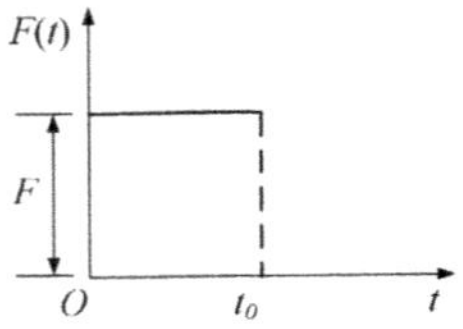

图 12-21　短期荷载下单自由度结构受力示意图

$$y = y_{st} = (1 - \cos\omega t) \quad (0 < t < t_0) \tag*{[12-57(a)]}$$

$$\begin{aligned} y &= y_{st} = (1 - \cos\omega t) - y_{st}[1 - \cos\omega(t - t_0)] \\ &= y_{st}[\cos\omega(t - t_0) - \cos\omega t] \\ &= 2y_{st}\left[\sin\frac{\omega t_1}{2}\sin\omega\left(t - \frac{t_0}{2}\right)\right] \quad (t > t_0) \end{aligned} \tag*{[12-57(b)]}$$

显然，前一阶段($0<t<t_0$)与前述突加荷载作用下的情况相同；后一阶段($t>t_0$)则为自由振动。

当荷载停留于结构上的时间大于结构自振周期的一半时，即 $t_0>\frac{T}{2}$时，比较式[12-57(a)]和式[12-57(b)]，最大位移将发生在前一阶段，当 $t=\frac{t_0}{2}$，$y_{max}=2y_{st}$，$\mu=2$ 时短期荷载的最大动力效应与突加荷载的相同。

当荷载停留于结构上的时间小于结构自振周期的一半，即 $t_0<\dfrac{T}{2}$时，最大位移发生在后一阶段。由式[12-57(b)]知$(t-\dfrac{t_0}{2})=\dfrac{\pi}{2\omega}$时有最大位移，其值为：

$$y_d=2y_{st}\sin\frac{\omega t_0}{2} \tag{12-58}$$

据此可得动力系数为：

$$\mu=2\sin\frac{\omega t_0}{2} \tag{12-59}$$

可见 μ 与荷载作用时间的长短有关。当 $t_0>\dfrac{T}{2}$时，最大位移将发生在前一阶段，因而有 $\mu=2$。此时短期荷载的最大动力效应与突加荷载的相同。

12.6　多自由度结构的自由振动

多自由度结构是指由两个或者两个以上的自由度体系。多自由度结构的振动微分方程，同样可按前述两种基本方法来建立：一种是列位移方程，即柔度法；另一种列动力平衡方程，即刚度法。由于阻尼对于自振频率的影响较小，因此本节内容暂时不考虑阻尼的影响，其具体内容可参考其他书目。本节先详细介绍两个自由度结构体系的运动方程的建立，分析自振频率和振型函数，然后推广到两个以上的多自由度结构体系。

12.6.1　两个自由度结构体系的自由振动

12.6.1.1　柔度法

根据前面单自由度的分析方法，如图 12-22(a)所示的两自由结构体系中质点 m_1、m_2 在自由振动过程中任意时刻的动位移 $y_1(t)$、$y_2(t)$等于惯性力$-m_1\ddot{y}_1(t)$和$-m_2\ddot{y}_2(t)$共同作用下产生的静位移。质点 m_1 由两个惯性力引起的位移记作$-m_1\ddot{y}_1\delta_{11}$和$-m_2\ddot{y}_2\delta_{12}$，其中 δ_{11}为质点 m_1 上作用单位荷载时，引起 m_1 产生的静位移，δ_{12}为质点 m_2 上作用单位荷载时，引起 m_1 产生的静位移；质点 m_2 由两个惯性力引起的位移记作$-m_1\ddot{y}_1\delta_{21}$和$-m_2\ddot{y}_2\delta_{22}$，其中 δ_{21}为质点 m_1 上作用单位荷载时，引起 m_2 产生的静位移，δ_{22}为质点 m_2 上作用单位荷载时，引起 m_2 产生的静位移。整个体系认为是弹性体系，因此应用叠加原理可得：

$$\left.\begin{aligned} y_1(t)&=-m_1\ddot{y}_1\delta_{11}-m_2\ddot{y}_2\delta_{12}\\ y_2(t)&=-m_1\ddot{y}_1\delta_{21}-m_2\ddot{y}_2\delta_{22}\end{aligned}\right\} \tag{[12-60(a)]}$$

式[12-60(a)]中的 δ_{ij}为柔度系数，其意义已在上面说明，也可参照图 12-22(b)和图 12-22(c)。

式[12-60(a)]也可以写成矩阵的形式，如下：

$$\boldsymbol{Y}+\boldsymbol{\delta M\ddot{Y}}=\boldsymbol{0} \tag{[12-60(b)]}$$

其中，$\boldsymbol{Y}=\begin{bmatrix}y_1\\y_2\end{bmatrix}$，$\boldsymbol{\delta}=\begin{bmatrix}\delta_{11}&\delta_{12}\\\delta_{21}&\delta_{22}\end{bmatrix}$，$\boldsymbol{M}=\begin{bmatrix}m_1&0\\0&m_2\end{bmatrix}$，$\boldsymbol{\ddot{Y}}=\begin{bmatrix}\ddot{y}_1\\\ddot{y}_2\end{bmatrix}$，$\boldsymbol{Y}$ 为质点位移列向量，$\boldsymbol{\delta}$ 为

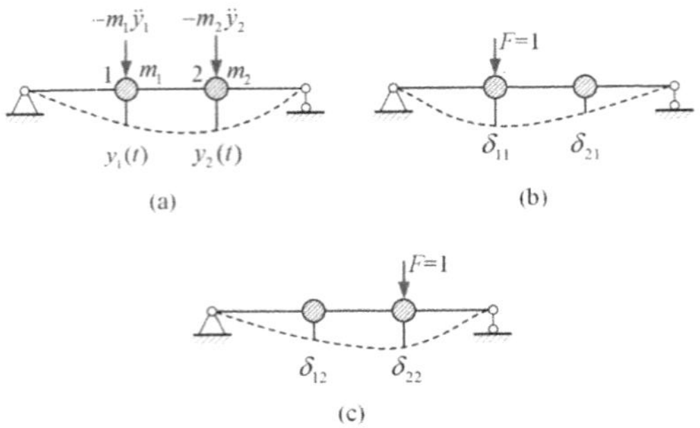

图 12-22　两自由度结构体系的自由振动

系数矩阵，$\boldsymbol{M}$ 为质量矩阵，$\ddot{\boldsymbol{Y}}$ 为质点的加速度列向量。式(12-60)就是按柔度法建立的两个自由度体系自由振动的微分方程。为了求出 y_1 和 y_2，必须联立求解。设方程(12-60)解的形式为：

$$\begin{aligned} y_1(t) &= A_1\sin(\omega t+\varphi) \\ y_2(t) &= A_2\sin(\omega t+\varphi) \end{aligned} \tag{12-61}$$

A_1、A_2 分别为 m_1 和 m_2 的振幅；ω 为体系的自振频率；φ 为初始相位角。由式 (12-61) 求出 $\ddot{y}_1$、$\ddot{y}_2$ 与式(12-61)一起代入式(12-60)可得：

$$\left.\begin{aligned} \left(\delta_{11}m_1-\frac{1}{\omega^2}\right)A_1+\delta_{12}m_2A_2=0 \\ \delta_{21}m_1A_1+\left(\delta_{22}m_2-\frac{1}{\omega^2}\right)A_2=0 \end{aligned}\right\} \tag{12-62}$$

式(12-62)是关于振幅 A_1 和 A_2 的齐次方程组，称为振幅方程。显然 $A_1=A_2=0$ 是其的一个解，它对应于体系不振动的情况。当体系发生振动时，A_1 和 A_2 不会都为零，则式(12-62)的系数行列式必然为零，即：

$$\begin{vmatrix} \left(\delta_{11}m_1-\dfrac{1}{\omega^2}\right) & \delta_{12}m_2 \\ \delta_{21}m_1 & \left(\delta_{22}m_2-\dfrac{1}{\omega^2}\right) \end{vmatrix}=0 \tag{12-63}$$

式(12-63)可求出体系的自振频率，故称为频率方程或特征方程。写成矩阵形式为：$(\delta\boldsymbol{M}-\frac{1}{\omega^2}\boldsymbol{I})\boldsymbol{A}=0$，其中 $\boldsymbol{I}$ 为单位矩阵，$\boldsymbol{A}$ 为振幅矩阵。展开行列式可得：

$$\left(\frac{1}{\omega^2}\right)^2-(\delta_{11}m_1+\delta_{22}m_2)\frac{1}{\omega^2}+(\delta_{11}\delta_{22}-\delta_{12}\delta_{21})m_1m_2=0 \tag{12-64}$$

这是一个关于$\frac{1}{\omega^2}$的一元二次方程，求解可得$\frac{1}{\omega^2}$的两个正实根，从而可求得体系的两个自振频率，按数值由小到大依次表示为 ω_1 和 ω_2，则 ω_1 称为第一频率或基本频率，ω_2 称为第二频率。将 ω_1 和 ω_2 分别代入式(12-62)，即可求得质点 m_1 和 m_2 的位移幅值。由于式(12-62)的系数行列式等于零，方程组的两式不是独立的，故只能利用其中任一式求得振幅 A_1 和 A_2 之比值。例如将 ω_1 代入式(12-62) 的第一式，相应于 m_1 和 m_2 的振幅记为 A_{11} 和 A_{21}，则有：

$$\frac{A_{21}}{A_{11}}=\frac{\dfrac{1}{\omega_1^2}-\delta_{11}m_1}{\delta_{12}m_2}=\rho_1 \tag{12-65}$$

式中，ρ_1 表示 A_{21} 与 A_{11} 的比值，为常数。将 A_{11} 和 A_{21} 代入式(12-61)，得到质点 m_1 和 m_2 的振动方程为：

$$\left.\begin{aligned} y_1(t)&=A_{11}\sin(\omega_1 t+\varphi_1)\\ y_2(t)&=A_{21}\sin(\omega_1 t+\varphi_1)\end{aligned}\right\} \tag{12-66}$$

它是微分方程 (12-61) 的一个特解。由式(12-66)可见，在振动过程中两个质点按同一频率 ω_1 作同步简谐振动，它们位移的比值 $y_2(t)/y_1(t)=A_{21}/A_{11}=\rho_1$，是个与时间无关的常数，说明在任一时刻结构的振动都保持同一形状，整个结构就像单自由度结构一样在振动。

同样，将 ω_2 代入式(12-62)的第一式，用 A_{12}、A_{22} 表示质点 m_1、m_2 的振幅可有：

$$\frac{A_{22}}{A_{12}}=\frac{\dfrac{1}{\omega_2^2}-\delta_{11}m_1}{\delta_{12}m_2}=\rho_2 \tag{12-67}$$

可见 ρ_2 也是常数，此时质点的振动方程为：

$$\left.\begin{aligned} y_1(t)&=A_{12}\sin(\omega_2 t+\varphi_2)\\ y_2(t)&=A_{22}\sin(\omega_2 t+\varphi_2)\end{aligned}\right\} \tag{12-68}$$

式(12-68)是方程(12-60)的另一个特解。同样，质点 m_1 和 m_2 按 ω_2 作同步简谐振动，它们位移的比值恒为常数 ρ_2，体系的振动形式也是不随时间而变化。上述这种各质点按同一频率进行的简谐振动形式称为主振型，简称振型。当体系按 ω_1 振动时称为第一振型或基本振型，按 ω_2 振动时称为第二振型，如图 12-23 所示。由于主振型只取决于质点位移之间的相对值，故确定振型时，可将其中某一质点的位移值定为 1，由此得到的振型称为正则化(归一化)振型。

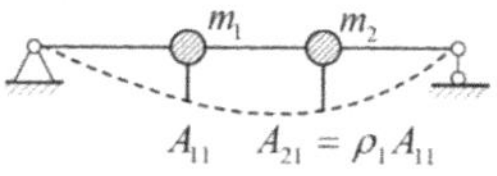

(a)

第一振型

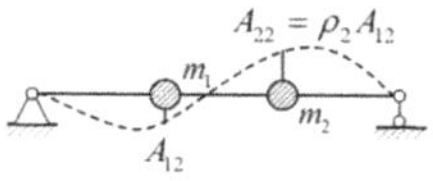

(b)

第二振型

图 12-23　两种主振型

方程(12-60) 的通解是式(12-66)和式(12-68)的叠加，即：

$$\left.\begin{aligned} y_1(t)&=A_{11}\sin(\omega_1 t+\varphi_1)+A_{12}\sin(\omega_2 t+\varphi_2)\\ y_2(t)&=A_{21}\sin(\omega_1 t+\varphi_1)+A_{22}\sin(\omega_2 t+\varphi_2)\end{aligned}\right\} \tag{12-69}$$

式(12-69)中四个独立的待定常数 A_{11}(或 A_{21})、A_{12}(或 A_{22})和 φ_1、φ_2 可由两个质点的初位移和初速度 4 个初始条件确定。一个自由度体系有两个待定常数 A、φ，两个自由度体系有四个待定系数，按此推知 n 个自由度体系将有个 $2n$ 待定常数，由 n 个质点的初位移和初速度确定。

12.6.1.2　刚度法

如图 12-24(a)所示两个自由度体系，取各质点为隔离体，如图 12-24(b)所示，根据达朗贝尔原理，惯性力和弹性恢复力处于动平衡状态，可列出动力平衡方程。

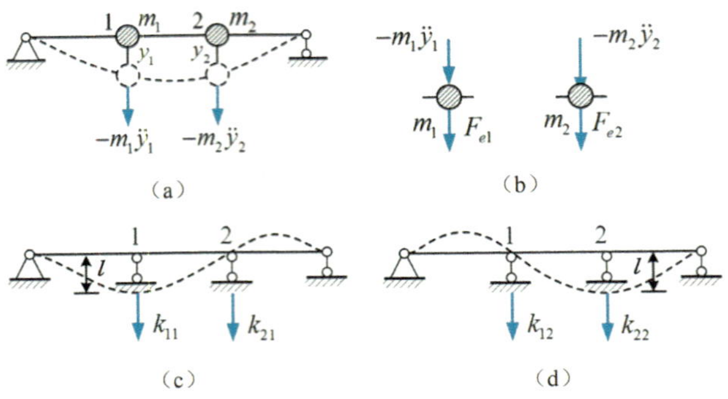

图 12-24　两个自由度的简支梁

$$\left.\begin{aligned}-m_1\ddot{y}_1+F_{e1}=0\\-m_2\ddot{y}_2+F_{e2}=0\end{aligned}\right\}\tag{12-70}$$

式中，F_{e1} 和 F_{e2} 分别为体系作用于质点 m_1 和 m_2 上的弹性力。对于线性振动体系，这种弹性力可据叠加原理表示为：

$$\left.\begin{aligned}F_{e1}=-(k_{11}y_1+k_{12}y_2)\\F_{e2}=-(k_{21}y_1+k_{22}y_2)\end{aligned}\right\}\tag{12-71}$$

式中，各 k_{ij} 为体系的刚度系数，其意义如图 12-24(c)、图 12-24(d)所示。

将式(12-71)代入式(12-70)有：

$$\left.\begin{aligned}m_1\ddot{y}_1(t)+k_{11}y_1(t)+k_{12}y_2(t)=0\\m_2\ddot{y}_2(t)+k_{21}y_1(t)+k_{22}y_2(t)=0\end{aligned}\right\}\tag{12-72}$$

写成矩阵形式为：

$$\boldsymbol{KY}+\boldsymbol{M\ddot{Y}}=\mathbf{0}\tag{12-73}$$

其中，$\boldsymbol{K}=\begin{bmatrix}k_{11}&k_{12}\\k_{21}&k_{22}\end{bmatrix}$，其余 $\boldsymbol{Y}$、$\boldsymbol{M}$、$\boldsymbol{\ddot{Y}}$ 与式[12-60(b)]相同。式(12-72)或式(12-73)即为刚度法建立的运动微分方程。设方程的特解形式仍为：

$$\left.\begin{aligned}y_1(t)=A_1\sin(\omega t+\varphi)\\y_2(t)=A_2\sin(\omega t+\varphi)\end{aligned}\right\}\tag{12-74}$$

将式(12-74)及其求二次导后的结果带入式(12-72)后得：

$$\left.\begin{aligned}(k_{11}-\omega^2m_1)A_1+k_{12}A_2=0\\k_{21}A_1+(k_{22}-\omega^2m_2)A_2=0\end{aligned}\right\}\tag{12-75}$$

上式为刚度法的振幅方程，它仍是一组关于振幅 A_1 和 A_2 的齐次线性代数方程，方程取得非零解的条件是系数行列式等于零，即：

$$\begin{vmatrix}(k_{11}-\omega^2m_1)&k_{12}\\k_{21}&(k_{22}-\omega^2m_2)\end{vmatrix}=0\tag{12-76}$$

式(12-76)称为刚度法的频率方程,展开得:

$$m_1 m_2 (\omega^2)^2 - (k_{22} m_1 + k_{11} m_2)\omega^2 + k_{11} k_{2z} + k_{12} k_{21} = 0 \tag{12-77}$$

上式是关于 ω^2 的一元二次方程,可求得体系的两个自振频率 ω_1 和 ω_2。将它们分别代入式(12-74),可求得方程(12-72)的两个特解,结果与柔度法相同。说明方程(12-72)的通解与式(12-60)的相同。这表明按柔度法和刚度法建立的振动微分方程尽管形式不同,但实质是一样的。因此在确定结构的自振频率或振型时,柔度系数容易求就用柔度法,刚度系数容易求就用刚度法。

若以 $\boldsymbol{\delta}$ 左乘式[12-60(b)]可得 $\boldsymbol{\delta}^{-1}\boldsymbol{Y}+\boldsymbol{M}\ddot{\boldsymbol{Y}}=\boldsymbol{0}$,将此式与式(12-73)比较可有:$\boldsymbol{\delta}^{-1}=\boldsymbol{K}$,这表明柔度矩阵和刚度矩阵互为逆矩阵。

例 12-3　试求图 12-25(a)所示等截面简支梁的自振频率并确定其主振型。

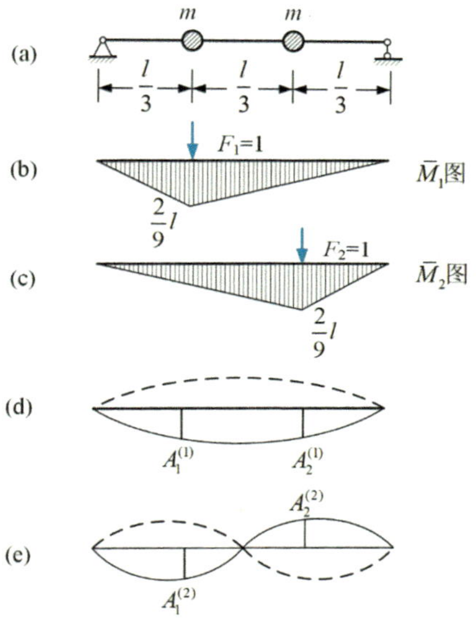

图 12-25　例 12-3 图

解:结构有两个自由度,依据图 12-25(b)、图 12-25(c),由图乘法可得:

$$\delta_{11} = \delta_{22} = \frac{4l^3}{243EI}$$

$$\delta_{12} = \delta_{21} = \frac{7l^3}{486EI}$$

将它们代入式(12-64)并注意有 $m_1 = m_2 = m$,则可求得:

$$\frac{1}{\omega_1^2} = (\delta_{11} + \delta_{12})m = \frac{15ml^3}{486EI}$$

$$\frac{1}{\omega_2^2} = (\delta_{11} - \delta_{12})m = \frac{ml^3}{486EI}$$

于是得到:

$$\omega_1 = \sqrt{\frac{486EI}{15ml^3}} = 5.69\sqrt{\frac{EI}{ml^3}}$$

$$\omega_2=\sqrt{\frac{486EI}{ml^3}}=22.05\sqrt{\frac{EI}{ml^3}}$$

由式(12-65)求得第一阶振型为：

$$\rho_1=\frac{A_2^{(1)}}{A_1^{(1)}}=\frac{\frac{1}{\omega_1^2}-\delta_{11}m_1}{\delta_{12}m_2}=\frac{(\delta_{11}+\delta_{12})m-\delta_{11}m}{\delta_{12}m}=1$$

这表明结构按第一阶频率振动时，两质点始终保持同向且相等的位移，其振型是正对称的，如图 12-25(d)所示。同理，由式(12-65)求得第二阶振型为：

$$\rho_2=\frac{A_2^{(2)}}{A_1^{(2)}}=\frac{\frac{1}{\omega_2^2}-\delta_{11}m_1}{\delta_{12}m_2}=\frac{(\delta_{11}-\delta_{12})m-\delta_{11}m}{\delta_{12}m}=-1$$

可见按第二阶频率振动时，两质点的位移是等值而反向的，振型为反对称形状，如图 12-25(e)所示。

由此例可以看出，若结构的刚度和质量分布都是对称的，则其主振型不是正对称便是反对称的。因此，求自振频率时，也可以分别就正、反对称的情况取一半结构来进行计算，这样就简化为两个单自由度结构的计算。

例 12-4 图 12-26(a)所示刚架各杆 EI 都为常数，而假设将其质量集中于各节点处，分别为 m_1 和 $m_2=1.5m_1$。试确定其自振频率和相应的振型。

解：此为对称结构，故其振型可分为正、反对称两种。根据受弯直杆忽略轴向变形的假定，可判定不可能发生正对称形式的振动，因此其振型只能是反对称的。于是可取图 12-26(b)所示一半结构来计算，它是两个自由度的结构。

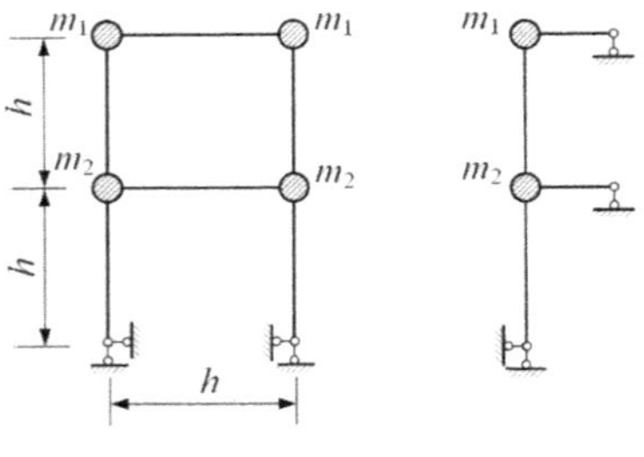

图 12-26 例 12-4 图

(1) 柔度法求解

为了能按式(12-64)求得自振频率，须先求出各单位力作用下的位移。此半刚架是超静定的，应先解算超静定结构，作出它在单位力 $F_1=1$ 和 $F_2=1$ 分别作用下的弯矩图 M_1 和 M_2 图，如图 12-27(a)、图 12-27(b)所示；然后可取静定的基本结构，绘出其 $\overline{M}_1$ 和 $\overline{M}_2$ 图，如图 12-27(c)、图 12-27(d)所示。用图乘法可求得：

$$\delta_{11}=\sum\int\frac{M_1\overline{M}_1\mathrm{d}x}{EI}=\frac{39h^3}{48EI}$$

$$\delta_{22}=\sum\int\frac{M_2\overline{M}_2\,\mathrm{d}x}{EI}=\frac{23h^3}{48EI}$$

$$\delta_{12}=\sum\int\frac{M_1\overline{M}_2\,\mathrm{d}x}{EI}=\frac{27h^3}{48EI}$$

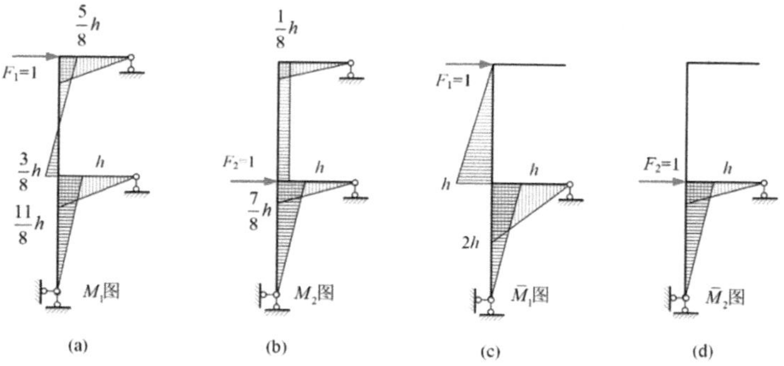

图 12-27　弯矩图

代入式(12-64)有：

$$\frac{1}{\omega_1^2}=1.456\ 1\,\frac{m_1h^3}{EI},\frac{1}{\omega_2^2}=0.075\ 1\,\frac{m_1h^3}{EI}$$

从而得：

$$\omega_1=0.83\sqrt{\frac{EI}{m_1h^3}}\quad \omega_2=3.65\sqrt{\frac{EI}{m_1h^3}}$$

再由式(12-65)和式(12-67)分别求得第一阶振型和第二阶振型为：

$$\rho_1=0.763\quad \rho_2=-0.874$$

这表明，按第一阶频率作反对称振动时，上下两层的质点是同向振动的；而按第二阶频率作反对称振动时，上下两层的质点则反向振动，分别如图 12-28(a)、图 12-28(b)所示。

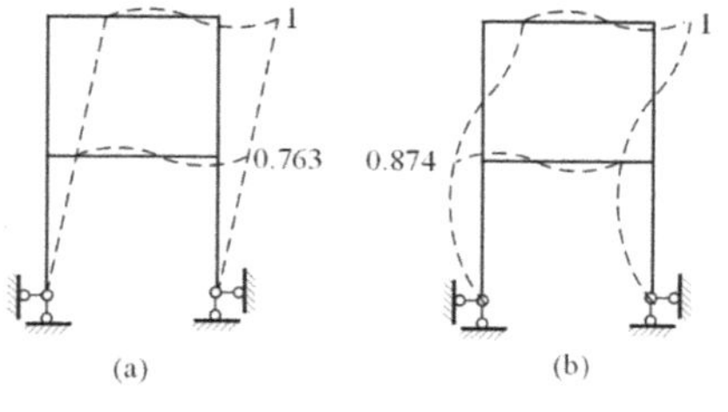

图 12-28　不同阶频率下反对称振动类型

(2) 刚度法求解

以上是按柔度法求解。若按刚度法求解，推导过程与上相似。然而也可以利用柔度矩阵与刚度矩阵互为逆阵的关系，将前述求频率和振型的公式加以变换即可。为此 $\boldsymbol{\delta}^{-1}$，用左乘式(12-62)的矩阵形式有：

$$\left(\boldsymbol{M}-\frac{1}{\omega^2}\boldsymbol{\delta}^{-1}\right)\boldsymbol{A}=\boldsymbol{0}$$

即：

$$(\boldsymbol{K}-\omega^2\boldsymbol{M})\boldsymbol{A}^{(k)}=\boldsymbol{0} \tag{12-78}$$

这便是按刚度法求解的振幅方程。因 $\boldsymbol{A}$ 不能全为零，故可得频率方程为：

$$|\boldsymbol{K}-\omega^2\boldsymbol{M}|=\boldsymbol{0} \tag{12-79}$$

将其展开，可解出 n 个自振频率 $\omega_1,\omega_2,\cdots,\omega_n$。再将它们逐一代回振幅方程(12-78)得：

$$(\boldsymbol{K}-\omega_k^2\boldsymbol{M})\boldsymbol{A}^{(k)}=0 \quad (k=1,2,\cdots,n) \tag{12-80}$$

便可确定相应的 n 个主振型。

对于两个自由度的结构，频率方程为：

$$\begin{vmatrix} k_{11}-\omega^2 m_1 & k_{12} \\ k_{21} & k_{22}-\omega^2 m_2 \end{vmatrix}=0$$

展开得：

$$m_1 m_2(\omega^2)^2-(k_{11}m_2+k_{22}m_1)\omega^2+(k_{11}k_{22}-k_{12}^2)=0$$

由此解得 ω^2 的两个根为：

$$\omega_{1,2}^2=\frac{1}{2}\left(\frac{k_{11}}{m_1}+\frac{k_{22}}{m_2}\right)\mp\frac{1}{2}\sqrt{\left(\frac{k_{11}}{m_1}+\frac{k_{22}}{m_2}\right)^2-\frac{4(k_{11}k_{22}-k_{12}^2)}{m_1 m_2}} \tag{12-81}$$

分别再开平方便可求得 ω_1 和 ω_2。两个主振型为：

$$\left.\begin{aligned} \rho_1&=\frac{A_2^{(1)}}{A_1^{(1)}}=\frac{\omega_1^2 m_1-k_{11}}{k_{12}} \\ \rho_2&=\frac{A_2^{(2)}}{A_1^{(2)}}=\frac{\omega_2^2 m_1-k_{11}}{k_{12}} \end{aligned}\right\} \tag{12-82}$$

例 12-5 如图 12-29(a)所示对称刚架各杆 EI 为常数，设质量集中于各杆中点，其值 $m_1=m_2=m$，试确定该体系的自振频率和振型。

解：两个质点分别沿与各自所在杆件垂直的方向振动。本例柔度系数易求，采用柔度法。刚架为一次超静定结构，先以各质点分别作用单位力时的状态为位移状态，用力法作出弯矩图，如图 12-29(b)、图 12-29(c)所示。再任选图 12-29(a)结构的基本结构为力状态(基本结构形式可不同)，作出与图 12-29(b)、图 12-29(c)对应的力状态弯矩图。由代数法可求出柔度系数如下：

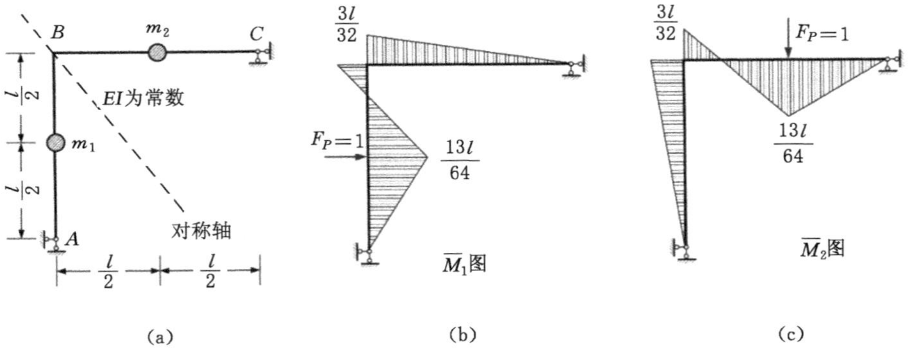

图 12-29 例 12-5 图

$$\delta_{11}=\delta_{22}=\frac{23l^3}{1\ 536EI},\delta_{12}=\delta_{21}=\frac{9l^3}{1\ 536EI}$$

将各系度系数代入式(12-62)，经整理后得：

$$\left.\begin{aligned}\left(23-\frac{1\ 536EI}{ml^3\omega^2}\right)A_1-9A_2=0\\-9A_1+\left(23-\frac{1\ 536EI}{ml^3\omega^2}\right)A_2=0\end{aligned}\right\}\tag{12-83}$$

结构体系的频率方程为：

$$\begin{vmatrix}23-\dfrac{1\ 536EI}{ml^3\omega^2} & -9\\ -9 & 23-\dfrac{1\ 536EI}{ml^3\omega^2}\end{vmatrix}=0\tag{12-84}$$

令 $s=1\ 536EI/ml,\lambda=1/\omega^2$ 展开式(12-84)得：

$$(23-s\lambda)^2-81=0$$

求解得：

$$\frac{1}{\omega_1^2}=\frac{32ml^3}{1\ 536EI},\frac{1}{\omega_2^2}=\frac{14ml^3}{1\ 536EI}$$

据此可得：

$$\omega_1=\sqrt{\frac{1\ 536EI}{32ml^3}}=6.928\sqrt{\frac{EI}{ml^3}},\omega_2=\sqrt{\frac{1\ 536EI}{14ml^3}}=10.474\sqrt{\frac{EI}{ml^3}}$$

将 ω_1、ω_2 分别代入式(12-83)的第一个方程可得：

$$A_{21}/A_{11}=1,A_{22}/A_{12}=-1$$

体系的上述振型如图 12-30 所示。其中，第一振型是对称的；第二振型是反对称的。

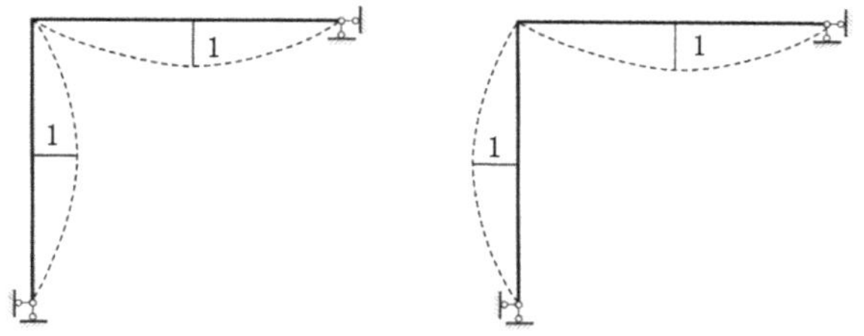

(a) 第一振型　　(b) 第二振型

图 12-30　对称刚架体系的振型

例 12-6　试求图 13-31(a)所示刚架的自振频率和振型。横梁抗弯刚度 $EI_1=\infty$，体系的质量全部集中在横梁上。各杆件旁之值为其线刚度($i=EI/l$)。

解：忽略柱轴向变形后两横梁各有一水平方向的振动，其位移分别为 y_1 和 y_2 如图 12-31(b)所示。本例刚度系数易求，故用刚度法。作出下横梁发生单位位移（上横梁不动）和上横架发生单位位移（下横梁不动）时刚架的位移示意图，如图 12-31(c)、图 12-31(d)所示。各柱端剪力可从表 9-2 查出。取各横梁为隔离体，由静力平衡条仵得：

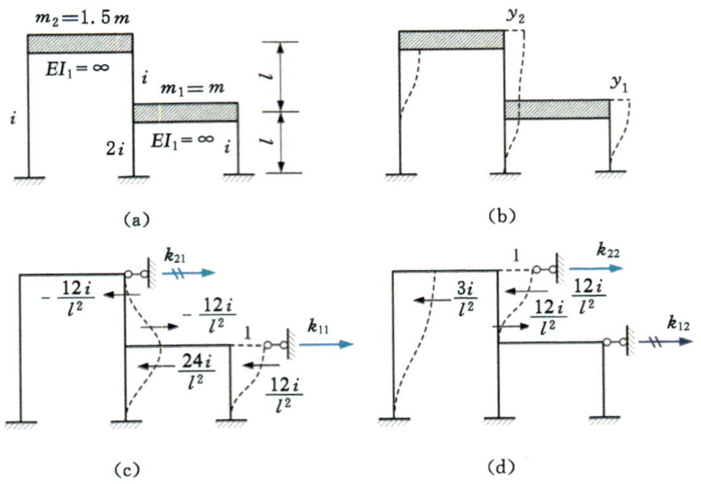

图 12-31　例 12-6 图

$$k_{11}=\frac{48i}{l^2},k_{22}=\frac{15i}{l^2},k_{12}=k_{21}=\frac{12i}{l^2}$$

将上述各值代入频率方程(12-75)并注意到 $m_1=m,m_2=1.5m$，经整理得：

$$\begin{vmatrix} 48i-ml^2\omega^2 & -12i \\ -12i & 15i-1.5ml^2\omega^2 \end{vmatrix}=0$$

展开上式得到关于 ω^2 的一元二次方程：

$$1.5m^2l^4(\omega^2)^2-87mil^2\omega^2+576i^2=0$$

由此求得体系的自振频率：

$$\omega_1=2.761\sqrt{\frac{EI}{ml^3}},\omega_2=7.098\sqrt{\frac{EI}{ml^3}}$$

将 ω_1、ω_2 分别代入式(12-75)，可得正则化主振型：

$$\boldsymbol{A}_1=\begin{bmatrix} A_{11} \\ A_{21} \end{bmatrix}=\begin{bmatrix} 1 \\ 3.365 \end{bmatrix},\boldsymbol{A}_2=\begin{bmatrix} A_{12} \\ A_{22} \end{bmatrix}=\begin{bmatrix} 1 \\ -0.198 \end{bmatrix}$$

其对应的振型如图 12-32 所示。

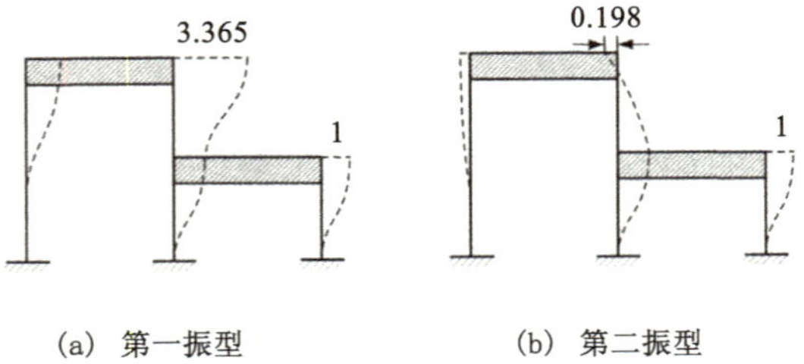

图 12-32　刚架体系的振型

12.6.2　两个以上自由度结构体系的自由振动

12.6.2.1　柔度法

两个自由度体系自由振动的分析方法可推广到两个以上自由度的体系中。如果按柔度法来建立振动微分方程，则可将各质点的惯性力看作是静力荷载，如图 12-33(a)所示，在这些荷载作用下，结构上任一质点处的位移应为：

$$y_i = \delta_{i1}(-m_1\ddot{y}_1) + \delta_{i2}(-m2\ddot{y}_2) + \cdots + \delta_{in}(-m_n\ddot{y}_n) \tag{12-85}$$

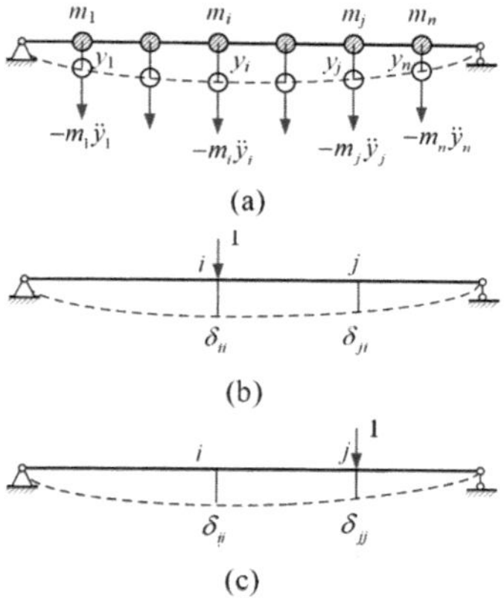

图 12-33

式中，δ_{ii}，δ_{ij} 等是结构的柔度系数，它们的物理意义如图 12-33(b)、图 12-33(c)所示。据此，可以建立 n 个位移方程：

$$\begin{aligned} y_1 + \delta_{11}m_1\ddot{y}_1 + \delta_{12}m_2\ddot{y}_2 + \cdots + \delta_{1n}m_n\ddot{y}_n &= 0 \\ y_2 + \delta_{21}m_1\ddot{y}_1 + \delta_{22}m_2\ddot{y}_2 + \cdots + \delta_{2n}m_n\ddot{y}_n &= 0 \\ &\cdots\cdots \\ y_n + \delta_{n1}m_1\ddot{y}_1 + \delta_{n2}m_2\ddot{y}_2 + \cdots + \delta_{nn}m_n\ddot{y}_n &= 0 \end{aligned} \tag{12-86}$$

写成矩阵形式，就有：

$$\begin{pmatrix} y_1 \\ y_2 \\ \vdots \\ y_n \end{pmatrix} + \begin{pmatrix} \delta_{11} & \delta_{12} & \cdots & \delta_{1n} \\ \delta_{21} & \delta_{22} & \cdots & \delta_{2n} \\ \vdots & \vdots & \vdots & \vdots \\ \delta_{n1} & \delta_{n2} & \cdots & \delta_{nn} \end{pmatrix} \begin{pmatrix} m_1 & & & 0 \\ & m_2 & & \\ & & \ddots & \\ 0 & & & m_n \end{pmatrix} \begin{pmatrix} \ddot{y}_1 \\ \ddot{y}_2 \\ \vdots \\ \ddot{y}_n \end{pmatrix} = \begin{pmatrix} 0 \\ 0 \\ \vdots \\ 0 \end{pmatrix} \tag{12-87}$$

或简写成：

$$\boldsymbol{Y} + \boldsymbol{\delta M \ddot{Y}} = \boldsymbol{0} \tag{12-88}$$

式中，$\boldsymbol{\delta}$ 为结构的柔度矩阵，根据位移互等定理，它是对称矩阵。式(12-87)或式(12-88)就是按柔度法建立的多自由度结构的无阻尼自由振动微分方程。

现在对按柔度法建立的振动微分方程进行求解。设式(12-88)的特解取如下形式：

$$y_i = A_i\sin(\omega t + \varphi) \quad (i = 1, 2, \cdots, n) \tag{12-89}$$

亦即设所有质点都按同一频率同一相位作同步简谐振动，但各质点的振幅值各不相同。

将式(12-89)代入式(12-88)并消去公因子 $\sin(\omega t+\varphi)$可得：

$$\begin{cases}\left(\delta_{11}m_1-\dfrac{1}{\omega^2}\right)A_1+\delta_{12}m_2A_2+\cdots+\delta_{1}m_{\mathrm{n}}A_{\mathrm{n}}=0\\ \delta_{21}m_1A_1+\left(\delta_{22}m_2-\dfrac{1}{\omega^2}\right)A_2+\cdots+\delta_{2\mathrm{n}}m_{\mathrm{n}}A_{\mathrm{n}}=0\\ \cdots\cdots\\ \delta_{\mathrm{n}1}m_1A_1+\delta_{\mathrm{n}2}m_2A_2+\cdots+\left(\delta_{\mathrm{nn}}m_{\mathrm{n}}-\dfrac{1}{\omega^2}\right)A_{\mathrm{n}}=0\end{cases} \tag{12-90}$$

写成矩阵形式则为：

$$\left(\boldsymbol{\delta M}-\frac{1}{\omega^2}\boldsymbol{I}\right)\boldsymbol{A}=\boldsymbol{0} \tag{12-91}$$

式中，$\boldsymbol{A}=[A_1\quad A_2\quad\cdots\quad A_n]^{\mathrm{T}}$ 为振幅列向量，$\boldsymbol{I}$ 是单位矩阵。

式(12-90)为振幅，$A_1,A_2,\cdots,A_n$ 的齐次方程，称为振幅方程。当 $A_1,A_2,\cdots,A_n$ 全为零时该式满足，但这对应于无振动的静止状态。要得到 $A_1,A_2,\cdots,A_n$ 不全为零的解答，则必须是该方程组的系数行列式等于零，即：

$$\begin{vmatrix}\left(\delta_{11}m_1-\dfrac{1}{\omega^2}\right) & \delta_{12}m_2 & \cdots & \delta_{1n}m_n\\ \delta_{21}m_1 & \left(\delta_{22}m_2-\dfrac{1}{\omega^2}\right) & \cdots & \delta_{2n}m_n\\ \vdots & \vdots & & \vdots\\ \delta_{n1}m_1 & \delta_{n2}m_2 & \cdots & \left(\delta_{nn}m_n-\dfrac{1}{\omega^2}\right)\end{vmatrix}=0 \tag{12-92}$$

或写为：

$$\left|\boldsymbol{\delta M}-\frac{1}{\omega^2}\boldsymbol{I}\right|=0 \tag{12-93}$$

将行列式展开，可得到一个含 $1/\omega^2$ 的 n 次代数方程，由此可解出 $1/\omega^2$ 的 n 个正实根，从而得出 n 个自振频率 $\omega_1,\omega_2,\cdots,\omega_n$，若按它们的数值由小到大依次排列，则分别称为第一阶，第二阶，…，第 n 阶自振频率，并总称为结构自振的频谱。把用以确定 ω 数值的式(12-92)或式(12-93)称为频率方程。

将 n 个自振频率中的任一个 ω_k 代入式(12-89)，即得特解为：

$$y_i^{(k)}=A_i^{(k)}\sin(\omega_k t+\varphi_k)\quad(i=1,2,\cdots,n) \tag{12-94}$$

此时各质点按同一频率 ω_k 作同步简谐振动，但各质点的位移相互间的比值：

$$y_1^{(k)}:y_2^{(k)}:\cdots:y_n^{(k)}=A_1^{(k)}:A_2^{(k)}:\cdots:A_n^{(k)}$$

却并不随时间而变化，也就是说在任何时刻结构的振动都保持同一形状，整个结构就像一个单自由度结构一样在振动。多自由度结构按任一自振频率 ω_k 进行的简谐振动称为主振动，而其相应的特定振动形式称为主振型或简称振型。

要确定振型便须确定各质点振幅间的比值。为此，可将 ω_k 值代回振幅方程(12-90)而得：

$$\left.\begin{aligned}
&\left(\delta_{11}m_1-\frac{1}{\omega_k^2}\right)A_1^{(k)}+\delta_{12}m_2A_2^{(k)}+\cdots+\delta_{1n}m_nA_n^{(k)}=0\\
&\delta_{21}m_1A_1^{(k)}+\left(\delta_{22}m_2-\frac{1}{\omega_k^2}\right)A_2^{(k)}+\cdots+\delta_{2n}m_nA_n^{(k)}=0\\
&\vdots\\
&\delta_{n1}m_1A_1^{(k)}+\delta_{n2}m_2A_2^{(k)}+\cdots+\left(\delta_{nn}m_n-\frac{1}{\omega_k^2}\right)A_n^{(k)}=0
\end{aligned}\right\}\quad(k=1,2,\cdots,n)\tag{12-95}$$

或写为：

$$\left(\boldsymbol{\delta M}-\frac{1}{\omega_k^2}\boldsymbol{I}\right)\boldsymbol{A}^{(k)}=\boldsymbol{0}\quad(k=1,2,\cdots,n)\tag{12-96}$$

由于此时式(12-95)的系数行列式为零，故其 n 个方程中只有$(n-1)$个是独立的，因而不能求得 $A_1^{(k)},A_2^{(k)},\cdots,A_n^{(k)}$ 的确定值，但可确定各质点振幅间的相对比值，这便确定了振型。

式(12-96)中的 $\boldsymbol{A}^{(k)}=(A_1^{(k)}\quad A_2^{(k)}\quad\cdots\quad A_n^{(k)})^{\mathrm{T}}$ 称为与 ω_k 相应的主振型向量。如果假定了其中任一个元素的值，例如通常假定第一个元素的 $\boldsymbol{A}_i^{(k)}=1$，便可求出其余各元素值，这样求得的振型称为正则化(归一化)振型。

一个结构有 n 个自由度，便有 n 个自振频率，相应地便有 n 个主振动和主振型，它们都是振动微分方程的特解。这些主振动的线性组合，就构成振动微分方程的一般解：

$$\begin{aligned}
y_i&=A_i^{(1)}\sin(\omega_1t+\varphi_1)+A_i^{(2)}\sin(\omega_2t+\varphi_2)+\cdots+A_i^{(n)}\sin(\omega_nt+\varphi_n)\\
&=\sum_{k=1}^{n}A^{(k)}\sin(\omega_kt+\varphi_k)\quad(i=1,2,\cdots,n)
\end{aligned}\tag{12-97}$$

即在一般情况下，各质点的振动将是由 n 个不同频率的主振动分量叠加而成。各主振动分量的振幅 $A_i^{(k)}$ 及初相角 φ_k 将取决于初始条件。由于在每一主振动分量中，各质点振幅之比亦即振型是固定的，故只要确定了任一质点的振幅，所有质点的振幅便可确定。这样，在式(12-97)的 $A_i^{(k)}$ 中，独立的参数便只有 n 个，再加上 n 个 φ_k，共有 $2n$ 个待定常数，它们可由 n 个质点的初位移和初速度共 $2n$ 个初始条件确定。显然，初始条件不同，$A_i^{(k)}$ 及 φ_k 值将随之不同。然而自振频率和振型却不因初始条件不同而异，它们与外因激振无关。由式(12-96)及式(12-95)可知，自振频率和振型只取决于结构的质量分布和柔度系数(或刚度系数)，因而它们反映着结构本身固有的动力特性。以后可以看到，在多自由度结构的动力计算中，确定自振频率及振型将是首要的任务。

12.6.2.2　刚度法

设图 12-34(a)所示无质量简支梁支承着 n 个集中质量 $m_1,m_2,\cdots,m_n$ 若略去梁的轴向变形和质点的转动，则为 n 个自由度的结构。设在振动中任一时刻各质点的位移分别为 $y_1,y_2,\cdots,y_n$。按刚度法建立振动微分方程时，可以采取类似于第 8 章位移法的步骤来处理。首先，加入附加链杆阻止所有质点的位移，如图 12-34(b)所示，则在各质点的惯性力 $-m_1\ddot{y}_1(i=1,2,\cdots,n)$作用下，各链杆的反力即等于 $m_i\ddot{y}_i$；其次，令各链杆发生与各质点实际位置相同的位移，如图 12-34(c)所示，此时各链杆上所需施加的力为 $F_{R_i}(i=1,2,\cdots,n)$。

若不考虑各质点所受的阻尼力，则将上述两情况叠加，各附加链杆上的总反力应等于零，由此便可列出各质点的动力平衡方程。以质点 m_i 为例，有：

$$m_i\ddot{y}_i + F_{R_i} = 0 \tag{12-98}$$

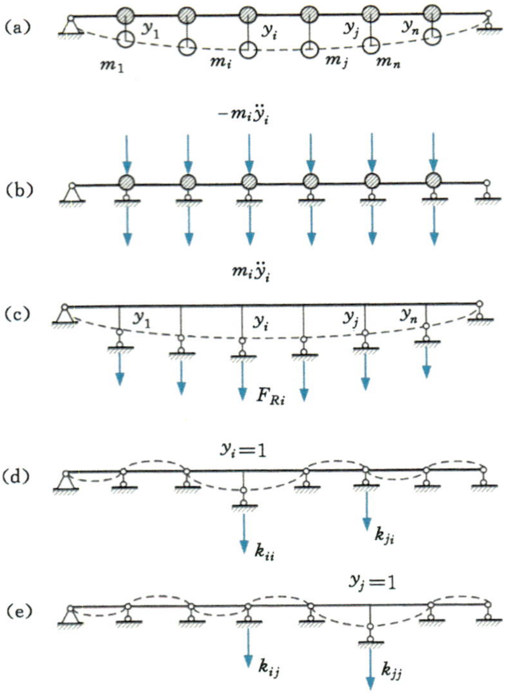

图 12-34

而 F_{R_i} 的大小取决于结构的刚度和各质点的位移值，由叠加原理，它可写为：

$$F_{R_i} = k_{i1}y_1 + k_{i2}y_2 + \cdots + k_{ii}y_i + \cdots + k_{ij}y_j + \cdots + k_{in}y_n \tag{12-99}$$

式中 k_{ii}、k_{ij} 等是结构的刚度系数，它们物理意义如图 12-34(d)、图 12-34(e)所示。例如 k_{ij} 为 j 点发生单位位移(其余各点位移均为零)时 i 点处附加链杆的反力。把式(12-99)代入式(12-98)，有：

$$m_i\ddot{y}_i + k_{i1}y_1 + k_{i2}y_2 + \cdots + k_{in}y_n = 0 \tag{12-100}$$

同理，对每个质点都列出这样一个动力平衡方程，于是可建立 n 个方程如下：

$$\left.\begin{aligned} m_1\ddot{y}_1 + k_{11}y_1 + k_{12}y_2 + \cdots + k_{1n}y_n = 0 \\ m_2\ddot{y}_2 + k_{21}y_1 + k_{22}y_2 + \cdots + k_{2n}y_n = 0 \\ \vdots \\ m_n\ddot{y}_n + k_{n1}y_1 + k_{n2}y_2 + \cdots + k_{nn}y_n = 0 \end{aligned}\right\} \tag{12-101}$$

写成矩阵形式：

$$\begin{bmatrix} m_1 & & & 0 \\ & m_2 & & \\ & \vdots & & \\ 0 & & & m_n \end{bmatrix}\begin{Bmatrix} y_1 \\ y_2 \\ \vdots \\ y_n \end{Bmatrix}+\begin{bmatrix} k_{11} & k_{12} & \cdots & k_{1n} \\ k_{21} & k_{22} & \cdots & k_{2n} \\ & \vdots & & \\ k_{n1} & k_{n2} & \cdots & k_{nn} \end{bmatrix}\begin{Bmatrix} y_1 \\ y_2 \\ \vdots \\ y_n \end{Bmatrix}=\begin{Bmatrix} 0 \\ 0 \\ \vdots \\ 0 \end{Bmatrix} \tag{12-102}$$

或简写为：

$$\boldsymbol{M}\ddot{\boldsymbol{Y}}+\boldsymbol{K}\boldsymbol{Y}=\boldsymbol{0} \tag{12-103}$$

式中 $\boldsymbol{M}$ 为质量矩阵，在集中质量的结构中它是对角矩阵；$\boldsymbol{K}$ 为刚度矩阵，根据反力互等定理，它是对称矩阵；$\ddot{\boldsymbol{Y}}$ 为加速度列向量；$\boldsymbol{Y}$ 为位移列向量。

式(12-102)或式(12-103)就是按刚度法建立的多自由度结构的无阻尼自由振动微分方程。

若对式(12-88)左乘以 $\boldsymbol{\delta}^{-1}$，则有：

$$\boldsymbol{\delta}^{-1}\boldsymbol{Y}+\boldsymbol{M}\ddot{\boldsymbol{Y}}=\boldsymbol{0} \tag{12-104}$$

与式(12-103)对比，显然应有：

$$\boldsymbol{\delta}^{-1}=\boldsymbol{K} \tag{12-105}$$

即柔度矩阵和刚度矩阵是互为逆阵的。可见不论按刚度法或柔度法来建立结构的振动微分方程，实质都一样，只是表现形式不同而已。当结构的柔度系数比刚度系数较易求得时，宜采用柔度法，反之则宜采用刚度法。

若按刚度法求解，推导过程与柔度法相似。然而也可以利用柔度矩阵与刚度矩阵互为逆阵的关系，将前述求频率和振型的公式加以变换即可。为此，用 $\boldsymbol{\delta}^{-1}$ 左乘式（12-91）有：

$$\left(\boldsymbol{M}-\frac{1}{\omega^2}\boldsymbol{\delta}^{-1}\right)\boldsymbol{A}=\boldsymbol{0} \tag{12-106}$$

即：

$$(\boldsymbol{K}-\omega^2\boldsymbol{M})\boldsymbol{A}=\boldsymbol{0} \tag{12-107}$$

这便是按刚度法求解的振幅方程。因 $\boldsymbol{A}$ 不能全为零，故可得频率方程为：

$$\left|\boldsymbol{K}-\omega^2\boldsymbol{M}\right|=0 \tag{12-108}$$

将其展开，可解出 n 个自振频率 $\omega_1,\omega_2,\cdots,\omega_n$。再将它们逐一代回振幅方程（12-107）得：

$$(\boldsymbol{K}-\omega_k^2\boldsymbol{M})\boldsymbol{A}^{(k)}=\boldsymbol{0}\quad(k=1,2,\cdots,n) \tag{12-109}$$

便可确定相应的 n 个主振型。

例 12-7　图 12-35(a)所示三层刚架横梁的刚度可视为无穷大，因而其变形可略去不计，并设刚架的质量都集中在各层横梁上。试确定其自振频率和主振型。

解：此刚架振动时各横梁不能竖向移动和转动而只能作水平移动，故只有三个自由度。按刚度法来求其自振频率，结构的刚度系数如图 12-35(b)、图 12-35(c)和图 12-35(d)所示，由此可建立其刚度矩阵为：

$$\boldsymbol{K}=\frac{24EI}{l^3}\begin{bmatrix} 6 & -2 & 0 \\ -2 & 3 & -1 \\ 0 & -1 & 1 \end{bmatrix}$$

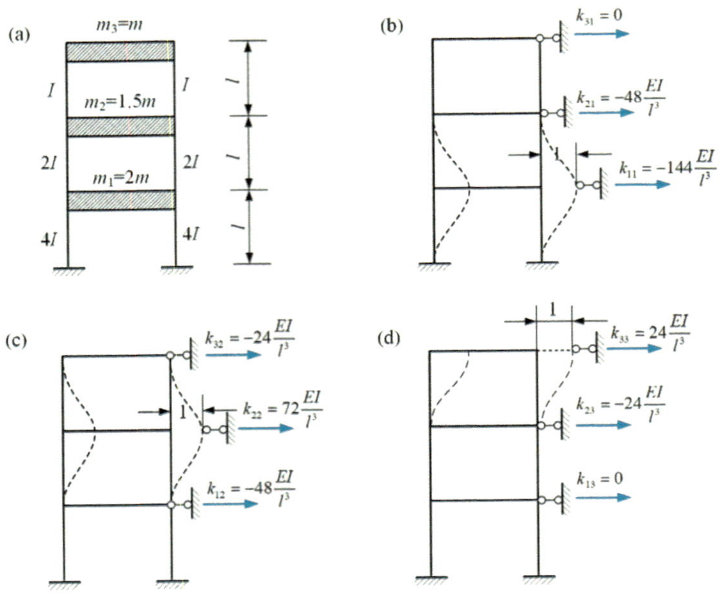

图 12-35　例 12-7 图

而质量矩阵为：

$$\boldsymbol{M}=m\begin{pmatrix}2&0&0\\0&1.5&0\\0&0&1\end{pmatrix}$$

因而有：

$$\boldsymbol{K}-\omega^2\boldsymbol{M}=\frac{24EI}{l^3}\begin{pmatrix}6-2\eta&-2&0\\-2&3-1.5\eta&-1\\0&-1&1-\eta\end{pmatrix}\tag{12-110}$$

式中：

$$\eta=\frac{ml^3}{24EI}\omega^2\tag{12-111}$$

将式(12-110)代入式(12-108)应有：

$$\begin{vmatrix}6-2\eta&-2&0\\-2&3-1.5\eta&-1\\0&-1&1-\eta\end{vmatrix}=0$$

展开得：

$$3\eta^3-18\eta^2+27\eta-8=0$$

由试算法可解得其三个根为：

$$\eta_1=0.392,\eta_2=1.774,\eta_3=3.834$$

由式(12-111)求得三个自振频率为：

$$\omega_1=\sqrt{\frac{24EI}{ml^3}\eta_1}=3.067\sqrt{\frac{EI}{ml^3}}$$

$$\omega_2=\sqrt{\frac{24EI}{ml^3}\eta_2}=6.525\sqrt{\frac{EI}{ml^3}}$$

$$\omega_3=\sqrt{\frac{24EI}{ml^3}\eta_3}=9.592\sqrt{\frac{EI}{ml^3}}$$

下面来确定主振型。将式(12-110)代入式(12-109)并约去公因子$\frac{24EI}{l^3}$有：

$$\begin{pmatrix}6-2\eta_k & -2 & 0\\ -2 & 3-1.5\eta_k & -1\\ 0 & -1 & 1-\eta_k\end{pmatrix}\begin{pmatrix}A_1^{(k)}\\ A_2^{(k)}\\ A_3^{(k)}\end{pmatrix}=\begin{pmatrix}0\\0\\0\end{pmatrix}\tag{12-112}$$

将 $\omega_k=\omega_1$，亦即 $\eta_k=\eta_1=0.392$ 代入式(12-112)有：

$$\begin{pmatrix}5.216 & -2 & 0\\ -2 & 2.412 & -1\\ 0 & -1 & 0.608\end{pmatrix}\begin{pmatrix}A_1^{(1)}\\ A_2^{(1)}\\ A_3^{(1)}\end{pmatrix}=\begin{pmatrix}0\\0\\0\end{pmatrix}$$

因上式的系数行列式为零，故三个方程中只有两个是独立的，可由三个方程中任取两个，如取前两个方程：

$$\begin{cases}5.216A_1^{(1)}-2A_2^{(1)}=0\\ -2A_1^{(1)}+2.412A_2^{(1)}-A_3^{(1)}=0\end{cases}$$

并假设 $A_1^{(1)}=1$，即可求得归一化的第一阶振型为：

$$\boldsymbol{A}^{(1)}=\begin{pmatrix}A_1^{(1)}\\ A_2^{(1)}\\ A_3^{(1)}\end{pmatrix}=\begin{pmatrix}1\\ 2.608\\ 4.290\end{pmatrix}$$

同理，可求得第二阶和第三阶振型分别为：

$$\boldsymbol{A}^{(2)}=\begin{pmatrix}A_1^{(2)}\\ A_2^{(2)}\\ A_3^{(2)}\end{pmatrix}=\begin{pmatrix}1\\ 1.226\\ -1.584\end{pmatrix},\boldsymbol{A}^{(3)}=\begin{pmatrix}A_1^{(3)}\\ A_2^{(3)}\\ A_3^{(3)}\end{pmatrix}=\begin{pmatrix}1\\ -0.834\\ 0.294\end{pmatrix}$$

第一阶、二阶、三阶振型分别如图 12-36(a)、图 12-36(b)和图 12-36(c)所示。由本例可以看出：一般地说，频率越高，振型的形状也越复杂。通常，当某一个质点上有一个力作用(其余各质点上均无力作用)时，各质点位移的方向即为第一阶振型中各质点位移的方向。可据此事先估计最低振型的大致形状。

12.6.3　主振型的正交性

12.6.3.1　两自由度体系主振型的正交性

由前面分析可知，体系作简谐振动时，任一瞬时的位移等于惯性力所产生的静力位移。对于两自由度结构体系，两个主振型的变形曲线可视作由相应的惯性力所引起的静力变形曲线，即第一振型看作是由惯性力幅值 $\omega_1^2m_1A_{11}$ 和 $\omega_1^2m_2A_{21}$ 产生的静力位移，第二振型看

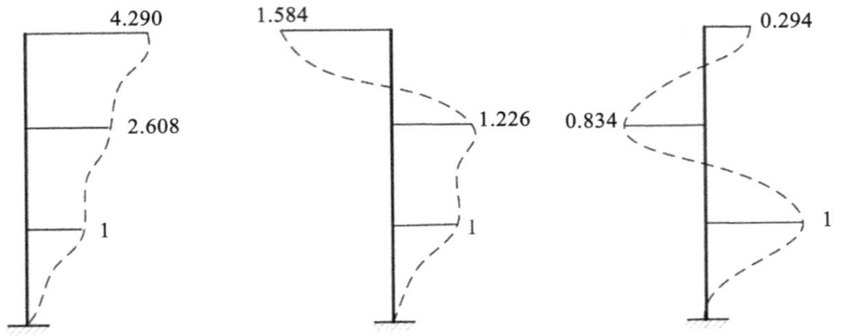

(a) (b) (c)

图 12-36

作是由惯性力幅值 $\omega_2^2 m_1 A_{12}$ 和 $\omega_2^2 m_2 A_{22}$ 产生的静力位移，如图 12-37(a)、图 12-37(b)所示。

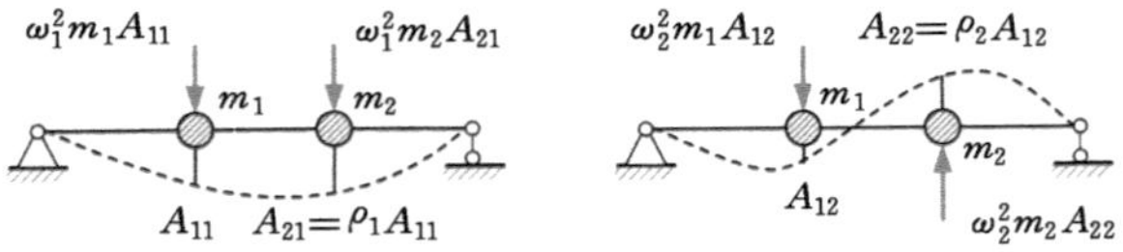

(a) 第一振型　(b) 第二振型

图 12-37

若将图 12-37(a)、图 12-37(b)分别视作第一状态和第二状态，则由功的互等定理可知，第一状态的力在第二状态的位移上所作功等于第二状态的力在第一状态的位移上所作功，即：

$$m_1\omega_1^2 A_{11}A_{12}+m_2\omega_1^2 A_{21}A_{22}=m_1\omega_2^2 A_{12}A_{11}+m_2\omega_2^2 A_{22}A_{21}$$

整理后得：

$$(\omega_1^2-\omega_2^2)(m_1A_{11}A_{12}+m_2A_{21}A_{22})=0$$

一般 $\omega_1\neq\omega_2$，故有：

$$m_1A_{11}A_{12}+m_2A_{21}A_{22}=0 \qquad [12\text{-}113(a)]$$

用矩阵表达时为：

$$\mathbf{A}_1^{\mathrm{T}}\mathbf{M}\mathbf{A}_2=\mathbf{0} \qquad [12\text{-}113(b)]$$

其中 $\mathbf{A}_1^{\mathrm{T}}=[A_{11}\quad A_{21}]$，$\mathbf{M}=\begin{bmatrix} m_1 & 0 \\ 0 & m_2 \end{bmatrix}$，$\mathbf{A}_2^{\mathrm{T}}=[A_{12}\quad A_{22}]$。

在线性代数中，若 n 维向量 $\mathbf{A}_1$、$\mathbf{A}_2$ 有如下关系：

$$\mathbf{A}_1^{\mathrm{T}}\mathbf{A}_2=\mathbf{0}$$

则称 $\mathbf{A}_1$ 和 $\mathbf{A}_2$ 正交；若存在一个 n 阶方阵 $\boldsymbol{B}$，使得：

$$\mathbf{A}_1^{\mathrm{T}}\boldsymbol{B}\mathbf{A}_2=\mathbf{0}$$

则称向量 $\boldsymbol{A}_1$ 和 $\boldsymbol{A}_2$ 对矩阵 $\boldsymbol{B}$ 正交。由式[12-113(b)]可见，两个主振型向量之间存在着对质量矩阵 $\boldsymbol{M}$ 的正交关系，称为主振型对质量矩阵的正交性。

12.6.3.2　两个以上自由度体系主振型的正交性

同理推广到 n 个自由度的结构，其具有 n 个自振频率及 n 个主振型，每一频率及其相应的主振型均满足式(12-109)即：

$$(\boldsymbol{K}-\omega_k^2\boldsymbol{M})\boldsymbol{A}^{(k)}=\boldsymbol{0}\quad (k=1,2,\cdots,n)$$

现在来说明任何两个不同的主振型向量之间的正交性。在式(12-109)中，分别取 $k=i$ 和 $k=j$，可得：

$$\boldsymbol{KA}^{(i)}=\omega_i^2\boldsymbol{MA}^{(i)} \tag{12-114}$$

和

$$\boldsymbol{KA}^{(j)}=\omega_j^2\boldsymbol{MA}^{(j)} \tag{12-115}$$

对式(12-114)两边左乘以 $\boldsymbol{A}^{(j)}$ 的转置矩阵 $(\boldsymbol{A}^{(j)})^{\mathrm{T}}$，对式(12-115)两边左乘 $(\boldsymbol{A}^{(i)})^{\mathrm{T}}$，则有

$$(\boldsymbol{A}^{(j)})^{\mathrm{T}}\boldsymbol{KA}^{(i)}=\omega_i^2(\boldsymbol{A}^{(j)})^{\mathrm{T}}\boldsymbol{MA}^{(i)} \tag{12-116}$$

$$(\boldsymbol{A}^{(i)})^{\mathrm{T}}\boldsymbol{KA}^{(j)}=\omega_j^2(\boldsymbol{A}^{(i)})^{\mathrm{T}}\boldsymbol{MA}^{(j)} \tag{12-117}$$

由于 $\boldsymbol{K}$ 和 $\boldsymbol{M}$ 均为对称矩阵，故 $\boldsymbol{K}^{\mathrm{T}}=\boldsymbol{K}$，$\boldsymbol{M}^{\mathrm{T}}=\boldsymbol{M}$。将式(12-117)两边转置，将有：

$$(\boldsymbol{A}^{(j)})^{\mathrm{T}}\boldsymbol{KA}^{(i)}=\omega_j^2(\boldsymbol{A}^{(j)})^{\mathrm{T}}\boldsymbol{MA}^{(i)} \tag{12-118}$$

再将式(12-116)减去式(12-118)得：

$$(\omega_i^2-\omega_j^2)(\boldsymbol{A}^{(j)})^{\mathrm{T}}\boldsymbol{MA}^{(i)}=0$$

当 $i\neq j$ 时，$\omega_i\neq\omega_j$，于是应有：

$$(\boldsymbol{A}^{(j)})^{\mathrm{T}}\boldsymbol{MA}^{(i)}=0 \tag{12-119}$$

这表明，对于质量矩阵 $\boldsymbol{M}$，不同频率的两个主振型是彼此正交的，这是主振型之间的第一个正交关系。

将这式(12-119)代入式(12-116)，立即可知：

$$(\boldsymbol{A}^{(j)})^{\mathrm{T}}\boldsymbol{KA}^{(i)}=0 \tag{12-120}$$

可见，对于刚度矩阵 $\boldsymbol{K}$，不同频率的两个主振型也是彼此正交的，这是主振型之间的第二个正交关系。对于只具有集中质量的结构，由于 $\boldsymbol{M}$ 是对角矩阵，故式(12-119)比式(12-120)要简单一些。主振型的正交性也是结构本身固有的特性，它不仅可以用来简化结构的动力计算，而且可用以检验所求得的主振型是否正确。

例如检查例 12-6 中的 $\boldsymbol{A}^{(1)}$ 和 $\boldsymbol{A}^{(2)}$ 时，有：

$$\begin{aligned}(\boldsymbol{A}^{(1)})^{\mathrm{T}}\boldsymbol{MA}^{(2)}&=(1\quad 2.608\quad 4.290)\begin{pmatrix}2&0&0\\0&1.5&0\\0&0&1\end{pmatrix}\begin{pmatrix}1\\1.226\\-1.584\end{pmatrix}\text{m}\\&=(1\times2\times1+2.608\times1.5\times1.226-4.290\times1\times1.584)\ \text{m}\\&=(6.796-6.795)\text{m}\\&=0.001\ \text{m}\approx0\ \text{m}\end{aligned}$$

故可认为满足正交性要求。

主振型之间的正交性从物理意义上的解释是：主振型之间的第一个正交关系的含义就是第 i 阶振型的惯性力在经历第 j 阶振型位移时所做的功等于零；而主振型之间的第二个正交关系的含义则是与第 i 阶振型位移有关的等效静力在经历第 j 阶振型位移时所做的功等于零。其证明可参阅其他书目。

12.7 多自由度结构在简谐荷载作用下的受迫振动

与单自由度结构一样，多自由度结构在动力荷载作用下的受迫振动不仅有自由振动部分，还有受迫振动部分。如同单自由度结构的受迫振动，在阻尼的影响下，多自由度结构自由振动部分(过渡阶段)很快衰减，结构进入到平稳阶段。由于自由振动阶段时间比较短，因此对工程影响较大的是平稳阶段。本节只介绍不考虑阻尼情况下，多自由度结构在简谐荷载作用下的受迫振动。考虑阻尼时多自由度结构的强迫振动及在其他类型荷载下的振动响应特征可参照其他书目。

多自由结构体系在简谐荷载作用下的受迫振动也是相对复杂的，尤其是当每个简谐荷载的频率和相位不相同的情况下，为便于说明分析思想和步骤，这里只讨论多自由度结构体系受具有相同频率和相位的各简谐荷载作用下受迫振动的情况。当简谐荷载直接作用于质点上时，可以通过柔度法和刚度法进行分析，但当简谐荷载的作用位置任意时，用柔度法相对方便。

12.7.1 柔度法

图 12-38(a)所示无质量简支梁上有 n 个集中质点，并承受 k 个同步简谐周期荷载 $F_1\sin\theta t, F_2\sin\theta t, \cdots, F_k\sin\theta t$ 的作用。图中 F_{Ii} 表示第 i 个质点上的惯性力，$F_{Ii}=-m\ddot{y}_i$。与多自由结构体系的自由振动相比，受迫振动下，结构除受到 n 个质点的惯性力作用外，还受到 k 个动力荷载的作用，因而任一质点 m_i 的位移 y_i 应为：

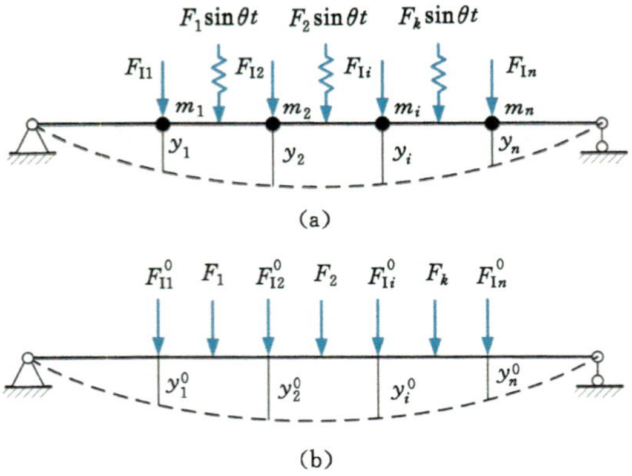

图 12-38

$$y_i=\delta_{i1}(-m_1\ddot{y}_1)+\delta_{i2}(-m_2\ddot{y}_2)+\cdots+\delta_{in}(-m_n\ddot{y}_n)+y_{iP} \tag{12-121}$$

式中，y_{iP} 为由简谐荷载在各个质点上引起的位移。

$$y_{iP}=\sum_{j=1}^{k}\delta_{ij}F_j\sin\theta t=\Delta_{iP}\sin\theta t(k\neq n)$$

其中，Δ_{iP} 为由简谐荷载幅值在各个质点上引起的位移。

$$\Delta_{iP}=\sum_{j=1}^{k}\delta_{ij}F_j$$

因此，用柔度法可列出体系受迫振动的微分方程：

$$\left.\begin{aligned}&y_1+\delta_{11}m_1\ddot{y}_1+\delta_{12}m_2\ddot{y}_2+\cdots+\delta_{1n}m_n\ddot{y}_n=\Delta_{1P}\sin\theta t\\&y_2+\delta_{21}m_1\ddot{y}_1+\delta_{22}m_2\ddot{y}_2+\cdots+\delta_{2n}m_n\ddot{y}_n=\Delta_{2P}\sin\theta t\\&\vdots\\&y_n+\delta_{n1}m_1\ddot{y}_1+\delta_{n2}m_2\ddot{y}_2+\cdots+\delta_{nn}m_n\ddot{y}_n=\Delta_{nP}\sin\theta t\end{aligned}\right\}\tag{12-122}$$

其矩阵形式如下：

$$\boldsymbol{Y}+\boldsymbol{\delta M}\ddot{\boldsymbol{Y}}=\boldsymbol{\Delta}_P\sin\theta t\tag{12-123}$$

式中 $\boldsymbol{\Delta}_P=(\boldsymbol{\Delta}_{1P}\quad\boldsymbol{\Delta}_{2P}\quad\cdots\quad\boldsymbol{\Delta}_{nP})^{\mathrm{T}}$，为简谐荷载各幅值引起的静力位移列向量，其余符号含义与前面相同。

式(12-123)的线性微分方程组的一般解将包括两部分：一部分反映结构的自由振动；另一部分为纯受迫振动，这是要重点讨论的。

设在平稳阶段各质点均按干扰力的频率 θ 作同步简谐振动，取纯受迫振动的特解为：

$$y_i=A_i\sin\theta t\quad(i=1,2,\cdots,n)\tag{12-124}$$

其中 A_i 为质点 m_i 的振幅。将上式代入式(12-122)并注意到 $\ddot{y}_i=-A_i\theta^2\sin\theta t$，可得：

$$\left.\begin{aligned}&\left(\delta_{11}m_1-\frac{1}{\theta^2}\right)A_1+\delta_{12}m_2A_2+\cdots+\delta_{1n}m_nA_n+\frac{\Delta_{1P}}{\theta^2}=0\\&\delta_{21}m_1A_1+\left(\delta_{22}m_2-\frac{1}{\theta^2}\right)A_2+\cdots+\delta_{2n}m_nA_n+\frac{\Delta_{2P}}{\theta^2}=0\\&\vdots\\&\delta_{n1}m_1A_1+\left(\delta_{n2}m_2-\frac{1}{\theta^2}\right)A_2+\cdots+\delta_{nn}m_nA_n+\frac{\Delta_{nP}}{\theta^2}=0\end{aligned}\right\}\tag{12-125}$$

矩阵形式为：

$$\left(\boldsymbol{\delta M}-\frac{1}{\theta^2}\boldsymbol{I}\right)\boldsymbol{A}+\frac{1}{\theta^2}\boldsymbol{\Delta}_P=0\tag{12-126}$$

式中 $\boldsymbol{I}$ 是单位矩阵，$\boldsymbol{A}$ 是振幅向量。解此方程组即可求出各质点在纯受迫振动中的振幅 $A_1,A_2,\cdots,A_n$，再代入式(12-124)即得各质点的振动方程，并从而可得各质点的惯性力为：

$$F_{\mathrm{I}i}=-m_i\ddot{y}_i=m_i\theta^2A_i\sin\theta tF_{\mathrm{I}i}^0\sin\theta t\tag{12-127}$$

式中 $F_{\mathrm{I}i}^0=m_i\theta^2A_i$ 代表惯性力的幅值。

由式(12-124)、式(12-127)及激振力的表达式可见，位移、惯性力及激振力都将同时达到最大值。因此，在计算最大动力位移和内力时，可将惯性力和激振力的最大值当作静力荷载加于结构上，如图 12-38(b)所示，进行计算。

为了便于求惯性力的幅值 $F_{\mathrm{I}i}^{0}$，可利用 $F_{\mathrm{I}i}^{0}=m_i\theta^2A_i$ 的关系，将式(12-125)改写成：

$$
\left.\begin{aligned}
&\left(\delta_{11}-\frac{1}{m_1\theta^2}\right)F_{\mathrm{I}1}^{0}+\delta_{12}F_{\mathrm{I}2}^{0}+\cdots+\delta_{1n}F_{\mathrm{I}n}^{0}+\Delta_{P}=0\\
&\delta_{21}F_{\mathrm{I}1}^{0}+\left(\delta_{22}-\frac{1}{m_2\theta^2}\right)F_{\mathrm{I}2}^{0}+\cdots+\delta_{2n}F_{\mathrm{I}n}^{0}+\Delta_{2P}=0\\
&\qquad\vdots\\
&\delta_{n1}F_{\mathrm{I}1}^{0}+\delta_{n2}F_{\mathrm{I}2}^{0}+\left(\delta_{nn}-\frac{1}{m_n\theta^2}\right)F_{\mathrm{I}n}^{0}+\Delta_{nP}=0
\end{aligned}\right\}\tag{12-128}
$$

矩阵形式为：

$$\left(\boldsymbol{\delta}-\frac{1}{\theta^2}\boldsymbol{M}^{-1}\right)\boldsymbol{F}_{\mathrm{I}}^{0}+\boldsymbol{\Delta}_{P}=0\tag{12-129}$$

这里 $\boldsymbol{F}_{\mathrm{I}}^{0}$ 是惯性力幅值列向量。这样便可直接解得各惯性力幅值。

当 $\theta=\omega_k\,(k=1,2,\cdots,n)$ 时，即激振力的频率与任一个自振频率相等时，此时式(12-125)的系数行列式将等于零，因而振幅、惯性力及内力值均为无限大，这便是共振现象。实际上由于存在阻尼，振幅等量值不会为无限大，但这对结构仍是很危险的，故应避免。

12.7.2 刚度法

上面是按柔度法求解，下面再给出按刚度法求解的有关公式。对于图 12-39 所示 n 个自由度的结构，当各激振力均作用在质点处时，可得出其动力平衡方程如下：

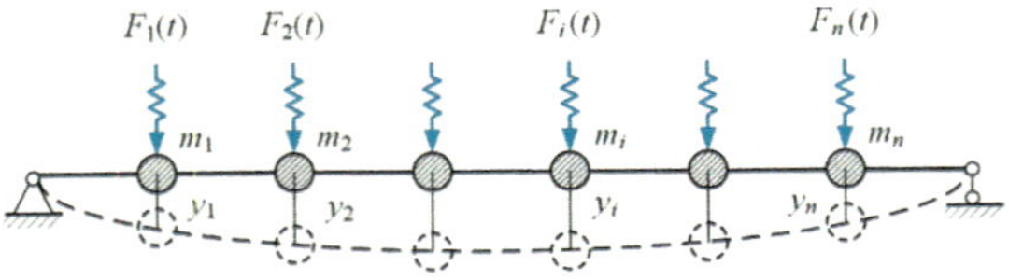

图 12-39

$$
\left.\begin{aligned}
&m_1\ddot{y}_1+k_{11}y_1+k_{12}y_2+\cdots+k_{1n}y_n=F_1(t)\\
&m_2\ddot{y}_2+k_{21}y_1+k_{22}y_2+\cdots+k_{2n}y_n=F_2(t)\\
&\qquad\vdots\\
&m_n\ddot{y}_1+k_{n1}y_1+k_{n2}y_2+\cdots+k_{nn}y_n=F_n(t)
\end{aligned}\right\}\tag{12-130}
$$

矩阵形式则为：

$$\boldsymbol{M}\ddot{\boldsymbol{Y}}+\boldsymbol{K}\boldsymbol{Y}=\boldsymbol{F}(t)\tag{12-131}$$

若各激振力均为同步简谐荷载，即：

$$\boldsymbol{F}(t)=\boldsymbol{F}\sin\theta t$$

式中 $\boldsymbol{F}=(F_1\quad F_2\quad\cdots\quad F_n)^{\mathrm{T}}$ 为荷载幅值向量，则在平稳阶段各质点亦均按频率 θ 作同步简谐振动：

$$\boldsymbol{Y}=\boldsymbol{A}\sin\theta t\tag{12-132}$$

代入式(12-130)并消去公因子得：

$$(\boldsymbol{K}-\theta^2\boldsymbol{M})\boldsymbol{A}=\boldsymbol{F} \tag{12-133}$$

由上式便可解算各质点的振幅值。然后代入式(12-132)即得各质点的位移方程，并可求得各质点的惯性力：

$$\boldsymbol{F}_{\mathrm{I}}=-\boldsymbol{M}\ddot{\boldsymbol{Y}}=\theta^2\boldsymbol{MY}\sin\theta t=\boldsymbol{F}_{\mathrm{I}}^0\sin\theta t \tag{12-134}$$

式中 $\boldsymbol{F}_{\mathrm{I}}$ 是惯性力列向量，$\boldsymbol{F}_{\mathrm{I}}^0=\theta^2\boldsymbol{MA}$ 为惯性力幅值列向量，利用此关系又可将式(12-133)改写为：

$$(\boldsymbol{KM}^{-1}-\theta^2\boldsymbol{I})\boldsymbol{F}_{\mathrm{I}}^0=\theta^2\boldsymbol{F} \tag{12-135}$$

式中 $\boldsymbol{I}$ 是单位矩阵。由上式即可直接求解惯性力幅值。前已指出，由于位移、惯性力均与激振力同时达到最大值，故可将惯性力和激振力的最大值当作静力荷载作用于结构，以计算最大动力位移和内力。

例 12-8　试求图 12-40(a)所示体系质点的最大动位移，并绘制最大动力弯矩图。已知 $m_1=m$，$m_2=2m$，横梁受简谐均布荷载 $q(t)=q\sin\theta t$，其中 $\theta=3\sqrt{\dfrac{EI}{ml^3}}$。

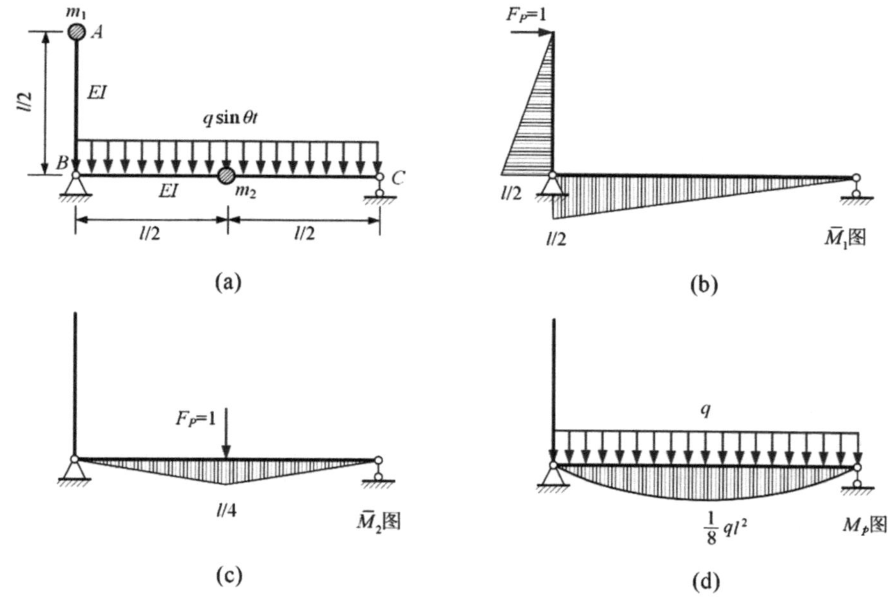

图 12-40　例 12-8 图

解：所给结构为静定，柔度系数易求，动力荷载又不作用在质点上，故用柔度法。作出 $\overline{M}_1$、$\overline{M}_2$ 和 M_p 图，如图 12-40(b)、图 12-40(c)、图 12-40(d)所示。由代数法求得柔度系数及荷载幅值引起的质点 m_1、m_2 处的静位移为：

$$\delta_{11}=\frac{l^3}{8EI},\delta_{22}=\frac{l^3}{48EI},\delta_{12}=\delta_{21}=\frac{l^3}{32EI},$$

$$\Delta_{1P}=\frac{ql^4}{48EI},\Delta_{2P}=\frac{5ql^4}{384EI}$$

将以上各值及 m_1, m_2, θ 代入式(12-126)得：

$$\left.\begin{aligned}\left(1-m\cdot\frac{l^3}{8EI}\cdot\frac{9EI}{ml^8}\right)A_1-2m\cdot\frac{l^3}{32EI}\cdot\frac{9EI}{ml^3}A_2=\frac{ql^4}{48EI}\\-m\cdot\frac{l^3}{32EI}\cdot\frac{9EI}{ml^3}A_1+\left(1-2m\cdot\frac{l^3}{48EI}\cdot\frac{9EI}{ml^3}\right)A_2=\frac{5ql^4}{384EI}\end{aligned}\right\}$$

解方程求得质点 m_1、m_2 的最大动位移为：

$$A_1=\frac{0.086\ 1ql^4}{EI},A_2=-\frac{0.017\ 9ql^4}{EI}$$

由式(12-127)可计算各质点的惯性力幅值为：

$$F_{I1}^0=m_1A_1\theta^2=-0.774\ 9ql,F_{I2}^0=m_2A_2\theta^2=-0.322\ 2ql$$

将求得的惯性力幅值和载荷幅值 q 一同作用于结构上，如图 12-41(a)，按静力法可绘出最大动力弯矩图，如图 12-41(b)所示。

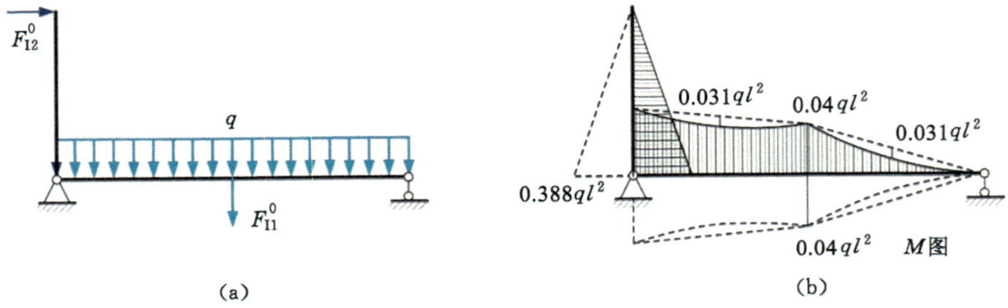

图 12-41

例 12-9 图 12-42(a)所示为一等截面刚架，其上有四个集中质量，已知 m_1 的质量为 1 kN，m_2 的质量为 0.5 kN，在 m_2 上有水平振动荷载作用 $F\sin\theta t$，其中 $F=5$ kN，每分钟振动 300 次，$l=4$ m，$EI=5\times10^3$ kN·m²。试作此刚架的最大动力弯矩图。

解：此为对称刚架承受反对称的振动荷载，故可取图 12-42(b)所示半个刚架进行计算。它具有三个自由度：m_1 的水平位移和 m_2 的水平及竖向位移。今以 F_{I1}^2 代表 m_1 的惯性力幅值，F_{I2}^0 和 F_{I3}^0 分别代表 m_2 沿水平和竖向的惯性力幅值，按式(12-128)有：

$$\left.\begin{aligned}\left(\delta_{11}-\frac{1}{m_1\theta^2}\right)F_{I1}^0+\delta_{12}F_{I2}^0+\delta_{13}F_{I3}^0+\Delta_{1P}=0\\\delta_{21}F_{I1}^0+\left(\delta_{22}-\frac{1}{m_2\theta^2}\right)F_{I2}^0+\delta_{23}F_{I3}^0+\Delta_{2P}=0\\\delta_{31}F_{I1}^0+\delta_{32}F_{I2}^0+\left(\delta_{33}-\frac{1}{m_2\theta^2}\right)F_{I3}^0+\Delta_{3P}=0\end{aligned}\right\}\quad(12\text{-}136)$$

为了求出上式中的系数和自由项，作出 $\overline{M}_1$、$\overline{M}_2$、$\overline{M}_3$ 和 M_p 图，如图 12-42(c)至图 12-42(f)所示。由图乘法得：

$$EI\delta_{11}=\frac{5}{24}l^3=13.33\ \text{m}^3,EI\delta_{22}=\frac{l^3}{2}=32.00\ \text{m}^3$$

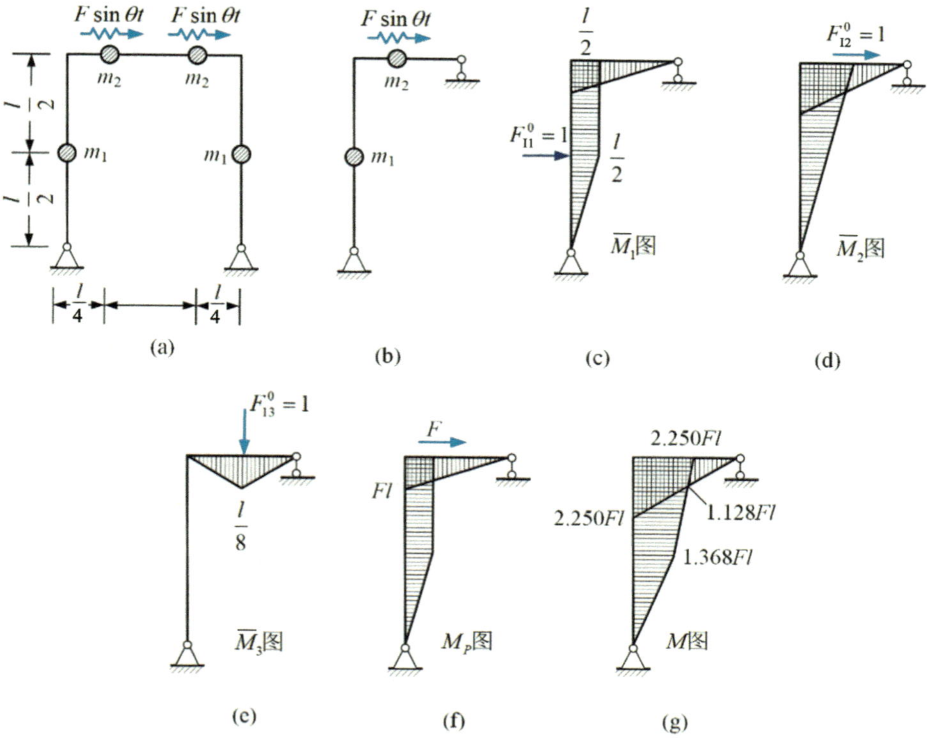

图 12-42　例 12-9 图

$$EI\delta_{33}=\frac{l^3}{384}=0.17\ \text{m}^3,$$

$$EI\delta_{12}=\frac{5l^3}{16}=20.00\ \text{m}^3,$$

$$EI\delta_{13}=\frac{l^3}{128}=0.50\ \text{m}^3,$$

$$EI\delta_{23}=\frac{l^3}{64}=1.00\ \text{m}^3$$

$$EI\Delta_{1P}=\frac{5Fl^3}{16}=20F\ \text{m}^3,EI\Delta_{2P}=\frac{Fl^3}{2}32F\ \text{m}^3,EI\Delta_{3P}=\frac{Fl^3}{64}=F\ \text{m}^3$$

两集中质量的数值为：

$$m_1=\frac{1}{9.81}=0.102\ \text{kN}\cdot\text{s}^2/\text{m},m_2=\frac{0.5}{9.81}=0.051\ \text{kN}\cdot\text{s}^2/\text{m}$$

振动荷载的频率为：

$$\theta=\frac{2\pi\times 300}{60\ \text{s}}=10\pi\ \text{s}^{-1}$$

根据上列数据和 $EI=5\times10^3\ \text{kN}\cdot\text{m}^2$，将有关数值代入(12-136)得：

$$\left.\begin{aligned}-36.34F_{I1}^{0}+20.00F_{I2}^{0}+0.50F_{I3}^{0}+20F=0\\20.00F_{I1}^{0}-67.33F_{I2}^{0}+1.00F_{I3}^{0}+32F=0\\0.50F_{I1}^{0}+1.00F_{I2}^{0}-99.16F_{I3}^{0}+F=0\end{aligned}\right\}$$

解方程组得：

$$F_{I1}^{0}=0.971F, F_{I2}^{0}=0.764F, F_{I3}^{0}=0.023F$$

按下式：

$$M=F_{I1}^{0}\overline{M}_1+F_{I2}^{0}\overline{M}_2+F_{I3}^{0}\overline{M}_3+M_p$$

叠加，即得最大动力弯矩图如图 12-42(g)所示。

从以上计算结果可知，如果略去质量 m_2 的竖向位移及其相应的惯性力，则对于最后结果只有很小的影响。这样就可将该刚架简化为两个自由度结构来处理。

12.8 计算频率的近似法

通过前面分析可知，随着结构自由度增加，计算其动力响应参数的工作量也随之增加。在工程中，自振频率往往是关注的重点，且较为重要的通常只是结构前几阶较低的自振频率。这是因为频率越高，则振动速度越大，阻尼影响也就越大，因而相应于高频率的振动形式也就愈不易出现。基于这种原因，用近似法计算结构的较低频率以简化计算就成为必要了。近似方法有多种如能量法、集中质量法、迭代法等，这里对前两种进行简单介绍。

12.8.1 能量法

弹性体结构在无阻尼自由振动时，具有动能和变形能两种形式的能量，且相互之间转换，倘若考虑激振力和阻尼的影响，还需分析能量的输入和耗散，相对复杂。这里只讨论弹性体结构在无阻尼自由振动频率的近似计算方法。一般有两种方法瑞雷法和瑞雷-里兹法，前者用于计算第一振型频率(基本频率)，后者可推广计算前几个自振频率。这里对前者进行介绍。

根据能量守恒原理，弹性体结构在无阻尼自由振动中的任何时刻，其动能 T 和应变能 V_ε 之和应等于常量，即：

$$T(t)+V_\varepsilon(t)=\text{常量}$$

当结构处于最大振幅位置上时，其动能等于零，而应变能具有最大值 $V_{\varepsilon\max}$；当结构处于静力平衡位置的瞬间，其动能 T 具有最大值 $T_{\max}$，而应变能则为零。

据此，有：

$$V_{\varepsilon\max}+0=T_{\max}+0=\text{常量}$$

亦即：

$$V_{\varepsilon\max}=T_{\max}$$

以连续质量梁为例(无线自由度，可参阅其他参考书目)，假定其振动方程为：

$$y(x,t)=y(x)\sin(\omega t+\varphi)$$

则其速度为：

$$v=\dot{y}(x,t)=y(x)\omega\cos(\omega t+\varphi)$$

因而其动能为：

$$T=\frac{1}{2}\int_0^l m(x)v^2\mathrm{d}x=\frac{1}{2}\omega^2\cos^2(\omega t+\varphi)\int_0^l m(x)y^2(x)\mathrm{d}x$$

当 $\cos(\omega t+\varphi)=1$ 时有：

$$T_{\max}=\frac{1}{2}\omega^2\int_0^l m(x)y^2(x)\mathrm{d}x \tag{12-137}$$

结构的应变能为：

$$V_\varepsilon=\frac{1}{2}\int_0^l\frac{M^2\mathrm{d}x}{EI}=\frac{1}{2}\int_0^l EI[y''(x,t)]^2\mathrm{d}x=\frac{1}{2}\sin^2(\omega t+\varphi)\int_0^l EI[y''(x)]^2\mathrm{d}x$$

当 $\sin(\omega t+\varphi)=1$ 时有：

$$V_{\varepsilon\max}=\frac{1}{2}\int_0^l EI[y''(x)]^2\mathrm{d}x \tag{12-138}$$

由 $T_{\max}=T_{\varepsilon\max}$ 得：

$$\omega^2=\frac{\int_0^l EI[y''(x)]^2\mathrm{d}x}{\int_0^l m(x)y^2(x)\mathrm{d}x} \tag{12-139}$$

如果结构上除分布质量外 $m(x)$，还有集中质量 $m_i(i=1,2,\cdots,n)$，则上式应改为：

$$\omega^2=\frac{\int_0^l EI[y''(x)]^2\mathrm{d}x}{\int_0^l m(x)y^2(x)\mathrm{d}x+\sum_{i=1}^n m_i y_i^2} \tag{12-140}$$

式(12-140)就是瑞雷法求自振频率的计算公式。

利用式(12-140)计算自振频率时，若能以真正的振幅曲线 $y(x)$ 代入，则可以求得自振频率的精确解，例如以第一振型的振幅曲线 $y_1(x)$ 代入，可求得 ω_1 的精确解。然而 $y(x)$ 往往未知，故只能假设一个 $y(x)$ 来进行计算，且假设的曲线往往是近似的，故求得的频率亦为近似值。由计算经验可知，单跨梁在某个静力荷载（如结构的自重）作用下的挠曲线，往往接近于第一振型曲线，因此用它代入式(12-140)便可得到的近似值。由于瑞雷法计算高频常造成很大误差，因此它适合求第一频率。对其他结构类型，用瑞雷法计算时，要先判断其基本振型的大致形状，再确定一个与它接近的曲线方程 $y(x)$，代入式(12-140)即可求得基本频率的近似解。

根据上述分析，通常可采取某一静荷载作用下结构的挠曲线作为振幅曲线，例如一般用结构的自重作用下的弹性曲线来作为 $y(x)$，此时应变能 $V_{\varepsilon\max}$ 可以更简便地用外力功来代替，即：

$$V_{\varepsilon\max}=\frac{1}{2}\int_0^l m(x)gy(x)\mathrm{d}x+\frac{1}{2}\sum_{i=1}^n m_i g y_i$$

于是式(12-140)可改写为：

$$\omega^2=\frac{\int_0^l m(x)gy(x)\mathrm{d}x+\sum_{i=1}^{n}m_igy_i}{\int_0^l m(x)y^2(x)\mathrm{d}x+\sum_{i=1}^{n}m_iy_i^2} \tag{12-141}$$

如果是求水平方向振动的频率，则重力应沿水平方向作用。

当体系仅为 n 个集中质量体系时，并受到 n 个集中力作用时，是(12-141)可写成：

$$\omega^2=\frac{\sum_{i=1}^{n}m_igy_i}{\sum_{i=1}^{n}m_iy_i^2} \tag{12-142}$$

例 12-10 试用能量法求图 12-43(a)所示两端固定等截面梁的自振第一阶频率。

解：取梁的自重 q 作用下的挠曲线作为第一阶振型，如图 12-43(b)所示，即取

$$y(x)=\frac{ql^4}{24EI}\left(\frac{x^2}{l^2}-2\frac{x^3}{l^3}+\frac{x^4}{l^4}\right)$$

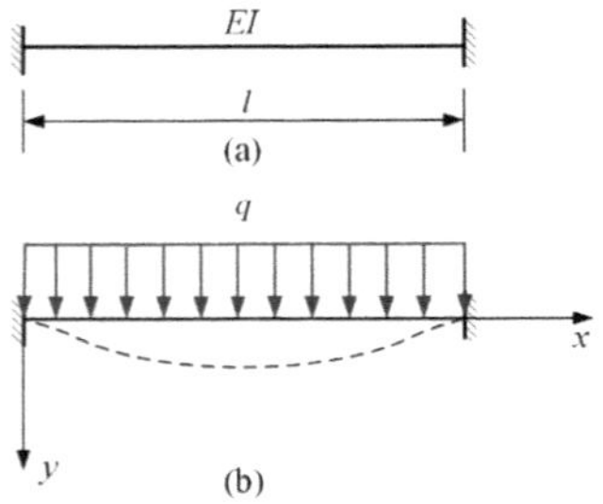

图 12-43 例 12-10 图

注意到 $q=mg$，因而有：

$$\int_0^l m(x)gy(x)\mathrm{d}x=\frac{q^2}{24EI}\int_0^l(l^2x^2-2lx^3+x^4)\mathrm{d}x=\frac{q^2}{24EI}\frac{l^5}{30}$$

$$\int_0^l m(x)y^2(x)\mathrm{d}x=\frac{mq^2}{(24EI)^2}\int_0^l(l^2x^2-2lx^3+x^4)^2\mathrm{d}x=\frac{mq^2}{(24EI)^2}\frac{l^5}{630}$$

代入式(12-139)得：

$$\omega=\sqrt{\frac{q^2l^5}{24EI\times 30}\cdot\frac{(24EI)^2\times 630}{mq^2l^9}}=\frac{22.45}{l^2}\sqrt{\frac{EI}{m}}$$

精确值为 $\omega_1=\frac{22.37}{l^2}\sqrt{\frac{EI}{m}}$，可见能量法的精度是很好的。

例 12-11 用能量法求例 12-6 刚架的最低自振频率。

解：将此刚架重绘在图 12-44(a)中，右边所注 k_1、k_2、k_3 分别为第一、二、三层的相对侧移刚度，即该层上、下两端发生单位相对侧移时所需之总剪力值。

将各层重量 m_ig 作为水平力加于结构，如图 12-44(b)，以此所产生的位移作为第一阶振型，各层质量处位移为：

$$y_1=\frac{\sum_{i=1}^{3}m_i g}{k_1}=\frac{4.5mg}{4k}=1.125\,\frac{mg}{k}$$

$$y_2=y_1+\frac{\sum_{i=2}^{3}m_i g}{k_2}=1.125\,\frac{mg}{k}+\frac{2.5mg}{2k}=2.375\,\frac{mg}{k}$$

$$y_3=y_2+\frac{\sum_{i=3}^{3}m_i g}{k_3}=2.375\,\frac{mg}{k}+\frac{mg}{k}=3.375\,\frac{mg}{k}$$

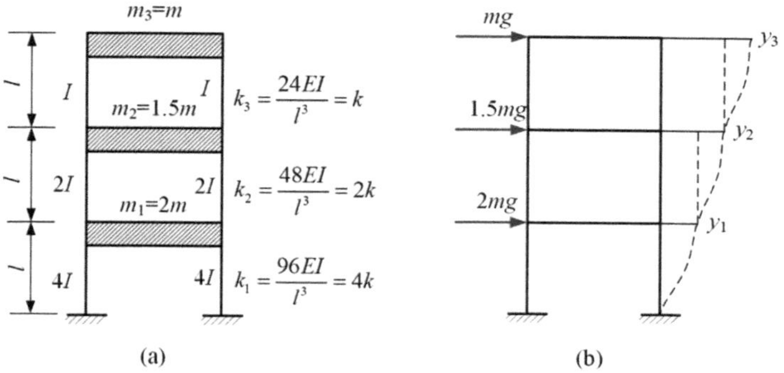

图 12-44　例 12-11 图

一般说，n 层刚架中第 i 层位移为：

$$y_i=y_{i-1}+\frac{\sum_{i=i}^{n}m_i g}{k_i} \tag{12-143}$$

将以上 y_1、y_2 和 y_3 之值代入式(12-143)有：

$$\omega^2=\frac{\sum_{i=1}^{n}m_i g y_i}{\sum_{i=1}^{n}m_i y_i^2}=\frac{2\times1.125+1.5\times2.375+1\times3.375}{2\times1.125^2+1.5\times2.375^2+1\times3.375^2}\cdot\frac{m^2g^2I/k}{m^3g^2/k^2}$$

$$=0.410\,47\,\frac{k}{m}=9.851\,3\,\frac{EI}{ml^3}$$

可得：

$$\omega=3.139\sqrt{\frac{EI}{ml^3}}$$

比精确值 $3.067\sqrt{\frac{EI}{ml^3}}$(见例 12-6)只大 2.3%。

12.8.2　集中质量法

集中质量法是把结构的分布质量在一些适当的位置集中起来而化为若干集中质量，把无限自由度结构简化为有限自由度结构。显然，集中质量的数目愈多，所得结果就愈精确，但相应计算工作量也愈大。不过，在求一般实用要求的低频率时，集中质量的数目无须太多，即可得到满意的结果。集中质量的方法有多种，如静力等效集中质量法、动能等效集中质量法、转移质量法等。这里只介绍静力等效集中质量法。静力等效集中质量法是集中质量法最简单的一种。其质量集中的原则是：① 使集中后的重力与原来的重力互为静力等效（合力彼此相同）；② 集中质量的位置一般根据结构的振动形式，选择在振幅较大的地方。这种方法简便灵活，可用于求梁、拱、刚架、桁架等各类结构。

例 12-12 试求具有均布质量 m 的简支梁的自振频率。

解：(1) 如图 12-45(a)所示，为了求最低频率，可将梁分为两段，并将每段的质量集中于该段的两端，使梁化为单自由度结构，然后按单自由度结构的频率计算公式即可求得：

$$\omega_1=\sqrt{\frac{1}{m_1\delta_{11}}}=\sqrt{\frac{1}{\frac{ml}{2}\times\frac{l^3}{48EI}}}=\frac{9.80}{l^2}\sqrt{\frac{EI}{m}}$$

精确解为 $\omega_1=\frac{\pi^2}{l^2}\sqrt{\frac{EI}{m}}=\frac{9.87}{l^2}\sqrt{\frac{EI}{m}}$。二者比较，近似法的误差只有 0.7%。

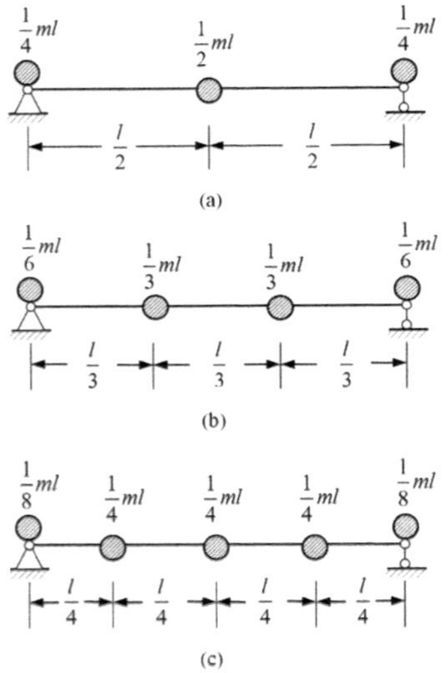

图 12-45 例 12-12 图

(2) 如果要求其第一阶和第二阶频率，则至少须把结构化为具有两个自由度。为此，可按图 12-45(b)方案将质量集中。有关位移为：

$$\delta_{11}=\delta_{22}=\frac{4l^3}{243EI},\delta_{12}=\delta_{21}=\frac{7l^3}{486EI}=\frac{7}{8}\delta_{11}$$

将上列数值以及 $m_1=m_2=\frac{1}{3}ml$ 代入式(12-64)计算：

$$\omega_1=\frac{9.86}{l^2}\sqrt{\frac{EI}{m}},\omega_2=\frac{38.2}{l^2}\sqrt{\frac{EI}{m}}$$

此时，ω_1 与精确解相差 0.1%；ω_2 的精确解为$\frac{39.48}{l^2}\sqrt{\frac{EI}{m}}$，故近似解的误差为 3.2%。

(3) 如果要求其第一阶、第二阶和第三阶频率，则至少应将结构化为三个自由度的。若采用图 12-45(c)所示方案，则按多自由度结构的频率计算方法可求得：

$$\omega_1=\frac{9.865}{l^2}\sqrt{\frac{EI}{m}},\omega_2=\frac{39.2}{l^2}\sqrt{\frac{EI}{m}},\omega_3=\frac{84.6}{l^2}\sqrt{\frac{EI}{m}}$$

此时，ω_1 的误差仅为 0.05%；ω_2 的误差为 0.7%；而 ω_3 的精确解为$\frac{88.83}{l^2}\sqrt{\frac{EI}{m}}$，其近似解的误差为 4.8%。

下面给出常见集中工程结构的质量集中技巧，便于工程应用。计算简支梁的最低频率时，由于其相应的振动形式是对称的，且跨中振幅最大，故应将质量集中在跨度中点。计算双铰拱的最低频率时，则由于其相应的振动形式是反对称的，拱顶竖向位移为零，故不宜将质量集中在该处，而应集中在拱跨的两个 1/4 点处，因为这些地方的振幅较大，如图 12-46(a)所示。又如对于图 12-46(b)所示刚架，当它作对称振动时，各节点无线位移，这时应将质量集中于杆件的中点；而在反对称振动时，如图 12-46(c)所示，应将质量集中在节点上。

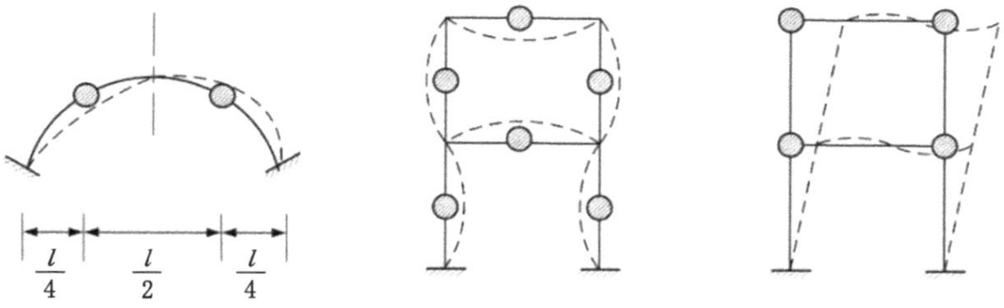

(a)　　(b)　　(c)

图 12-46

本章小结

(1) 荷载在大小、方向或作用点方面随时间变化，使得质量运动加速度所引起的惯性力与荷载相比大到不可忽略时，则把这种荷载称为动荷载。其分为周期性荷载如简谐荷载，非周期性荷载如突加荷载、冲击荷载，还有随机荷载如风载、地震荷载等。

(2) 结构在动荷载作用下产生的动位移、动内力和结构振动的速度和加速等可统称为动力响应。自振频率、振型和阻尼均为结构的动力特性。确定体系上质量位置所需的独立几何参数的数目，称为体系的动力自由度。

(3) 刚度法和柔度法是两种建立动力方程的方法。刚度法是考虑质量各自由度方向力的平衡，需要计算刚度系数；柔度法是建立各自由度方向位移的协调条件，需要计算柔度系数。不管动力方程用哪种方法建立，问题最终归结为求解频率和振型方程。

(4) 当结构受到某种外界干扰后发生振动,并在以后的振动过程中不再受外界干扰的作用,这种振动称为自由振动。若在以后的振动过程中还不断受到外界干扰力的作用,则称为强迫振动。

(5) 结构动力计算的目的,就是要确定动力荷载作用下,结构的动力反应随时间变化的规律,找出其最大值,以作为结构设计和验算的依据。

(6) 结构的动力反应不仅与动力荷载的变化规律有关,而且与结构本身的动力特性密切相关。结构的自振频率、振型和阻尼等是反映结构本身动力特性的指标,需要通过研究结构的自由振动来得到。因此,结构动力计算,需要分析结构的自由振动和强迫振动两种情况,前者计算结构本身的动力特性,后者进一步计算结构的动力反应。

(7) 一般工程结构作多自由度无阻尼自由振动分析时,其自振频率个数等于自由度数,且各不相等。其中最小频率称为基本频率,简称基频。全部频率由小到大排列的序列,称为体系的频率谱。如果相邻频率间隔较小,称为密集型频谱。否则,称为稀疏型频谱。不同频率谱的结构受动荷载作用的响应是不同的,频率谱是结构的重要动力特性之一。

(8) 对无阻尼体系,根据能量守恒,可用能量法求体系自振频率,一般用以求基频。当将运动质量的重量沿自由度方向作用,以其所产生的静位移作为第一振型的近似值,按能量法计算可获得相当精确结果。

思考与练习

12-1 如何区别动力荷载与静力荷载?动力计算与静力计算的主要差别是什么?

12-2 什么是结构的振动自由度?它与机动分析中的自由度有何异同?如何确定结构的振动自由度?

12-3 建立振动微分方程有哪两种基本方法?每种方法所建立的方程代表什么条件?

12-4 为什么说结构的自振频率和周期是结构的固有性质?怎样改变它们?

12-5 阻尼对结构的自振频率和振幅有什么影响?何谓临界阻尼情况?

12-6 多自由度结构的柔度矩阵和刚度矩阵中每一元素的含义是什么?怎样求得?何时采用柔度法较好?何时采用刚度法较好?

12-7 试确定图示各结构的振动自由度。各集中质点略去其转动惯量,杆件质量除注明者外略去不计,杆件轴向变形忽略不计。

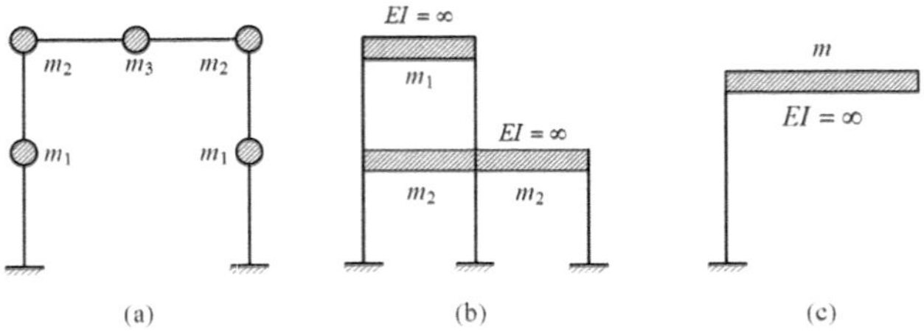

题 12-7 图

12-8　试列出图示结构的振动微分方程，不计阻尼。[提示：题 12-8 图(a) 列动力平衡方程 $\sum M_A=0$ 较简便；题 12-8 图(b) 列位移方程较简便]。

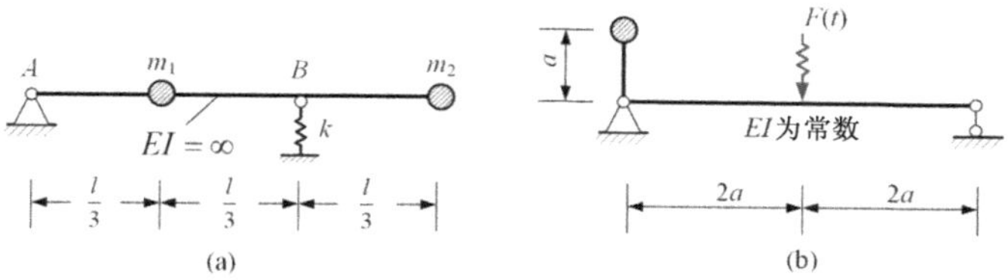

题 12-8 图

12-9　试求图示各结构的自振频率，略去杆件自重及阻尼影响。

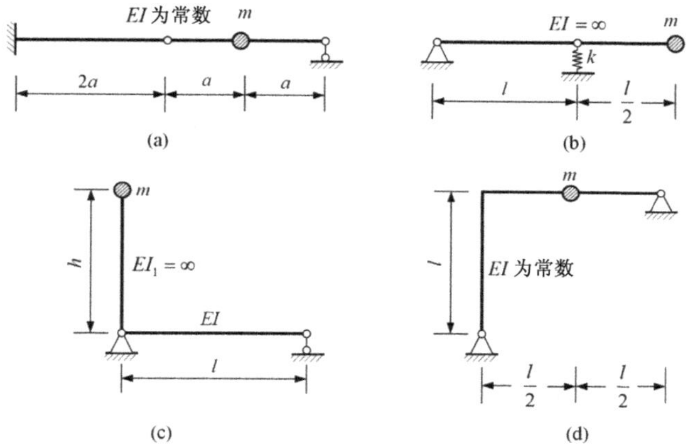

题 12-9 图

12-10　试求题 12-8(a)图所示结构的自振频率。

12-11　试求图示桁架的自振频率。已知质量 m 重量为 $mg=40$ kN，$g=9.81\ \text{m/s}^2$，桁架各杆截面相同，$A=2\times10^{-3}\ \text{m}^2$，$E=210$ GPa，并设桁架各杆自重及质量 m 的水平运动均可略去不计。

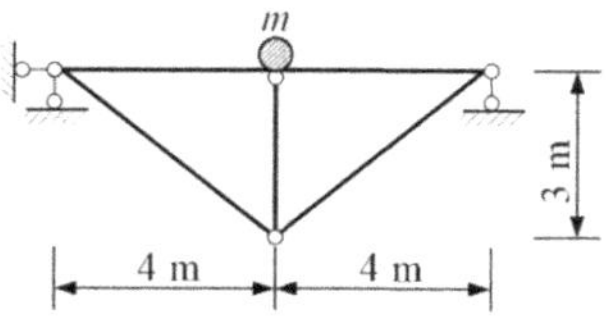

题 12-11 图

12-12　试求图示刚架侧移振动时的自振频率和周期。横梁的刚度可视为无穷大，质量为 $mg=200$ kN(柱子的部分质量已集中到横梁处，不需另加考虑)，$g=9.81\ \text{m/s}^2$，柱的 $EI=5\times10\ \text{kN}\cdot\text{m}^2$。

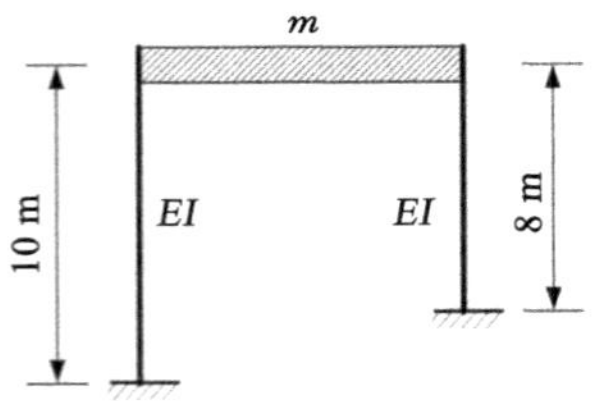

题 12-12 图

12-13　在题 12-12 中若初始位移为 10 mm，初始速度为 0.1 m/s。试求振幅值和 $t=1$ s时的位移值。

12-14　在题 12-12 中若阻尼比 $\xi=0.05$，试求自振频率及周期。又若 $y_0=10$ mm，$\dot{y}_0=0.1$ m/s。求 $t=1$ s 时位移是多少？

12-15　试求图示梁的自振频率和主振型，梁的自重可略去不计，EI 为常数。

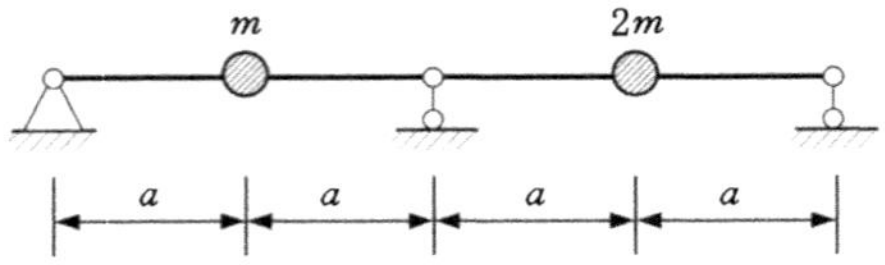

题 12-15 图

12-16　试求图示刚架的自振频率和主振型。

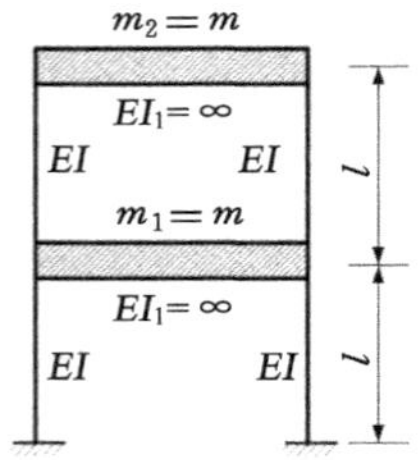

题 12-16 图

12-17　试用能量法求所示梁的最低自振频率，设以梁在自重下的弹性曲线为其振动形式。

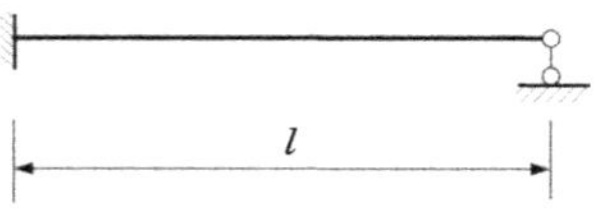

题 12-17 图

参考答案

12-1～12-6　略

12-7　(a) 4;(b) 2;(c) 2

12-8　(a) $\ddot{y}_1+\frac{4k}{m_1+9m_2}y_1=0$;(b) $\ddot{y}+\frac{3EI}{5a^3m}y=\frac{3}{5}\frac{F(t)}{m}$

12-9　(a) $\sqrt{\frac{6EI}{5a^3m}}$;(b) $\frac{2}{3}\sqrt{\frac{k}{m}}$;(c) $\sqrt{\frac{3EI}{h^3lm}}$;(d) $8.172\sqrt{\frac{EI}{ml^3}}$

12-10　$\sqrt{\frac{4k}{m_1+9m_2}}$

12-11　87.3 s^{-1}

12-12　$\omega=9.32\ s^{-1}$;$T=0.674\ s$

12-13　$a=14.67\ mm$;$y_{i=1}=-8.82\ mm$

12-14　$\omega'=9.30\ s^{-1}$;$T=0.676\ s$;$y_{i=1}=-5.34\ mm$

12-15　$\omega_1=1.928\sqrt{\frac{EI}{ma^3}}$;$\omega_2=3.327\sqrt{\frac{EI}{ma^3}}$;$\rho_1=-1.592$;$\rho_2=0.314$

12-16　$\omega_1=3.028\sqrt{\frac{EI}{ml^3}}$;$\omega_2=7.927\sqrt{\frac{EI}{ml^3}}$;

$\frac{A_2^{(1)}}{A_1^{(1)}}=1.618$;$\frac{A_2^{(2)}}{A_1^{(2)}}=-0.618$

12-17　$\omega=\frac{15.45}{l^2}\sqrt{\frac{EIg}{q}}$

参考文献

[1] 崔清洋,张大长,朱华.结构力学[M].武汉:武汉理工大学出版社,2010.

[2] 单建,吕令毅.结构力学[M].2 版.南京:东南大学出版社,2011.

[3] 郭仁俊.结构力学[M].2 版.北京:中国建筑工业出版社,2012.

[4] 洪范文.结构力学[M].5 版.北京:高等教育出版社,2005.

[5] 李国强,吉唱.《结构理论史——探求平衡》概要[J].工程力学,2019,36 (11):13-26.

[6] 李廉锟.结构力学[M].6 版.北京:高等教育出版社,2017.

[7] 李前程,安学敏.建筑力学[M].3 版.北京:高等教育出版社,2020.

[8] 龙驭球,包世华,袁驷.结构力学Ⅰ:基础教程[M].4 版.北京:高等教育出版社,2018.

[9] 祁皑.结构力学[M].北京:中国建筑工业出版社,2012.

[10] 王振波,乔燕,马林.结构力学[M].北京:中国建材工业出版社,2014.

[11] 武际可.近代力学在中国的传播与发展[M].北京:高等教育出版社,2005.

[12] 武际可.力学史[M].上海:上海辞书出版社,2010.

[13] 武际可.力学史杂谈[M].北京:高等教育出版社,2009.

[14] 杨迪雄.结构力学发展的早期历史和启示[J].力学与实践,2007,29(6):83-87.

[15] 张连英,戴丽.结构力学[M].长沙:中南大学出版社,2016.

[16] 朱慈勉,张伟平.结构力学[M].2 版.北京:高等教育出版社,2009.